개정판

통계학의 개념과 응용

-R 프로그램 활용-

김연형 지음

KYOWOO CO., Publishing 敎友社

머 리 말

우리는 태어나서 죽을때까지 통계와 밀접한 관계를 맺고 통계에 응용되거나 통계를 응용하면서도 너무 흔히 쓰이기 때문에 어떻게 응용되며 어떻게 응용하고 있는지를 특별히 생각하지 않고 일상생활을 하고 있다. 하지만 현대 사회를 정보의 시대라고 한다. 우리들의 일상생활에 홍수처럼 쏟아져 나오고 있는 각종 정보 및 통계를 올바로 이해하고 또 효율적으로 이용할 수 있는 능력의 중요성이 날로 커가고 있음은 부정할 수 없을 것이다. 그러므로 통계란 무엇이며 통계적 방법이란 무엇이며 통계학이란 무엇인가에 대한 질문에 많은 고민을 하게 된다.

대학에서 통계학을 강의한지가 27년이란 긴 세월이 흘러갔다. 통계학에 대한 인식을 어떻게 접근할 것인가에 많은 고민을 하였다. 1983년에 통계학 개론을 처음으로 발간한 후에 그동안 다섯 번의 개정들의 방법으로 통계학을 출판하면서 가장 중요하게 생각한 것은 통계학을 쉽게 이해하고 논리적으로 풀어갈 수 있는 통계적 사고능력에 중점을 두었다. 하지만 워낙 많은 것이 부족한 사람이라 큰 성과를 얻지 못했었다.

이번에 출판하게되는 책은 통계학에 대한 이해와 적용을 쉽게 할 수 있도록 통계학의 개념과 이 개념을 적용할 수 있는 활용방법에 대하여 관심을 갖고 집필하였다. 이 과정에서 많은 교수님과 제자들의 도움이 절대적이었다. 특히 경제학과 김승곤 교수는 통계학의 통계적 사고방법에 대한 논리부분에 많은 관심을 갖고 수정하여 주었으며 특히 예제풀이에서 컴퓨터 프로그램을 이용하여 계산하는 방법을 제안하여 주었다. 또한 원광대학교 김혁주 교수는 부족한 졸고를 완독하면서 여러 가지 문제점을 제안하고 수정하여 주어 감사한 마음을 간직하고 싶다.

머 리 말

그리고 성균관대학교의 박성률 석사는 예제풀이 문제를 누구나 프로그램사용이 무료인 R프로그램을 이용하여 계산해 주었으며, 부록의 R-프로그램의 기초를 정리·요약하였다. 여러 가지로 형편이 좋지않았지만 성실하게 도움을 준 박성률 군에게 감사한 마음을 전하고 싶다. 그리고 본 대학교 김재훈 교수는 여러 가지 면에서 커다란 도움을 주었다. 특히 내용상의 오류나 편집 등을 자기일처럼 처리한 것을 보면서 언제나 고마운 마음을 갖고 있다. 또한 원고를 입력하는데 수고해준 통계학과 4학년인 김선우 군, 이희용 군, 김명숙 양, 노수진 양, 신소라 양에게 고마움을 전하고 싶다.

끝으로 출판사정이 여의치 않음에도 불구하고 이 책을 출판해주신 교우사 오판근 사장과 편집부 노고에 감사를 드린다.

2009. 8

천잠산 연구동에서

칠석 **김 연 형**

차 례

제 1 장 인식의 문제와 통계적 인식 / 1

1. 통계학 인식의 문제 ………… 1
2. 통계적 인식 ………… 3
3. 통계학의 과제 ………… 6
4. 집단현상의 인식 방법 ………… 7

제 2 장 통계조사 / 13

1. 통계조사의 개념 ………… 13
2. 표본조사의 이점 ………… 15
3. 표본오차와 비표본추출오차 ………… 18
4. 표본추출방법 ………… 22
5. 여론조사 ………… 26

제 3 장 실험과 측정 / 37

1. 비교실험 ………… 37
2. 실험설계 ………… 39
3. 실험과 윤리 문제 ………… 48
4. 측정 ………… 53
5. 측정의 신뢰도와 타당도 ………… 58

제 4 장 측정데이터의 요약과 표현 / 63

1. 변수와 통계자료 ………… 63
2. 자료의 정리 ………… 65
3. 중심위치의 측도 ………… 74
4. 산포의 측도 ………… 81
5. 상자와 수염그림 ………… 98

제 5 장 확률의 이해 / 105

1. 확률의 개념 ········· 105
2. 확률의 개념적 접근 ········· 106
3. 확률법칙 ········· 111
4. 확률함수 ········· 117

제 6 장 모집단분포 / 133

1. 밀도곡선 ········· 133
2. 이항분포 ········· 138
3. 정규분포 ········· 151
4. 표준정규분포 ········· 158
5. 백분위수와 정규분포 ········· 162

제 7 장 표본분포 / 167

1. 표본분포의 개념 ········· 167
2. 표본평균의 표본분포 ········· 170
3. 표본비율의 표본분포 ········· 184

제 8 장 측정변수들의 관계 / 193

1. 상관계수 ········· 193
2. 회귀직선 ········· 198
3. 최소제곱 회귀직선 ········· 199
4. 상관계수와 회귀직선의 결정계수 ········· 206
5. 관련성과 인과관계 ········· 210

제 9 장 불확실성하의 추정 / 219

1. 추정의 개념 …… 219
2. 점추정 …… 221
3. 구간추정 …… 228

제 10 장 통계적 유의성 검정 / 247

1. 가설검정의 의미 …… 247
2. 가설검정의 종류와 형태 …… 249
3. 기각과 채택범위 …… 253
4. 가설검정의 오류 …… 255
5. 가설검정 과정 …… 258
6. 모평균의 가설검정 …… 262
7. 소표본에서의 모평균의 가설검정 …… 264
8. 모비율의 가설검정 …… 267

제 11 장 분산분석 / 277

1. 분산분석의 의미 …… 277
2. F-분포 …… 280
3. 일원분산분석 모형 …… 283

제 12 장 범주형 자료 및 카이제곱 검정 / 297

1. 범주형 자료 …… 297
2. 카이제곱분포; χ^2-분포 …… 301
3. 적합도 검정 …… 304
4. 분할표; 독립성의 검정 …… 309
5. 동질성의 검정 …… 315

제 13 장 시계열과 지수 / 319

1. 시계열의 개념 ········· 319
2. 시계열의 변동요인과 모형 ········· 320
3. 계절효과의 측정 ········· 326
4. 지수 ········· 335
5. 우리나라 소비자 물가지수 ········· 339

부록 A ········· 349
부록 B ········· 379
연습문제 풀이 ········· 397
찾아보기 ········· 405

1

인식의 문제와 통계적 인식

1 통계학 인식의 문제

현대 사회를 정보의 시대라고 한다. 이와 같은 단정적인 표현은 다소의 무리가 있을지도 모른다. 우리들의 일상생활에 있어 홍수처럼 쏟아져 나오고 있는 각종 정보 및 통계를 올바로 이해하고 또 효율적으로 이용할 수 있는 능력의 중요성이 날로 커가고 있음은 부정할 수 없을 것이다. 그러므로 통계란 무엇이며 통계적 방법이란 무엇이며 통계학이란 무엇이냐고 질문을 한다면 사람마다 자기 나름대로의 답을 할 것이다. 우리들은 나서부터 죽을 때까지 통계와 밀접한 관계를 맺고 통계에 응용되거나 통계를 응용하면서도 너무 흔히 쓰이기 때문에 어떻게 응용되며 어떻게 응용하고 있는지를 특별히 생각하지 않고 일상생활을 하고 있다.

그림 1.1에서 보는 바와 같이 우리들의 주위에서 발생되는 어떤 현상을 사회현상과 자연현상으로 인식할 수 있음을 알 수 있다. 따라서 우리가 의식적이든 무의식적이든 접하고 있는 통계에 대한 인식을 사회현상과 자연현상으로 나누어 설명하기로 한다. 우선 사회현상에 대한 인식에 의해서 사회현상에 관한 규칙성과 법칙성을 발견하는

것인데, 여기서 사회현상이란 한 나라의 사회 및 경제 등의 실질적 측면을 의미하며 구체적인 내용은 연구대상에 대한 수량적 관찰, 즉 통계에 대한 인식을 의미한다. 사회현상에 대하여 대량관찰법으로 얻어지는 수량적 자료(통계)로 수리적 질서의 원인을 규명하는 동시에 법칙성을 찾으려 한다는 것이다. 이와 같은 사회현상은 인간의 자유의사에 의해서 행동하는 것 같지만 대량 관찰을 하고 보면 자연현상에서와 같이 자연적이고 물리적인 법칙의 지배를 받는다는 것이다.

두 번째로 자연현상에 대한 인식문제이다. 실제로 통계적 방법에 의한 규칙성 또는 법칙성의 인식문제는 사회현상 뿐만 아니라 자연현상에까지 적용하게 되었다. 자연현상에 과학적 사고를 적용하여, 규칙성 또는 법칙성을 찾으려는 노력이 유전학이나 우생학 분야 등에서 이루어졌는데, 법칙성을 찾으려고 최초로 시도한 사람은 갈톤(Francis Galton, 1822~1911)과 피어슨(Karl Pearson, 1857~1936)이다. 그 후 과학적 사고에 의한 통계적 방법은 인류학, 천문학, 세균학, 식물학, 임학, 농학, 경제학, 심리학, 보건학 등 광범위한 과학분야의 연구에 크게 기여하였다.

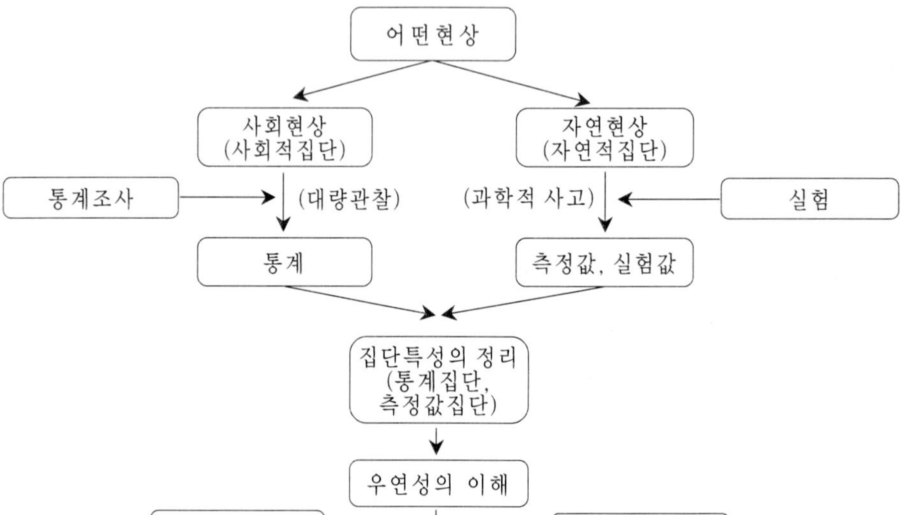

그림 1.1 • 통계학의 인식과정

따라서 통계학의 정의에 대해서 저자는 그림 1.1의 통계학의 인식과정에 의해서 다음과 같이 정의한다.

통계학(statistics)이란 어떤 현상에 대한 인식을 통하여 집단고유의 특성을 정리·분석하고 우연성에 대한 규칙성·법칙성을 발견하여 불확실한 상황에 대한 최선의 판단을 내리기 위한 방법론을 연구하는 학문이라고 할 수 있다.

2 통계적 인식

1) 통계의 의미

일반적으로 현상을 통계로서 파악하고 이것을 통하여 생각하여 인식에 도달하려고 하는 것을 통계적 인식이라 한다. 현상이 통계로서 파악되기 위한 특징은 통계가 현상의 집단을 나타내는 특성으로부터 규정되어야 한다는 것이다. 즉 그 통계는 그 집단에 대응해서만 존재한다는 것이다. 따라서 통계가 무엇을 의미하는가를 이해하고 또 이 통계를 정확히 이용하기 위해서는 그 집단개념의 규정을 명확히 파악하는 것이 무엇보다 중요하다. 집단의 개념규정에 있어서 중요하게 생각할 것은 시점과 장소와 속성 등이다. 이들에 대해서 분명하게 규정하는 것은 집단이 분명하게 규정되어 그에 대응하는 통계에 의미를 부여할 수 있는 것이다.

통계는 그 대응집단에 대해서 통계조사라는 활동을 통해서 얻어지는 것이다. 통계조사를 거쳐서 통계가 생산되었을 경우, 그 통계는 그 집단이 집단으로서의 특징을 나타내는 통계숫자인 동시에 여러 가지 기초자료로 이용되는 것이다. 그러므로 통계를 단지 그 특정집단의 기록으로만 보아서는 아니된다.

즉 모든 통계숫자의 배후에는 일정한 정의에 의해서 정해진 개체의 집단을 생각해야 된다는 것이다. 그것보다 고차의 집단, 바꾸어 말해서 그 특정의 제한된 집단이 존재를 규정하는 전제하에서 출현 가능한 일반적 집단(즉 모집단)에 관한 추측의 수단을 제공하는 것이다. 그러므로 통계는 현재 및 장래에 있어서 현상의 일반적 인식 또는 의사결정의 기초로서 매우 중요시되는 것이다.

2) 통계적 인식

통계적 인식이란 일반적으로 경험적 인식으로서의 현상을 통계를 이용하여 파악하고 이를 통한 사고로서 인식에 도달하려고 하는 것을 의미한다. 그래서 현상을 통계로서 파악하기 위한 특징은 통계가 현상의 집단을 나타내는 특성으로부터 규정되는 것이다. 이를 위해 통계적 사고방법에 의해서 통계적 인식에 도달하려고 시도하는 경우, 우선 현상을 통계로서 파악하고 또한 나타내지 않으면 안 된다. 즉 통계라는 자료가 제공되고서야 비로소 통계적 연구가 시작되는 것이다.

예를 들면 현실의 인식과정은 천체의 관측, 대기성분의 측정, 환자의 진찰, 기업의 이윤, 인구조사의 통계라고 하는 것처럼 여러 가지의 형태를 취하고 있다. 구체적인 예를 들기 위하여 경제·경영 통계를 설명하기로 하자. 경제·경영 통계를 경제·경영 활동이라는 실천에 불가피한 인식으로만 규정하여 왔다. 그러나 경제적인 실천에 필요한 인식은 통계에 한정될 수는 없는 것이다. 즉, 부기 혹은 회계라는 형태도 경제적 활동에 필요한 인식임에 틀림없으므로 적어도 통계와 부기·회계와의 형태가 다르다는 것을 설명하고 양자의 관련을 명확하게 하지 않으면 경제·경영 통계를 설명할 수 없게 될 것이다.

우리가 다루고자 하는 현상은 역사적 현상이며 동시에 가측적 현상(可測的現象)이 되지 않으면 안된다. 여기서 역사적 현상이란, 우리들의 경험을 통하여 구체적으로 확인할 수 있는 현상이라는 것을 의미하고, 가측적 현상이라는 것은 그 현상이 특정의 단위에 의해서 수를 세거나 저울을 달거나 혹은 측정할 수 있는 현상이라는 것을 의미한다. 이러한 현상을 통계로서 취급하고자 할 때는 현상에 따른 관점에서 고찰하고 거기에서 판단의 결과를 결정하는 선에 따라서 처리하지 않으면 안된다. 즉 타당한 방법론을 세워서 각각 최적의 처리법을 발견하지 않으면 안 된다는 점에 충분히 주의해야 한다.

사례연구 1 이것이 새인가?

그림 1.2는 물리학의 철학적 연구에서 뽑아낸 것으로 이것은 어느 과학에서도 피할 수 없는 주관적 요소를 말해 주고 있다. 이 그림은 왼쪽을 보고 있는 새를 그린 것일까? 아니면 오른쪽을 보고 있는 사슴(또는 토끼)을 그린 것일까?

어느 쪽을 택했다 하더라도 그것을 시각의 착오라고 할 수는 없다. 어느 쪽으로 보는 방법이든 모두가 가능한 것이다.

그림(a)를 보라. 이것은 왼쪽을 보고 있는 새일까. 아니면 오른쪽을 보고 있는 사슴(또는 토끼)일까. 새떼를 표시한 그림 (b)와 같이 놓고 보면, 대부분의 사람은 새라고 생각할 것이다. 그러나 다음 그림에 있는 것과 같은 영양들의 떼와 같이 놓고 보면 거의가 다 사슴이라고 말할 것이다. [자료: N.R. Hanson, 『Patterns of Discovery』 (Cambridge University Press, London), 1961.]

또한 여기에 사슴떼의 그림을 실었는데 그 형상과 그림 1.3이 독자에게 주는 지각형태를 대조하기 바란다. 새냐 사슴이냐 하는 모호한 것을 시각의 착오로서 처리할 수는 없는 것이다. 이 경우는 우측하단에 표시한 두 개의 직선의 경우와는 다르다. 이 두 직선은 실제로는 같은 길이이나 대개의 사람은 아래쪽 직선이 길다고 말한다. 그림 1.3이 표시하는 것은 객관적으로는 꼭 같은 형태로 재생할 수 있는데 주관적으로는 그것이 보여주는 상황에 따라서 다른 것처럼 보인다.

즉, 동물로서의 네 개의 발(足)을 그리게 되면 우리는 문제 없이 그것이 사슴이란 것을 알게 된다. 자, 이제 맨 밑의 곡선을 보자. 이것은 과연 종합주가지수 움직임을 그려 놓은 것인가? 만약 그와 같이 생각하였다면 조금 부끄러운 일이다. 그러나 실제로는 동전을 던져 앞뒷면이 나온 것을 그려 놓은 것이다.

(a) (b)

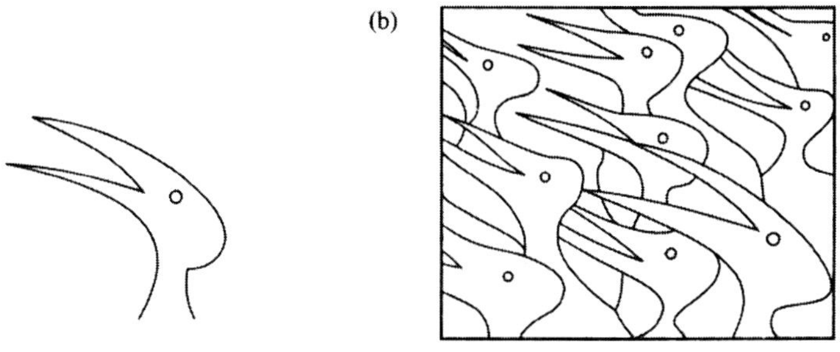

그림 1.2 • 시각의 착오(1)

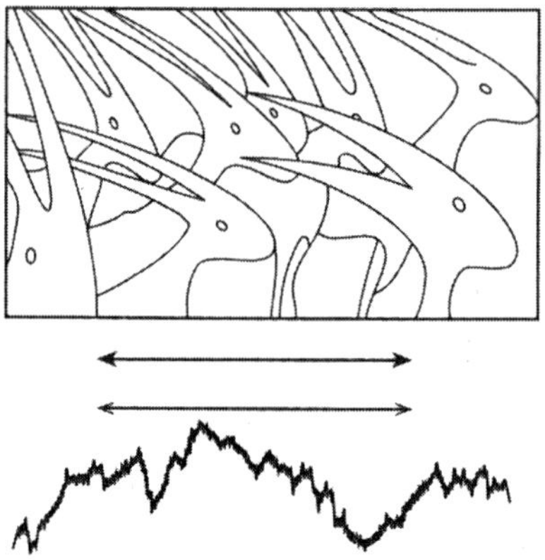

그림 1.3 • 시각의 착오(2)

3 통계학의 과제

통계학의 정의와 생성배경을 살펴보면 통계학은 인간이 직면하는 불확실성 극복을 위해서 생성 발전된 것으로 보여진다. 이러한 불확실성을 어떻게 극복할 것인가의 문제는 다음과 같은 과정에 의해서 설명될 수 있다.

우선, 어떤 현상에 대한 사실의 확인이다. 사실을 확인하기 위해서는 과거의 사실을 조사해야 한다. 과거의 사실을 조사하여 그것을 확인하는 것은 미래에 발생할 현상을 알기 위해서이다. 그러므로 조사한 자료를 정리하여 통계표를 만들어 그 현상의 여러 가지 관계를 수학적으로 계산하여 그 표가 나타내는 사실을 정확하게 알 수 있게 된다.

두 번째가 원인의 규명이다. 사실의 확인에 의해 얻은 자료가 어떠한 원인에 의하여 생겼는가를 규명하기 위해서는 주로 유사집단의 자료나 동일집단의 과거자료를 분석하는 방법을 이용한다. 실증적인 과학적 방법으로서 자연과학분야에서 실험과 같이 통계를 작성한다는 것은 사회과학분야에서는 기본적인 방법이다. 사회과학에서는 조건을 인위적으로 설정하거나 일정한 조건을 유지할 수 있도록 제어한다는 것은 할 수 없으므로 실험이란 불가능에 가깝고 이를 위한 실증적인 방법으로 조사를 하나하나 실시하여 통계를 작성하여 보는 수 밖에 없는 것이다.

세 번째로는 법칙성의 발견이다. 과거에 일어난 사실 가운데는 반드시 반복되는 현상이 있다. 반복된 현상은 장래에도 반복할 것으로 생각하여 그 반복되는 것을 정리하여 그 인과관계, 즉 법칙성을 발견하는 것이다. 사회현상에 이러한 법칙성이 생기는 이유에는 두 가지가 있다. 하나는 인간의 생활은 언제나 자연의 제약 밑에 있는 것이고, 다른 하나는 인간은 대체로 합리적이고 또한 법률·제도·도덕 등의 제약 밑에 있다는 것이다. 그리고 자연현상은 물리적 인과관계에 의하여 규정되어 있으나 자연현상에도 천체·기상 등의 현상에는 사회현상과 같이 우연적인 요소를 포함하고 있는 것이다. 이러한 우연적인 요소에서 우리는 어떻게 하여 집단의 법칙성을 인식하여 발견할 것인가? 여기서 우리에게 새로운 인식방법의 문제가 제기된다.

4 집단현상의 인식 방법

집단현상에 대한 인식방법은 과학적 방법과 통계적 방법이 있는데 이들은 인식에 대한 문제의식만은 같다 할지라도 그 방법은 서로가 같지가 않다. 여기서 통계적 방법이란 집단에 대한 인식에서 얻어진 우연적인 규칙성을 통계적 법칙이라 하며 이러한 통계적 법칙을 찾아내는 과학적인 방법을 의미한다. 이러한 통계적 방법이 과학적 방법으로서 어떻게 이해되어지는가를 설명하기로 한다.

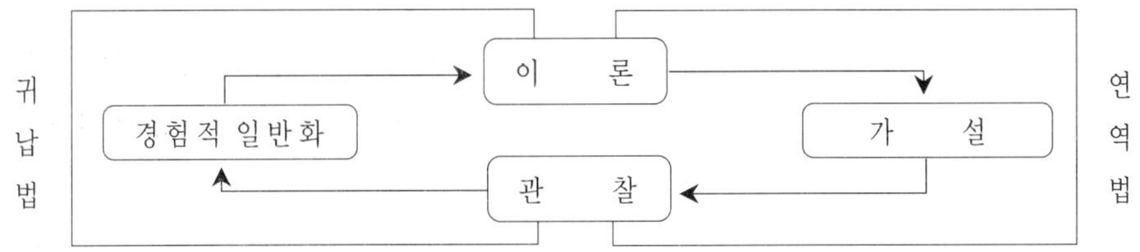

그림 1.4 • 과학적 방법의 모형

과학의 기본목적은 사회현상 및 자연현상을 포함하여 모든 현상을 설명하는 이론을 제시하는 것이다. 여기서 이론이란 현상을 설명하고 예측할 목적으로 변수간의 관계를 상세히 기술함으로써 현상에 대한 체계적인 견해를 제시하는 것을 의미한다. 이러한 과학의 목적에 비하여 과학적 방법은 그림 1.4와 같이 연역법(deduction)과 귀납법

(induction)으로 크게 나누어 볼 수 있는데, 연역법이란 공리에서 출발하여 정리, 가설로 연결되는 3단 논법과 같은 논리의 전개과정방식으로, 일반적인 것에서 특수한 이론을 추론해내는 것을 말한다. 또한 귀납법은 경험의 세계에서 관찰된 사실에 대해 많은 사실들이 모두 공통적인 유형으로 전개되는 것을 발견하고 이들의 유형을 객관적인 수준에서 증명을 하는 방법이다. 즉 특수한 지식을 전재로 하여 일반적인 진리를 끌어내는 방법을 말한다. 이러한 과학적 방법을 통계적 방법으로 이해되어지는가를 예를 들어 설명하기로 한다. 그림 1.5에서 연역법적 추론과 귀납법적 추론 사이의 관계를 설명하고 있다. 그림 1.5(1)에서 보는 바와 같이 연역법적 추론이라는 것은 일반적인 사실에서 특정한 사실, 즉 모집단에서 표본을 추론하는 것을 말한다. 그러나 귀납법적 추론은 그림 1.5(2)에서 보는 바와 같이 특정한 사실에서 일반적인 사실, 즉 표본을 가지고 모집단을 추론하는 것을 말하는데 그림 1.5(2)는 그림 1.5(1)과는 정반대이다.

통계학에서는, 즉 주어진 모집단을 가지고 표본을 어떻게 결정할 것인가라는 연역법적 추론이 해결될 때 뒷부분에서 나오는 통계적 추론에 관한 문제, 즉 주어진 표본(관찰된 표본)에서 미지의 모집단에 대한 무엇을 결정할 수 있는가 하는 문제들이 다루어질 수 있게 된다. 그런데 이러한 것들을 해결하기 위해서는 확률론이 필요하게 된다. 왜냐하면 부분적인 증거에 의해서 얻어진 귀납법적 추론에는 확률론적인 근거에서 결론이 기술되어야 하기 때문이다. 확률론은 다른 수학이론과 마찬가지로 연역법적 사고방식이 그 방법론으로 되어 있다.

그러므로 확률론에서는 세심하게 정의된 용어와 엄밀하게 세워진 가정하에서 공리, 정리를 그 학문의 기초로 삼고 있다. 따라서 귀납적 사고에 의한 결론에 확률론을 결부시키는 통계학의 연구에 있어서는 세심한 배려와 검토가 필요하게 되는 것이다.

따라서 이상에서 설명한 통계학의 목적에 의해서 우리가 궁극적으로 규명해야 할 통계학의 과제는 다음과 같이 요약할 수 있다. 첫째, 실험연구를 계획하거나 조사방법을 설계하는데 필요한 이론과 방법을 규명해야 한다. 둘째, 실험이나 조사에서 수집한 자료에서 필요한 정보를 도출하는 이론과 방법을 규명해야 한다. 셋째, 수집한 자료에서 도출한 정보를 이용하여 우리가 알고자 하는 대상집단에 관하여 어떤 사실을 추론하는 이론과 방법을 규명해야 한다는 것이다.

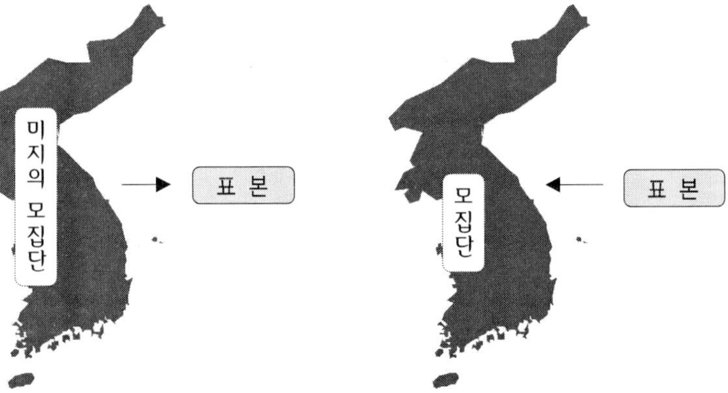

(1) 연역법적 추론(확률론)　　　(2) 귀납법적 추론(통계적 추론)

그림 1.5 • **연역법적 추론과 귀납법적 추론**

사례연구 2 보통사람이 90, 100세까지 사는 시대

어린 시절 우리가 손꼽아 기다리던 일중의 하나가 바로 동네 어른의 환갑잔치였다. 별다른 간식거리가 없던 시절에 환갑잔치에서 얻어먹던 떡과 과자는 별미중의 별미였다. 환갑잔치는 동네잔치였다.

1960년에 평균수명이 52.4세였으니까 60세를 넘었다는 것은 큰 잔치를 벌일만한 경사스런 일임에 틀림없었다. 그런데 요즘은 환갑잔치하는 사람이 별로 없다. 1975년에 이미 우리 나라 사람의 평균 수명이 63.8세에 이르러 별 탈 없으면 누구나 다 맞이하는 환갑인데 잔치를 한다는 것이 우스운 일이기 때문이다.

심지어는 예로부터 아주 드물다는 뜻에서 고희(古稀)라고 부르는 칠순잔치도 쑥스러워 해야 할 세상이 되었다. 2001년에 우리 나라 사람들의 평균수명이 이미 76.5세에 달했기 때문이다.

이처럼 평균수명이 40여 년 동안에 25세 가까이 늘어났다. 특히 여성의 평균수명은 2001년에 80세로 "팔순(八旬)시대"를 열었다.

표 1.1 • 평균수명

연도	전체	남자	여자
1960	52.4	51.1	53.7
1975	63.8	60.2	67.9
1985	68.4	64.5	72.8
1995	73.5	69.6	77.4
2000	75.9	72.1	79.5
2010	78.8	75.5	82.2
2020	80.7	77.5	84.1

[자료 : 통계청]

72.8세인 남성보다 7.2세가 더 많다. 우스갯소리로 이렇게 말하는 사람도 있다. "남편이 먼저 죽으면 아내는 더 오래 산다. 아마도 귀찮게 하는 사람이 없어서일 것이다. 반대로 아내가 먼저 죽으면 남편은 더 빨리 죽는다고 한다 귀찮게 할 사람이 없으니 하늘나라로 빨리 쫓아가서 또 귀찮게 하려고 그런다."

남자 수명도 늘었지만 상대적으로 여자의 평균수명이 더 늘어난 이유는 무엇일까? 1962년 제1차 경제개발 5개년 계획으로 시작된 한국의 경제 개발 과정에서 남성들이 직장에서 심한 스트레스를 받고 이를 해소하는 과정에서 과도한 음주와 흡연을 한 것이 원인이 아닐까 이야기하는 사람도 있다. 평균수명은 우리 모두에게 중대한 의미를 갖는 숫자이다.

지금 우리는 앞으로 얼마나 더 살아야 하는지에 대해 구체적으로 실감하지 못하고 있는 경우가 많다. 많은 사람들이 대충 평균 70세 정도를 생각하고 있다 . 그렇지만 통계를 가지고 대략적으로 확인해 보더라도 우리가 생각하고 있는 것보다 10년 아니면 20년은 더 살아야 한다는 결론이 나온다. 현재 40세인 사람은 대략 90세까지 살 수 있다. 평균 수명과 지금 살아있는 사람이 살 수 있는 시간인 여명(餘命) 사이에는 차이가 있다.

이것은 돈을 벌지는 못하고 써야 하는 기간이 10년 또는 20년 더 길어진다는 것을 의미한다. 즉 노후설계에 커다란 구멍이 뚫려 있다는 것이다. 젊은 시절 저축한 돈을 모두다 써버린 후에 수입 없이 10년이나 20년을 더 살아야 한다는 것은 여간 심각한 일이 아니다. 평균 수명이라는 통계는 지금 우리 모두에게 노후에 대한 아주 중요한 '정보'를 주고 있는 것이다[1].

1) 자료: 통계마당 2005년. 통권 8호. pp.170-172.

연습문제 1

1. 통계, 통계적 방법과 통계학은 어떤 관계가 있는가? 이를 구체적으로 설명하시오.

2. 사회현상과 자연현상에 대한 인식문제를 구체적인 예를 들어 설명하시오.

3. 통계학의 정의를 설명하시오.

4. 통계학의 과제를 설명하시오.

5. 연역법적 추론과 귀납법적 추론을 비교 설명하시오.

2 통계조사

1 통계조사의 개념

통계조사의 대상은 현상이다. 그러나 이 현상은 실제로 존재했거나 존재하는 역사적 현상이며 동시에 측정가능한 현상이 되지 않으면 안된다. 역사적 현상이란 우리들의 경험을 통해서 구체적으로 확인할 수 있는 현상이라는 것을 의미하고, 가측적 현상이라는 것은 그의 현상이 특정의 단위에 의해서 수를 세거나 저울에 달거나 혹은 측정할 수 있는 현상이라는 것을 의미한다.

통계조사란 이와 같은 역사적 현상을 특정의 단위에 의해서 수를 세고, 저울에 달고 혹은 측정된 결과를 모아서 하나의 통계집단으로서 파악하는 것이다.

이러한 통계조사에 있어서 일반적으로 "통계조사의 5요소(5W)"라는 것을 고려해야 한다. 즉,

조사 주체 …… who
조사 객체 …… what
조사 시기 …… when
조사 장소 …… where
조사 방법 …… how

누가 조사를 실시하느냐 하는 관찰의 주체가 중요하며 조사의 정도(precision)도 이에 따라서 좌우된다. 일반적으로 사회통계의 조사는 규모도 크고 비용과 노력도 많이 들기 때문에 국가나 지방공공단체가 주체가 되는 수가 많으나 여론조사 등은 언론·방송기관이 주체가 되는 경우가 많다. 다음에는 무엇을 관찰하느냐 하는 관찰의 대상이 중요하다. 예를 들면 슈퍼마켓 조사의 경우라면 관찰의 대상이 되는 슈퍼마켓의 범위를 명확히 해야한다. 조그마한 구멍가게가 슈퍼마켓으로 포함되지 않게 하기 위해서이다. 대상이 명확히 정해지면 다음에는 언제 관찰하는가를 결정해야 한다. 조사의 목적에 맞도록 대상의 성질을 가장 잘 나타내는 시기를 관찰의 시점으로 정하는 것이다. 이에는 목적에 따라 일정 시점에서 사진 찍듯이 관찰하는 것과 일정기간 동안에 관찰하는 것이다. 예를 들면 우리 나라의 인구총조사의 시점은 2005년 11월 1일(0시)이며 노동생산성 통계조사는 매월 1일부터 31일(1개월) 조사시점이 된다.

다음에는 관찰지역을 명확히 할 필요가 있다. 관찰지역으로서는 행정적·경제적 지역 등이 있으나 될 수 있는 대로 명확한 지역을 설정해야 한다. 예를 들면 서울특별시, 전라북도, 제주시, 정읍시 등으로 나누어 한정한다. 끝으로 가장 중요한 것은 조사방법이다. 조사방법으로는 면접조사, 간접조사 이외에도 우편조사, 인터넷 여론조사 등 여러 가지가 있지만 중요한 것은 관찰대상의 성질·목적·예산 등을 감안하여 최상의 방법을 선택하는 것이다.

이러한 통계조사는 전수조사(census)와 표본조사(sampling survey)로 나뉜다.

전수조사와 표본조사가 통계의 진실성을 유지하기 위한 여러 가지 요건을 만족시켜야 함은 공통적인 요구이지만, 현대에 있어서는 여러 가지 장점을 갖고 개발된 표본조사가 과학적 조사방법으로 인정되었고 여러 분야에 응용되어 많이 이용되고 있다.

2 표본조사의 이점

모집단 전체로 이루어진 표본을 조사하는 것을 전수조사(census)라고 부른다. 통계조사에 관한 정보를 정확히 알아내는 가장 이상적인 방법은 모집단을 구성하고 있는 모든 통계단위들을 남김없이 치밀하게 조사하여 보는 전수조사를 실시하는 것이다. 그러나 현실적으로는 전수조사를 실시하여 모집단에 관한 정보를 추출해 내는 경우는 예외적이며, 일반적으로는 모집단으로부터 표본을 추출하여 표본의 통계단위들의 특성만을 측정한 관측값들로부터 도출된 정보에 의거하여 통계단위의 특성이 모집단에서 이루고 있는 구조에 관해 추측을 행하게 된다. 즉 표본의 특성을 바탕으로 모집단의 특성을 추정해 내는 방식이다. 표본조사의 전제가 되는 가정은 특정표본이 모집단을 적절히 대표한다는 가정이다. 따라서 표본으로부터 얻어진 자료를 이용하여 의미 있는 모집단의 특성을 추정하는 것이다.

일반적으로 전수조사보다는 표본조사가 더욱 광범위하게 이용되고 있다. 실제로 우리가 접하고 있는 모든 사건이나 현상에 대해 알고 있는 대부분의 정보는 일종의 표본에 바탕을 둔 것이라고 해도 과언이 아니다. 이처럼 일상생활 뿐 아니라 특히 자연 및 사회현상의 연구를 위하여 표본조사가 선호되는 데는 다음과 같은 많은 이점이 있기 때문이다.

1) 경제성

경제성의 의미는 반드시 그러한 것은 아니지만 완전정보의 획득보다 표본정보의 획득에 드는 비용이 저렴함을 의미한다. 즉 모집단 전체에 대한 조사를 하는 경우 그 비용이 엄청나게 많이 들기 때문에 표본조사를 하는 경우가 많다. 예를 들어 농수산부에서 가을에 벼의 수확량을 추정하기 위하여 전국에 있는 모든 논의 수확량을 하나하나 조사하려고 한다면 엄청나게 많은 조사원을 동원하여야 할 것이고, 이에 따라 많은 예산이 소요되게 될 것이다. 따라서 그 비용을 절약하기 위하여 표본조사를 하는 경우가 많다.

2) 시간성

비용의 절약의 경우와 같은 이유로 해서 전체적인 조사보다는 표본을 추출하여 표본조사를 한다면 빨리 수집되고 통계결과가 빨리 나올 수 있다. 정보가 긴급히 요구될 때는 이 점이 필수적인 고려사항이 된다. 예를 든다면, 통계청에서 정기적으로 실시하고 있는 인구센서스를 전수조사하는 경우, 이 조사가 끝나고 결과가 나오기까지는 1년 이상의 장기간이 소요되는 경우가 대부분이다.

많은 경우 모집단 전체에 대한 조사는 오랜 시간이 걸리기 때문에 즉각적으로 제기된 문제에 대처하기 위해서는 표본조사를 함으로써 조사의 시간을 절약할 수 있다.

3) 정확성의 확보

사람들은 모집단 전체에 대한 조사만이 그 정확성을 높일 수 있으리라고 생각하고 있다. 그러나 전수 조사의 경우에는 많은 조사원들을 사용함으로써 그 가운데에는 잘 훈련되지 못한 조사원들이 포함될 수 있기 때문에 조사결과의 질이 저하되는 수가 있게 된다. 그러나 표본조사는 소수의 잘 훈련된 조사원을 확보할 가능성들이 높고, 이들에 의하여 수집된 조사 자료의 정확성이 전수조사에 비해서 높아질 수 있게 된다.

4) 파괴적인 조사에의 적용가능

어떤 조사를 하는 경우 그 조사대상을 사용할 수 없게 파괴하는 경우도 있게 된다. 이러한 경우에는 불가피하게 전수조사 대신에 표본조사를 실시하여야 한다. 즉, 표본은 보다 나은 대체안이 될 것이다. 예를 들면 진공관을 생산하는 회사에서 제품보증을 100시간으로 하고 있다. 이러한 경우 제품수명이 100시간보다 적어서 반품되어 오는 진공관의 수를 어떻게 추정할 수 있을까? 만약 이들 진공관의 수명을 추정하기 위하여 수명이 다할 때까지 검사를 한다면 판매할 수 있는 진공관은 하나도 남지 않을 것이다. 그러므로 이들 중 몇몇을 표본 추출하여 의사결정의 기초로 활용한다.

5) 전수조사가 불가능한 경우

때로는 전수조사가 불가능하여 표본조사를 할 수밖에 없는 경우가 있다. 예를 들면 어떤 제약회사에서 새로 개발한 의약품의 효과를 검사하고자 하는 경우에 현재 생존해 있는 모든 사람들뿐 아니라 앞으로 태어날 모든 사람들에 대해서도 그 약품의 효과를 검사하여야 할 것이다. 그러나 이것은 현실적으로 불가능하기 때문에 표본조사로서 만족해야 하는 것이다.

6) 표본관리가 용이

표본조사는 예비조사와 사후조사를 철저히 할 수 있다. 모집단의 일부분을 조사하게 되므로 면밀한 계획과 철저한 시행이 가능하고 재방문이나 반복조사가 가능하여 표본관리가 용이하다.

7) 다량의 정보의 확보가능

표본조사는 소규모의 추출단위를 조사하기 때문에 단위별로 많은 특성값을 상세하게 조사할 수 있다. 예를 들면 추출단위가 사람인 경우 그 사람의 인적사항을 여러 가지 각도에서 태도, 의견, 선호성을 조사할 수가 있으며 그것의 분석·검토도 상세하게 할 수가 있다.

예제 2.1 표본의 대표성과 표본크기

1929년부터 10년간《리터러리 다이제스트(Literary Digest)》지는 대통령 선거 때마다 지상투표식 여론조사(straw polls)를 실시하여 꽤 성공을 거두었다.

《리터러리 다이제스트》지의 조사방법은 전화번호부와 자동차 소유자 명부에 실린 수만 명의 사람에게 엽서조사표를 보내는 것이었다. 평균소득수준 이상의 투표자가 민주당과 공화당쪽에 투표하는 비율과 똑같은 패턴으로 저소득층도 투표한다고 가정하면 위의「지상투표식 조사방법」은 정확하다고 할 수 있다.

그러나「뉴딜(New Deal)」정책이 시작되면서부터 미국 선거민의 계층간 분화가 뚜렷해지기 시작해서, 한때 민주당을 지지하고 있었던 중산층 이상 계층은 공화당을 지지하게 되었으며, 저소득층은 민주당 지지를 표명하게 되었다.

분명히 그 당시 경제적으로 여유가 있는 사람들의 특권이라고 할 수 있는 전화 가입자나 자동차 소유자를 대상으로 실시한 여론조사로는 1936년 선거에서 공화당의 득표수가 압도적인 것이라고 예측되었다.

《리터러리 다이제스트》지의 선거 전 최종 여론조사에 의하면 랜던(Landon) 지지 57%, 루즈벨트 지지 43%이었다. 그러나 이미 잘 알고 있는 바와 같이 랜던은 패배하였다. 뚜껑을 열어 보니 랜던이 37.5%, 루즈벨트가 62.5%로, 루즈벨트가 과반수 이상을 획득하여 승리한 것이다. 19% 이상이나 틀린 것은 여론조사 사상 최대의 오차였다.

이때《리터러리 다이제스트》지는 1천만 장의 엽서조사표를 발송하였다. 이 숫자는 그 당시 가구수를 기준으로 3가구에 1장 꼴로 배달된 것이다. 그리하여 2백36만 7천2백3십 명이 엽서조사표에 의견을 적어 회송하여 왔다.

여기서 지적하고자 하는 것은 대규모의 표본(전화번호부와 자동차 등록 대장)에 기초한 예측은 반드시 올바른 결과를 유도할 수 없으며, 표본이 크다는 것만이 올바른 추정을 보증하지 않는다는 점이다.

3 표본오차와 비표본추출오차

표본조사는 모집단에서 그 일부분인 표본을 추출하여 조사하기 때문에 표본에 의한 추정은 표본오차(sampling error)를 갖게 된다. 그러나 표본조사가 표본오차를 갖는다 하여 전수조사보다 정확도가 낮다고 결론짓는 것은 옳지 않다.

오차에는 표본오차 이외에 여러 가지의 비표본추출오차(nonsampling error)가 있고 이들 비표본추출오차는 표본조사와 전수조사의 경우에 있어서 그 성질을 달리하는 것이다. 표본조사의 경우는 표본대상의 수가 적기 때문에 비표본추출오차를 유발케 할 수 있는 조사항목에 대해서는 철저한 감독과 관리 그리고 우수한 조사원으로 하여금 치밀한 조사를 실시함으로써 비표본추출오차를 현저히 감소시킬 수 있다. 따라서 비표본추출오차가 전체 오차의 주요부분을 점유하는 조사에 있어서는 전수조사보다 표본조사가 월등히 정도를 높일 가능성이 있다. 표본오차는 표본에 대한 조사결과와 그 표본의 모집단에 대한 전수조사 결과와의 오차라고 인식하여서는 안되고, 그 모집단의 평균값과 표본값과의 오차를 뜻한다. 예를 들어 평균인 경우의 표본오차는 다음과 같다.

$$표본오차 = \bar{x} - \mu$$

표본오차는 표본의 크기가 커짐에 따라 감소하는데 이 감소는 표본의 크기의 제곱근에 반비례한다($1/\sqrt{n}$). 그림 2.1을 보면 표본크기가 작을 때는 표본 크기를 증가하면 표본오차가 크게 감소하고, 표본크기가 어느 정도 이상이 되면 표본크기를 증가시켜도 표본오차는 약간씩 감소하는 것을 알 수 있다. 다시 말해서 표본크기가 클 때는 표본오차를 약간 크게 하면 표본크기를 크게 줄일 수 있고 이에 따라서 비용도 감소시킬 수 있다. 비표본추출오차는 표본조사보다 전수조사에서 더 크게 발생한다. 표본의 크기를 증가하면 표본오차는 감소하지만 비표본추출오차는 표본의 크기와 같이 증가한다.

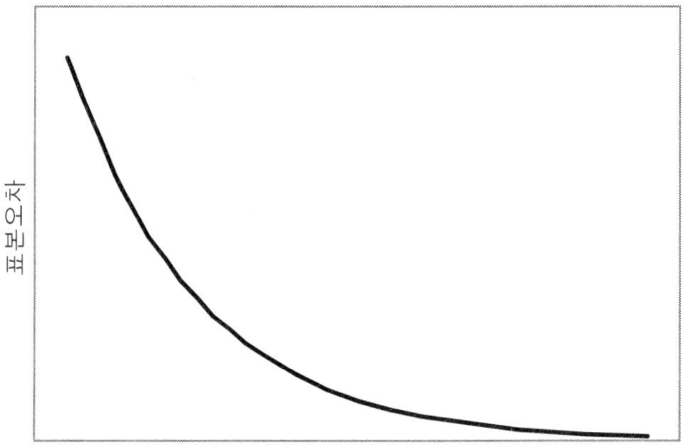

그림 2.1 • 표본크기와 표본오차

특히 비표본추출오차의 원인을 살펴보면 조사를 계획하고 실시하는 여러 과정에서 일어나는데 이를 열거하면 다음과 같다.

① 조사항목의 정의가 조사목적과 불일치하거나 부적당한 경우이다. 예를 들면 실업조사에서 실업자의 정의가 잘못되면 편의오차가 생긴다.
② 추출대장(frame)이 불완전하여 조사단위의 일부가 누락 또는 중복되었으면 오차가 생긴다.
③ 면접, 관찰, 측정이 정확하지 못한 경우의 오차
④ 조사원의 훈련부족으로 인하여 면접이나 실측에서 일어나는 오차
⑤ 피조사자의 부재 또는 무회답에 의한 오차
⑥ 조사표 기입사항의 검토가 불충분하거나 부호화, 정리상의 오차
⑦ 발표, 인쇄의 오차

예제 2.2

다음의 예는 실제조사에서 발생할 수 있는 경우의 비표본추출오차를 나열한 것이다.

① 개인의 특성을 추정하는데 가구를 표본으로 선정하고, 각 가구 내에서 한 명을 면접하면 표본이 편의를 가질 수 있다. 이 경우에는 추출단위의 가중값을 고려하여야 한다.
② 지도상에서 표본가구를 선정하는 데 임의점을 택하여, 이 점에 가장 가까운 가구를 선정하게 되면 편의가 발생한다.
③ 전형표본이나 유의표본은 추출확률이 없기 때문에 편의를 갖는다.
④ 불완전한 추출대장, 가령 전화번호부를 사용하여 표본추출을 하면 편의 표본이 된다.
⑤ 표본으로 선정된 단위가 원하는 것이 아니기 때문에 다시 다른 표본을 선정하게 되면 편의표본이 된다.
⑥ 표본관찰값에서 극단값이라고 생각되는 값을 제거시키면 편의를 갖게 된다.
⑦ 표본가구가 공가구 또는 부재가구일 때 그 다음 가구를 대체하면 오차를 가져온다.

예제 2.3

다음 자료는 어느 중소기업 종업원의 연간 임금을 나타낸 것이다. 이 자료를 이용하여 평균에 대한 표본오차와 비표본추출오차를 설명하시오(단위는 백만원).

$$17,\quad 24,\quad 35,\quad 35,\quad 43$$

풀이...

모평균은

$$\text{모평균} = (17+24+35+35+43)/5 = 30.8$$

이다. 이 모집단으로부터 3명의 임금을 임의로 추출한 결과 17, 35와 43이 추출되었다고 가정하자. 이 표본에 대한 표본평균은

$$\text{표본평균} = (17+35+43)/3 = 31.67$$

이다. 따라서 표본오차는

$$\text{표본오차} = \text{표본평균} - \text{모평균} = 31.67 - 30.8 = 0.87$$

이다. 이제, 위에서 언급한 표본을 추출하여 기록할 때 35 대신에 37로 기록하였다고 가정하자. 그러면 표본평균은

$$\text{표본평균} = (17+37+43)/3 = 32.33$$

이며 표본평균과 모평균과의 차이는 다음과 같다.

$$\text{표본평균} - \text{모평균} = 32.33 - 30.8 = 1.53$$

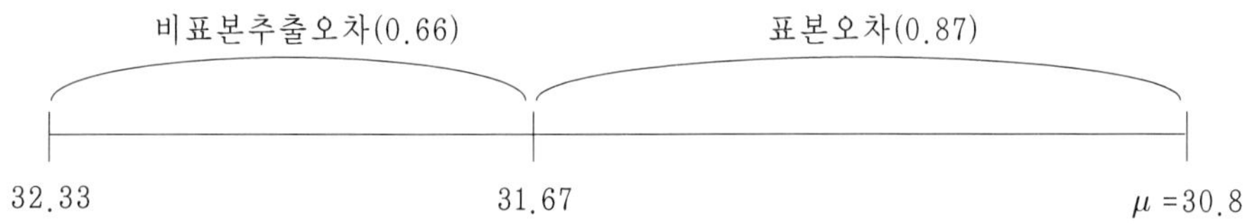

그림 2.2 • 표본오차와 비표본추출오차

그러나 이 경우의 차이(표본평균 - 모평균)는 표본오차라고 하지 않는다. 앞에서 계산한 0.87의 차이가 표본오차에 기인한 것이다. 1.53 - 0.87 = 0.66은 잘못 기록한 자료에 의한 표본평균과 모평균과의 차이(1.53)와 표본오차(0.87)와의 차이(0.66)를 비표본추출오차라고 한다. 이것은 표본에서 두 번째 자료를 잘못 기록한 오차에 의해서 발생되었기 때문이다. 따라서

○ 표본오차 = 0.87　　　　○ 비표본추출오차 = 0.66

그림 2.2는 표본오차와 비표본추출오차를 나타낸 것이다.

우리가 유의해야 할 점은 현실세계에서는 모평균을 모른다는 사실이다. 그러므로 모평균의 추정값으로서 표본평균을 사용하기 위하여 표본을 추출하게 된다. 결과적으로 표본오차의 크기를 알 수 없다는 것이다.

4 표본추출방법

표본조사를 하기 위하여 필요한 표본을 모집단에서 추출하여야 한다. 이 때 추출과정에 따라 여러 가지 방법을 적용할 수 있다. 근본적으로 표본추출방법을 크게 두 가지 종류로 구분한다. 하나는 확률추출(probability sampling)이고 다른 하나는 비확률추출(non-probability sampling)이다. 그 차이는 표본추출과정에서 표본설계자의 주관성이나 판단의식이 내포되어 있는가, 아니면 전혀 내포되어 있지 않은 무작위성인가 하는 문제에 달려 있다. 따라서 비확률추출방법은 객관적으로 확률들을 단위들에 배분할 수 없는 과정이므로 우리는 확률에 의하여 표본결과값의 신뢰성을 결정할 수 없다. 그러나 여론조사나 시장조사 등 기타 특수한 경우에 자주 사용된다.

1) 비확률추출방법

(1) 판단추출

판단추출(judgement sampling)은 해당분야에 전문지식을 갖춘 전문가의 주관적인 판단에 따라서 대표적인 표본을 산출하는 추출과정을 말한다. 예를 들어 가계비 조사시에 5인가족 가구나, 농가경제 조사에 있어서 규모별로 표준적인 농가만을 선택할 경우이다. 특히, 표본의 크기가 적은 경우 판단표본이 바람직할 수도 있다. 그러나 얼마나 적어야 할 것인가? 이것은 문제에 따라서 다르다. 예로서 우리 나라의 도로상황을 조사하고자 할 때 각 시, 도, 특별시에서 8~10개 정도를 선정한다면 전문가의 판단에 의한 선정에 바람직할 수도 있다. 그러나 판단추출은 많은 위험을 포함하고 있으며 의사결정과 관련된 문제에서 너무 자주 쓰이고 있다.

(2) 할당추출

할당추출(quota sampling)은 1930년대와 1940년대에 선거예측, 여론조사와 시장조사 등에 널리 이용된 방법이다. 할당법에서는 표본에 포함될 남자 및 여자의 수, 도시 또는 농촌의 가구수 등으로 구분하여 추출될 단위의 수가 먼저 할당되어진다. 그러므로 표본은 지역별, 성별, 경제적 수준 등을 고려하여 거의 대부분의 집단에 대하여 고르게 분포한다. 그러나 이러한 방법은 합리적인 것 같이 보이지만 사실에 있어서 중대한 과오를 범하고 있다. 즉, 판단추출은 모집단에 관한 구조의 판단은 설계자 자신에 의한 것이므로 이 판단이 사실과 완전히 일치된다는 것은 없고 거기에 다소의 과오가 있다는 것이다. 이에 대한 예로서 1936년 미국의 대통령선거 결과에서 나타났다. 즉, 《리터러리 다이제스트(Literary Digest)》지는 1936년 미국의 대통령선거 결과를 예측하였는데 이것은 표본설계에 따른 위험의 사례로서 널리 인용되고 있다. 다이제스트사의 예측은 이전에 상당히 신뢰성이 있는 것으로 알려져 있었다. 예로서 1932년 선거에서 루즈벨트(F.D. Roosevelt)가 1% 정도 유리할 것이라고 예측하였다. 그러나 1936년에는 루즈벨트가 공화당의 랜던(A.M. Landon) 후보에게 패배할 것이라고 하였으나 선거 결과는 루즈벨트 후보의 승리였다. 대통령 당선자에 대한 리터러리 다이제스트사의 예측은 실패하였으며 더욱이 루즈벨트 후보에 대한 지지표의 예측에는 19%의 오류를 범하였다.

다이제스트사의 예측은 전화번호부와 자동차 등록대장으로부터 200만명 이상의 유권자를 대상으로 하였으며 결과적으로 이것은 할당추출이었다. 여기서 지적하고자 하는 것은 대규모의 할당표본에 기초한 것이 반드시 올바른 결과를 유도할 수 없으며, 표본이 크다는 것만이 올바른 추정을 보증하지는 않는다는 점이다.

2) 확률추출방법

(1) 단순확률추출방법

단순확률추출(simple random sampling)이란 대상집단의 모든 구성요소에 대해 동등한 확률을 부여하여 표본을 추출하는 방법을 의미한다. 이러한 단순확률추출법은 모든 표본추출방법의 기본이 되는 기초적인 방법으로 크기가 N인 모집단에서 표본의 크기가 n을 추출하는 방법을 말한다.

모집단에서 표본을 추출할 때 무작위로 추출하는 것이 중요한 일이다. 그러므로 우리는 '무작위'라는 말의 정확한 정의를 내릴 필요가 있다. 예를 들면 52개의 트럼프 카드에서 무작위로 5매를 추출했을 경우에는 우연히도 뽑힌 5매가 전부 하트가 나오는 일도 있을 것이다. 그러나 우리는 전부 하트가 뽑혔기 때문에 그 추출방법이 무작위가 아니라고는 말할 수 없다. 그렇다면 어떠한 추출방법이 무작위이겠는가? 그것은 모집단을 구성하는 어떠한 요소도 다른 요소의 추출방법에 관계없이 같은 확률로 추출되는 것이 보장된 추출방법, 즉 객관적이고 임의적으로 추출하는 추출방법을 말한다.

확률표본을 추출하는데 있어서 위에서 설명한 객관성(objectiveness)과 임의성(randomness)을 보장하기 위한 방법 중 하나로서 이용되고 있는 것이 난수표(table of random numbers)이다. 난수표란 동일한 독립적인 발생확률을 가진 0에서부터 9까지의 10개의 숫자가 임의적으로 배열된 표를 말한다.

(2) 층화추출방법

층화추출에서는 모집단을 여러 개의 서로 중복되지 않는 부분집단으로 나누게 된다. 이들 부분집단을 층(stratum)이라 하며 이러한 층을 형성하는 것을 층화(stratification)라 한다. 층화를 한 다음 각 층에서 단순확률표본을 선출하여 모집단의 특성값을 추정하는 과정을 층화추출(stratified sampling)이라 한다.

예를 들면 어느 도시에 있는 슈퍼마켓들의 평균매출액을 추정하고자 한다. 그리고 각 슈퍼마켓은 대·중·소의 크기로 나눌 수 있다고 하자. 이런 경우 앞 절에서 공부한 단순확률방법에 의해서 표본을 추출하는 것은 불합리하다.

왜냐하면 표본이 대·중·소의 슈퍼마켓 중 어느 한 부분의 것만 추출될 수 있어 올바른 추정값을 얻을 수 없게 되기 때문이다. 이런 경우에는 슈퍼마켓을 대·중·소의 세 그룹으로 나눈 다음 각 그룹으로부터 표본을 추출하여 혼합된 표본을 이용하여 추정값을 구하는 것이 바람직할 것이다. 이때 서로 겹치지 않는 부모집단(위의 예에서는 그룹)들을 층(strata)이라 한다. 즉, 집단을 각 층으로 나눈 다음, 이들로부터 단순확률추출방법에 의하여 표본을 추출하는 방법을 층화확률추출방법(stratified random sampling)이라 한다.

(3) 집락추출방법

단순확률추출, 층화확률추출 등을 적용하기 위해서는 모집단의 조사단위들을 모두 포함한 추출틀을 작성하여 여기서 직접 조사단위들을 표본으로 추출해야 한다. 하지만 전국의 가구와 같은 대규모 집단에 대한 표본설계에 있어서는 현실적으로 전국 가구의 목록과 같은 추출틀을 작성하는 데 엄청난 비용이 들거나 또는 현실적으로 확보가 불가능할 수도 있다. 아울러 이런 추출틀을 사용하여 직접 가구들을 단순확률추출하면 조사 대상가구들이 전국에 산재되기 때문에 이런 표본가구들을 실제로 조사하기 위해서는 막대한 비용 및 노력이 들것이다. 이런 문제를 극복하기 위해 우선 전국의 가구를 지역적으로 인접한 것끼리 묶은 집락을 구성하고, 기본단위를 직접 추출하는 대신에 이들의 집합체인 집락을 추출하여 선택된 집락의 모든 조사단위들을 조사하는 방법을 상용하게 되는데 이런 추출법을 집락추출(cluster sampling)이라고 한다.

우리나라 통계청에서 사용하는 조사구(enumeration district)는 가장 대표적인 집락이다. 정부공식통계를 생산하기 위한 표본설계에서는 대부분 이런 조사구를 집락으로 사용하는 집락추출법을 사용하고 있다. 그 밖에도 집락추출법을 사용하는 많은 예들이 있다. 조사단위가 사람들인 경우 가구는 그 자체가 사람들 개개인에 대한 집락이 되며, 대학생들을 대상으로 한 표본추출에서도 전공 및 학년에 따른 학생들의 그룹도 집락추출을 위한 편리한 추출단위가 될 수 있다. 또한 어떤 질병에 대한 평균 재발 횟수나 평균 입원일수를 연구하는 경우 병원이 그 질병을 갖고 있는 환자들에 대한 편리한 집락이 될 수 있다. 지금까지 보았듯이 표본추출을 하는데 편리한 단위인 집락에 대한 예는 무수히 많다.

(4) 계통추출방법

계통추출(systematic sampling)은 추출단위에 일련번호를 부여하고 이를 등간격으로 나눈 후 구간에서 하나의 번호를 랜덤(random)으로 선정한 다음 등간격으로 떨어져 있는 번호들을 계속하여 추출해 가는 방법을 말하며 이 방법에 의해 추출된 표본을 계통표본(systematic sample)이라고 한다.

계통표본을 구하는 절차는 우선 모집단 내의 모든 요소들에 1에서 N에 이르는 일련번호를 부여하고, 먼저 $k=N/n$으로 정의되는 추출간격(sampling interval)을 결정한다. 여기에서 N은 모집단의 크기를 나타내며 n은 표본의 크기를 나타낸다. 다음으로 첫 번째 추출간격에서 임의로 수치가 부여된 요소 하나를 선정한다. 만약에 이렇게 선정된 요소의 수치가 예를 들어 $a(a \le k)$라 하면 크기가 n인 표본은 부여된 수치가 $a,\ a+k,\ a+2k,\ \cdots$와 같이 되는 요소들로 이루어지게 된다.

5 여론조사

1) 여론조사의 개념

여론조사란 표본으로 추출된 사람들을 대상으로 공적 이슈에 관한 설문지를 통하여 그의 개인 의견을 물어 이를 합산하여 정리하는 것이다.

여론조사에 대한 필요성이 증대되면서, 여론조사의 기능과 이를 통해 얻을 수 있는 정보도 다양해졌다. 과거에는 단순히 특정 의견에 대한 태도를 기술하는데 그쳤다. 물론 아직도 대부분의 여론조사는 특정 주제에 대한 응답자들의 응답내용을 단순히 항목별로 응답비율을 구하거나, 이런 응답내용을 사회인구적 특성별로 비교하는데 초점을 맞추고 있다. 그러나 근자에 와서는 단순기술식 여론조사가 아닌 보다 정교한 설명과 예측을 요구하는 조사들이 많아졌다. 그런 점에서 여론조사는 매우 다양한 기능들을 갖고 있다.

첫 번째로 여론조사는 현상을 기술하는 기능이 있다. 예를 들어 현재 사람들의 낙태 문제에 대한 찬반 비율, 혹은 믿고 있는 종교의 비율 등과 같이 문항 그 자체로 직관적인 의미를 갖는 내용에 대한 여론조사를 통해 그 결과를 기술해 주는 것이다. 물론 여론조사의 결과들은 반드시 여론조사가 아니더라도 그 결과를 충분이 추론해 낼 수 있는 경우가 많다. 그런 점에서 여론조사가 필요한가에 대해 회의적인 입장을 취하는 사람들도 있다.

그러나 여론조사의 현상기술적 기능은 크게 두 가지의 의미를 갖는다. 우선은 사회적 합의의 의미이다. 특정한 주제에 대한 특정한 태도가 단지 한두 사람의 의견이 아니라 사회 구성원들의 전체적인 의견이라는 점이 중요하다. 두 번째 의미는 일반인들이 갖고 있는 상식의 허구성을 깨는 역할을 하기도 한다.

특정 문제에 대한 전문가들의 의견이나 체감적 여론은 자칫 순환적 함정에 빠져 현상을 제대로 파악하지 못하는 경우들이 있다. 그런 측면에서 여론조사를 통한 현상의 객관적인 기술은 그 자체로서 의의를 갖는다고 볼 수 있다. 그리고 보다 넓게는 한 시대의 삶과 태도에 대한 역사적인 기록자료로서의 가치도 갖고 있다.

여론조사의 두 번째 기능은 현상에 대한 설명이다. 가장 단순하게는 어떤 태도에 대해 왜 그런지를 알아봄으로써 특정 문제나 태도의 원인을 알아볼 수 있다. 혹은 간접적인 질문이나 여러 질문내용에 대한 심층적인 분석을 통해 특정 현상이나 태도의 원인을 추정하고 설명해볼 수도 있을 것이다. 예를 들어 어떤 정치지도자에 대한 지지도가 높으면 왜 높은지, 반대로 낮으면 왜 낮은지에 대한 질문을 통해 정치지도자에 대한 지지이유를 알아볼 수 있다. 이런 직접적인 방법이 아니더라도, 우리 나라의 사교육 실태와 원인을 알아보기 위해 사교육 실태 및 학부모나 학생들의 사교육에 대해 갖는 태도와 가치관, 부모의 과잉 모성애나 부성애, 교육관 등에 대한 종합적인 여론조사를 통해 사교육 풍토의 원인과 대책을 추정해볼 수 있다. 이런 현상에 대한 설명은 미리 특정 현상의 원인에 대한 개념적 가설을 만들고 여러 대안적인 가설의 타당성을 검증함으로써 밝혀지게 된다. 그러기 위해서는 일회성 조사가 아닌 여러 단계의 조사를 통해 수

렴적으로 문제를 해결해 나갈 수도 있을 것이다.

셋째로는 특정한 현상을 예측하는 기능을 갖는다. 예를 들어 선거 출마자들에 대한 지지도를 토대로 선거결과를 예측하는 경우 등이 이에 속한다. 이런 현상의 예측은 득표율과 같은 특정한 결과나 수치를 예측하는 것도 포함되지만, 동일한 현상에 대한 정기적인 추이 분석을 통해 앞으로 어떤 방향으로 여론이 변화해갈 것이라든지, 어떤 현안에 대해 어떤 식으로 여론이 조성될 것이라는 등의 포괄적인 의미에서의 예측까지를 포함한다. 물론 여론의 형성이라는 것이 매우 복잡하고 예측하기 어려운 측면이 있기 때문에 여론의 예측은 아주 제한적인 범위에서만 가능하다. 그럼에도 불구하고 이런 여론의 예측이라는 것도 매우 중요한 여론조사의 기능 중 하나라고 볼 수 있다.

2) 여론조사의 종류

일반적으로 여론조사라고 하면 누구나 정치조사를 우선 떠올리게 된다. 물론 현대사회에서도 일반인들의 사회적 삶의 상당부분은 정치와 불가분의 관계에 있고, 현대정치가 여론정치라는 점에서 볼 때 그러한 현상은 극히 자연스러운 것이기도 하다. 물론 정치조사가 여론조사의 중요한 부분임에는 틀림이 없으나, 모든 여론조사가 정치조사는 아니다.

다시 말해서 여론조사의 주제는 특정 사회속에서 사회생활을 하는 사람들 중 다수가 공통적으로 인식하는 모든 사회문제에 대한 이해와 그 개선방향의 모색을 포괄한다. 이렇게 볼 때 여론조사는 정부나 정당, 각종 공공기관이나 단체는 물론 일부 대기업에서 실시하는 고객 여론조사, 기업 이미지조사까지, 다양한 주체에 의해 다양한 형태로 실시되고 있다.

(1) 정책의 입안과 시행에 관련된 조사

민주화의 진전과 사회 각 부문의 자율성이 확대되면서 정부의 정책결정 과정 역시 과거 중앙집권적이고 상명하달식이던 권위적 구조에서 벗어나, 국민의 평가가 적극 수렴, 반영되는 상향식 구조로 전환되어가고 있다. 중앙정부나 지자체에서 실시하는 각종 정책은 그 입안과정은 물론 시행과정에 있어서도 그 이해 당사자인 국민이나 기업 혹은 지방 거주민들에게 큰 관심의 대상이 되고, 그에 대한 평가가 선거라는 과정을 통해 드러나게 됨으로써 담당 주체인 중앙과 지방정부의 변화를 야기시키기도 한다.

따라서 각종 정책을 입안하고 시행하는 주체인 정부와, 정부로부터 각종 지원을 받는 사회단체들의 입장에서는 어떤 정책이나 사업을 입안하고 시행하려 할 경우 그에 대한 여론조사를 실시하고, 이를 제반 과정에 반영하기 위해 노력하게 되는 것이다. 여론조사는 단순히 여론을 측정하기만 하는 것이 아니라 여론의 형성과 방향의 설정에 영향을 주기도 한다.

(2) 투표결과 예측, 평가 및 동기에 대한 조사

민주주의 사회는 선거라는 과정을 통해 정체와 정권의 담당자를 결정하는 사회체제이다. 또한 현대정치는 여론정치라고 할 수 있을 만큼 국민여론의 향방에 따라 움직이기도 한다. 따라서 정치인과 정당은 유권자들의 평가에 의해 그 성패가 좌우된다고도 말할 수 있다. 또한 사회의 각 부문이 정치에 의해 크게 영향을 받는 우리 나라의 경우 국민들의 정치적 관심도가 매우 높다고 말할 수 있다.

각종 선거가 시행되면 TV 등 언론매체에서는 밤을 세우며 철야로 선거방송을 하고 또한 국민들 중 상당수도 밤을 세워 선거결과 중계를 시청하기도 한다. 그러나 선거조사 결과를 미리 알려 줌으로써 궁금증을 해소하게 할 수 있다. 또한 선거에 관련된 여론조사는 단지 선거결과를 사전에 예측하는 것 뿐만 아니라 유권자인 국민들이 무엇 때문에 그러한 투표행위를 했는지, 그리고 선거결과에 대해 어떤 평가를 하고 있으며, 또한 당선자들이나 정당에 무엇을 요구하고 있는지를 조사하는 것도 그 주요한 영역에 포함된다.

(3) 사회현안에 대한 여론수렴 및 실태평가를 위한 조사

우리 사회 각 부문에서 발생하는 주요 현안들에 대해 국민들이 어떤 평가를 하고 있는지를 살펴보는 것도 여론조사의 주요한 역할이다.

예를 들어 최근 우리사회에서 나타나는 가족윤리 파괴를 지켜보는 국민들의 시각은 어떠하며, 그 해결을 위해 어떤 정책이나 제도가 시행되어야 한다고 생각하는지 알아보기 위해서 현안에 대한 여론조사를 실시한다. 또한 여론조사는

현상의 평가 뿐만 아니라 국민 대다수인 보통사람들의 시각에서 바라보는 현상의 원인에 대한 진단도 포함될 수 있으며, 주요 사회현상의 실태 평가를 위한 도구로 시행되기도 한다. 예컨대 여성 흡연률 조사나 우리 국민들의 해외관광 실태 등에 관한 조사 등이 그 한 형태로 시행되고 있다.

(4) 각종 공공서비스의 질에 대한 평가

정부는 물론 각종 사회단체 등 사회적 역할비중이 큰 기관이나 단체는 제공하는 서비스를 통해 위상이나 이미지를 평가받고 있으며, 그 개선방향을 모색하기 위해 노력하고 있다. 이 경우 해당 기관이나 단체 혹은 기업들은 그들이 제공하는 공적 서비스의 수준을 측정하기 위한 객관적인 도구로 여론조사를 활용하게 된다.

3) 여론조사의 절차와 과정

아무리 과학이 발달하여 사람이 달나라에 가고 화성에 간다 하여도 과연 사람의 마음을 과학으로 알아낼 수 있을까? 더구나 수많은 사람들의 마음을 어떻게 알아낼 수 있을까? 이러한 질문에 대한 해법은 지난 100여 년 동안 사회과학의 발전으로 이론적인 견지에서나 방법론적 입장에서 많은 진전이 있었다. 19세기 하반기부터 개인심리분석(psychoanalysis)에서 대두되었고, 20세기에 들어와서는 마음의 태도에 대한 연구와 조사가 활발히 이루어지는 등, 개인의 마음을 알아내는 데는 현대 심리학이 획기적인 기여를 하였다고 볼 수 있다. 이에 비하여 집단적 사회인들의 마음을 찾아내는 데는 사회학이 중추적 역할을 한 셈인데, 그들은 사회조사방법(survey research method)을 발전시켰던 것이다.[1)]

여러 종류의 여론조사가 있지만 여기에서는 한 정당이 대통령 선거를 앞두고 전략적인 정보수집을 위해 실시한 국민 여론조사의 예를 들어보자. 그 정당의 전략 참모들은 그들의 전략 수립에 도움이 될 구체적인 여러 가지 정보를 질문형식으로 작성하여 여론조사 전문기관과 상의한다. 이것이 첫 단계로 조사목적, 가설 등을 분명히 하는 단계이다.

두 번째 단계는 조사 전문가들이 의뢰 정당 또는 정치인이 원하는 정치정보를

1) 선우동훈·윤석홍, 여론조사, 커뮤니케이션북스, pp.67-69.

찾아내는 데 필요한 방법론적 조사 디자인(research design)을 작성하는 것이다. 조사 디자인 단계에서 주로 표본추출작업과 설문지 작성 작업이 중요하다. 따라서 표본수와 표본추출방식을 결정하여야 하며, 질문의 용어 사용과 질문순서 등 설문지 작성과정에서의 문제를 해결하여야 한다. 이러한 조사 디자인 절차에서 꼭 결정하여야 할 것은 조사 데이터를 어떠한 방법으로 입수하느냐 하는 점이다. 세 가지 종류의 방법이 있는데, 첫째는 전화를 이용하여 응답자와 질문 및 답변을 주고받는 방법이다. 이것을 전화조사라 한다. 두 번째는 면접조사원(interviewer)이 응답자 집으로 찾아가 미리 선정된 응답자와 대면하여 질문 및 답변을 주고받는 방법이다. 이것을 대면조사라고 한다. 마지막으로 우편조사인바, 설문지를 개개인에게 우편으로 보내어 그들의 답변을 입수하는 방법이다. 근래에 와서는 TV와 PC 같은 전자매체의 도움으로 면접조사원과 응답자간에 화면을 통한 질문 및 답변을 할 수 있게 되었다. 여기에서 주목할 것은 응답자들의 답변은 그들 개개인의 답변이지 어떠한 집단적 조직체의 공동 답변이 아니라는 점이다. 즉 개개인이 어떠한 이슈에 관하여 토론한 후 도달한 합의된 집단적 의견이 아니라는 점에 유의할 필요가 있다.

세 번째 단계는, 면접조사원이 설문지의 순서에 따라 응답자에게 질문하여 그들의 답변을 받고 기록하는 정보수집과정이다. 적절한 날짜와 시간을 정하여 면접조사를 하는 일, 조사원에 대한 훈련과 감독, 그리고 입수된 데이터의 검토, 즉 인터뷰어가 응답자와 거짓 없이 인터뷰를 하였는지 여부를 가려내는 심사(verification) 등을 수행하게 된다.

네 번째 단계는, 입수된 데이터를 컴퓨터에 입력하여 단순한 통계, 교차분석, 또는 다변량 통계분석(multivariate statistical analysis)을 통하여 데이터를 정리하고 정당의 전략가에게 보고서를 내는 작업이다. 여기에서 중요한 것은 입수된 숫자들이 정당 전략가들이 전략을 세우기 위한 정보로, 또는 대안을 모색하는 데 필요한 아이디어로 얼마나 활용할 수 있는가를 모색하는 일이다.

마지막 다섯 번째 단계는, 여론조사를 후원한 정당에서 여론조사 결과를 전략수립, 전략수정, 홍보작전, 기금후원 또는 여타 정당조직원들의 사기진작을 위한 자료로 발췌, 사용하게 된다. 포커스 그룹 인터뷰(FGI), 인구 통계학 자료, 선거투표기록뿐만 아니라 편지/전화를 통한 유권자들의 아이디어 등 여러 정보 소스(source)와 여론조사 결과를 총정리하는 작업이 전개된다.

앞서도 언급하였지만 여론조사의 방법론적 기반은 사회조사방법이며 사회조사는 확률표본 추출기법을 기초로 하고 있다. 즉 적절한 수의 표본을 확률이론에 근거하여 추출하면 표본의 모집단(예로 전국 유권자 전체)을 대표할 수 있기 때문에 조사대상 응답자는 소수이지만(불과 1,000명 정도), 100만, 1,000만, 1억 등 다수의 모집단에 적용하여 조사 결과를 일반화할 수 있다. 이러한 방법론은 학계에서 뿐만 아니라 기업계, 정치권, 교육계, 사회단체 등 거의 모든 조직체에서 인정받아 왔다. 특히 미국 여론조사는 그 동안 열 여섯 번의 대통령 선거 예측에서 한 번 실수한 것(1948년)을 제외하고는 누가 승자가 될 것인가를 정확하게 예측하였던 것이다.

예제 2.4

16대 대통령 선거를 위한 각 대통령 후보 진영이 여론조사 결과에 촉각을 곤두세우고 있는 가운데, 민주당 노무현, 국민통합21 정몽준 후보의 단일화 합의가 발표된 16일 조선일보와 한국갤럽이 실시한 후보 지지도 전화조사 결과, '누구로 단일화하는 것이 좋은가'란 질문에 노 후보 46.6%, 정 후보 37.1%로 나타났다. 이는 한나라당 이회창 후보를 지지한다고 밝힌 사람들을 뺀 나머지 사람들을 대상으로 한 수치이다.

양자 대결에선 이 후보 대 노 후보는 42.3% 대 38.3%였고, 이 후보 대 정 후보는 39.8%대 38.6%였다. 다자 대결에선 이 후보 36.1%, 노 후보 22.5%, 정 후보 21.7% 민주노동당 권영길 후보 2.1%, 장세동 전 안기부장 1.3%, 기타 후보 0.6%였다. 이 조사는 전국 성인 2010명을 대상으로 실시했으며 최대 허용 표본오차는 95% 신뢰수준에서 ±2.2% 포인트이다.

조사개요는 다음과 같다.

1. 모 집 단 : 전국의 만 20세 이상 성인 남, 여
2. 표 본 크 기 : 2010명 (유효표본)
3. 표본추출방법 : 지역(시/도)별 인구수 비례 무작위추출(전화번호부 이용)
4. 표 본 오 차 : ±2.2%포인트(95% 신뢰수준)

5. 자료수집도구 : 구조화된 질문지
6. 조 사 방 법 : 전화조사
7. 조 사 기 간 : 2002년 11월 16일 (1일간)
8. 조 사 실 시 : 한국갤럽

예제 2.5

우리국민은 행복한가? '지난 5년간 행복했나'라는 질문에 응답자 10명 중 4명(39.2%)이 "행복하지 않았다"고 답했다. 이들은 자신의 능력이나 노력에 비해 제대로 보상받지 못하고 있다는 데 대한 불만이 높은 편이었고 일이나 직장 생활, 경제 불안과 사회적인 문제가 일상의 삶을 짜증나게 한다고 생각했다.

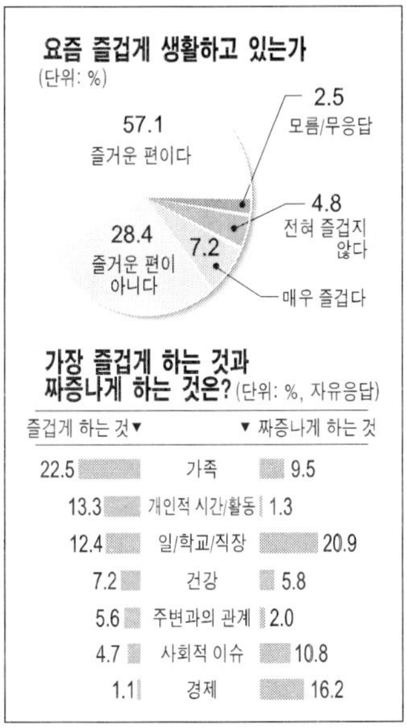

동아일보가 16대 대통령선거가 끝난 직후인 21일 코리아리서치센터(KRC)에 의뢰해 전국 성인 1504명을 대상으로 '행복감'에 대한 설문조사를 한 결과 지난 5년간 '매우 행복했다'는 사람은 4.1%였고, '행복한 편이였다'는 54.3%로 10명 중 6명 가까이는 행복했다고 답했다.

그러나 '전혀 행복하지 않았다' 4.8%, '별로 행복한 편이 아니었다' 34.4%로 행복을 느끼지 못한 사람도 절반 가까이 되었다. 특히 50대 이상 고연령층에서는 '행복함' 45%, '행복하지 않음' 51%로 행복하지 않은 사람이 더 많았다.

행복감과 함께 일상생활의 즐거움, 자신의 능력이나 노력에 대한 사회적 보상에 대한 만족도도 함께 조사했다.

일상생활에 대해서는 '매우 즐겁다' 7.2%, '즐거운 편이다' 57.1%로 64.3%가 즐겁다고 답했으나 33.2%는 '즐겁지 않다'고 했다. 행복감과 마찬가지로 젊은 층일수록 '즐겁다'는 답이 많았으며. 특히 20대 여성층에선 79%가 즐겁다고 답했다.

그러나 50대 이상 남성층에서는 즐겁지 않다는 응답이 49%로 가장 높았다. 나이가 많을수록 부정적인 답변이 많은 것은 세대간 대결 양상을 보였던 이번 대선

결과를 다소 반영한 것처럼 보였다.

우리를 즐겁게 하는 것은 '자녀의 성장 모습', '가정생활 안정' 등 가족과 관련된 내용이 22.5%로 가장 많았다. 짜증나게 하는 것으로는 '일, 학교, 직장 때문'이 20.9%로 가장 높았고 이어 '돈이 없어서', '경제가 불안해서' 등 경제적인 문제가 16.2%로 많았다.

'자신의 능력이나 노력에 비해 그만큼의 사회적 지위나 소득을 누리고 있다고 생각하느냐'는 질문에는 45.5%가 '더 적게 누리고 있다'고 답해 국민의 절반 가까이는 능력과 보상간의 괴리가 크다고 믿고 있었다. 이러한 불만은 30대에서 특히 많아 반 이상(50.5%)이 '더 적게 누리고 있다'고 답했고 직업별로는 블루칼라층(58.6%)과 농업·임업·어업층(57.5%)에서 가장 높았다.

이번 조사는 전화 조사방법으로 진행됐으며 표본오차는 95% 신뢰 수준에서 ±2.5% 포인트이다. 자세한 내용은 인터넷 동아닷컴(www.donga.com) 여론조사 자료실에서 볼 수 있다.

사례연구 여론조사 보도시 고려사항

다음은 언론인이 여론조사 결과를 보도함에 있어서 지켜야 할 최소한의 원칙이다.

1. 여론조사 결과를 공표 또는 보도할 경우에는 선거법 제 108조 ④항에 따라 다음 사항을 반드시 밝혀야 한다.
   1) 조사자와 조사의뢰자 2) 표본추출방법 3) 조사시기와 조사지역
   4) 표본크기 및 산정방법 5) 조사방법(면접조사, 전화조사, 우편조사, 인터넷조사 등)
   6) 표준오차 7) 응답률 8) 질문내용

2. 선거법에 규정된 의무사항은 아니지만 다음 사항을 밝히는 것이 좋다.
   1) 조사목적 2) 모집단과 표집틀 3) 표본대체규칙 4) 재통화, 재방문, 재발송 횟수
   5) 가중치 부여방식 6) 기타조사 및 분석절차에 관련된 사항

3. 조사결과에 대한 해석은 표준오차와 질문의 의미 내에서 최대한 신중하게 이루어져야 한다.

4. 하위표본 이용시 그 크기를 밝혀야 하고, 하위표본의 크기에 맞는 표준오차를 적용하여야 한다.

5. 무응답자 또는 '모르겠다'고 대답한 응답자의 비율에 주목하고 그 결과를 처리하는데 신중해야 한다.

6. 표본추출과정이 과학적으로 검증되지 않은 인터넷 여론조사는 보도하지 않는다.

연습문제 2

1 전수조사와 표본조사의 관계를 설명하시오.

2 표본조사의 장점을 설명하시오.

3 여론조사의 종류와 절차를 설명하시오.

4 표본오차와 비표본추출오차를 구별하여 설명하시오.

5 비표본추출오차의 원인을 설명하시오.

6 표본추출방법에 대하여 설명하시오.

7 판단추출과 할당추출을 설명하시오.

8 다음은 표본조사에서 발생하는 오차의 원인들이다. 표본오차인지 비표본추출오차인지 결정하고 그 이유를 설명하시오.

ⓐ 전화번호부를 표본틀로 사용한다.
ⓑ 5번을 전화해도 실험대상과 연락이 되지 않는다.
ⓒ 인터뷰할 사람을 길거리에서 선택한다.

9 학생 생활에 대하여 인터뷰하기 위해 등록된 모든 학부 학생 중 100명의 학생을 단순임의 표본으로 선택하였다. 만약 표본 크기 100인 두 개의 단순임의 표본을 동시에 선택한다면 두 표본은 서로 다른 결과를 줄 것이다. 이 변동은 표본오차의 원인인가 아니면 비표본오차의 원인인가? 조사에서 발표되는 오차한계는 이 오차의 원인을 고려한 것인가?

10 한 대학에는 2000명의 남자 교수와 500명의 여자 교수가 있다. 고용균등위원회는 임의표본으로부터 여론조사를 하려고 한다. 여자 교수의 의견을 충분히 듣기 위해 200명의 남자 교수와 200명의 여자 교수를 층화확률표본추출을 하기로 결정하였다. 그는 교수들 알파벳 이름 목록을 갖고 있다.

ⓐ 교수들에게 번호를 매기고, 난수를 사용하여 원하는 표본을 선택하는 방법을 설명하시오.

ⓑ 2000명 남자 교수 중 누군가가 여러분의 표본에 포함될 가능성은 얼마인가? 500명의 여자 교수중 누군가가 표본에 포함될 가능성은 얼마인가?

11 학생회는 임의로 뽑은 학생들에게 학교 생활을 변화시키기 위해 필요한 우선 순위를 질문하려 한다. 그 대학에 등록한 3500명의 학적부를 표본틀로 삼는다.

ⓐ 250명의 표본을 어떻게 선택하겠는가?

ⓑ 250명의 계통표본을 어떻게 선택하겠는가?

ⓒ 2400명은 학교 기숙사에서 살며 1100명은 학교 밖에서 산다. 200명의 학생은 기숙사에서, 50명의 학생은 학교 밖에서 사는 학생 중에서 계통 추출하는 방법을 설명하시오.

12 아이코누(Iconu) 박사는 미국 대학생들의 TV광고에 대한 태도를 조사하고자 심리학과 신입생 430명으로부터 크기가 100인 표본을 뽑아 각 학생들에게 다음과 같은 질문을 하였다. “당신은 TV광고를 접해야 하는 것이 TV시청에 대한 정당한 대가라는 데 동의합니까? 아니면 반대합니까?” 100명의 학생들 중 82명이 동의한다고 대답하였으므로, 아이코누 박사는 “미국 대학생의 82%는 TV광고에 찬성한다”고 발표하였다.

ⓐ 이 예에서 모집단은 무엇인가?

ⓑ 박사가 학생들에게 한 질문에 대해 토론하시오.

ⓒ 박사가 발표한 결과의 문제점을 지적하고 토론하시오.

ⓓ 박사는 주위의 비판에 대해 올바른 방법으로 표본을 추출하였다는 점을 강조함으로써 자신을 변호하였다. 이 변호가 과연 적절한가에 대해 토론하시오.

3

실험과 측정

1 비교실험

실험(experiment)은 실험환경을 통제하고 조정한다는 점에서 표본조사와 구별된다. 연구자는 실험을 통하여 특정처리의 효과를 파악하기 위하여 처리를 적극적으로 관리하게 된다. 자연상태 하에서의 단순한 관찰과 비교해 볼 때, 우리가 흥미를 갖고 있는 특정한 처리의 효과를 연구할 수 있다는 것이 실험의 최대 이점이라 할 수 있다. 일반적으로 실험의 목적은 한 변수의 변화가 다른 한 변수에 미치는 영향을 연구하는 것이다. 변수는 실험자가 통제하는 독립변수(independent variable)와 반응변수(response variable) 혹은 종속변수(dependent variable)로 분류되며, 한 실험에서는 여러 개의 독립변수와 종속변수가 관여하는 것이 보통이다. 불면시간(독립변수A)과 소음수준(독립변수B)이 반응시간(종속변수1)과 손의 움직임(종속변수2)에 미치는 영향을 알아보기 위한 실험을 예로 들 수 있다. 그리고 이 용어들 뒤에 숨어 있는 의미는 종속변수가 독립변수에 의존한다는 것이다.

실험을 할 때에는 변경된 조건을 만든 후, 통제(control)하에서의 – 즉, 조건의 변경이 없는 – 수치와 변경된 조건하에서의 수치를 비교한다. 이렇게 하여 두 개의 수치의 집단을 형성하게 된다. 문제는 변경된 조건이 어떤 차이를 만드는가? 차이는 곧 수치에 반영되어 이러한 문제점은 통계적인 평가에 관련된 사항으로 옮겨질 수 있다. 두 집단간의 차이가 존재하는가? 이러한 질문을 육안으로 판별하기 곤란하면 통계적 검정을 하게 된다. 이 수치들이 하나의 모집단으로부터 나온 것처럼 보이면, 실험조작은 수치상의 어떠한 변화를 가져오지 않았으며, 실험집단(experimental group)의 수치는 대조집단(control group)의 수치와 거의 비슷하다는 결론을 내린다.

이와 같은 비교실험방법은 1920년대 영국의 로담스테드(Rothamsted) 농사시험장에서 근무하고 있던 통계학자 피셔(R.A.Fisher)에 의해서 고안되었다. 피셔는 실험단위를 랜덤(random)하게 두 집단에 배분함으로써 균일한 집단을 얻을 수 있음을 알아내었다. 단순확률표본이 모집단을 대표할 수 있듯이 실험단위를 두 집단에 랜덤하게 배치하는 것이 모든 점에서 두 집단을 균일하게 만들 수 있다.

먼저 실험시에 많이 사용되는 용어를 정리해 보자.

- 실험단위(unit) – 실험이 수행되는 기본적 개체. 실험단위가 사람일 경우에는 실험대상자(subject)라 한다.
- 변 수 – 실험단위의 특성.
- 종속변수 – 그 변화를 연구하고자 하는 변수. 즉, 반응변수를 말한다.
- 독립변수 – 종속변수에 영향을 미치는 변수로 우리가 연구하고자 하는 변수. 특히 실험에서 독립변수를 요인(factor)이라 한다.
- 처리(treatment) – 실험단위에 가해지는 특정한 실험조건. 처리는 일반적으로 수준(level)이라고 불리는 각 요인들의 특정한 값의 조합이다.

예제 3.1

한국대학교 국문학과는 학생 60명을 실험단위로 하여 시(poem) 낭독에 대한 학습효과연구를 실험계획을 한다고 하자. 60명 전체의 학생들에 대하여 시(poem) 낭독에 대한 학습능력성취도를 측정한 다음, 집단 A의 학생들은 60분 동안 조용한 조건하에서 시를 가르치고 집단 B의 학생들에게는 시끄러운 조건에서 시를 가르친다. 그 후 다시 학습능력성취도를 측정한다. 이와 같은 실험에 대한 통계적 실험계획은 다음과 같다.

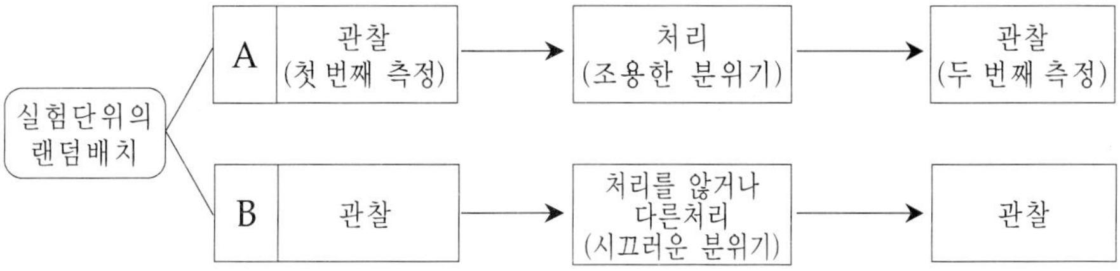

만약 집단 A가 첫 번째 측정과 두 번째 측정간에 집단 B보다 더 높은 학습능력성취도를 보인다면 이 차이는 조용한 분위기에 기인한다고 할 수 있을 것이다. 여기에서 유의해야 할 점은 이용할 수 있는 모든 실험단위로부터 확률표본을 추출하여 집단 A로 함으로써 랜덤배치(random allocation)를 수행하였으며 이 목적은 실험 전에 균일한 집단을 얻는다는 점이다. 실험단위의 랜덤배치는 외생변수들의 효과를 집단간에 공평하게 배치함으로써 효과가 상쇄되도록 한다. 뿐만 아니라 우리가 생각해 내지 못한 외생변수들의 효과도 상쇄될 것이다.

2 실험설계

실험설계(design of experiments)는 주어진 선형모형을 해석하거나 어떤 의미에서 좋은 선형모형을 정하는 것을 목적으로 하는 하나의 통계적 방법이며, 어느 특정 관찰대상에 대하여 어떠한 요인이 영향을 주고 있는가를 실험으로 밝히려 할 때, 가능한 한 적은 실험절차와 관측으로 가능한 한 많은 요인의 효과를 정확히 분석할 수 있는 실험설계를 수립하는 방법과 이에 의거한 분석방법을 연구하는 것이다. 실험설계는 20세기 초, 영국의 통계학자 피셔(R.A. Fisher)가 근무하고 있던 농사시험장에서 농업실험에 대하여 개발한 것으로 의학·약학·공학·경영학·사회학·농학 등 모든 분야에 응용되고 있다.

실험설계는 어떤 대상에 몇 가지 다른 처리(treatment)를 가하는 실험을 함으로써 처리마다 효과에 차이가 있는지를 알아보고자 하는 것으로 특정한 일련의 처리를 요인(factor)이라고 하며, 요인에 주어지는 개개의 처리내용은 요인수준(factor level)이라고 한다. 예를 들어 소의 사육시 어떤 사료가 효과가 있는지를 실험으로 검토하려고 할 때, 이 사료가 요인이고 주어진 사료의 양이 요인수준이 된다.

일련의 실험에 의해 하나의 요인의 효과 유무를 알아보는 실험설계를 일원배치법(one-way layout) 또는 완전임의배치법(completely randomized design)이라고 하고, 동시에 두 개 이상의 요인에 대한 효과를 알아보는 것을 다원배치 실험설계라 한다. 예를 들면 소의 사육시 특정사료의 효과 유무를 조사하는 실험에서, 사료량 외에 이 실험을 실시하는 목장의 환경조건이 실험결과에 영향을 줄 가능성을 생각할 수 있다. 이 경우에는 특정사료 외에 목장의 소재지가 하나의 요인으로 추가된다. 이제 주어진 사료량의 차이를 3가지 방법으로 4곳의 목장에서 실험을 한다고 하자. 각 목장에서 소를 4마리씩 확률적으로 선택하고 각각의 소에 다른 양의 사료를 일정기간 주어 그 사이에 증가한 무게를 측정한다. 이것은 사료량과 목장소재지라는 두 종류 요인의 조합에 대한 효과를 실험으로 구성한 것으로 이원배치(two-way layout)실험 설계의 예이다.

1) 실험설계의 기본원리

임의비교실험은 통계학에서 가장 중요한 개념 중의 하나이다. 이 실험설계는 원인과 효과의 결론을 도출하기 위한 것으로 다음과 같은 기본원리를 이해해야 한다.

(1) 랜덤화(randomization)

랜덤화란 실험해야 할 처리들을 실험단위에 동일한 확률로 배치하는 방법을 말한다. 이것을 실시하는 이유는 비교 분석하고자 하는 처리효과가 다른 잡음 요인들의 효과에 고루 영향을 받게함으로써 실제로 처리간의 비교에는 잡음 요인들의 효과들이 상쇄되도록 하기 위해서이다. 이것이 바로 랜덤화를 이용한 평준화 효과이다. 예를 들어 비타민 C의 감기 예방효과를 분석하는 실험의 경우 실험군과 대조군의 구분을 난수표 등을 사용하여 실시한다면 두 실험군이 비타민 C 복용 여부 이외의 다른 요인(체력의 차이 등)에 대하여 평준화되는 효과를 기대할 수 있다.

다음으로 랜덤화는 통계적 분석을 용이하게 해준다. 실험자료에 대한 분산분석을 실시할 경우 여기에서 주로 사용된 F검정은 정규분포로부터 뽑은 랜덤표본을 가정으로 한 것에서부터 시작된 것이다. 이 랜덤화 방법이 이러한 가정의 타당성을 제공하는 것이다.

(2) 블록화(blocking)

실험환경의 동질성은 단순한 랜덤화의 방법으로는 한계가 있을 수 있다. 실험단위들의 차이를 단순한 랜덤화에 의하여 평준화시켰을 경우 오차제곱합이 커져 분석력이 떨어질 수 있다.

따라서 동질의 실험단위들을 모아 블록을 만들어 각각의 블록에 모든 처리들을 실험하는 것이 합리적이다. 이 블록화 방법은 처리효과에 대한 오염을 막을 수 있을 뿐 아니라 오차제곱합을 크게 줄여 실험의 정도(precision)를 높일 수 있다. 블록화하였을 경우 블록내에서의 처리의 배치는 보통 랜덤화 방법에 따른다.

(3) 반복화(replication)

여러 집단의 특성치를 비교할 때 각 집단으로부터 여러 번의 독립적 무작위 추출을 실시한다. 이 여러 번의 독립적 무작위 추출이 바로 반복실험의 개념이다.

예를 들어 대나무의 성장속도의 차이를 알아보기 위하여 서로 다른 자극 A, B, C를 주었다고 하자. 이때 단 한 번의 자극으로는 성장속도의 차이를 알아보는 데 신빙성을 얻기 힘들다. 그러나 여러 번 같은 자극을 반복하여 가하였을 경우 자극 A, B, C에 따른 성장속도의 차이가 평균으로 비교되므로 신빙성이 증가되게 된다.

다른 한편으로는 같은 자극에 대하여 반복실험을 함으로써 오차제곱합을 얻을 수 있어 분산분석을 통한 통계적 분석이 용이하게 된다.

반복화가 이루어지지 않는 실험의 경우 대개 오차에 대한 추정이 불가능하여 분산분석을 하기가 어렵다. 이러한 경우를 우리는 흔히 포화된 모형(saturated model)이라 한다.

예제 3.2

한 연구팀이 톨부타마이드(tolbutamide)가 당뇨병 치료에 효과가 없을 뿐 아니라 안전하지 못하다는 실험결과를 발표하였을 때 몇몇 사람들은 실험 자체에 대하여 의문을 제기하였다. 이에 대하여 연구팀의 통계학자는 랜덤화를 포함한 실험에 관한 세부사항을 제시하였다.[1)]

당뇨병 환자(실험단위)들은 4개의 처리에 랜덤하게 배치되었는데 톨부타마이드집단이 다른 집단보다 더 높은 심장마비에 의한 사망률을 보였다. 이 결과는 과연 톨부타마이드집단에 많은 위험요인을 가진 환자들이 배치되었기 때문인가? 이 통계학자는 심장마비를 일으키는 8개의 위험요인을 고려하기로 하고, 환자가 가지고 있는 위험요인의 개수에 따라 각 집단의 환자들이 어떻게 분포되어 있는지를 조사하여(이 위험요인들은 나이, 고혈압, 강심제 사용여부, 가슴의 통증, 비정상적인 심전도, 콜레스테롤 수준, 비만, 동맥경화) 표 3.1을 작성하였다. 이 4개 집단들은 8개의 위험요인에 대하여 매우 균일한 것으로 판단된다. 예를 들어, 위약집단에서는 하나 이상의 위험요인을 가진 환자가 84.9%이며 톨부타마이드집단에는 86.8%이다. 따라서 표 3.1에 의하면 랜덤화가 좋지 않다는 결론을 내릴 수 없다.

이 통계학자는 추가로 흡연 등과 같은 외생변수에 대해서도 이 4개의 집단을 비교할 수 있겠지만 그런 정보는 얻을 수 없었다고 밝혔다.

표 3.1 • 위험요인의 개수에 의한 처리집단별 당뇨병 환자의 분포

환자가 가진 위험요인의 개수	집단1 (위약)	집단2 (톨부타미아드)	집단3 (표준인슐린)	집단4 (변형인슐린)
0	28	25	22	15
1	60	50	62	76
2	59	58	60	57
3	26	34	34	30
4	10	17	8	4
5	2	4	8	4
6	0	1	1	1
총 환자수	185	189	195	187

1) 박중양 외 3인 편저, 통계학, 자유아카데미, 1988, pp.65-67.

2) 실험설계의 순서

실험을 설계하고 분석하기 위한 통계적인 접근법을 잘 사용하려면 무엇보다도 연구대상이 무엇인지, 자료를 어떻게 얻을 것인지, 어떤 자료분석법을 이용하는지 등에 대해 명확한 이해가 선행되어야 한다. 일반적으로 추천되는 절차는 다음과 같다.

(1) 주제의 선정 및 실험목적 명시

무엇이 문제인가를 명확히 하여 해결하고자 하는 주제를 선정하고, 이 주제 해결을 위한 실험 목적을 구체적으로 제시한다.

(2) 현상파악 및 주제선정동기 설명

주제와 관련된 현상파악을 가능하면 구체적인 데이터로 제시하고 외국문헌, 국내외 현상도 조사한다. 그리고 테마를 선정한 동기에 대한 기술적인 측면을 고려하여 상세한 설명을 한다.

(3) 특정값의 선택

실험의 목적을 고려하여 특성값을 신중히 선택하여야 한다. 필요한 경우에는 두 개 이상의 특성값을 잡아줄 수도 있다.

(4) 요인의 선택

특성값에 영향을 주는 요인을 잘 선택해야 한다.

(5) 요인 수준의 선택

과거의 경험이나 기술적인 사항 등을 고려하여 적절한 수준을 선택해야 한다.

(6) 반복수의 결정

실험오차, 시간, 경비, 정도 등을 고려하여 적절한 반복수를 결정해야 한다.

(7) 실험순서의 랜덤화

요인들의 수준조합과 반복수가 결정되면 총 실험횟수가 얻어진다. 이들 실험의 순서를 시간적 혹은 공간적으로 랜덤화하여 실험순서를 정한다.

(8) 실험의 실시

실험의 실시는 계획한대로 행하며, 가능하면 선택된 요인 이외에는 다른 요인의 변화에 의하여 특성값이 영향을 받지 않도록 충분히 관리하여 행한다.

(9) 특성값의 통계적 분석

분산분석, 통계적 추정과 검정, 상관분석, 회귀분석 등의 방법을 사용하여 통계적 분석을 실시한다.

(10) 분석결과의 해석

통계적 분석결과에 대하여 주제와 관련된 현상파악, 차이점, 실험목적 달성여부 등을 내려주어야 한다.

(11) 확인실험 및 분석 결과의 조치

결론이 나오면 재현성이 유지되는가를 확인실험을 통하여 확인하고, 실험결과에 대한 계획된 실천행동을 반드시 취해 주어야 한다.

(12) 사후관리

조치를 취한 성과가 계속적으로 유지되어 가고 있는지 관리도를 사용하여 사후관리를 할 수 있는 방안을 제시한다.

3) 일원배치법

일원배치는 실험설계의 기본원리의 랜덤화(randomization), 블록화(blocking), 반복화(replication) 중 랜덤화의 한 방법이다. 이것은 랜덤화의 원리를 충실히 따르는 원리이다. 선택된 변수 이외의 환경을 랜덤화의 방법을 통하여 평준화시킴으로써 실험의 분석력을 높이는데 목적이 있다.

예를 들어 어떤 종류의 가스(gas)의 생산량에 온도의 변화가 어떻게 영향을 주는가에 대해 연구하는 문제를 생각해보자. 이때 가스 생산량에 영향을 주는 것은 온도의 변화뿐이고 다른 변수들은 무시할 수 있다고 생각하자. 실험자는 다양한 온도의 변화(온도의 수준, 여기에서 실험해야 할 수준들을 처리라고 함)에 따라 가스의 생산량이 어떻게 변하는지 실험·관찰하게 된다. 이 경우 보통 여러 수준의 온도 변화에 따른 가스의 생산량을 여러 번 반복 실험하게 된다.

일반적으로 a종류의 처리를 각각 n번씩 실험하려면 an회 실험을 실시하여야 한다. 그렇다면 an회 실험을 어떠한 순서로 실시할 것인가?

이 실험을 실시하는 방법으로 a종류의 카드를 n장씩 만든 다음 잘 섞어 뽑히는 순서대로 실험을 실시한다면 이 실험은 랜덤화의 원리를 충실하게 따른 셈이고 이러한 실험의 방법을 완전랜덤화 설계(completely randomized design : CRD)라 한다. 이때 실험의 순서를 결정하는 데 종종 난수표를 사용하기도 한다. 그러나 이 방법은 현실적으로 번거로운 면이 있을 뿐 아니라 실험비용이 많이 드는 경향이 있어 실제는 약간 변형된 방법을 사용한다. 즉 a종류의 카드 중 뽑히는 순서대로 해당 처리를 계속하여 n회 반복해서 실험을 실시하되 실험의 결과가 상호 영향을 미치지 않도록 주의해야 실험한다.

위의 예는 실험의 결과에 영향을 주는 변수가 온도 뿐으로서 온도의 수준에 따른 가스 생산량의 변화를 살펴보고자 하는 경우이다.

$$y = f(f_1) + e, \quad y\text{는 반응값}, \quad f_1\text{은 변수 그리고 } e\text{는 오차항}$$

이처럼 어떤 반응값에 대하여 하나의 변수의 영향만을 살피고자 할 때 이러한 실험설계를 일원배치법(one-way layout)이라 한다.

일원배치법의 특징을 살펴보면 다음과 같다.

① 수준수와 각 수준에서 취해지는 특성값의 반복수에는 별로 제한이 없다. 대개 수준수는 3~5이며, 반복수는 3~10 정도가 일반적이다.
② 반복수가 모든 수준에 대하여 같지 않아도 좋다.
③ 실험의 측정은 실험의 전체를 완전히 랜덤화하여 모든 특성값을 임의 순서에 의하여 구해주어야 한다.

예제 3.3

다음 자료는 25명을 대상으로 다섯가지 다른 상표의 두통약을 복용시켰을 때 나타나는 두통해소시간이다. 이 25명을 임의로 5개의 집단으로 나누어 각 상표의 두통약을 복용시켰다. 두통약을 5수준으로 하고 특성값은 두통해소시간으로 하였다. 일원배치실험으로 반복이 5회인 5수준 일원배치법을 사용하여 실험한 결과는 다음 표와 같다.

표 3.2 • 두통약을 사용했을 때의 두통해소시간

두통약(수준) / 표본(반복)	A	B	C	D	E
$i=1$	5	9	3	2	7
$i=2$	4	7	5	3	6
$i=3$	8	8	2	4	9
$i=4$	6	6	3	1	4
$i=5$	3	9	7	4	7

4) 이원배치법

두 개의 요인(factor)이 실험결과에 영향을 줄 때, 각 요인의 수준의 조합에서 각각의 관측값을 얻어 요인의 주효과(main effect)와 교호작용(interaction)에 관하여 분석하는 실험계획법이 이원배치법(two-way layout)이다.

요인이 두 개 이상인 다원배치에서는 각 요인의 처리효과 이외에도 두 개 이상의 요인이 결합함으로써 발생하는 새로운 효과가 존재하게 된다. 이것을 교호작용이라 한다. 교호작용의 개념을 이해하기 위해 다음과 같은 가상의 상황을 고려해 보자.

남녀공학인 학교에서 남녀가 한 조가 되어 음악 시험을 보았다. 남자는 세명이고, 여자는 두명이었는데 번갈아 가며 짝을 지어서 각기 두 번씩 평가를 받았다. 그 평가 점수의 평균들이 다음과 같다.

남자 / 여자	조용남	이상우	신 철
안수경	90	80	70
강미애	80	70	(?)

앞의 자료를 보면 남자 중에서는 신 철이, 여자 중에서는 강미애가 음악실력이 가장 뒤쳐지는 것으로 추측이 된다. 그렇다면 이 둘이 한 조를 이루어 얻은 점수(?)는 얼마나 될까? 자료의 규칙성으로 보아 60점 가량 받았으리라 추측된다. 그런데 만약 이들의 점수가 90점이었다면 이를 어떻게 설명할 것인가? 우리는 과거에 자주 듣던 환상의 복식조라는 말을 떠올리며, 아마도 이 둘이 결합함으로써 생기는 어떤 효과가 존재한다고 생각할 것인가. 이 효과를 통계학에서 교호작용(interaction)이라 부른다. 60점과 90점을 받았을 경우를 각각 그림으로 표현한다면 다음과 같다.

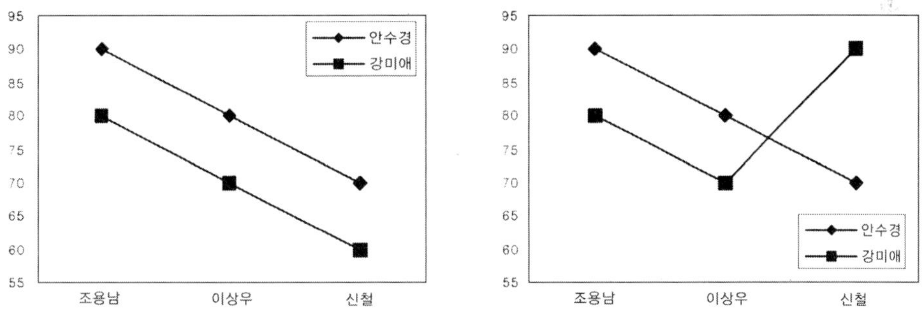

그림 3.1 ● 교호작용의 예

왼편의 그림에서와 같이 각 수준에서 관측값들을 연결한 직선이 평행하게 나타나면 교호작용은 존재하지 않는 것이다. 오른편과 같이 교차하거나 기울기가 뚜렷하게 틀리면 교호작용이 존재하는 것이다. 물론 교호작용 효과의 존재여부를 그림을 통해서만 판단하는 것은 아니고 분산분석을 통해 수치적으로 정확히 판정할 수 있다.

3 실험과 윤리 문제

1) 이중눈가림 실험

실험의 공정한 검정을 확실하게 하기 위해서는 실험집단과 대조집단은 랜덤배치로 균일하게 할 뿐만 아니라 또한 이 집단들은 동일하게 취급되어져야 한다. 물론 예외적으로 한 집단은 어떤 처리를 하고 다른 집단은 어떤 처리를 하지 않은 경우도 있을 수 있다. 이와 같이 동일하게 취급되어져야 하며 동일하게 취급되지 않은 경우를 의사의 진단문제로 설명하기로 한다. 만약 의사가 각 실험대상자가 어떤 처리를 받았는지를 알면 의사의 진단을 알게 모르게 이것으로부터 영향을 받을 수 있다.

따라서 의사는 각 실험대상자가 어떤 처리를 받았는지를 몰라야 각 집단에 대한 의사의 진단이 공평하게 될 것이다. 이런 것을 이중눈가림실험(double blind experiment)이라 한다.

실험대상자들만 그들이 받은 처리가 무엇인지를 모르게 하는 실험을 단일눈가림실험(single blind experiment)이라 하고 실험대상자뿐만 아니라 실험결과를 측정하는 사람(병리사, 간호원등)도 어떤 처리가 가해졌는지를 모르게 하는 실험을 이중눈가림실험이라 한다. 이때는 그 실험의 총책임자만 각 실험대상자가 어떤 처리를 받았는지 알고 있어야 한다.

그림 3.2 • 이중눈가림실험의 논리

예제 3.4

어떤 실험은 실험자들과 실험대상이 되는 사람들에게는 '눈가리개'를 씌우고, 즉 비밀로 하고 시행하는 것이 좋은 경우가 있다. 예를 들면 실험대상이 되는 사람들에게, 누가 약효가 기대되는 약을 받고 누가 위약을 받았는가를 모르게 하는 것은 중요하다. 그렇게 하지 않는 경우에는 심리적인 효과로 인하여 실험을 망칠 수 있기 때문이다. 가능하면 의사들도 모르게 하는 것이 좋다. 의사의 태도가 환자들이 치료를 받으면서 느끼는 병의 상태에 영향을 줄 수 있기 때문이다. 누가 위약을 먹는가를 의사도 환자도 모르게 하는 이러한 실험을 이중눈가림실험이라고 부른다. 심지어 어떤 유명한 실험에서는 병원 직원이 누가 진짜 약을 받는가를 알고 그들과 대화를 할 때 너무 격려를 많이해서 그 환자들이 실제로 좋아지지 않았는데도 그 사람에게는 나아졌다고 말한 경우가 있었다.

실험자들은 때로 이 문제에 관해서 통계학자들을 편집증 환자 취급하는 경우가 있다. 그러나 문헌들을 보면 온통 그렇게 해야 한다는 증거로 가득 차 있다. 어떤 선생님이 우유가 초등학생들의 체중에 미치는 영향이 얼마나 되는지 알아보는 실험을 하면서, 매우 필요해 보이는 학생들에게만 우유를 주고 건강한 학생들에게는 우유를 주지 않고는 두 집단을 비교한 것이 있다. 이것은 대단히 인간적인 일이긴 하지만 실험을 망치는 결과를 낳았다. 또 하나 유명한 예가 있다. 어떤 배의 선장이 배멀미 치료약을 실험해 달라는 주문을 받고 승객들에게는 위약을 주고 선원들에게는 진짜 약을 주었다. 선장의 이유는 이러했다. 성공적인 항해를 위해서는 후자가 더 중요하다는 것이다. 이렇게 다소 작은 실험들이 자주 인용되는 것은 단순하기 때문이다. 그렇다고 해서 비용이 많이 드는 큰 규모의 실험들이 이렇게 부적절하게 시행되는 경우가 없으리라고 생각해서는 안된다[2].

예제 3.5

대머리 남성들의 탈모방지 노력에 도움을 주고 싶은가? 그들에게 위약을 주어보자 -어느 연구에 의하면 위약 처방을 받은 대머리 남성들의 42%가 머리카락이 늘어났거나 현 상태를 유지하였다고 한다.

2) 통계학자와 거짓말쟁이, pp.204-205.

위약효과의 강도는 임의비교실험에 대한 강한 논쟁을 유발하고 있다. 대머리 연구에서 위약집단의 42%가 머리카락이 증가하거나 유지했지만 새로운 약품을 사용한 남성들은 86%가 머리카락이 증가하거나 현재 상태로 유지되었다. 새로운 약이 위약을 능가했으며 이것은 위약 효과 외에 다른 무엇인가가 있다는 것이다.

위약효과가 무척 강하므로 의학 실험대상자에게 그들이 위약을 처방받았는지 새로운 약을 처방받았는지 알려주는 것은 어리석은 일일 것이다. "위약 만"을 처방받았음을 안다면 위약 효과가 약해질 것이며, 다른 처리효과가 뛰어나도록 실험이 편의될 것이다. 의사, 혹은 다른 병원 직원에게 각 실험대상이 어떤 처리를 받았는지 알려주는 것도 어리석은 일이다. 만약 의사들이 "위약 만"을 실험대상자들에게 사용한 사실을 안다면 유망한 실험약을 사용한 실험대상자들보다 기대하는 정도가 낮을 것이다. 의사들의 기대는 환자들과 어떻게 상호 작용하는지를 변화시키고 환자들의 상태를 검진하는 방법조차 변화시키기도 한다. 가능하다면 사람을 실험대상으로 하는 실험은 이중눈가림실험을 실시해야만 한다.

2) 실험의 윤리적 문제[3)]

실험단위가 사람인 경우에는 심각한 윤리적 문제가 일어날 수 있다. 치료를 하느냐 하지 않느냐가 환자에게는 직접적으로 위험을 초래하기 때문에 임상실험은 특히 논쟁의 대상이 된다. 그럼에도 인명을 구하는데 필요한 의학적 지식을 얻기 위해서는 비교실험을 해야 할 때가 있다. 페니실린 같이 그 효과가 매우 극적인 경우에는 그 효과를 찾아내기 위해서 정교한 실험을 필요로 하지 않을 수 있으나, 이런 경우가 흔하지는 않다. 또한 의학은 점진적으로 발전하므로, 실험이 필요하게 된다. 의학실험의 난점은 그 실험대상인 사람에게 해를 끼칠 가능성이 있다는 것이다. 따라서 얻을 수 있는 지식과 일어날 수 있는 해를 비교해서 실험여부를 결정해야 한다. 임상실험은 "무엇보다도 해를 끼쳐서는 안 된다"는 원칙을 위배하지 말아야 한다. 해롭다는 사실을 알면서도 환자에게 실험을 한다는 것은 명백한 비윤리적 행위이다. 최근에 임상실험에서는 이런 점을 충분히 고려하고 있는 듯하다.

임상실험의 두 번째 윤리적 규범은 임상실험대상인 환자들로부터 동의를 받

3) Moors, D.S., 전게서, pp.90-95. 박중양, 전게서, pp.81-86.

아야 한다는 것이다. 그들이 질병의 치료가 아닌 어떤 실험의 대상이 된다는 것을 알려주어야 한다. 실험의 목적, 발생 가능한 위험과 이점을 설명해야 하고, 실험에 참여하면 랜덤하게 처리에 배치될 것이라는 데에도 동의를 받아야 한다. 동의하지 않는 사람은 당연히 실험에서도 배제되고 통상적인 치료를 받게 된다(왜 이들을 대조집단에 배치할 수 없는가?) 많은 사람들은 미래에 얻게 될 혜택 때문에 임상실험에 기꺼이 참여한다. 그러나 어떤 환자는 실험 대상이 된다는 자체를 달갑지 않게 생각하며, 어떤 환자는 그들이 받는 치료가 랜덤하게 결정된다는 사실을 마땅찮게 여긴다. 암과 같은 심각한 질병에 대한 연구에서는 80~90%의 환자들이 실험에 참여하지 않으려 한다. 임상실험을 할 때 환자들로부터 동의를 얻어내는 것은 결코 쉬운 일이 아니다. 특히 환자들이 의료비를 스스로 지불하는 사람인 경우 더욱 힘들어진다.

사실 윤리적인 제약 때문에 가치있는 실험을 수행하지 못하는 경우도 허다하다.

예제 3.6

담배를 피우는 사람은 피우지 않는 사람에 비해 폐암에 걸릴 가능성이 높고, 오랜 기간 담배를 많이 피운 사람은 적게 피운 사람보다 폐암에 걸릴 가능성이 더 높다고 알려져 있다. 이것은 흡연이 폐암의 원인이기 때문일 수도 있으나, 꼭 그렇다고 할 수는 없다. 담배를 피울 것인가 피우지 않을 것인가의 결정은 사람 자신이 하므로, 유전 같은 변수로 인하여 폐암에 걸리기 쉬운 사람이 그렇지 않은 사람보다 수적으로 담배를 많이 피우게 될 수 있기 때문이다. 이 문제를 해결하자면 다음과 같은 실험을 하면 될 것이다. 우선 담배를 피운 적이 없는 18살의 어린 사람들을 뽑아서 3개의 집단을 나눈다. 집단 1의 사람들은 18세부터 사망시까지 하루에 두 갑씩 담배를 피우게 하고, 집단 2의 사람들은 담배를 피우지 못하게 한다. 집단 3은 짧은 기간 동안 담배를 피우게 하거나 하루에 한 갑씩만 피우게 한다. 그 다음 세 집단의 사람들을 사망할 때까지 관찰한다. 그러나 이러한 실험은 도덕적으로 불가능하다. 왜냐하면 어떤 사람으로 하여금 담배를 피우도록 강요하거나 피우지 못하게 강요할 수 없기 때문이다. 미국에서 2006년 1월 30일 폐암으로 사망한 남성 흡연자의 유족(patricia henley)이 필립스 모리스를 상대로 소송을 내 이겼다. 손해배상액 8천1백만달러. 개인소송 사상 최고액이다. 흡연으로 인한 암 유발사실을 알면서도 담배를 팔았다는 것이 승소판결의 이유다. 원고는 1천1백만달러를 청구했는데 판사가 징벌적 배상(피고의 악의적 행위에 대한 처벌성격의 손해배상)을 적용해 배상액이 껑충 뛰었다.

예제 3.7

우리 나라에서는 인간 개체 복제를 공공연하게 지지하는 생명과학자는 아직까지 나타나고 있지 않다. 그러나 수의사들을 필두로 인간 배아 연구자들 중에는 인간 배아 복제의 허용을 강렬하게 주장하는 사람들이 있다. 그들은 난치병 치료에 이용할 수 있는 줄기세포를 얻기 위해서는 인간 배아 복제가 필요하다고 역설한다. 그러나 배아줄기 세포 연구에 대한 윤리적 문제점은 다음과 같이 요약된다.

첫째, 죽은 태아의 조직에서 배아 줄기세포를 추출하는 방법은 낙태를 조장할 우려가 있다.

설사 의도적으로 낙태를 조장하지 않는다고 할지라도 낙태와 같은 부도덕한 행위를 이용하는 것은 결과적으로 낙태에 대한 윤리적·정치적·법적 반대를 점차적으로 무력화하고 종내에는 반생명적인 낙태를 정당화하는 구실을 줄 수 있다는 것이다.

둘째, 잔여 배아들에서 만들어진 배반포(blastocyst)에서 줄기세포를 추출하는 것은 필연적으로 해당 배아를 파괴하게 된다. 배아가 인간 존재와 동등한 도덕적 지위를 갖는다고 생각하는 사람은 이 방법을 이용할 수 없다. 이 방법은 배아 공여자가 상업적으로 자신들의 배아의 이용권을 주장할 수 있고, 잔여 배아를 고의로 많이 만들어낼 수도 있는 위험을 안고 있다.

셋째, 연구를 목적으로 배아를 창출하는 행위는 배아를 과학 연구를 위한 수단으로 전락시키게 되므로 비윤리적이다. 폐기될 잔여 배아를 사용하는 연구자들조차 대부분 이 방법이 비윤리적이라고 반대한다.

넷째, 체세포 복제 기술을 사용하여 복제된 배아를 창출해내는 것은 수정의 과정을 실제로 거치지 않으며, 체세포 핵을 제공하는 환자 자신의 세포를 이용하여 줄기세포를 배양하는 것이기 때문에 이식한 후의 조직 거부 반응의 문제를 극복하기 쉬운 장점을 가지고 있다. 그러나 복제된 배아를 자궁에 착상시키면 바로 인간 복제가 되는 위험성을 지니고 있다. 배아를 복제하는 이유가 인간 배아를 목적이 아닌 수단으로 취급하는 것이므로 인간의 존엄성을 침해하는 것이 된다. 생명공학자들은 이러한 배아를 자궁에 착상시켜 복제 인간을 만들지 않고, 치료와 연구 목적으로만 사용한다면 비윤리적이 아닐 수 있지 않느냐는 반문을 제기하기도 한다.

인간 배아는 이미 생명을 지닌 온전한 생명체이고 완전한 인간으로 되어가고 있기 때문에 인간 배아를 실험 도구로 사용한다는 것은 분명히 성장한 인간을 실험 도구로 이용하는 것과 마찬가지로 인간 생명의 존엄성을 파괴하는 만행이다.

엄밀히 말하면 모든 인간 복제는 인간 배아 복제로 이루어지기 때문에 복제된 개체의 생존을 배아 상태로 한정하여 사용하는 것을 일컫는 인간 배아 복제도 실상은 일종의 인간 복제라고 윤리신학자들은 주장한다. 이것은 인간을 죽인다고 말하는 것보다 태아를 낙태시키거나 인공 유산을 시킨다는 말이 듣기에 덜 끔찍하게 느껴지는 것처럼, 인간 복제보다 배아 복제라는 표현이 인간의 죄의식을 조금 누그러뜨릴 수도 있지 않을까 하는 의도로 사용된다는 것이다.

4 측정

1) 측정의 개념과 오차

측정(measurement)이란 그림 3.3에서 보는 바와 같이 경험의 세계와 추상적인 관념의 세계를 연결시켜 주는 수단이라고 할 수 있다. 여기서 경험의 세계는 숫자를 통하여 객관적으로 표현된 것을 의미하며, 관념의 세계는 이론 및 조작적 정의라고 할 수 있다. 따라서 측정이란 것은 이론을 구성하고 있는 개념들을 현실세계에서 관찰이 가능한 자료로 연결시켜 주는 과정이라고 할 수 있다.

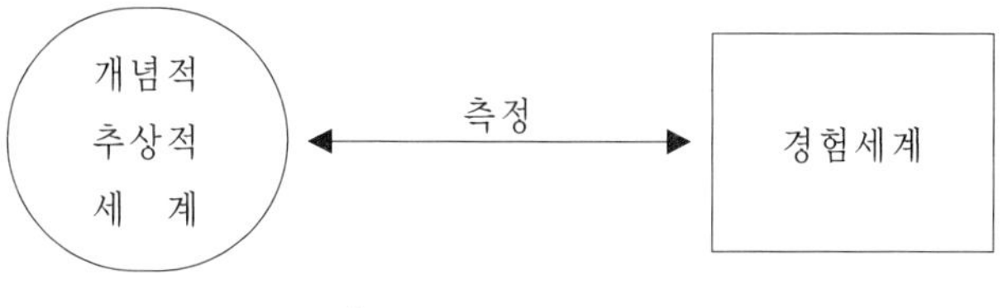

그림 3.3 • 측정의 역할

측정에서는 오차가 있기 마련이다. 같은 대상을 여러 번 측정하였을 때 측정값간에 변이(變異)가 생기는 원인에는 여러 가지가 있다. 측정대상물의 참값(true value)과 측정값과의 차를 오차(error)라고 정의할 때 다음과 같이 분류할 수 있다. 편의(bias), 원인을 찾아낼 수 있는 오차, 그리고 원인을 규명할 수 없는 오차, 즉 인위적으로 조절하기 어려운 오차로서 확률오차(random error)가 있다. 일반적으로 다음과 같이 전체변이를 분해하여 생각할 수 있다.

측정값에 관여되는 전체변이 = 원인있는 오차 + 편의 + 확률오차

그러나 측정값의 오차라고 하면 다음과 같이 정의하는 것이 보통이다.

측정오차 = 편의 + 확률오차

이와 같은 오차와 관련된 용어로 정확도(accuracy)와 정도(precision)가 있다. 정도라고 하는 것은 확률오차에만 관련된 것으로서 반복측정에서 얼마만큼 재현성(再現性)이 있느냐 하는 것에 관계되는 것이다. 즉 정도가 높다고 하는 것은 반복하여 측정하였을 때 그들 측정값간에 변이가 작다는 것을 의미한다. 그러나 정확도는 편의와 확률오차를 합한 것의 대소(大小)를 말한다. 그러므로 참값에서 편의가 크면 확률오차가 작을 때에도 정확도는 낮은 것으로 되지만 그러나 이 때 정도 높은 측정결과를 얻는 것으로 되는 것이다. 그림 3.5는 모집단의 참값을 과녁의 중심점으로 측정값을 과녁의 중심점을 향하여 발사된 총알에 비유할 수 있다.

이 경우 편의란 조준이 잘못되어 계속해서 일정한 방향으로 중심점을 벗어나는 것을 의미한다. 즉 측정값이 참값을 중심으로 하여 얻어지지 않은 경우이다. 낮은 정도란 반복해서 쏜 총알이 과녁에 넓게 산포되어 있는 것을 의미한다. 즉 측정값을 반복해서 측정했을 때 동일한 결과를 얻지 못하고 서로 다른 값을 갖게 되는 것을 의미한다. 또한 정도가 높은 경우(탄착군이 좁게 형성된 경우)에도 편의가 클 수(중심점에서 한쪽 방향으로 계속해서 빗나가는 경우) 있음에 유의해야 한다. 반대로 편의는 작은데 정도가 좋지 않은 경우도 있다.

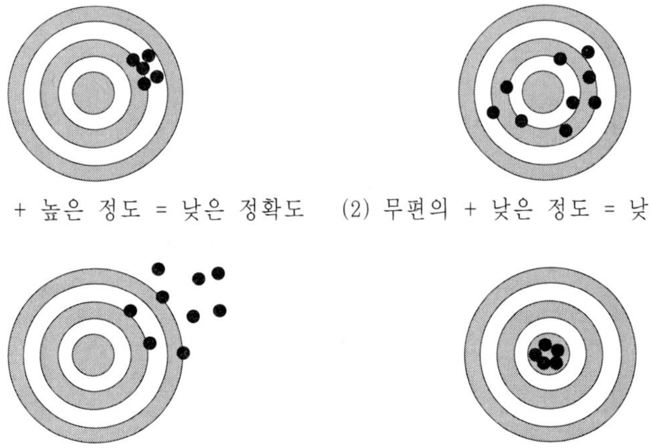

(1) 큰 편의 + 높은 정도 = 낮은 정확도 (2) 무편의 + 낮은 정도 = 낮은 정확도

(3) 큰 편의 + 낮은 정도 = 낮은 정확도 (4) 무편의 + 높은 정도 = 높은 정확도

그림 3.4 • 정도와 정확도

2) 척도-측정수준

자료의 수집방법이 어떠하던 원소단위들에 대해 숫자를 지정할 때 어떤 법칙이 있어야 하는데 이러한 법칙을 척도(scale) 또는 측정수준(level of measurement)이라고 한다. 척도란 한 대상을 측정하기 위해 일정한 규칙에 의하여 만들어진 수의 양을 나타내는 일련의 기호 또는 숫자를 의미한다. 수치자료를 분석하기 위한 통계방법의 적절한 선택은 다른 여타의 것들 가운데에서도 수치자료를 표현하는 척도의 형태에 달려 있다. 즉 자료들에 대해 적용되는 특정한 수학적 연산은 관측되는 척도에 달려 있다. 측정수준은 4가지 서로 다른 형태가 있다. 정보의 내용이나 정확성의 관점에서 보다 고차원적인 수준에 따라 이들은 명명척도, 순위척도, 구간척도 그리고 비율척도 등이 있다.

(1) 명명척도

명명척도(nominal scale)는 보통 질적인 자료를 측정하는 데 사용된다. 예를 들면 성의 구별, 질문지의 yes-no, 미혼·기혼, 어른·아이, 상·하 등을 나타내는 속성을 갖는 현상에 주로 사용된다. 즉, 성별로 분류하여 남자에게는 '1', 여자에게는 '2'라는 수치를 부여한다면 이것이 명목척도가 되는 것이다.

1. 성별 : 남자 = 1, 여자 = 2
2. 학력 : 중졸 = 1, 고졸 = 2, 대졸 = 3, 대학원졸 이상 = 4
3. 지역 : 서울 = 1, 부산 = 2, 광주 = 3, 대전 = 4, 인천 = 5, 대구 = 6, 전주 = 7

명명척도의 각 범주를 구별하여 나타내기 위하여 숫자 1, 2, 3, 4, ..., n 및 I, II, III, ..., n 또는 기호 A, B, C, ..., Z 등을 사용할 수도 있다. 그러나 이들 숫자 및 기호는 단지 각각이 나타내는 범주를 가리킬 뿐 어떤 뜻을 가질 수 없으며, 이들 숫자 및 기호는 단지 범주를 가리키는 이름으로 사용될 뿐이다.

(2) 순위척도

순위척도(ordinal scale)는 관측값들에 부여한 수치값들 간에는 순위관계가 존재한다. 바꿔 말해서 순위척도를 나타내는 수치는 순서의 관점에서 분명 어떤 관계를 가지는 서로 다른 범주들의 순위를 나타낸다. 그리고 순위척도를 나타내는 숫자의 경우 단위들 간에 간격이 거의 항상 일치하지 않는다. 이와 같이 단위들 간에 간격이 불일치하기 때문에 명명척도에서와 마찬가지로 순위자료에 대해서도 기본적인 수학적 연산을 적용할 수 없다. 그러나 서로 다른 순위척도의 숫자는 측정하고 있는 특성들의 수량이나 선호가 서로 다른 순위척도의 숫자는 측정하고 있는 특성들의 수량이나 선호가 서로 다르다는 것을 말해 준다. 이러한 형태의 척도는 노동자들의 생산성, 생산지가 서로 다른 원재료의 질, 소비자의 상표 선호 등에 있어서 순위를 정하는 방법으로서 매우 유용한 것이다.

예를 들어, 소비자 만족도에 대한 조사에서 종업원 서비스에 대한 만족도에 따라 "매우 불만족 = 1", "불만족 = 2", "보통 = 3", "만족 = 4", "매우 만족 = 5" 등으로 수치를 부여했다면 1과 5는 수치가 커질수록 선호도가 높아졌다는 것을 의미한다. 그러나 "매우 만족 = 5"라고 응답한 사람이 "매우 불만족 = 1"이라고 응답한 사람보다 5배만큼 만족도를 많이 느끼고 있다고 말할 수는 없다.

즉, 순위척도를 이용하는 경우 수치간의 차이는 아무런 의미가 없다.

1. 상품에 대한 선호도 : 매우 나쁨 = 1, 나쁨 = 2, 보통 = 3, 좋음 = 4, 매우 좋음 = 5
2. 조기교육의 필요성
   : 전혀 필요 없음 = 1, 필요 없음 = 2, 보통 = 3, 필요 = 4, 매우 필요 = 5

(3) 구간척도

구간척도(interval scale)는 순위척도가 갖고 있는 '순위관계'의 특성 이외에도 '동일한 구간'이라는 보다 강한 의미의 특성을 지니고 있다. 즉 구간척도의 경우 척도들간의 동일한 구간은 측정하고 있는 특성들간의 차의 크기가 서로 같다는 것을 의미한다. 온도는 구간척도로 측정된다. 따라서 온도변화를 섭씨로 측정할 때, 예컨대 50℃에서 45℃로의 하락은 온도가 60℃에서 55℃로 하락한 정도를 말해 준다.

구간척도는 수치의 '절대적인 크기'를 비교할 수 있는 척도가 아니라 단지 '동일한 간격을 갖고 있다'는 의미일 뿐이다.

예를 들어 섭씨 40℃는 20℃보다 2배 높은 온도라고 말할 수 없다. 그 이유는 섭씨온도가 절대영점에 의해 설정된 것이 아니라 편의에 의해 설정된 상대적 영점이기 때문이다.

1. 소비자 물가지수
2. 노동 생산성지수
3. 온도 : 0℃, 20℃, 40℃, 60℃, 80℃, 100℃

(4) 비율척도

비율척도(ratio scale)는 가장 높은 수준의 측정척도이며 절대원점을 갖는 구간척도로 정의할 수 있다. 절대원점(absolute zero point)에 따라 숫자 0은 측정하고 있는 특성이 전혀 존재하지 않는 것을 나타낸다. 이러한 속성에 따라 척도로서의 두 숫자상의 비율은 측정하고 있는 특성의 단위와 무관하다. 예컨대 어떤 상품의 화폐가치는 달러, 파운드, 페소, 원 또는 어떤 다른 화폐단위로 환산하여 측정될 수 있으며, 각 화폐단위의 원점은 동일하다. 즉 이 때 각각의 경우에서 숫자 0은 상품가치가 전혀 없다는 것을 의미한다. 절대원점이 있는 경우 모든 수학적 연산은 비율자료에 적용할 수 있다.

비율척도는 통계학자 뿐만 아니라 일반인들도 가장 보편적으로 이용하고 있는 측정수준이다. 척도는 모든 종류의 사물을 측정하는 데 이용된다. kg 척도는 무게를 측정하는 데 이용된다. cm 척도는 길이를 측정하는 데 이용된다. mile/gallon 척도는 자동차의 가솔린 소비를 측정하는 데 이용된다. mile/hour

척도는 속도 측정에 이용된다. 이러한 모든 척도의 경우는 보통 일상에서 이용되고 있는 비율척도의 예들이다.

예제 3.8

다음 자료는 국회의원 홍길동에 관련된 자료이다. 각 문항에 대해서 해당되는 측정수준을 기입하시오.

① 국회의원의 이름은 홍길동이다.
② 국회의원의 나이는 58세이다.
③ 국회의원으로 당선된 해는 1966, 1970, 1974, 1995년이다.
④ 지난해의 연간 총 소득은 75백만 원이었다.
⑤ 국회의원은 지금은 결혼했다.
⑥ 그러나 국회의원은 1965년과 1982년에 이혼을 했었다.
⑦ 국회의원 홍길동은 1996년도 개인후원회에서 모금된 후원비가 전체 국회의원 중에서 7위를 기록했다.

풀이...

① 명명척도(수준) ② 비척도 ③ 구간척도 ④ 비척도
⑤ 명명척도 ⑥ 구간척도 ⑦ 순위척도

5 측정의 신뢰도와 타당도

1) 신뢰도

측정의 신뢰도(reliability)란 그 도구를 이용하여 수집한 점수가 얼마나 정확하고 일관성이 있는가 하는 정도, 즉 측정의 오차가 얼마나 적은가 하는 정도를 의미한다. 예컨대, 어떤 도구를 이용하여 아침에 측정한 결과와 저녁에 측정한 결과가 동일하다면 신뢰도가 높은 도구라 할 수 있겠지만, 반대로 두 결과간에 차이가 크다면 신뢰도가 낮은 도구라고 할 수 있다. 신뢰도는 타당도와는 달리 대부분의 경우 숫자(혹은 계수)로 표시하는 경우가 많다.

어느 사건이나 현상을 측정하는 데 신뢰도가 있어야 하는 것은 말할 나위가 없다. 그러나 측정에 있어서 신뢰도는 언제나 당연히 확보되지 않는다. 측정의 신뢰도를 저해하는 주관성(subjectivity)과 부주의의 요인은 애써 고안한 측정도구들의 효용을 떨어뜨린다. 실제 통계조사를 하다 보면, 조사자의 주관개입이나, 실수 혹은 교육훈련의 부족으로 신뢰도를 떨어뜨리는 사례들을 많이 접할 수 있다.

즉, 주관성의 개입은 조사과정에서 측정자 또는 응답자가 자기의 주관을 개입시켜 사실을 왜곡하여 측정하거나 응답하는 상황을 의미한다. 예를 들어 인사담당관이 어느 한 사람의 승진 요인 점수를 더 후하게 주어야 한다는 자신의 주관을 개입시켰다면, 제아무리 지표가 좋아도 소용이 없게 된다. 그리고 부주의의 요인이란 그러한 주관성의 개입이 없더라도, 단순히 조사자가 부주의나 실수로 측정을 잘못하게 되는 상황을 의미한다.

이러한 측정상의 신뢰도를 떨어뜨리는 요인을 제거하기 위하여 조사자들은 훈련을 받고, 조사의 설계자는 측정자료들을 재검증하는 과정을 거치면서 조사를 진행하게 되는 것이다.

신뢰도를 측정하는 방법으로 재검사법, 대체법(또는 동형법, 대안법), 반분법 그리고 내적일치도법 등이 널리 사용되고 있다.

2) 타당도

측정에 대한 신뢰도의 문제는 조사를 중단시킬 정도로 중대하다고 할 수는 없지만, 타당도문제는 조사를 진행할 수 없게 할 정도로 중대한 것이다.

즉, 신뢰도는 조사를 진행하면서도 확보해 갈 수 있지만, 타당도은 애당초 다른 측정도구를 사용해야 한다는 점에서 조사의 전체를 뒤흔들게 된다.

왜냐하면 측정의 타당도란 조사자가 측정하고자 하는 사건이나 현상을 측정하고 있느냐 하는 문제이기 때문이다. 즉, 측정도구가 제대로 설계되었느냐의 문제이다.

일반적으로 자연과학적 현상을 측정하는데 사용할 측정도구의 선택은 그리어려운 문제가 아니다. 그러나 사회현상이나 사람의 내면적인 상태를 측정하기 위한 도구의 개발은 쉽지 않다. 부처별, 또는 국가별 부패지수를 정확히 측정하기 위해서 사용할 측정도구의 개발은 대단히 어렵고 논란의 여지가 많게 된다. 마찬가지로 인간의 감성을 정확히 측정하는 일도 어렵다.

미국심리학회에서는 타당도를 내용타당도, 기준관련타당도, 그리고 구성체타당도의 3가지로 분류하고 있다.

3) 타당도와 신뢰도의 관계

조사도구의 타당도와 신뢰도는 측정을 하는 데 있어서 매우 중요하다. 그러나 이러한 타당도와 신뢰도의 문제는 조사 설계단계부터 다루어져야 한다. 조사 설계 단계에서 조사도구인 설문지를 작성하는 과정에서 타당도와 신뢰도가 높은 조사도구가 만들어져야 하며 조사를 수행하고 나서 타당도와 신뢰도가 높은 조사도구가 만들어져야 한다. 그리고 조사를 수행하고 나서 타당도와 신뢰도를 분석한 결과 원하는 정도의 타당도와 신뢰도가 충족되지 못한다면 그 조사는 가치를 잃게 되어 많은 문제가 제기되거나 새로운 조사도구를 만들고 조사를 다시 실시해야 한다. 따라서 전문가들의 검토를 거치고 사전조사나 모의조사 등을 통해 사전에 타당도와 신뢰도를 검사해서 조사도구를 수정해야 한다.

성태제(2000)는 관측점수=타당한 관측점수+타당하지 않은 관측점수+오차로 정의하고,

$$\text{타당도} = \frac{\text{타당한 관측점수}}{\text{관측점수}}$$

$$\text{신뢰도} = \frac{\text{타당한 관측점수} + \text{타당치 않은 관측점수}}{\text{관측점수}}$$

로 나타내었다. 따라서 타당도의 값은 신뢰도의 값을 초과하지 않는다. 신뢰도가 낮은 어떤 척도가 타당도가 높을 수 없지만, 신뢰도가 높기 위해서 반드시 타당도가 높아야 되는 것은 아니다. 즉 신뢰도가 높은 것이 타당도가 높기 위한 필요조건이지 충분조건은 아니다.

연습문제 3

1 다음 용어를 설명하시오.

① 비교실험 ② 실험설계 ③ 일원배치법 ④ 분산분석 ⑤ 이중눈가림실험
⑥ 정도 ⑦ 정확도 ⑧ 신뢰도 ⑨ 타당도

2 실험 설계의 기본원리를 설명하시오.

3 신뢰도를 측정하는 방법을 설명하시오.

4 실험의 윤리적 문제를 설명하시오.

5 다음은 중고차시장에 나와 있는 어떤 자동차에 관한 광고내용이다. 이 내용에 대해서 해당되는 측정수준을 나타내시오.

ⓐ 제조회사: 현대 자동차 ⓑ 모델년도: 1995 ⓒ 색: 흰색
ⓓ 실린더(cylinder)의 개수: 4 ⓔ 연비율: 11km/l ⓕ 상태: 깨끗하고 성능 좋음
ⓖ 판매가격: 3,000,000원 ⓗ 차등록번호: TA1592763C51
ⓘ 속도계에 표시된 km 숫자: 36,719

6 다음의 각 변수들이 명명척도, 순위척도 혹은 구간 또는 비율척도인지를 규명하시오.

ⓐ 표본으로 채취된 우유에 들어 있는 살충제의 함유량(단위: mg/liter)
ⓑ 표본으로 뽑힌 지역에 서식하는 곤충의 종류
ⓒ 어떤 자극에 대한 사람의 반응시간(단위: 1,000분의 1초)
ⓓ 다음의 질문에 대한 사람의 대답
· 질문 : 의원 내각제 개헌에 대한 당신의 의견은?
· 대답 : 강력히 찬성한다, 찬성한다, 모르겠다, 반대한다, 강력히 반대한다.
ⓔ 우편설문지에 기재된 조사대상의 우편번호
ⓕ 구리관을 파괴하는 데 필요한 압력(단위: g/cm^2)
ⓖ 농구선수의 등번호
ⓗ 표본으로 뽑힌 사람들의 출생지
ⓘ 기혼여성이 평생 동안 낳는 자녀수

7 TV에 방영되는 폭력물이 아동의 반사회적 행동에 미치는 영향을 알아보고자 한다.

ⓐ 실험을 통해서 이 영향을 알아보고자 한다. 현실적으로나 윤리적으로 가능하다고 생각하는가? 만약 가능하다면 이 연구를 위한 실험을 계획해 보라.
ⓑ 만약 실험이 불가능하거나 하기가 싫다면, 관찰연구를 위하여 표본조사를 계획해 보라. 다른 변수들과 폭력물의 영향이 교락되어 조사결과 얻게 될 결론의 타당성을 깨트릴 가능성이 있다고 생각하는가?

8 빈곤한 무주택가구를 위하여 지방자치단체가 집을 지어 그들에게 제공하는 것이 이들의 경제적 안정에 미치는 영향을 다음과 같은 방법으로 알아보려한다. 먼저 집을 제공받고자 신청한 가구들 중에서 집을 제공받은 가구들의 목록과 제공받지 못한 가구들의 목록을 작성한다. 각 목록에서 표본을 추출하여 두 개의 집단을 구성하고 향후 몇 년 동안 관찰한다.

ⓐ 이것은 실험이라 할 수 있는가?
ⓑ 유효한 결론을 얻지 못하게 하는 교락이 발생될 수 있는가?

9 한 화학공학자가 새로운 약품의 생산공정을 설계하고자 한다. 생산량이 생산공정의 온도와 압력에 따라 변하므로, 3가지 온도와 2가지 압력의 가능한 모든 조합에서 생산량이 가장 높은 것을 찾아내기로 했다. 원료는 드럼단위로 투입되며, 각 온도와 압력의 조합에서 한 드럼씩 4번 생산해 보고 그 생산량을 측정하려 한다.

ⓐ 이 실험에서 실험단위의 반응변수는 무엇인가?
ⓑ 이 실험에서 요인과 처리는 각각 몇 개인가?
ⓒ 이 실험을 하는 데 몇 개의 실험단위가 필요한가?

10 명상이 불안수준을 낮춘다는 사실을 보이기 위한 실험이 다음과 같이 실시되었다. 먼저 실험대상자를 면담하여 불안수준을 측정한 다음 명상하는 방법을 가르쳐 준다. 그리고 한 달 동안 규칙적으로 명상하도록 한 다음 불안수준을 재측정하였다.

ⓐ 이 실험에서 대조집단이 없다. 이것이 왜 큰 실수인가를 설명하라. 어떤 외생변수가 명상의 효과와 교락될 수 있는지 설명하시오.
ⓑ 불안수준을 측정하는 사람은 이 실험대상자가 명상을 해왔다는 사실을 알고 있다. 이것이 실험결과에 미치는 영향에 대해서 논하시오.
ⓒ 대조집단과 이중눈가림기법을 이용하여 적절하게 실험을 설계하시오.

4

측정데이터의 요약과 표현

1 변수와 통계자료

통계자료는 사회현상을 나타내는 것으로 구체적으로 설명하면 통계집단을 구성하는 통계단위의 특성을 나타내는 관측 결과의 집단을 자료(data)라 한다. 즉 모집단이든 표본이든 통계단위들의 측정값의 집합을 자료라고 한다.

통계단위들의 집합을 관측하거나 측정할 때 관측되는 특성(characteristic)에 따라서 관측된 단위들 간에 차이가 있을 수 있다. 이러한 관측값들간에 존재하는 변이성 때문에 관측값들의 특성을 일반적으로 변수(variable)라고 한다.

서로 다른 종류의 변수를 구분하는 방법에는 다음과 같은 방법이 있다.

1) 양적변수와 질적변수

먼저 관측값의 특성은 사람의 연령과 같이 양으로 나타낼 수 있으며, 또한 사람의 성과 같이 질로써 나타낼 수 있기 때문에 양적변수 또는 질적변수가 될 수 있다. 양적변수(quantitative variable)는 어떤 특성의 크기나 양측면에서 자료들이 서로 다른 경우에 발생된다. 질적변수(qualitative variable)는 관측하고 있는 특성에 관하여 자료들이 그 종류에서 서로 다른 경우에 발생한다. 한국 철강주식회사 노동자들의 임금수준, 대학생들의 연령, 서로 다른 판매자들이 판매하는 동일 상품의 가격, 연간 가계소득 등은 모두 양적변수의 예이다.

그리고 질적변수의 예로서는 화물 선적품의 질, 정당가입에 따른 유권자 등록, 어떤 직업에 대한 노동자들의 수행능력을 아주 우수, 우수, 보통, 부족 등으로 등급을 정하는 것 등을 들 수 있다.

2) 연속변수와 이산변수

변수들을 구분하는 두 번째 방법은 측정값의 연속적인 값과 이산적인 값 간의 차에 관점을 두고 있다. 연속적인 척도(continuous scale)에서 관측값은 어떤 특정한 범위내의 모든 가능한 값을 갖는다. 연속적인 척도로 측정될 수 있는 특성을 연속변수(continuous variable)라고 한다. 예컨대 시간, 무게, 길이의 크기는 연속적이다. 반대로 이산적인 척도(discrete scale)는 관측값이 취할 수 있는 어떤 두 가능한 값들 사이에 공백 또는 간격이 존재하는 척도이다. 이산적인 척도로서만 측정할 수 있는 특성을 이산변수(discrete variable)라고 한다. 예컨대 한 가족은 1, 2, 3, 또는 8명의 자녀를 가질 수 있지만 2.5 또는 5.72명의 자녀 또는 어떤 다른 소수점 단위의 자녀를 갖는다는 것은 분명히 불가능하다. 또한 가계소득을 측정할 때 가장 정밀한 최소 단위는 원이다. 따라서 자녀의 수나 가계소득은 이산변수가 된다. 비록 연속변수와 이산변수 간의 이론적인 구분은 분명하고 정밀하지만 실제 통계작업에서 이것은 단지 대략적인 것에 불과하다. 그 이유는 가장 정밀한 측정도구조차도 단지 한정된 자리수에만 이용될 수 있기 때문이다.

2 자료의 정리

1) 줄기-와-잎그림

수집된 자료는 그 양이 많을수록 원자료를 그대로 나열해 놓아서는 일목요연하게 그 자료의 특성을 파악하기 어렵다. 그러므로 어떤 방법으로든 일단 정리할 필요가 있다. 즉 자료의 구조와 특징을 가장 손쉽게 알아내기 위한 방법이 줄기-와-잎그림(stem-and-leaf displays)이다. 각 측정값은 2개의 부분으로 나타낸다. 한 자리 또는 그 이상의 앞자리 숫자(leading digits)는 줄기(stem)가 되고 꼬리숫자(trailing digits)는 잎(leaf)이 된다. 예를 들면 대학생들의 적성검사 성적이 1000점 만점에 최소 200점에서 최고 980점까지 나왔다고 가정하자. 그러면 줄기는 2, 3, 4, 5, 6, 7, 8, 9(백단위)가 된다. 즉, 어떤 학생의 성적이 851점이라면 8은 줄기(줄기단위는 백단위)가 되고 51은 잎이 된다. 그런데 만일 성적이 600점에서 699점까지 비슷하게 나왔다면 줄기에 대한 단위는 첫째·둘째 자리까지가 되고 잎은 셋째 자리가 된다. 즉 638점은 줄기가 63(단위는 10단위)이 되고 잎은 8이 된다. 일반적으로 줄기-와-잎그림을 작성하는 단계는 다음과 같다.

① 줄기값에 대한 한 자리 또는 그 이상의 앞자리 숫자를 선택하고 꼬리숫자는 잎이 된다.
② 줄기값은 수직축으로 나열한다.
③ 줄기값에 대응하는 모든 관측값을 잎으로 기록한다.
④ 줄기와 잎에 대한 단위를 그림내의 어딘가에 나타낸다.

일반적으로 줄기-와-잎그림에서 볼 수 있는 것들은 대체로 다음과 같은 것들이다.

① 데이터가 몇 개의 그룹으로 나누어지는가?
② 어느 한 쪽으로 데이터가 몰려 있는가?
③ 전혀 예상 밖의 값에 데이터가 있는가? 혹은 어느 한 곳에 데이터가 집중되어 있는가?
④ 분포의 중앙은 어디쯤인가?
⑤ 분포가 얼마만큼 퍼져 있는가?

줄기-와-잎그림에서 특별히 보아야 하는 것은 위의 처음 세 가지에 관해서라고 할 수 있다. 특히 어디에서 그룹이 잘려지는가, 잘려지는 근처의 데이터 양극단에 나타나는 데이터를 확인하는 것은 중요하다.

이제 한 예를 들어 설명하기로 한다.

예제 4.1

표 4.1은 어떤 도시의 50개의 슈퍼마켓에 대한 2005년 월평균매출액이다. 줄기-와-잎그림은 데이터를 그림과 같이 그래프로 표현하는 것으로서 가운데 기다린 네모 안의 숫자들은 나무의 줄기를 이루며, 각 슈퍼마켓의 매출액을 나타낸다. 그리고 그 밖의 숫자들은 나무의 잎을 이루는데 각 매출액에 대한 십만 원 단위를 의미한다. 그림 4.1을 보면 줄기가 10인 단위에 잎이 가장 많은 빈도를 나타내고 있음을 알 수 있다. 또한 그림 4.1의 그래프를 잎의 크기순서로 재배열한 그래프가 그림 4.2와 같다.

표 4.1 • 월평균매출액 (단위: 백만원)

슈퍼마켓	매출액	슈퍼마켓	매출액	슈퍼마켓	매출액	슈퍼마켓	매출액	슈퍼마켓	매출액
1	8.0	11	10.5	21	11.6	31	12.5	41	13.0
2	11.8	12	7.6	22	15.1	32	9.3	42	6.7
3	8.7	13	10.1	23	12.5	33	10.4	43	11.0
4	10.6	14	8.9	24	6.5	34	12.7	44	8.4
5	9.5	15	8.6	25	7.5	35	10.5	45	10.3
6	9.3	16	11.1	26	10.0	36	10.3	46	13.0
7	11.5	17	10.2	27	12.9	37	11.1	47	11.2
8	10.7	18	11.1	28	9.2	38	9.6	48	7.3
9	11.6	19	9.9	29	10.0	39	9.0	49	5.3
10	7.8	20	9.8	30	12.8	40	14.5	50	12.5

```
15  1
14  5
13  0 0
12  5 9 8 5 7 5
11  8 5 6 1 1 6 1 0 2
10  6 7 5 1 2 0 0 4 5 3 3
 9  5 3 9 8 2 3 6 0
 8  0 7 9 6 4
 7  8 6 5 3
 6  5 7
 5  3
```

그림 4.1 • 줄기-와-잎그림

```
15  1
14  5
13  0 0
12  5 5 5 7 8 9
11  0 1 1 1 2 5 6 6 8
10  0 0 1 2 3 3 4 5 5 6 7
 9  0 2 3 3 5 6 8 9
 8  0 4 6 7 9
 7  3 5 6 8
 6  5 7        줄기단위: 백만원
 5  3          잎 단 위: 십만원
               N = 50
```

그림 4.2 • 크기순서로 수정된 줄기-와-잎그림

※ R 프로그램을 이용한 예제 풀이: 부록 A의 R 프로그램에 대한 다운로드 및 설치방법을 이용하여 R 프로그램을 설치한 후 다음의 프로그램을 수행하면, 예제의 결과와 같이 풀이된다.

```
# 주석처리 표시입니다.
# stem함수(줄기-잎 그림)를 불러오기 위한 라이브러리 graph를 불러오는
  부분입니다.


# scan 함수를 이용하여 데이터를 supermarket 변수에 넣어줍니다.
supermarket <- scan()
 8.0 11.8  8.7 10.6  9.5  9.3 11.5 10.7 11.6  7.8
10.5  7.6 10.1  8.9  8.6 11.1 10.2 11.1  9.9  9.8
11.6 15.1 12.5  6.5  7.5 10.0 12.9  9.2 10.0 12.8
12.5  9.3 10.4 12.7 10.5 10.3 11.1  9.6  9.0 14.5
13.0  6.7 11.0  8.4 10.3 13.0 11.2  7.3  5.3 12.5

# 줄기-잎 그림 그리는 명령어
stem(supermarket)
```

2) 도수분표

도수분표(frequency distribution)란 어떤 변수가 취할 수 있는 값을 나타내는 각 계급구간(class interval)에서 실제 측정된 자료들의 발생도수를 계산하여 표로 나타내는 것을 의미한다. 이 방법은 원자료의 본질적 특성을 왜곡하거나 손상시키지 않으면서 원자료를 보다 효과적으로 요약할 수 있을 뿐만 아니라, 자료를 보다 간편하게 나타냄으로써 자료의 특징을 쉽게 알아볼 수 있게 한다. 여기서 계급(class)이란 자료들을 적당한 너비(width)로 구분한 것을 의미하며, 각 계급의 너비를 계급구간이라 한다.

이제 도수분포표를 작성하기 위해서 표 4.2의 한국반도체 근로자 90명의 월평균 임금자료를 이용하기로 한다.

표 4.2 • **월평균 임금** (단위: 천원)

1195	1345	1223	1145	1374	1199	1549
1367	1450	1269	1344	1418	1242	1171
1400	1201	1249	1418	1280	1415	1125
1361	1247	1182	1146	1229	1352	1258
1251	1353	1390	1300	1229	1128	1283
1358	1179	1173	1272	1274	1276	1278
1221	1250	1100	1210	1203	1279	1423
1236	1366	1502	1227	1141	1256	1185
1235	1190	1170	1227	1316	1254	1212
1274	1175	1191	1368	1255	1186	1101
1176	1342	1360	1100	1241	1252	1300
1452	1171	1254	1257	1422	1205	1207
1157	1124	1205	1153	1204	1193	

도수분포표를 만들기 위해서는 우선 데이터를 크기순서대로 나열하게 되는데 데이터들이 순서대로 배열되었다 하여도 자료의 최대·최소값의 파악 이외에는 다른 정보를 알기란 어렵다. 따라서 이 자료들을 다시 적당한 구간으로 나누어 고찰함으로써 손쉽게 자료의 성격을 파악할 수 있다. 그런데 우리가 데이터를 계급으로 분류하는 목적은 거기에서 표본의 특성을 보기 쉽게 하기 위한 것이다. 그러기 위해서는 계급의 수를 적당한 개수로 정하지 않으면 안된다. 그런데 이 때 계급의 수를 어떻게 설정할 것인가 하는 것은 자료의 양에 따라 달라지게 되는데 일반적으로 계급의 수는 6개 이상 20개 이하로 설정하는 것이 좋으나 자료의 성격에 따라 달라질 수도 있다. 계급의 수를 구하는 한 가지 방법은 처음에는 계급의 수를 많이 하여 비슷한 계급들을 합하여 전반적인 추세를 파악하는

것이고, 또한 자료들이 계급한계에 해당되지 않도록 하기 위한 방법으로 주어진 자료보다 한 단위 낮은 소수점 자리수를 계급 경계값으로 설정하는 것이다. 이렇게 계급의 수가 결정된 다음에는 계급구간의 너비(width)를 결정해야 한다. 즉 대개 모든 계급구간들이 너비로 설정된다고 할 때 표본의 데이터 중에서 최대값과 최소값의 차, 즉 범위(range)를 계급의 수로 나눔으로써 계급구간의 너비(K)를 구할 수 있다.

도수분포표 작성과정
1. 계급의 수 결정(6개이상 20개 이하)
2. 계급구간의 너비결정 = 범위/계급의 수 (범위 = 최대값 - 최소값)
3. 최소값이 첫 번째 계급구간에 포함하고 최대값은 마지막 계급구간에 포함되어야 함

앞의 자료에서 최대값은 1,549, 최소값은 1,100이므로 범위는 R = 1,549 - 1,100 = 449이다. 계급구간의 너비는 449를 계급의 수 8로 나누면 56.125로 얻어지지만 계산에 편리하도록 60을 계급구간의 너비로 설정하고자 한다. 이상에서 설명한 계급의 수와 계급구간이 너비에 의하여 표 4.2를 각 계급에 포함된 측정값의 수를 계산하면 표 4.3과 같다.

이 표 4.3은 첫눈에 이 자료의 특색을 알아볼 수 있도록 되어 있다. 예를 들면 근로자 90명 중, 월평균 임금이 1,200~1,260 사이에 가장 많고 1,200~1,260의 계급구간으로부터 위, 아래로 점점 그 수가 줄어들고 있다는 것을 알 수 있다.

표 4.3에서 정한 계급 1,080~1,140을 계급구간(class interval)이라고 하고 1,080과 1,140과 같은 끝수를 계급의 한계(class limits)라 한다. 또한 작은 수 1,080은 계급하한(class lower limit)이고, 큰 수 1,140은 계급상한(class upper limit)이다.

그리고 중앙계급값은 계급구간의 중간값이다. 따라서 계급상한값과 계급하한값을 합하여 2로 나눈 값을 말한다. 즉 1,080~1,140의 중앙계급값은 (1,080 + 1,140) / 2 = 1,110이다.

그리고 상대도수(relative frequency)란 도수분포에서 한 계급의 도수를 전체 도수로 나눈 값을 의미한다. 예를 들면 표 4.3에서 1,080~1,140의 계급구간에 속한 도수는 5이므로 이 구간에 대한 상대도수는 5/90 = 0.056(5.6%)이 된다.

표 4.3 • 도수분포표

계급구간	계급너비	중앙계급값	도수	상대도수	누적도수	누적상대도수
1,080~1,140	60	1,110	5	0.056	5	0.056
1,140~1,200	60	1,170	20	0.222	25	0.278
1,200~1,260	60	1,230	29	0.322	54	0.600
1,260~1,320	60	1,290	12	0.133	66	0.733
1,320~1,380	60	1,350	13	0.145	79	0.878
1,380~1,440	60	1,410	7	0.078	86	0.956
1,440~1,500	60	1,470	2	0.022	88	0.978
1,500~1,560	60	1,530	2	0.022	90	1.000

누적도수분포(cumulative frequency distribution)란 최초의 계급구간에서부터 누적된 측정값의 수(도수)에 주어진 계급구간의 측정값의 수를 더함으로써 어떤 값 미만으로 얼마나 많은 도수가 포함되어 있는가를 쉽게 알아볼 수 있도록 작성한 표 또는 그래프를 말한다.

표 4.3의 여섯째 열이 이런 방법으로 구한 누적도수로서 예를 들어 1,320(천원) 미만인 가구가 90가구 중 66가구임을 손쉽게 알 수 있다.

예제 4.2

다음 표 4.4의 자료는 한국대학교 통계학과 학생들의 통계학 성적이다. 이 자료를 이용하여 도수분포표를 작성하여 중앙계급값, 누적도수와 상대도수를 구하시오.

표 4.4 • 한국대학교 통계학과의 통계학 성적

50	53	53	55	55	72	73	73	73	73
58	58	59	59	60	73	73	73	74	74
60	62	62	62	62	75	75	76	76	77
63	64	64	65	65	77	77	78	78	78
66	66	66	67	67	78	79	79	79	80
67	67	67	67	67	80	81	82	82	83
68	68	68	68	69	84	84	84	86	87
70	70	70	71	72	89	90	91	92	98

풀이...

우선, 자료의 최대값과 최소값의 차이인 범위를 구하면 (98-50) = 48이다. 다음으로 계급의 수를 10으로 하여 계급구간의 너비를 구하면, 즉 범위인 48을 10으로 나눈 값 48/10 = 4.8이지만 반올림하여 5로 정한다. 따라서 최소값인 50을 포함한 최초의 계급한계를 50~54로 정하고, 계속하여 계급구간의 너비인 5를 더한 값으로 표 4.5의 도수분포표를 만든다.

다음으로 각 계급에 포함된 측정값의 수를 계산한다면 각 계급에 대한 도수가 되며 전체도수 80에 대한 각 계급의 비율이 상대도수가 된다. 그리고 각 중앙계급값은 각 계급상한값과 계급하한값의 평균값이다.

표 4.5 ● 예제 4.2의 계산

계급	중앙계급값(x)	도수(f)	상대도수(%)	누적도수
50~54	52	3	3.8	3
55~59	57	6	7.5	9
60~64	62	9	11.3	18
65~69	67	17	21.3	35
70~74	72	15	18.8	50
75~79	77	14	17.5	64
80~84	82	9	11.3	73
85~89	87	3	3.8	76
90~94	92	3	3.8	79
95~99	97	1	1.2	80
		합계 = 80	100.0	80

※R 프로그램을 이용한 예제 풀이

```
# 자료를 불러옵니다.
data = scan()
50 53 53 55 55 72 73 73 73 73
58 58 59 59 60 73 73 73 74 74
60 62 62 62 62 75 75 76 76 77
63 64 64 65 65 77 77 78 78 78
66 66 66 67 67 78 79 79 79 80
67 67 67 67 67 80 81 82 82 83
68 68 68 68 69 84 84 84 86 87
70 70 70 71 72 89 90 91 92 98
```

```
# 줄기 잎 그림을 그립니다.
sort(data)
stem(data)

# 평균 분산 표준편차를 구합니다.
mean(data) 답 : (71.6875)
var(data)         (97.40744)
sd(data)          (9.86952)

# 도수분포표를 그립니다.
freqency.table=cut(data, br=seq(50, 98, 5))
table(freqency.table)

# 상대도수를 이용해서 그래프를 그립니다.
hist(data)
x = sort(data)
curve(dnorm(x, mean(x), sd(x)), col = "red", lwd = 2, add = T)
```

3) 히스토그램과 도수다각형

데이터를 표로 만든 다음에는 한눈에 자료의 분포상태를 알 수 있도록 그래프 형태로 묘사하는 것이 편리할 때가 있다. 그래프 형태로 나타내는 방법으로는 히스토그램(histogram)과 도수다각형(frequency polygon) 및 누적도수다각형(ogive) 등이 있다. 먼저 히스토그램이란 도수분포를 도수의 크기에 따라 기둥형 그림으로 나타낸 그래프를 말하며, 작성하는 방법은 횡축에 각 계급구간을 설정하고 종축에 도수를 설정하여 각 계급구간의 도수에 따라 그래프를 그린다.

각 기둥의 높이는 각 계급구간에 대응하는 측정값들의 도수를 나타낸다. 기둥그래프 작성시 유의해야 할 사항은, 광범위하게 분포되어 있는 자료이긴 하나 이 자료의 형태가 어느 특정한 부분에 집중되어 나타나는 경우라고 하면 계급구간의 간격을 동일하게 만들게 되면 요약의 의미를 자세하게 나타내 주지 못하게 되므로 집중된 부분은 간격을 더 세분화하고, 그렇지 않은 부분은 넓게 정해주어야 한다는 것이다. 예컨대 연령이나 소득조사와 같은 것에 대해서는 이런 방법으로 구간간격을 잡아주는 경우가 많다. 그림 4.3은 표 4.5의 자료를 히스토그램으로 나타낸 것이다.

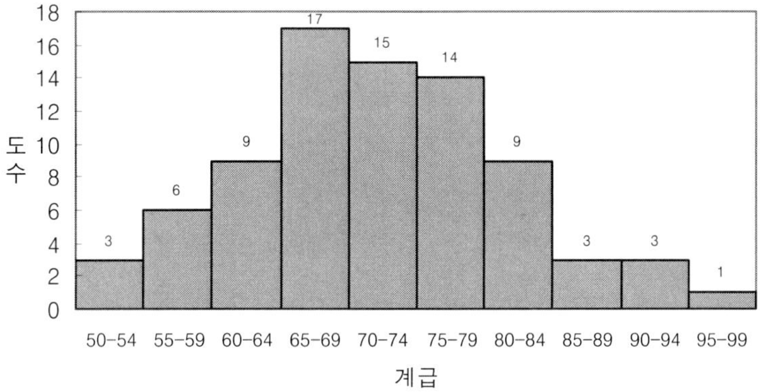

그림 4.3 • 히스토그램

둘째로 도수다각형(frequency polygon)이란 히스토그램에서 각 기둥의 맨 위 중간점들을 직선으로 연결했을 때 다각형 모양으로 나타내는 그래프를 말한다. 각 기둥의 맨 위 중간점이란 각 계급구간의 중앙계급값을 말하고 각 계급구간의 중앙계급값을 연결한 그래프가 도수다각형이 된다.

아래의 그림을 이용함으로써 그림 작성상의 번잡스러움을 덜 수 있으며, 특히 두 개 이상의 서로 다른 집단의 도수다각형을 동시에 한 그림에 나타낼 수 있어 상호비교가 용이하다는 것이 중요한 장점이다. 이와 같이 설명한 방법으로 그림 4.3의 히스토그램에서 도출한 도수다각형은 다음 그림 4.5와 같다.

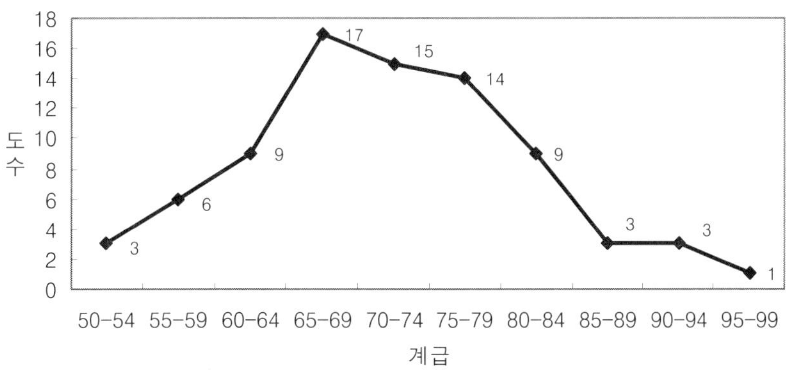

그림 4.4 • 도수다각형

셋째, 누적도수다각형(ogive)이란 각 계급구간의 누적도수에 대응하는 기둥의 맨 위 중간점들을 직선으로 연결했을 때 나타난 그래프를 말하는 것으로 누적도수를 상대도수 또는 백분율 형태로 나타낼 경우 전체자료 중 특정값 이하가 차지하는 비중을 결정하거나 서로 다른 두 집단의 자료들의 변화율을 상호 비교하는데 아주 유용하게 사용된다. 그림 4.5는 표 4.5의 누적도수분석에 대한 누적도수다각형을 나타낸 것으로 얼마 미만을 나타내는 누적도수다각형을 나타낸다. 위에서 설명한 내용들은 후에 다루게 될 확률개념을 정의하는 데 유용하게 쓰인다.

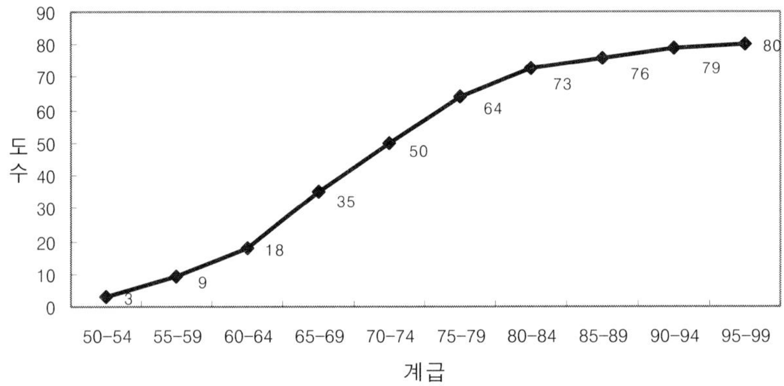

그림 4.5 • 누적도수다각형

3 중심위치의 측도

자료의 특성을 잘 나타내어 주는 수리적인 측도로서 중심위치의 측도와 산포의 측도 등을 생각할 수 있다. 중심위치의 측도는 주어진 자료가 어떤 값을 중심으로 분포되어 있는가를 알려주는 것으로 산술평균, 중앙값, 최빈값 등이 있다.

1) 산술평균

산술평균(mean)이란 집중경향을 잘 나타내는 측정값으로서 가장 일반적으로 사용되는 대표값이다. 이는 자료에 포함되어 있는 모든 측정값들을 모두 더해서 전체 측정값의 개수로 나누어 구한다. 즉 자료가 $X_1, X_2, X_3, \cdots\cdots, X_N$과 같이 N개로 구성된 모집단으로부터 n개의 표본 $x_1, x_2, x_3, \cdots\cdots, x_n$을 추출하였다고 할 때 모집단과 표본에 대한 산술평균의 정의식은 다음과 같다.

$$\text{모 평 균} : \mu = \frac{X_1 + X_2 + X_3 + \cdots\cdots + X_N}{N} = \sum_{i=1}^{N} X_i / N$$

$$\text{표본평균} : \bar{x} = \frac{x_1 + x_2 + x_3 + \cdots\cdots + x_n}{n} = \sum_{i=1}^{n} x_i / n$$

여기서 주어진 자료가 모집단일 때는 평균(산술평균)은 보통 μ로 표시하고 표본일 때는 통상 $\bar{x}$로 표시된다. μ는 Greek 문자로서 "뮤(mu)"라고 읽으며 $\bar{x}$는 "엑스바(x bar)"라고 읽는다. 모집단의 평균을 모평균(population mean), 표본의 평균을 표본평균(sample mean)이라 부른다. 또한 모집단의 표본의 구별을 위해서 모집단의 자료수를 N, 표본의 자료수를 n이라 한다. Greek 문자인 Σ(sigma)는 x의 모든 측정값을 합하는 것을 의미하는 부호이다. 즉 $\sum_{i=1}^{n} x_i$는 $x_1 + x_2 + \cdots\cdots + x_n$을 나타낸다.

예제 4.3

다음 자료는 2장에서 설명한 직장인의 대학생활에 관한 의식조사에서 대학 졸업을 한 지가 몇 년입니까?에 대한 결과이다. 이 자료의 평균은?

36	36	35	43	25	15	8	15	42	43
22	12	38	7	32	50	35	10	8	38
10	14	6	48	56	8	45	33	25	20
14	34	16	11	35	11	11	8	42	41
21	26	9	42	13	5	6	10	6	36

풀이...

$\overline{x} = (36+36+35+ \cdots\cdots + 10+6+36)/50 = 24.24$

여기서 평균의 중요한 성질 중의 하나는 각 측정값과 평균과의 차이값의 합은 항상 0값을 갖는다는 점이다. 위의 예제에서 평균값은 24.24이다. 따라서 각 측정값에 대한 평균으로부터의 차이값 또는 편차는 36-24.24 = 11.76, 36-24.24 = 11.76, 35-24.24 = 10.76, …, 10-24.24 = -14.24, 6-24.24 = -18.24, 36-24.24 = 11.76이므로 합은 0이 된다(즉, 편차 = 11.76+11.76+10.76+… -14.24 -18.24+11.76 = 0). 이러한 성질을 통계학적 의미로 표현하면 $\sum_{i=1}^{n}(x_i - \overline{x}) = 0$ 이 된다.

※R 프로그램을 이용한 예제 풀이

```
# scan 함수를 이용하여 데이터를 graduation 변수에 넣어줍니다.
graduation <- scan()
36 36 35 43 25 15 8 15 42 43 22 12 38 7 32 50 35 10 8 38 10 14 6 48 56 8 45 33 25 20
14 34 16 11 35 11 11 8 42 41 21 26 9 42 13 5 6 10 6 36

mean(graduation)   답: (24. 24)
```

그리고 평균은 다른 대부분의 자료값보다 아주 크거나 작은 이상점(outlier)이 있을 때 이 이상점의 영향을 많이 받는다. 예를 들어 10개의 자료가 다음과 같이 1, 2, 3, 4, 5, 6, 7, 8, 9, 100이 있다고 하자. 이 자료를 이용하여 평균을 구해 보면 $\overline{x}$ = 14.5가 된다. 그러나 자료 10개 중 9개가 이 평균값보다 작게 되어 이때의 평균은 중심위치의 측도가 될 수 없다. 따라서 100을 제외하고 평균을 구해 보면 $\overline{x}$ = (1+2+3+…8+9)/9 = 5가 되어 평균이 크게 변화였음을 알 수 있다. 또한 100을 제외하고 구한 평균 5가 앞의 평균 14.5보다는 훨씬 더 좋은 중심위치의 측도임을 알 수 있다. 평균이 이와 같이 이상점에 큰 영향을 받는 대신 다음에 설명하는 중앙값은 별로 영향을 받지 않는다.

2) 중앙값

중앙값(median)은 자료를 크기순으로 나열했을 때 가운데에 위치하는 값이다. 자료의 수를 n이라 놓았을 때, n이 홀수이면 $(n+1)/2$번째 자료값이 중앙값이 된다. 그런데 n이 짝수일 때는 가운데 위치하는 자료값은 없으나 $n/2$번째와 $(n/2)+1$번째 자료값의 평균을 중앙값으로 정의한다.

예를 들어 데이터가 1, 3, 4, 8, 9이면 $n=5$이다. $(n+1)/2=(5+1)/2=3$이므로 중앙값은 세 번째 수인 4이다. 데이터가 4, 5, 5, 6, 6, 6, 8, 9이면 $n=8$이다. 따라서 $(n+1)/2=(8+1)/2=4.5$이다. 이것은 중앙값이 4번째와 5번째의 중간에 위치함을 뜻한다(4.5란 중앙값이 아니고 단순히 중앙값의 위치를 나타낸다).

이제 다른 예를 들면, 그림 4.6과 같이 7개 사과의 무게를 측정하였다고 하자. 이 사과의 무게를 크기순으로 정리한 것이 그림 4.6이다. 여기서 중앙값은 $(n+1)/2=(7+1)/2=4$이므로 네 번째의 사과무게 130이 중앙값이 된다. 또한 그림 4.6에 무게가 210인 사과를 추가시키면 그림 4.7과 같이 이번에는 짝수개($n=8$)가 되므로 네 번째와 다섯 번째의 중간에 위치한 135가 중앙값이 된다.

중앙값을 계산할 때 유의해야 할 점은 반드시 자료를 크기순으로 나열하여야 하며 또한 비록 같은 값이 여러 개 있더라도 모두 나열하여야만 한다는 것이다. 중앙값은 평균과 마찬가지로 양적 자료에만 사용된다. 중앙값은 평균과 달리 이상점의 영향을 별로 받지 않는다. 이것은 중앙값의 매우 중요한 성질이며 아주 비정상적인 분포를 갖는 자료에 대해서 중앙값과 평균을 예제를 들어 설명하기로 한다.

그림 4.6 • 7개의 사과무게

그림 4.7 • 홀수 개의 중앙값의 위치

그림 4.8 • 짝수개의 중앙값의 위치

예제 4.4

어떤 농촌지역에 15개의 젖소 농장이 있다. 그 중 하나는 기업이 경영하는 기업농장이 있고 나머지 농장은 농민이 소유하고 있는 조그만 농장으로 각각의 면적(단위: hectare)을 측정한 결과를 보면 다음과 같다.

1.3	1.3	1.5	1.7	2.0
2.1	2.3	2.7	2.7	2.8
3.0	3.7	5.5	8.5	120.3

중앙값(15개 관측값의 8번째인)은 2.7 헥타르이며 평균은 161.4/15 = 10.76이다. 한 개의 기업농장의 면적으로 말미암아 나머지 14개의 농장면적보다 큰 평균면적($\overline{x}$ = 10.76)이 얻어졌다. 이처럼 평균은 몇몇 극단적인 값에 대해 굉장히 민감하다. 반면 중앙값은 2.7헥타르이고 기업농장의 면적이 120.3헥타르라 해도 중앙값은 변하지 않는다. 기업농장의 면적은 단지 중앙값보다 큰 하나의 숫자일 따름이다. 이와 같은 중앙값과 평균의 극단적인 차이가 단지 인위적인 예에 지나지 않는다고 생각해서는 안된다. 또 다른 예를 들면 소득에 관한 데이터를 흔히 극단적으로 높은 값을 포함하기 때문에, 소득분포의 중심에 관한 측도로는 보통 중앙값을 사용한다. 그렇다고 해서 극단적인 값들이 포함된 데이터에는 늘 중앙값을 사용해야 한다는 것은 아니다. 만약 어떤 집단의 총소득에 관심이 있다면, 중앙값은 아무 것도 말해주지 못하지만 평균으로부터는 총소득을 알아낼 수 있다. 이는 평균이 측정값의 총합으로부터 계산되기 때문이다.

※ R프로그램을 이용한 예제 풀이

```
# scan 함수를 이용하여 데이터를 hectare 변수에 넣어줍니다.
hectare <- scan()
1.3 1.3 1.5 1.7 2.0
2.1 2.3 2.7 2.7 2.8
3.0 3.7 5.5 8.5 120.3

# 자료의 평균값에 대한 결과입니다.
mean(hectare) (10. 76)

# 자료의 중앙값에 대한 결과입니다.
median(hectare) (2. 7)
```

3) 최빈값

최빈값(mode)은 질적 자료나 양적 자료 모두에 사용되며, 간단히 말하면 자료 중 가장 자주 나오는 값을 의미한다. 이 경우에도 각각의 값이 얼마나 자주 나타나는가를 보기 위해 크기순으로 나열하는 것이 편리하다. 즉,

2, 3, 4, 5, 5, 5, 6, 8, 9

의 최빈값은 5인데 이 값은 세 번 나타나는 반면에 다른 값은 두 번 이상 나타나지 않기 때문이다. 그런데

2, 3, 4, 5, 5, 5, 6, 8, 8, 8, 9

에 대해서는 5와 8 둘 다 최빈값인데 이 자료에서 둘 다 가장 자주 나타났기 때문이다. 이러한 자료를 이봉(bimodal)이라고 하며 세 개가 최빈값인 경우를 삼봉(trimodal)이라 한다. 반면에 어떤 값도 한 번 이상 나타나지 않으면 모든 값이 다 최빈값이라 할 수 있다. 이는 아무런 의미도 없으며 차라리 최빈값이 없다고 하는 편이 낫다. 최빈값은 거의 사용되지 않는데 그 이유는 가장 빈도가 높은 값만 기록되므로 분포의 중심과는 동떨어진 값일 수도 있기 때문이다.

예제 4.5

다음 자료는 예제 4.3의 자료를 정리한 것이다. 최빈수는?

값	빈도	값	빈도	값	빈도
5	1	15	2	35	3
6	3	16	1	36	3
7	1	20	1	38	2
8	4	21	1	41	1
9	1	22	1	42	3
10	3	25	2	43	2
11	3	26	1	45	1
12	1	32	1	48	1
13	1	33	1	50	1
14	2	34	1	56	1
계		50			

풀이...

빈도가 가장 많이 나온 값은 8로서 4개가 되므로 최빈값은 8이 된다.

※ R 프로그램을 이용한 예제 풀이

```
data <- matrix(scan(), nrow=2)
5 6 6 6 7 8 8 8 8 9 10 10 10 11 11 11 12 13 14 14
15 15 16 20 21 22 25 25 26 32 33 34 35 35 35 36 36 36
38 38 41 42 42 42 43 43 45 48 50 56

table(data)

max(table(data)) ; (4)
```

예제 4.6

어떤 회사의 중역이나 기업주들이 자기 회사의 전체 종업원의 평균임금이 얼마얼마라고 발표할 때 그 숫자에는 무슨 뜻이 있을 수도 있지만 없을 수도 있는 것이다. 만약 이 평균값이 중앙값이라면 중요한 사실을 알아낼 수가 있다. 즉 종업원의 반은 그보다 높은 임금을 받고 반은 그보다 낮다는 것이다. 만약 그것이 산술평균이라면 기업주 한 사람의 수입인 450,000달러와 기타 여러 종업원이 싼 임금과 평균값이라는 것 외에는 아무것도 알 수가 없을 것이다. 따라서 연간 평균임금이 57,000달러라고 할 때 이 숫자는 20,000달러라는 싼 임금과 기업주가 임금이라는 형태로 취하는 엄청난 이득의 양쪽을 모두 눈가림해 주는 게 된다.

이 점에 관해 좀 더 자세히 살펴보기로 하자. 다음에 실린 그림에는 몇 사람의 종업원이 얼마의 임금을 받는가가 표시되어 있다. 기업주로서는 아마도 이 임금상황을 <평균임금 57,000달러>, 즉 헷갈리기 쉬운 산술평균값으로 표현하기를 원하겠지만 이 경우에는 최빈값을 쓰는 쪽이 더 설정에 알맞을 것 같다.

즉 이 회사에서 가장 많은 인원이 받는 임금은 연봉 20,000달러인 것이다. 전에 말한 바와 같이 중앙값만이 다른 어떤 종류의 평균값보다도 이 회사의 임금상태를 더 잘 설명해 주고 있다. 즉, 30,000달러 이상 받는 사람의 수가 반이고 나머지 반은 30,000달러 이하의 임금을 받고 있다.

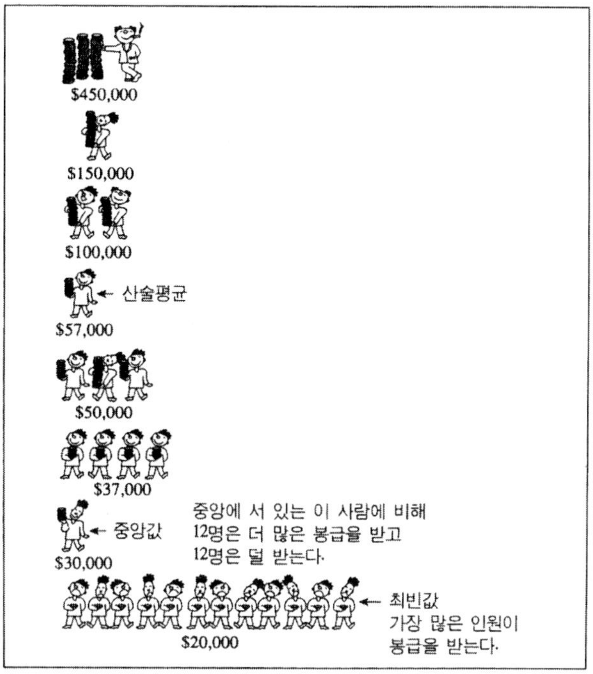

4 산포의 측도

중심위치의 측도는 통계집단의 양적 구조에 관하여 그 중심경향을 측정하는 중요한 측도인 것을 알았다. 그런데 중심위치의 측도에 의해서 양적 구조의 모든 특징이 집약적으로 설명이 가능하게 되는 것은 아니다. 예컨대 그림 4.8에서 보는 바와 같이 중심위치가 같아도 분포의 측정값의 변화의 범위가 다르거나 분포의 중심에 대한 빈도의 집중하는 모양이 다르게 된다. 따라서 대표값을 중심으로 하여 빈도가 어떻게 산포되어 있는가를 표시하는 측도를 산포의 측도(measure of dispersion)라 한다. 그런데 일반적으로 바람직한 산포의 측정 방법에는 몇 가지 기준이 있다. 첫째, 측정된 자료가 나타내는 분포는 그 평균이 얼마이든 간에 상관없이 흩어져 있는 정도가 동일한 경우 산포도의 값이 같아질 수 있는 방법이라야 한다. 둘째, 주어진 자료의 모든 값이 계산에 포함되도록 고안된 방법이라야 한다. 셋째, 수리적 취급이 편리해야 한다.

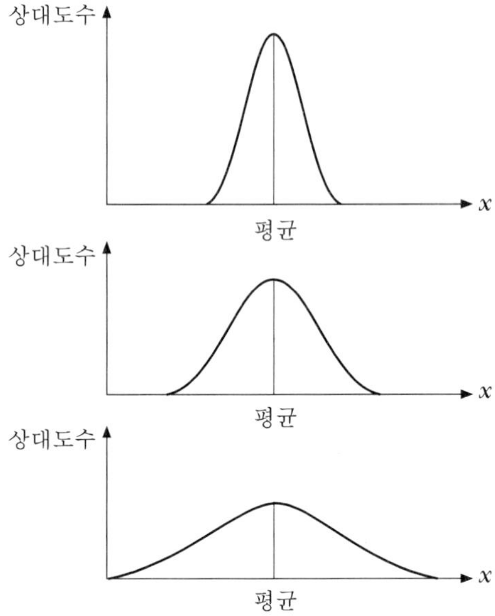

그림 4.9 • 분포의 평균은 모두 같으나 서로 다른 산포(변이성)를 나타내는 경우

1) 범위

자료의 분포상태를 나타내는 방법 중 가장 간단한 방법으로서 자료의 최대값과 최소값의 차이를 범위(range)라 한다.

범위 = 자료의 최대값 − 자료의 최소값

그런데 이 방법에는 두 가지 결점이 있다. 첫째는 자료의 상하의 폭만으로써는 그 내부에서의 도수를 전혀 고려하지 않으므로 산포의 서로 다른 점을 표시할 수 없고, 둘째는 측정값은 n이 크면 극단적인 크기의 값이 측정되는 기회가 많게 되며 결국 분포범위의 크기는 불안정하게 된다. 따라서 범위는 측정값 n이 작은 경우에 오히려 안정하다. 측정값이 10개 이하인 공업제품의 품질관리라든가 검사자료의 산포를 측정하는 데 이용된다.

예제 4.7

어떤 집단으로부터 10개의 표본을 추출하여 다음과 같은 자료를 얻었다. 범위를 구하여라.

10, 15, 17, 5, 25, 22, 29, 30, 35, 42

풀이...

이 자료의 최대값은 42이며 최소값은 5이므로 범위는 42-5=372이다.

※ R 프로그램을 이용한 예제 풀이

```
# 10개의 자료를 x에 넣어줍니다.
x <- scan()
10 15 17 5 25 22 29 30 35 42

# 최대값과 최소값을 구해줍니다.
x1 <- max(x)
x2 <- min(x)

# 범위를 구해줍니다.
range <- x1-x2
range (37)
```

2) 사분위와 사분위수 범위

범위(range)의 단점을 일부 보완한 것이 사분위수 범위(interquartile range)이다. 사분위수 범위를 정의하기 전에 먼저 사분위수(quartiles)에 대하여 설명하기로 한다. 사분위수는 크기순서에 따라 늘어놓은 자료를 4등분하는 수이며, 그 중 1/4 위치에 있는 것을 제 1사분위수(lower quartile), 3/4 위치에 있는 것을 제 3사분위수(upper quartile)라 한다. 그리고 2/4 위치에 있는 값을 중앙값이라 한다. 제 1사분위수를 Q_1, 제 3사분위수를 Q_3로 보통 표기한다. 이를 그림으로 나타내면 다음과 같다.

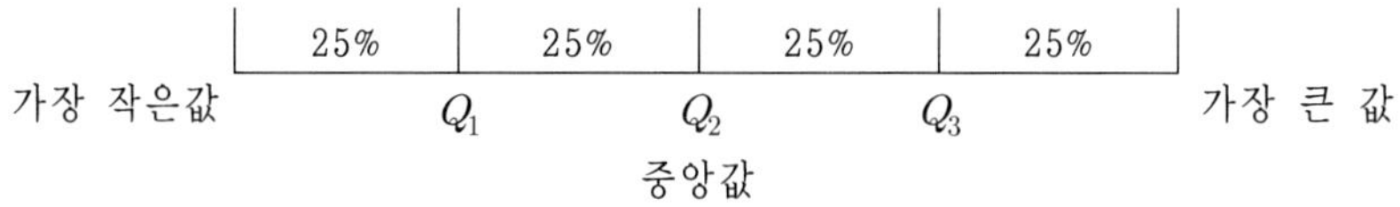

그림 4.10 • **사분위수**

크기순서에 따라 늘어 놓은 자료에 대해서 근사적으로 25%는 제 1사분위수(Q_1)보다는 적고 약 75%는 Q_1보다는 크다. 그리고 근사적으로 75%는 제 3사분위수(Q_3)보다는 적고 약 25%는 Q_3보다는 크다.

지금까지 설명한 내용에 의해서 사분위수 범위를 정의하면, 즉 제 3사분위수와 제 1사분위수의 차이를 의미한다.

사분위수범위 = 제 3사분위수 − 제 1사분위수

$$IQR = Q_3 - Q_1$$

예제 4.8

다음 자료는 직장인 50명의 대학생활에 관한 의식조사 중에서 대학 졸업을 한 횟수이다. 이 자료를 이용하여 제 1사분위수(Q_1), 제 3사분위수(Q_2), 사분위수 범위(IQR)를 구하시오.

36	36	35	43	25	15	8	15	42	43
22	12	38	7	32	50	35	10	8	38
10	14	6	48	56	8	45	33	25	20
14	34	16	11	35	11	11	8	42	41
21	26	9	42	13	5	6	10	6	36

풀이...

우선 자료를 크기순으로 나열하면 다음과 같다.

5	6	6	6	7	8	8	8	8	9
10	10	10	11	11	11	12	13	14	14
15	15	16	20	21	22	25	25	26	32
33	34	35	35	35	36	36	36	38	38
41	42	42	42	43	43	43	48	50	56

다음으로 제 1사분위수는 $50 \times \frac{1}{4} = 12.5$이므로 12번째와 13번째 수의 중간값이 10이며 제 3사분위수는 $50 \times \frac{3}{4} = 37.5$이므로 37번째와 38번째 수의 중간값인 36이다. 따라서 사분위수 범위 (IQR)=$Q_3 - Q_1 = 36 - 10 = 26$이다.

※ R 프로그램을 이용한 예제 풀이

```
# 자료를 읽어옵니다.
data <- scan()
36 36 35 43 25 15 8 15 42 43 22 12 38 7 32 50 35 10 8 38 10 14 6 48 56 8 45 33 25 20
14 34 16 11 35 11 11 8 42 41 21 26 9 42 13 5 6 10 6 36

# 자료를 크기순으로 나열합니다.
sort(data)

# 사분위수를 구해줍니다.
summary(data)
```

3) 백분위수

백분위수(percentile)는 사분위수의 개념을 더욱 확대하여 크기순서에 따라 나열한 자료값들을 100등분하는 값을 일컫는다. 즉 제 K백분위수(K^{th}percentile)는 자료값 중 K%가 그 값보다 작거나 같게 되는 값이며 (100-K)%는 그 값보다 큰 값을 의미한다. 예를 들면 제 60백분위수는 그림 4.11과 같이 나타내어진다.

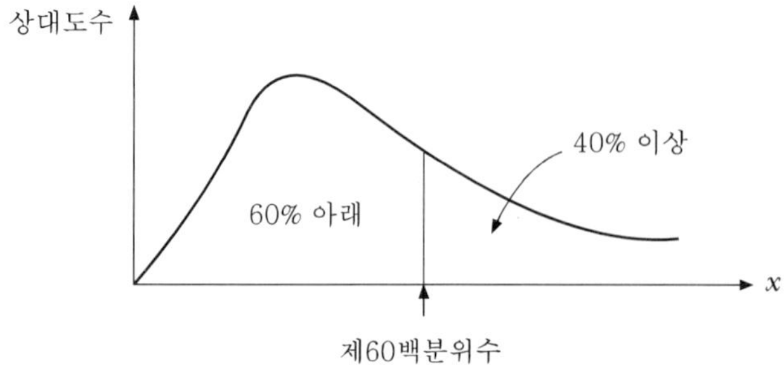

그림 4.11 • 제 60백분위수

따라서 k번째 백분위수의 근사값은 다음 식에 의해서 구해진다.

$$P_k = \left(\frac{kn}{100}\right)$$

여기서 k는 백분위수의 수를 의미하고, n은 표본의 크기를 나타낸다.

그리고 앞서 설명한 제 1사분위수, 중앙값, 제 3사분위수는 각각 제 25, 제 50, 제 75백분위수에 해당된다. 백분위수는 자료의 크기가 대략 30보다 큰 경우에 사용된다. 또한 유사한 개념으로 십분위수(deciles)가 있다. 제 1십분위수는 제 10백분위수와 같다. 제 5십분위수는 제 2사분위수(중앙값)와 제 50백분위수와 같다.

이상의 백분위수, 십분위수, 사분위수와 사분위수 범위를 그림으로 나타내면 그림 4.12와 같다.

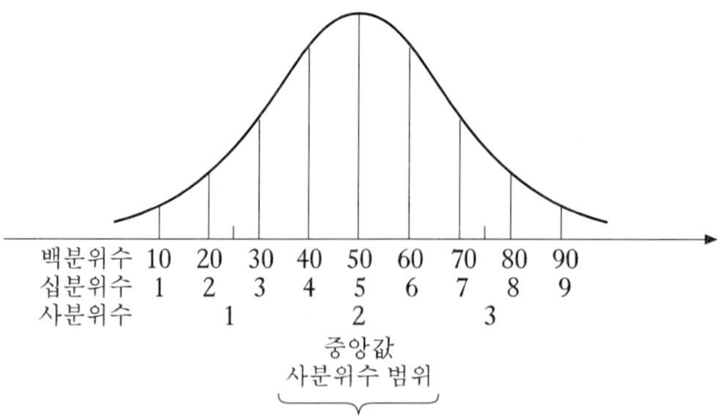

그림 4.12 • 백분위수, 십분위수, 사분위수와 사분위수 범위

예제 4.9

다음 자료는 12개 제조업체 회사의 매출액에 대한 이익비(ratio)를 나타낸 것이다. 제 62백분위수를 구하시오.

16 38 18 20 20 18 22 34 7 58 31 19

풀이...

우선 자료를 크기순서로 배열하면 다음과 같다.

제 62백분위수는

$$\frac{kn}{100} = \frac{62(12)}{100} = 7.44$$

이다. 그런데 7.44는 일곱 번째와 여덟 번째의 평균값에 근사된다. 즉

$$P_{62} = \text{제 62백분위수} = \frac{20+22}{2} = 21$$

이 값의 의미는 주어진 자료 중 62% 회사의 매출액에 대한 이익비가 21보다는 작고 이것의 나머지 38%는 21보다 크다는 것을 의미한다.

※ R 프로그램을 이용한 예제 풀이

```
# 자료를 읽어옵니다.
ratio <- scan()
16 38 18 20 20 18 22 34 7 58 31 19

# 자료를 크기순으로 나열합니다.
sort(ratio)

# 자료의 갯수 n
n <- length(ratio)

# 백분위수를 구해주는 함수입니다.
func <- function(k=0){
   a <- k*n*0.01
   return(a) }
# 62백분위수 값을 구해줍니다.
func(62) (7. 44)
```

예제 4.10

자본주의 시장경제 구조속에서 소득분배는 어느 정도 불공정하거나 불평등한 측면이 있을 수 밖에 없다. 하지만 이러한 분배의 불공정 또는 불평등이 방치된다면 저소득층의 소외는 커다란 사회문제가 된다. 사회의 공동체적 연대의식을 와해시키고 사회적 통합을 저해하는 것이다. 그러므로 불공정한 분배를 시정하고 불평등을 완화하는 일은 매우 중요하다.[1)]

'공정한 분배'가 무엇인가에 대해서는 고대 그리스 이래 아직까지 논란이 계속되고 있으나, 오늘날 세계적으로 광범위한 지지를 얻고 있는 롤즈(J. Rawls)의 견해는 우리나라에서도 귀담아들을 만하다. 그는 사회의 가장 못사는 계층의 복지가 극대화되는 것, 다시 말해 저소득층의 소득이 커지는 분배가 공정하다고 본 것이다.

우리나라의 소득 분포는 2000년을 기준으로 볼 때, 소득이 최상위인 10% 계층(제 1분위)보다 12.7배나 많이 벌고 있고, 제 9분위는 제 1분위보다 6.9배나 많이 벌고 있다.

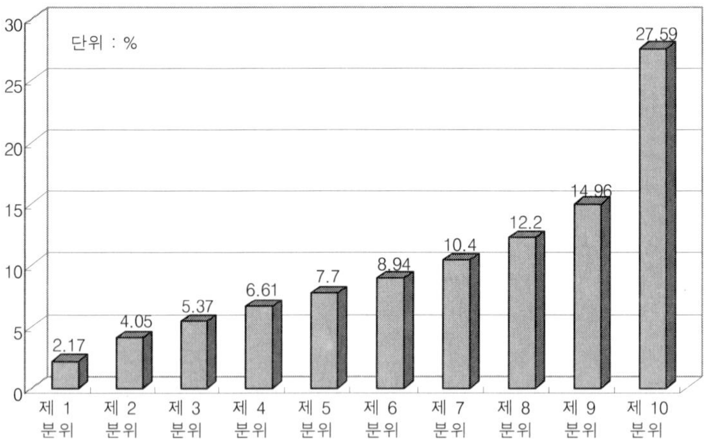

※ 자료 : 통계청

그림 4.13 • 소득 10분위별 소득 분포(2000)

1) 구정화 외 3인, 통계속의 재미있는 세상이야기, 통계청, 2003, pp.99-101.

세계은행은 제 1~4분위의 40% 계층을 저소득층, 제 9~10분위의 20% 계층을 고소득층, 제 5~8분위의 40% 계층을 중소득층이라고 규정하고 있다. 경제학자들은 저소득층의 소득점유율과 고소득층의 소득점유율의 비율을 계산해서 한 사회의 불평등 정도를 재는 지표로 사용하는데, 이를 10분위 분배율이라고 한다.

소득점유율 : 전체소득에서 차지하는 비율

10분위 분배율은 저소득층이 차지하는 점유율을 분자로 하기 때문에, 저소득층의 소득이 클수록 값이 커진다.

$$10분위\ 분배율 = \frac{제\ 1\sim4분위(저소득층)\ 소득점유율}{제\ 9\sim10분위(고소득층)\ 소득점유율}$$

따라서 이 값이 클수록 소득분배가 보다 평등하다고 할 수 있다. 보통 0.45 이상이면 고균등분배, 0.35 미만이면 불균등분배, 그 사이는 저균등 분배라고 한다. 아래 그림에서 2000년 당시 우리나라의 10분위 분배율이 0.43이므로, 저균등분배 상태임을 알 수 있다.

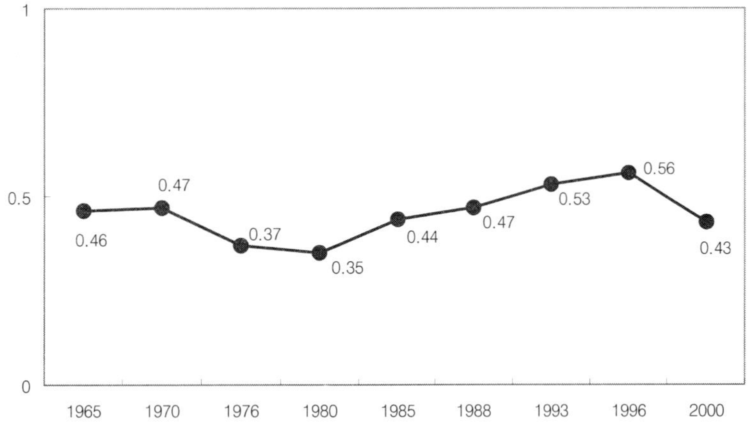

그림 4.14 • 10분위 분배율의 추이

그런데 우리나라는 저소득층의 소득점유율을 나타내는 10분위 분배율이 1993년 0.53, 1996년 0.56에서 2000년에는 0.43으로 오히려 낮아졌다. 롤즈의 견해에 따르면 우리나라의 분배 상태는 과거에 비해 공정하지 못한 것이다.

따라서 저소득층의 소득이 증가하도록 정부에서도 정책적 노력을 기울여야 하겠지만, 우리 모두 경제생활에서 이들을 먼저 배려하는 자세를 가져야 할 것이다.

4) 분산과 표준편차

산포의 측도로서 가장 널리 쓰이는 것이 분산(variance)과 표준편차(standard deviation)이다. 분산은 중심의 측도인 평균에 대한 자료의 산포를 측정하는데 이들은 반드시 평균과 함께 사용되어야 한다.

우선 측정값과 평균의 차를 편차(deviation)라 하는데 이에 대한 개념부터 설명하기로 한다. 표본의 크기가 n인 표본의 측정값을 $x_1, x_2, \cdots, x_n$으로 나타내고, 이들의 평균은 $\overline{x}$로 나타내었음을 기억하자. $x_1 - \overline{x}$를 첫 번째 표본측정값 x_1과 표본평균 $\overline{x}$간의 편차라고 한다. 만일 표본에 있는 모든 측정값들에 대하여 이 편차를 계산한다면, 우리는 평균으로부터의 편차의 집합을 얻을 수 있다. 즉,

$$x_1 - \overline{x},\ x_2 - \overline{x},\ \cdots,\ x_n - \overline{x}$$

이러한 편차들은 어떤 정보를 포함하고 있는가? 만일 이들의 수치가 크다면, 자료는 매우 넓게 산포되어 있다고 해석할 수 있다. 또한 편차들의 수치가 매우 작다면, 자료는 평균 $\overline{x}$의 주위에 밀집되어 있고 따라서 높은 변이성을 보이지 않는다고 해석할 수 있다. 그리고 편차들의 합은 즉 $\sum(x_i - \overline{x}) = 0$이 된다. 간단한 예로서 표 4.6의 두 개의 집단을 살펴보기로 하자.

표 4.6 • 두 집단의 편차

	제 1 집단	제 2 집단
측 정 값	3, 4, 5, 6, 7	4, 5, 5, 5, 6
산술평균 $\bar{x}$	$\bar{x} = \frac{3+4+5+6+7}{5} = 5$	$\bar{x} = \frac{4+5+5+5+6}{5} = 5$
편 차	-2, -1, 0, 1, 2	-1, 0, 0, 0, 1
편차합 $\sum(x_i - \bar{x})$	(-2)+(-1)+(0)+1+2=0	(-1)+0+0+0+1=0

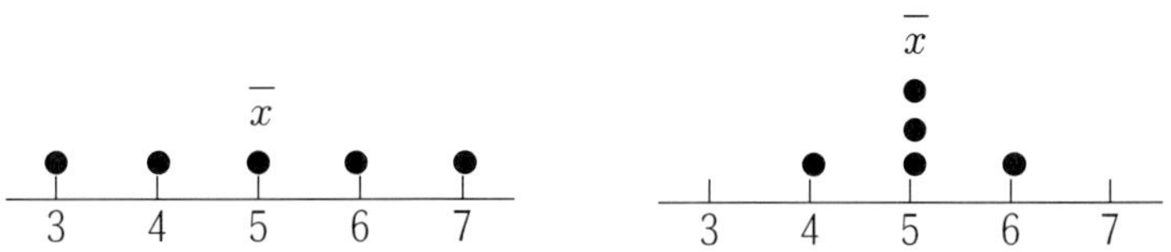

[제 1 집단] [제 2 집단]

그림 4.15 • 두 집단에 대한 평균으로부터의 편차

각 집단은 5개의 측정값을 가지고 있으며 편의상 측정값들을 크기순서대로 배열해 놓았다. 평균이 5라는 것을 알 수 있다. 그러나 편차를 살펴보면 제 1집단이 제 2집단보다 더 높은 변이성을 가지고 있다.

이러한 편차는 그림 4.15에 더 명확하게 나타나 있다. 이와 같이 편차는 표본 측정값들의 변이성에 관한 정보를 제공해 준다.

그러므로 이상의 내용을 다음과 같이 요약할 수 있다.

○ 첫째로, 자료들이 보다 넓게 산포되어 있거나 이질적이면 범위, 분산과 표준편차는 보다 크게 된다.

○ 둘째로, 자료들이 보다 집중적이거나 동질적이면 범위, 분산과 표준편차는 보다 작게 된다.

○ 셋째로, 측정값이 모두 같으면 범위, 분산과 표준편차는 모두 0이 된다.

이제 평균으로부터의 편차들을 제곱한 값들의 평균이라 정의되는 분산은 일반적으로 다음과 같이 정의된다.2)

2) 분산의 간편식 유도과정은 다음과 같다.

$$\sigma^2 = \frac{1}{N}\Sigma(X_i - \mu)^2 = \frac{1}{N}\Sigma(X_i^2 - 2\mu X_i + \mu^2) = \frac{1}{N}\left[\Sigma X_i^2 - 2\mu\Sigma X_i + N\mu^2\right]$$
$$= \frac{1}{N}\left[\Sigma X_i^2 - N\mu^2\right] = \frac{1}{N}\left[\Sigma_{i=1}^{N} X_i^2 - \frac{1}{N}(\Sigma_{i=1}^{N} X_i)^2\right]$$

변수 $X_1, X_2, \cdots, X_N$의 평균값을 μ라 할 때, 평균값에 대한 편차의 제곱값을 더하여 얻은 값을 N으로 나누어 준 값을 모분산(population variance)이라 하고 σ^2으로 표시한다.

$$\sigma^2 = \frac{1}{N}\sum_{i=1}^{N}(X_i - \mu)^2$$
$$= \frac{1}{N}\left(\sum_{i=1}^{N}X_i^2 - \frac{(\sum X_i)^2}{N}\right)$$

분산은 주어진 자료단위를 제곱한 상태로 계산되므로 사용된 자료의 같은 단위로 표시하려면 분산의 제곱근을 구해야 할 것이다. 분산의 제곱근, 즉 $\sqrt{\sigma^2}$ 또는 σ를 표준편차라 한다. 표준편차는 분산을 대신하여 자료의 산포도를 묘사하기 위해 사용된다.

또한 대상집단이 모집단으로부터 추출된 표본일 때의 표본분산과 표본표준편차는 다음과 같이 정의된다.

변수 $x_1, x_2, \cdots, x_n$의 평균값을 $\overline{x}$라 할 때, 평균값에 대한 편차의 제곱값을 더하여 얻은 값을 $n-1$로 나누어 준 값을 표본분산(sample variance)이라 하고 s^2으로 표시한다. 그리고 표본분산에 제곱근을 택한 양의 값을 표본표준편차(sample standard deviation)라 하고 s로 표시한다.

☆표본분산 :

$$s^2 = \frac{1}{n-1}\Sigma_{i=1}^{n}(x_i - \overline{x})^2 = \frac{1}{n-1}\left[\Sigma_{i=1}^{n}x_i^2 - \frac{1}{n}(\Sigma_{i=1}^{n}x_i)^2\right]$$

☆표본표준편차 : $s = \sqrt{s^2}$

여기에서 표본분산의 분모에서 n을 사용하지 않고 $n-1$을 사용하는 이유는 다음과 같다.

표본분산은 분산에 대한 표본식의 분모를 n으로 사용하게 되면 모분산을 과

소추정하게 된다. 그러나 분산에 대한 표본식의 분모를 $n-1$로 사용하게 되면 표본분산은 모분산을 과소추정하지 않기 때문이다. 여기서 $n-1$을 자유도라 한다.

그런데 이상에서 설명한 바와 같이 분산과 표준편차가 모집단의 산포를 측정하는 서로 다른 두 가지 방법은 아니라는 점을 알아두어야 한다. 왜냐하면 σ는 단지 σ^2의 제곱근으로서 똑같이 산포도에 관한 정의를 포함하고 있으며 다만 표준편차는 모집단의 관측값과 같은 단위로 표기된다는 것과 해석상 편리하다는 차이 밖에 없기 때문이다.

예제 4.11

표 4.6의 제 1집단의 자료에 대해서 모분산과 모표준편차를 구하고 제 2집단의 자료에 대해서는 표본분산과 표본표준편차를 구하시오.

풀이...

분산과 표준편차의 계산과정이 표 4.7에 요약되어 있다.

표 4.7 • 분산과 표준편차의 계산과정

제 1 집단 (모집단)		
자료 X_i	편차 $X_i-\mu$	편차제곱 $(X_i-\mu)^2$
3	3-5 = -2	$(-2)^2=4$
4	4-5 = -1	$(-1)^2=1$
5	5-5 = 0	$0^2=0$
6	6-5 = 1	$(1)^2=1$
7	7-5 = 2	$(2)^2=4$
합계	0	10

$$\mu=(3+4+5+6+7)/5=5$$

$$\sigma^2=\frac{\sum_{i=1}^{5}(X_i-\mu)^2}{N}=\frac{10}{5}=2$$

$$\sigma=\sqrt{\sigma^2}=\sqrt{2}$$

제 2 집단 (표본)		
자료 x_i	편차 $x_i-\bar{x}$	편차제곱 $(x_i-\bar{x})^2$
4	4-5 = -1	$(-1)^2=1$
5	5-5 = 0	$0^2=0$
5	5-5 = 0	$0^2=0$
5	5=5 = 0	$0^2=0$
6	6-5 = 1	$(1)^2=1$
합계	0	2

$$\bar{x}=(4+5+5+5+6)/5=5$$

$$s^2=\frac{\sum_{i=1}^{5}(x_i-\bar{x})^2}{n-1}=\frac{2}{4}=0.5$$

$$s=\sqrt{s^2}=\sqrt{0.5}$$

※ R 프로그램을 이용한 예제 풀이

```
# 데이터 입력 부분입니다.
data2 <- matrix(0, ncol=4, nrow=5)
data1 <- matrix(scan(), ncol=2)
3 4 5 6 7
4 5 5 5 6

data <- cbind(data1, data2)

# 집단1 모평균과 집단2 표본평균을 계산합니다.
mu <- mean(data[,1])
barx <- mean(data[,2])

# 편차와 편차 제곱을 계산합니다.
data[,3] <- data[,1]-mu
data[,5] <- data[,2]-barx
data[,4] <- (data[,1]-mu)^2
data[,6] <- (data[,2]-barx)^2
data

# 집단1 모표분 편차와 집단2 표본표준 편차를 계산합니다.
sigma <- round((sum(data[,4])/length(data[,1]))^(1/2),3)
s <- round((sum(data[,6])/(length(data[,2])-1))^(1/2),3)

table(sigma,s)
```

예제 4.12

1996년 어느 공업단지 내의 기업 중에서 임의로 추출한 30개 기업에 대한 이직률 자료가 다음과 같다. 이 자료에 대한 표본분산과 표본표준편차를 구하여라.

1.35	1.85	2.75	5.72	2.01	2.80
3.28	3.42	6.58	1.72	5.36	3.46
3.75	9.11	3.54	8.56	4.40	8.32
5.23	1.96	4.65	0.72	6.49	4.62
2.92	6.48	0.75	6.28	1.12	3.27

풀이...

전술한 간편한 계산공식을 이용하여 계산하면 다음과 같다.

$$\sum_{i=1}^{30} x_i = 1.35 + 3.28 + \cdots + 3.27 = 122.47$$

$$\sum_{i=1}^{30} x_i^2 = (1.35)^2 + (3.28)^2 + \cdots + (3.27)^2 = 657.5237$$

따라서

$$s^2 = \frac{\sum x_i^2 - \frac{(\sum x_i)^2}{30}}{30-1} = \frac{657.5237 - \frac{(122.47)^2}{30}}{29} = 5.43$$

$$s = \sqrt{s^2} = \sqrt{5.4331} = 2.33$$

※ R 프로그램을 이용한 예제 풀이

```
# 데이터 입력 부분입니다.
data2 <- matrix(0, ncol=2, nrow=30)
data1 <- matrix(scan(), ncol=1)
1.35 1.85 2.75 5.72 2.01 2.80 3.28 3.42 6.58 1.72 5.36 3.46 3.75 9.11 3.54 8.56 4.40 8.32
5.23 1.96 4.65 0.72 6.49 4.62 2.92 6.48 0.75 6.28 1.12 3.27

data <- cbind(data1, data2)

# 표본평균을 계산합니다.
barx <- mean(data[,1])

# 편차와 편차 제곱을 계산합니다.
data[,2] <- data[,1]-barx
data[,3] <- (data[,1]-barx)^2

# 표본분산과 표본표준편차를 계산합니다.
s2 <- round(sum(data[,3])/(length(data[,1])-1),3)
s <- round(s2^(1/2),3)

table(s2,s) (5.433, 2.331)
```

표준편차라는 개념은 통계적 추론에서 가장 핵심적인 개념인데 우리는 일상 생활 속에서 부지불식간에 앞에서 설명한 평균과 표준편차를 항상 사용하고 있기 때문에 표준편차에 대한 몇 가지 설명을 덧붙여 이해를 돕고자 한다.

① s는 산포나 퍼짐의 측도로서 의미가 있다. 즉, s는 측정값들의 편차 $(x - \overline{x})$의 평균의 일종이다. 만약 측정값들이 넓게 퍼져 있으면 측정값들은 평균으로부터 위 아래로 멀리 떨어지는 경향이 있을 것이다. 어떤 편차는 큰 양수이고, 또 어떤 편차는 큰 음수일 것이다. 그러나 편차제곱은 양수이므로 자료들이 넓게 퍼져 있으면 s^2과 s는 큰 값을 갖게 된다. 그러나 자료들이 서로 근접해 있으면 s^2과 s는 작은 값을 갖게 된다. 편차는 양수일 수도 음수일 수도 있으나 합하면 항상 0이 된다. 그러나 편차를 제곱한 편차제곱은 항상 양수임을 명심해야 한다.

② s는 0 또는 0보다 큰 수이다. 모든 편차제곱이 0일 때만 s는 0이 될 수 있는데, 이것은 모든 측정값이 $\overline{x}$와 같은 값을 갖는 것을 의미한다. 따라서 표준편차가 0이라는 것은 퍼짐이 전혀 없는 것을 뜻한다. 이외의 경우 표준편차는 0보다 큰 수이며, 자료가 넓게 퍼져 있을수록 표준편차는 증가한다.

③ 측정값들의 측정단위와 표준편차의 단위는 같다. 분산의 단위는 이 단위의 제곱이다.

④ 평균과 같이 분산과 표준편차도 이상점의 영향을 많이 받는다.

예제 4.13

지금 한국과 중국 간의 농구시합이 벌어지고 있다고 가정해 보자. 후반전 경기종료를 불과 2분 남기고 한국이 10점을 리드당한 가운데, 한국 대표팀의 주전선수 중 1명이 5반칙으로 퇴장당했다고 하자. 한국 대표팀의 김 감독은 퇴장 선수 대신 후보선수 중 야투율이 각기 50%로 가장 좋은 박길동, 이순신 두 선수 중에서 한 명을 고르기로 했다. 이 때에 김감독은 아래와 같은 양 선수의 3일간의 경기기록을 보고 누구를 뛰게 할 것인가를 결정할 수 있을 것이다.

지금까지의 세 번의 기록이 있는 아래의 기록표를 참고로 해서 김 감독은 별로 고민할 필요없이 이순신 선수를 뛰게 할 것이다. 두 선수가 똑같이 평균야투율은 50%이지만 박선수의 표준편차 0%인데 반해 이 선수는 표준편차가 40.8%나 되므로, 기왕 큰 점수차로 지고 있으니 굴곡이 심한 이 선수를 기용하는 것이 성공할 가능성이 크기 때문이다. 김 감독의 이러한 판단은 평균을 알았으므로 가능했고, 또한 표준편차를 알았기 때문에 더욱 용이한 것이다.

표 4.8 • 두 선수의 야투율(단위%)

선 수	첫째날	둘째날	셋째날	평균	표준편차
박길동	50	50	50	50	0
이순신	50	100	0	50	40.8

위의 표준편차는 다음과 같은 계산과정을 통해 구할 수 있다.

$$\text{박길동} : \sigma = \sqrt{\frac{\sum(X_i - \mu)^2}{N}}$$
$$= \sqrt{\frac{(50-50)^2 + (50-50)^2 + (50-50)^2}{3}}$$
$$= 0$$

$$\text{이순신} : \sigma = \sqrt{\frac{\sum(X_i - \mu)^2}{N}}$$
$$= \sqrt{\frac{(50-50)^2 + (100-50)^2 + (0-50)^2}{3}}$$
$$= 40.8$$

※ R 프로그램을 이용한 예제 풀이

```
# 데이터 입력 부분입니다.
data2 <- matrix(0, ncol=4, nrow=3)
data1 <- matrix(scan(), ncol=2)
50 50 50
50 100 0

data <- cbind(data1,data2)
```

```
# 표본평균을 계산합니다.
barx1 <- mean(data[,1])
barx2 <- mean(data[,2])

# 편차와 편차 제곱을 계산합니다.
data[,3] <- data[,1]-barx1
data[,4] <- (data[,1]-barx1)^2

data[,5] <- data[,2]-barx2
data[,6] <- (data[,2]-barx2)^2

# 표본분산과 표본표준편차를 계산합니다.
s1 <- round((sum(data[,4])/(length(data[,1])))^(1/2),3)
s2 <- round((sum(data[,6])/(length(data[,2])))^(1/2),3)

s1 (0)
s2 (40.825)
```

5 상자와 수염그림

데이터에 대한 양극단값(최소값과 최대값)과 중앙값을 정의한 바 있다. 이들은 데이터 전체를 요약·기술하는 데 대단히 유용하지만 그다지 충분하지는 못한 것이 사실이다. 여기에서 다시 최소·최대값 두 개의 각 끝값에서 중앙에 이르는 가운데 값(제 1사분위수와 제 3사분위수)을 구하여 앞의 3개 특성값에 첨가한다면 다음과 같이 한 데이터의 요약을 5개의 숫자를 쓰는 셈이다. 즉,

$$X_{최소값},\quad Q_1,\quad 중앙값,\quad Q_3,\quad X_{최대값}$$

다섯 숫자요약을 그림으로 나타낼 수 있다면, 한눈으로 결과를 알아보는 데 편리할 것임은 물론이다. 이러한 형태로 간단하게 나타낼 수 있는 방법이 상자와 수염그림(box-and-whisker plot)이다.

상자 안에 그려진 수직선은 자료의 중앙값의 위치를 표시한다. 게다가 상자의 왼쪽의 수직선은 제 1사분위수 Q_1의 위치를 표시한 반면 상자의 오른쪽의 수직선은 제 3사분위수의 위치를 나타낸다. 그러므로 좌·우에서 사분위수(경첩)들로 막은 네모꼴 상자를 그린다. 그리고 상자의 좌·우 양단에서 수염(점선)을 그리고 양극단값에서 끝을 맺도록 한다.

일반적으로 분포의 형태가 상자-와-수염그림에 어떻게 영향을 주고 있는지를 그림으로 표시한 것이 그림 4.16이다.

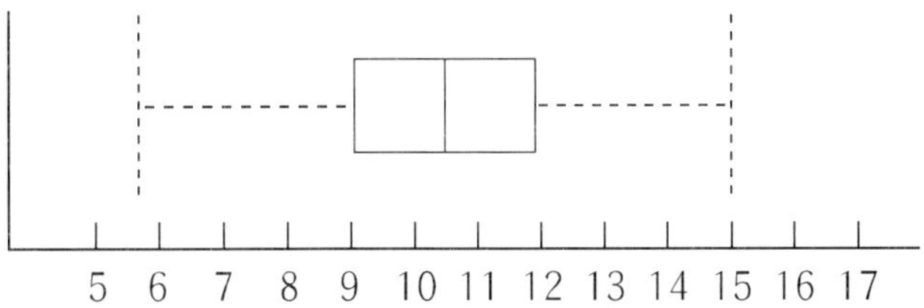

그림 4.16 • 다섯숫자요약에 의한 상자와 수염그림

예제 4.14

다음 자료를 이용하여 상자와 수염그림을 작성하시오.

28.5	29.5	22.0	20.5	26.8	19.2	13.7	24.1
18.3	17.9	23.6	27.0	33.5	24.6	23.8	26.1

풀이...

우선 자료를 크기순으로 배열하면 다음과 같다.

13.7	17.9	18.3	19.2	20.5	22.0	23.6	23.8
24.1	24.6	26.1	26.8	27.0	28.5	29.5	33.5

자료가 16개이므로 중앙값은 8번째와 9번째의 평균값이 된다. 즉,

$$중앙값 = (23.8+24.1)/2 = 23.95$$

그리고 중앙값 아래에 8개 값이 있으므로 사분위수 순위는 (8+1)/2=4.5이므로 제 1사분위수는 4번째와 5번째 값의 평균이다. 즉

$$Q_1 = (19.2+20.5)/2 = 19.85$$

그리고 제 3사분위수는 가장 큰 수로부터 4번째와 5번째 값의 평균이다. 즉

$$Q_2 = (26.8+27)/2 = 26.90$$

따라서 다섯숫자요약은 다음과 같다.

최소값 = 13.7, Q_1 = 19.85, 중앙값 = 23.95, Q_3 = 26.90, 최대값 = 33.5

이들을 그림으로 나타내면 다음과 같다.

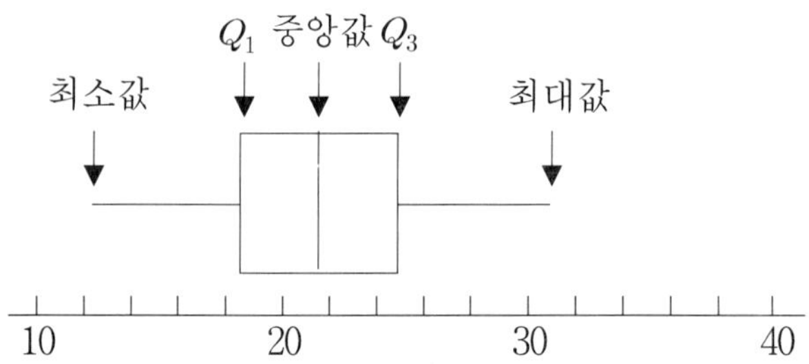

※ R 프로그램을 이용한 예제 풀이

```
# 자료를 읽어옵니다.
data <- scan()
28.5 29.5 22.0 20.5 26.8 19.2 13.7 24.1
18.3 17.9 23.6 27.0 33.5 24.6 23.8 26.1

# 자료를 크기순으로 나열합니다.
sort(data)

# 자료를 이용하여 상자와 수염그림을 그립니다.
boxplot(data)
```

연습문제 4

1 다음 변수에 대하여 양적변수와 질적변수로 구분하고 양적변수인 경우에 이산변수와 연속변수로 구분하시오.

ⓐ 커피상표 ⓑ 가족들이 소유하고 있는 TV세트의 수
ⓒ 노동자들의 월별 임금 ⓓ 정당가입에 따른 유권자등록

2 다음 자료를 이용하여 줄기-와-잎 그림으로 나타내시오.

34	21	67	53	18	38	45	56	62	48
75	58	43	69	56	38	71	50	42	36

3 다음 표는 국제전화를 이용한 100명을 임의로 조사하여 통화시간을 도수분포로 작성한 것이다. 이 도수분포를 이용하여 다음 질문의 각각의 대해서 정답을 고르시오.

통화시간(분)	도수
0 ~ 4	8
5 ~ 9	22
10 ~ 14	35
15 ~ 19	20
20 ~ 24	15

ⓐ 계급들의 수는? 5, 80, 100
ⓑ 계급너비는? 4, 5, 10
ⓒ 세 번째 계급의 중앙계급값은? 11, 5, 12, 12.5
ⓓ 두 번째 계급의 계급하한경계값은? 4.5, 5, 5.5
ⓔ 두 번째 계급의 계급상한은? 8.5, 9, 9.5
ⓕ 첫 번째 계급의 상대도수는? 0.04, 0.08, 0.16
ⓖ 표본의 크기는? 5, 50, 100

4 다음 자료는 중소기업체인 이화기계의 24명 노동자에 대한 근속년수를 나타낸 것이다.

15	12	9	10	5	12	3	7	16	13	11	14
11	8	7	14	11	8	4	13	2	18	6	19

ⓐ 도수분포표를 작성하시오. 첫 번째 계급의 계급하한을 1로 하고, 각 계급의 너비를 4로 하시오.

ⓑ 모든 계급들에 대한 상대도수와 백분율을 계산하시오.

ⓒ 노동자 중에 8년 이하의 노동자는 몇 %인가?

ⓓ 히스토그램과 도수다각형을 그리시오.

ⓔ 누적도수와 누적상대도수를 구하고 이를 도수다각형과 누적도수다각형으로 그리시오.

5 순위자료의 중간항의 값을 무엇이라고 하는가?

ⓐ 평균　　ⓑ 중앙값　　ⓒ 최빈값

6 다음 중에 극단값에 의하여 영향을 받는 것은?

ⓐ 평균　　ⓑ 중앙값　　ⓒ 최빈값　　ⓓ 범위

7 다음 중에 질적 자료를 계산할 수 있는 것은?

ⓐ 평균　　ⓑ 중앙값　　ⓒ 최빈값

8 다음 중에 한 개값 이상을 갖는 것은?

ⓐ 평균　　ⓑ 중앙값　　ⓒ 최빈값

9 다음 중에 최대값과 최소값의 차이는?

ⓐ 분산　　ⓑ 범위　　ⓒ 평균

10 분산과 표준편차의 값은?

ⓐ 음은 결코 아니다.　　ⓑ 항상 양이다.　　ⓒ 영이 아니다.

11 모집단 자료를 계산하기 위한 특성값은?

ⓐ 모수　　ⓑ 통계량　　ⓒ 이상점

12 표본자료를 계산하기 위한 특성값은?

ⓐ 모수　　ⓑ 통계량　　ⓒ 박스플롯(boxplot)

13 다음 자료는 지난 3개월간 신용카드를 사용한 10명의 사용횟수를 나타낸 것이다.

9　6　22　14　2　18　7　3　11　6

평균, 중앙값, 최빈값, 범위, 분산 그리고 표준편차를 각각 계산하시오.

14 표준편차의 값이 영이 되는 경우는 어느 경우인지 예를 들고 이 값을 계산하시오.

15 다음 자료는 지난 1년간 성인 16명이 구입한 책들의 수이다.

8	12	20	16	0	11	18	4
10	6	17	24	15	9	2	6

ⓐ 각각의 사분위수를 구하시오.

ⓑ 제 68백분위수의 값을 구하고 이 값의 의미를 설명하시오.

ⓒ 16권 미만의 백분위수 순위를 계산하시오. 그리고 이 값의 의미를 설명하시오.

ⓓ 상자와 수염그림을 그리시오.

5

확률의 이해

1 확률의 개념

확률(Probability)이라는 용어를 사용하는 주요한 이유는 다음과 같은 질문에 대한 답을 얻어야 하기 때문이다.

> 어떤 특정상황이나 수치가 우연적인 요인에 의해 발생할 수 있었겠는가?

과학적 측정과 조사 및 실험에서는 자연의 법칙에서 벗어날 수 없으므로, 얻어진 자료에 대한 분석이나 정보교환에 있어서 반드시 예상 밖의 사건이나 우연한 발생의 가능성을 고려해야 한다.

확률의 표현은 숫자로 표현하는 두 가지 방법에 기초를 두고 있다. 하나는 비율(ratio)의 표현-'십중하나(one-to-ten)', '백만대일(a million-to-one)'-이고, 또 다른 하나는 '50대 50'과 같은 백분율(percentages)이다. 이것은 '… 은 확률이 50%이다'라고 표현할 수도 있다. 0%와 100% 사이의 숫자로 발생하거나, 발생하지 않는 것에 대한 점전적인 가능성을 표시한다. 그러나 1000%의 확률이라는 말은 사용하지 않는다. 이것은 숫자적으로는 존재할 수 있으나, 백분율로 가능성을 표현하는 체계에서는 100%가 가장 높은 가능성을 나타낸다. 이러한 백분율을 표현하는 수치는 절대적인 것이며, 이 수치를 100보다 크게 하는 것은 무의미하다.

따라서 직관적으로 확률이란 불확실한 사상의 발생가능성을 측정한 0에서부터 1 사이의 숫자라고 말할 수 있는데 이것을 정의하면 다음과 같다. 즉

> 어떤 사상(event)이 일어날지 또는 일어나지 않을지가 확실하지 않은 경우, 이 사상이 일어날 가능성의 정도를 나타내는 척도를 가리켜 그 사상의 확률이라 한다.

2 확률의 개념적 접근

1) 상대도수개념의 확률

어떤 사상이 장기의 상대도수에 의해 결정되는 확률을 보통 상대도수개념의 확률(relative frequency concept of probability) 또는 객관적 확률(objective probability)이라고 말한다. 일반적으로 상대도수개념의 확률에 대한 정의는 다음과 같다.

> 실험이 반복적으로 n번 시행되고 임의의 어떤 사상 A가 x번 관측되었다면 상대도수개념의 확률은
>
> $$P(A) = \frac{x}{n}$$
>
> 이다.

장기 상대도수로 정의되는 확률개념의 예로서 동전을 계속해서 던지는 실험을 들 수 있다. 동전을 던지는 횟수에 대응해서 표면이 나오는 횟수를 측정한다. 처음에 동전을 단지 몇 번만 던질 경우 표면이 나오는 상대도수는 매우 심하게 변동할 것이다. 그러나 동전을 충분할 정도로 많이 던지면 어떤 한 특정값을 중심으로 안정되기 시작한다. 동전을 많이 던지면 던질수록 표면의 상대도수는 이와

같은 장기적인 값이나 지정된 값에 더욱 접근하게 된다. 바로 이러한 실험이 제 2차 세계대전 기간에 덴마크에서 포로로 수용되어 있던 통계학자 케릭(J. E. Kerrick)에 의해 실시되었다. 케릭은 동전을 10,000번 던져 그림 5.1에 제시된 결과처럼 5,067번의 표면의 수를 얻었다.

그림 5.1에서 관찰된 표면의 상대도수가 몇 번 동전을 던진 이후에 어떤 특정 값(이 경우 0.50으로 나타내고 있음)을 중심으로 안정화되기 시작하고 있음에 유의하여야 한다. 이 값은 소위 말하는 장기 상대도수를 의미한다. 동전던지기는 횟수가 훨씬 더 많아지게 됨에 따라 표면이 관찰되는 상대도수는 이러한 장기 상대도수에 점점 더 접근하게 되고 비로소 극한에 있어서는(동전던지기를 무한하게 할 경우) 일치하게 될 것으로 기대된다. 이들이 일치하게 되는 값을 보통 상대도수의 극한(limit of relative frequency)이라고 부른다. 일반적으로 우리가 객관적 확률이라 할 때 시사되는 것이 바로 이러한 어떤 사상의 장기 상대도수의 개념이다. 따라서 표면이 나올 확률「P(표면)로 표시됨」이 케릭의 실험에서 0.50이 된다는 것은 장기적으로 표면의 기대비율이 50퍼센트라는 것을 의미한다. 물론 대부분의 실제문제에서 이러한 극한을 정밀하게 결정할 수 있을 정도로 충분한 양의 자료를 수집하는 것은 거의 불가능하다는 것을 알아야 한다.

여기에서 우리가 유의해야 할 점은 상대도수가 확률은 아니지만 확률에 거의 가깝게 된다는 점이다. 그렇지만 실험이 위의 동전던지기 실험처럼 계속적으로 반복된다면 상대도수로부터 구해진 결과의 근사확률은 실제의 확률에 가까워질 것이다.

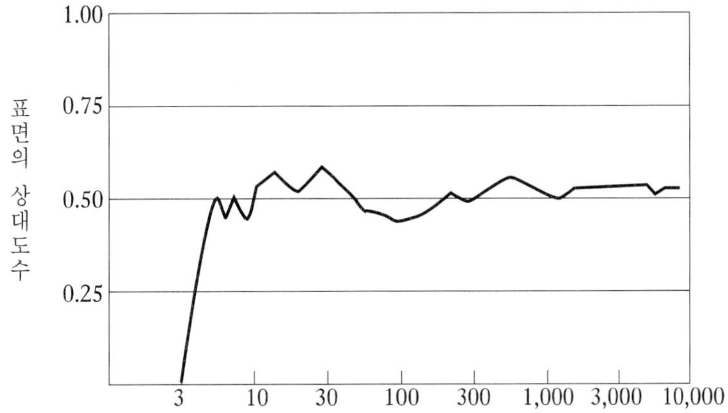

그림 5.1 • 케릭실험에서 발생될 표면의 상대도수

예제 5.1

어떤 자동차공장에서 생산되는 자동차 중에서 500대를 임의로 추출한 결과 10대가 결함이 있는 것으로 판명되었다. 결함이 있는 자동차가 임의로 생산된다고 가정하면, 이 자동차공장에서 생산되는 다음 자동차가 결함이 있을 확률을 구하시오.

풀이...

n은 표본의 총수이며 x는 결함이 있는 자동차라고 하자. 그러면

$$n = 500, \qquad x = 10$$

상대도수개념의 확률을 이용하면 다음 자동차가 결함이 있을 확률은

$$P(\text{다음 차가 결함}) = \frac{x}{n} = \frac{10}{500} = 0.02$$

이다.

예제 5.2

서울특별시의 정책기획담당관은 서울특별시로부터 자기집을 소유하고 있는 가구를 임의로 추출할 확률을 구하려고 한다. 이 정책기획담당관은 이 확률을 어떻게 결정해야 하는가?

풀이...

서울시로부터 임의의 가구를 추출할 경우에 두 가지의 결과가 생긴다. 즉 "자기집을 소유한 가구" 혹은 "자기집을 소유하지 못한 가구"이다. 이들 두 가지의 사상은 같지가 않다. 그러므로 고전적 확률은 이 경우에 적용하지 못한다. 그렇지만 우리는 이 실험을 계속적으로 반복할 수 있다. 다른 말로 표현하면, 서울특별시로부터 가구의 표본을 추출하여 자기집을 소유하고 있는지의 유무를 관찰할 수 있다. 그러므로 상대도수를 이용하여 확률을 구할 수

있다.

정책기획담당관은 서울특별시로부터 1,000가구의 표본을 추출한 결과, 자기집을 소유한 가구는 670가구이며 소유하지 않은 가구는 330가구이다. 즉 $n = 1{,}000$, $x = 670$이다. 따라서 자기집을 소유하고 있는 가구의 확률은

$$P(\text{자기집 소유}) = \frac{x}{n} = \frac{670}{1000} = 0.67$$

2) 주관적 확률

사전적 지식, 정보, 경험 등을 이용하여 의사결정자의 주관적 추정에 입각해서 설정하는 확률을 주관적 확률(subjective probability)이라고 한다. 이 접근방법은 통계이론에서 최근에 상당한 중요성을 얻었는데 이것은 주로 세비지(L. J. Savage), 쉬라이퍼(R. Schlaifer) 그리고 라이퍼(H. Raiffa)와 같은 통계학자들의 영향 때문이다.

만일 당신이 통계학에서 A학점을 받을 가능성이 1/4이며 삼성 라이온스가 내년 코리아리그에서 우승할 가능성이 1/3이라고 믿고 있다고 가정하자. 이것은 이들 사상들의 확률에 대한 여러분 개인의 의견이 여러분의 통계학 교수, 라이온스 감독의 의견과 일치할 필요는 없으며, 이 문제에 대하여 어떤 다른 사람과도 의견을 같이할 필요가 없는 주관적 평가인 것이다. 예를 들어, 어떤 동전던지기에서 이면이 나타날 가능성은 50대 50보다 작다고 생각할지라도 모든 다른 사람들은 표면과 이면이 나타날 가능성은 동일하다고 생각할 수 있다. 그러나 동전을 충분하게 여러 번 반복해서 던질 경우 당신의 의견과 다른 사람의 의견은 일치하게 될 것이다. 다시 말해서 어떤 사상이 과거에 발생한 것에 대한 충분한 양의 자료가 주어지며 자신의 주관적인 판단이 그 사상의 장기적인 상대도수와 상당히 일치하게 될 것으로 기대된다.

확률을 추정하기 위한 '도수' 접근방법이 지니고 있는 문제는 많은 현실세계의 상황에서 어떤 사상의 확률추정에 입각하여 이용가능한 과거자료가 거의 없거나 아예 존재하지 않을 것이라는 점이다. 이러한 경우에 주관적인 확률만이 결정될 수 있을 것이며, 이 확률은 비슷한 정도의 기술적 지식과 동일한 정보를

가지고 있는 전문가들 사이에서조차도 서로 다르게 나타난다. 예컨대 1960년에 여러 통계학자들은 그 당시 10년내로 인간이 달 표면에 착륙할 확률에 대하여 서로 다른 추정값을 제시하였다. 같은 기후, 조건을 관찰하고 있는 여러 기상학자들은 비가 어떤 정해진 날에 내릴 확률에 대해 서로 다르게 제시할 수 있다.

3) 확률의 특성

$P(E_i)$가 그 사상의 확률이라면 다음과 같은 기본 속성이 성립해야만 한다.

① n개의 가능한 사상 $E_1, E_2, \cdots, E_n$이 발생할 수 있는 실험에서 각 사상 E_i가 발생할 확률의 범위는 다음과 같다.

$$0 \le P(E_i) \le 1$$

② 만약 모든 가능한 사상 $E_1, E_2, \cdots, E_n$이 상호배반적으로 발생할 경우 각 사상에 대한 확률의 합은 1이 된다.

$$P(E_1) + P(E_2) + \cdots + P(E_n) = \sum_{i=1}^{n} P(E_i) = 1$$

이러한 속성들은 앞의 예들과 일치한다는 것을 쉽게 인식할 수 있다. 첫 번째 속성은 어떤 사상의 확률이 결코 0(불가능을 의미함)보다 작거나 1(확실성을 의미함)보다 클 수 없다는 것을 말해준다. 두 번째 속성은 표본공간을 구성하고 있는 사상 E_i가 포괄적이어야 한다는 것을 의미한다.

예제 5.3

우리나라의 제 15대 대통령 선거에서 대통령 후보자의 지지율에 대한 다음과 같은 확률모형을 얻었다.

후보자	확 률
김대중	0.403
이회창	0.387
이인제	0.192
기타	0.018

이 예는 상대도수분포표로 이해될 수 있으나, 1997년 12월 8일에 한 유권자에게 누구를 지지하느냐고 물어보는 랜덤한 현상에 대한 확률모형으로도 생각할 수 있다. 4가지의 결과는 모두 0과 1 사이의 확률을 갖고 있으며(성질 ①), 이 확률들을 모두 합하면 1이 된다(성질 ②).

예제 5.4

주사위로 도박을 하려고 한다. 주사위를 살펴본 결과 바르다고 느낄 수 있으며 6개의 면이 같은 확률로 나타나리라고 생각하고 있다. 이는 성질 ①과 ②를 충족하고 있으므로 합당한 확률모형이다. 주사위가 바른지 그렇지 않은지를 주사위를 많이 던져봐서 각 면이 나타나는 상대도수가 1/6에 가까운지를 검토하면 된다.

결과

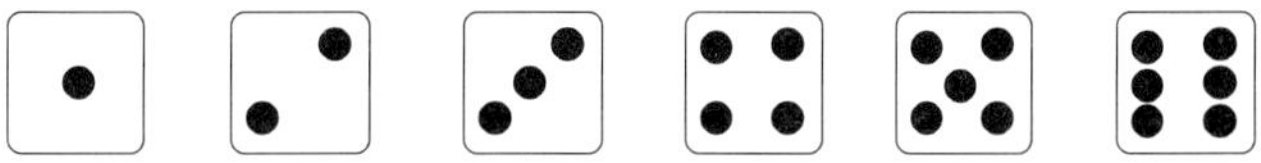

확률 $\frac{1}{6}$ $\frac{1}{6}$ $\frac{1}{6}$ $\frac{1}{6}$ $\frac{1}{6}$ $\frac{1}{6}$

3 확률법칙

1) 조건부 확률

어떤 확률사건에서 추가적인 정보가 있는 경우, 또는 추가적인 조건이 있는 경우 각각의 결과에 대한 확률들이 달라진다. 이러한 경우 우리는 이를 조건부 확률이라 하고 고려의 대상이 모든 대상이 모든 가능한 결과가 아닌 주어진 정보에 따라 축소된 결과들이 된다. 이를 수식으로 표시하면 A라는 사건이 주어졌을 때 또는 발생한 것을 알았을 때 새로운 사상 B의 조건부 확률(conditional probability)은 $P(B \mid A)$로 표시하며

$$P(B \mid A) = \frac{A\ \text{조건을 만족하는}\ B\ \text{결과의 가짓수}}{A\ \text{결과의 가짓수}}$$

가 된다. 여기서 중요한 것은 B결과 중 A조건을 만족하지 않는 결과에 대한 확률은 0이 된다는 것이다. 조건부 확률을 다르게 표현해 보면 더 많은 의미를 파악할 수 있다. 이를 위하여 위의 조건부 확률식의 분자와 분모를 전체 결과의 가짓수로 함께 나누면

$$\begin{aligned} P(B \mid A) &= \frac{A\ \text{조건을 만족하는}\ B\ \text{결과의 가짓수}}{A\ \text{결과의 가짓수}} \\ &= \frac{\dfrac{A\ \text{조건을 만족하는}\ B\ \text{결과의 가짓수}}{\text{전체확률사건에서 가능한 결과의 가짓수}}}{\dfrac{A\ \text{결과의 가짓수}}{\text{전체확률사건에서 가능한 결과의 가짓수}}} \end{aligned}$$

이 되며 이것을 다시 확률로 표시하면

$$P(B \mid A) = \frac{P(B \cap A)}{P(A)}$$

으로 나타낼 수 있다. 분자 부분의 의미는 A조건을 만족하는 B의 확률 또는 A와 B를 동시에 만족하는 결과의 확률을 의미한다.

예제 5.5

자동차를 생산하는 어떤 회사에서는 새로운 자동차 Z에 대한 구매의사를 조사하

였다. 남자 500명, 여자 500명, 모두 1,000명을 상대로 조사한 결과, 구매의사를 밝힌 남자는 20%이고 여자는 40%이었다. 1,000명 중에서 임의로 한 사람을 뽑았을 때 여자인 조건하에서 구매에 찬성할 확률은?

풀이...

여자이면서 구매하려는 사람의 수는 $500 \times 0.4 = 200$이다. 따라서

$$P(\text{구매찬성} \mid \text{여자}) = \frac{P(\text{구매찬성} \cap \text{여자})}{P(\text{여자})} = \frac{\frac{200}{1,000}}{\frac{500}{1,000}} = 0.4$$

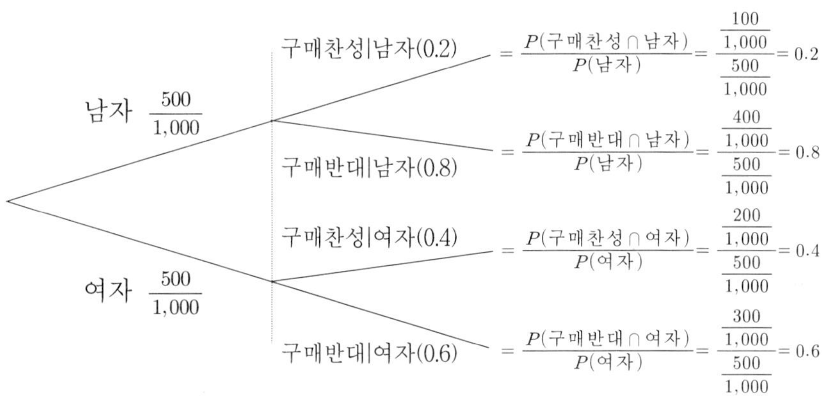

2) 확률의 덧셈법칙

확률의 덧셈법칙은 집합이론에서 말하는 합집합과 같은 개념이다. 이 경우, 확률에 관여하는 사건이 상호 배반적이냐 그렇지 않느냐에 따라서 다른 식을 구성한다.

확률의 덧셈법칙

(1) 상호 배반적인 사건일 경우

$$P(A \cup B) = P(A) + P(B)$$

(2) 상호 배반적이지 않은 사건일 경우

$$P(A \cup B) = P(A) + P(B) - P(A \cap B)$$

그림 5.2의 벤다이어그램은 집합 A와 B가 상호배반적인 경우 두 집합간의 관계를 그림으로 나타내 주고 있다.

올해 프로야구의 코리안리그에서 라이온스나 타이거즈가 우승할 확률을 결정하는 것은 상호배반적인 사건과 관련된 문제 형태의 한 예이다. 이들 사상은 두 팀이 동시에 우승할 수 없기 때문에 상호배반적이다.

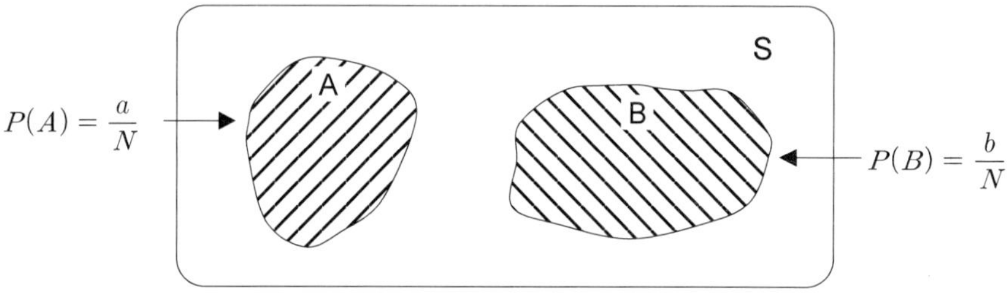

그림 5.2 ● 상호배반적인 사상에 대한 덧셈법칙 : P(A∩B) = 0

이제 상호배반적이지 않은 사건일 경우를 살펴보자. 즉 두 사상 A와 B의 합집합 사상(union of event)의 확률은 $P(A \cup B)$로 표기하며 사상 A가 발생하거나 사상 B가 발생하거나, 사상 A와 B가 모두 발생하는 확률을 의미한다. 사상 A와 B의 합집합 사상은 그림 5.3에 예시되어 있다. 확률 $P(A \cup B)$는 사상 A 또는 사상 B에 포함되어 있거나 $P(A \cap B)$의 교집합 사상에 포함되어 있는 부분으로 구성된다. 그런데 사상 A와 사상 B가 겹쳐 있는 경우에는 $P(A \cap B)$의 교집합 사상이 한 번 더 중복되어 있으므로 이 부분을 빼주어야 한다. 따라서 합집합 사상의 확률은 다음과 같다.

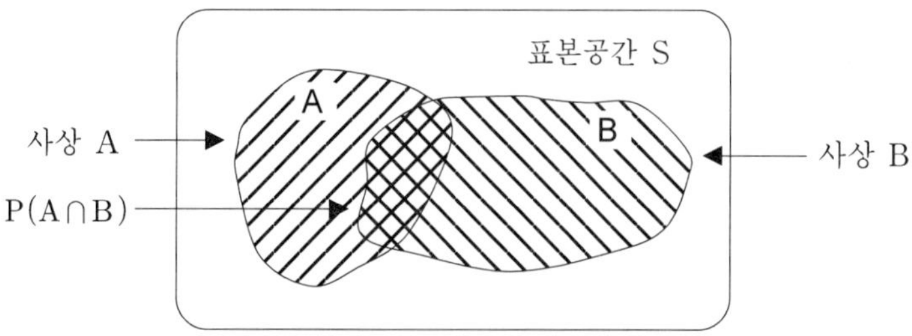

그림 5.3 ● 사상 A와 B의 합집합 사상

$$P(A \cup B) = P(A) + P(B) - P(A \cap B)$$

예제 5.6

한국대학교 총장은 모든 학생들이 윤리학 강좌를 졸업필수과목으로 지정해서 수강하도록 하는 문제를 제안하였다. 이 제안에 대해서 이 대학은 교수와 학생들을 대상으로 여론조사를 실시하였다. 다음 표는 이들 교수와 학생들의 여론조사에 대한 결과를 분류한 자료이다. 임의로 300명으로부터 선택된 한 사람이 교수이거나 이 제안에 찬성한 확률을 구하시오.

	찬성	반대	중립	계
교수	45	15	10	70
학생	90	110	30	230
계	135	125	40	300

풀이...

A = 교수, B = 이 제안에 찬성한 사람

주어진 자료에 의하면

$$P(A) = 70/300 = 0.233, \quad P(B) = 135/300 = 0.450$$
$$P(A \cap B) = P(A)P(B|A) = (70/300)(45/70) = 0.15$$

따라서 교수이거나 이 제안에 찬성한 사람의 확률은

$$\begin{aligned} P(A \cup B) &= P(A) + P(B) - P(A \cap B) \\ &= 0.233 + 0.450 - 0.15 \\ &= 0.533 \end{aligned}$$

이다.

3) 확률의 곱셈법칙

확률의 덧셈법칙이 집합이론에서 말하는 합집합 개념에 대응한다면 확률의 곱셈법칙은 집합이론에서 교집합 개념에 해당한다. 교집합의 확률은 앞에서 설명한 조건부 확률의 개념을 이용하면 보다 쉽게 이해할 수 있다. 즉, P(A|B) =

$P(A \cap B)/P(B)$에서 $A \cap B$의 확률 $P(A \cap B) = P(B) \cdot P(A|B)$가 성립한다. 또 $P(B|A) = P(A \cap B)/P(A)$이므로 $P(A \cap B) = P(A) \cdot P(B|A)$로 나타낼 수 있다. 이와 같은 법칙을 확률의 곱셈법칙(multiplication law)이라 한다.

확률의 곱셈법칙

$$P(A \cap B) = P(B) \cdot P(A|B) = P(A) \cdot P(B|A)$$

이 공식은 A와 B가 동시에 일어날 확률은 'A가 일어날 확률'과 'A가 일어난 다음 B가 일어날 확률'을 곱한 것과 같다는 의미이다.

두 사상의 교집합 사상을 그림으로 설명하기 위하여, 그림 5.4에 제시된 벤다이어그림에서 사상 A와 B를 어떤 표본공간 S의 사상을 나타낸다고 하자. 사상 A와 B의 교집합 사상은 이들 두 사상의 색칠한 부분과 같으며 A∩B로 표기된다.

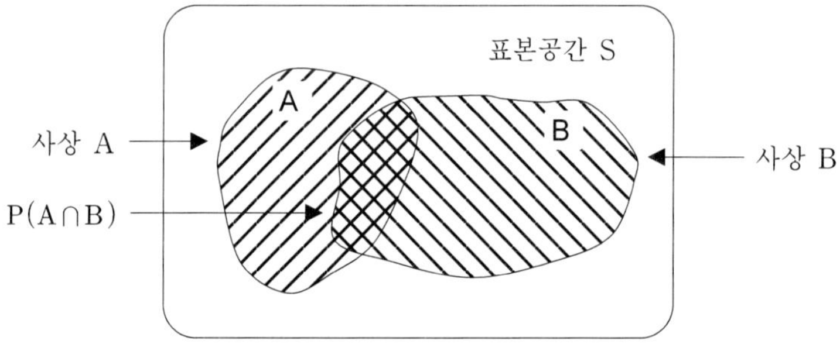

그림 5.4 ● 사상 A와 B의 교집합 사상(색칠한 부분)

예제 5.7

다음 자료는 어느 회사의 모든 종업원에 대한 성별과 학력별로 자료를 분류한 것이다. 이들 종업원 중에서 한 사람을 임의로 추출할 때, 이 종업원이 여자이면서 대학을 졸업한 사람일 확률을 구하시오.

	대졸(G)	고졸 이하(N)	계
남자(M)	7	20	27
여자(F)	4	9	13
계	11	29	40

풀이...

여자(F)이면서 대졸(G)일 확률은 다음 식을 이용하면 계산된다.

$$P(F \cap G) = P(F)P(G|F)$$

우선 여자일 확률은 $P(F) = 13/40$이며, 여자이면서 대졸인 경우의 조건부 확률은

$$P(G|F) = 4/13$$

이다. 따라서 F와 G의 결합확률 $P(F \cap G)$는

$$P(F \cap G) = P(F)P(G|F) = \frac{13}{40} \times \frac{4}{13} = 0.1$$

이다.

4 확률함수

1) 확률변수

우리는 일상생활에 끊임없이 모종의 의사결정을 하고 있으며 이러한 의사결정은 불확실성하에서 수행하게 된다. 그런데 이러한 의사결정에 앞서 어떤 행동의 결과, 발생할 수 있는 모든 경우를 고려할 때 각각의 경우는 특정한 순서나 형태로 발생하는 것이라기보다는 확률적으로 발생한다고 볼 수 있다. 따라서 실제로 실험을 해보기 전에는 그 결과를 명확히 알 수 없으므로 이들 결과를 나타내는 변수를 확률변수(random variable)라 한다.

> 확률변수란 확률실험에서 나올 수 있는 모든 결과에 의하여 결정되어진 값에 대응된 변수이다.

그리고 원칙적으로 확률변수와 이 확률변수가 취할 수 있는 값을 구분하여 쓰는 것이 편리하므로, 확률변수는 X와 같이 대문자로 쓰고 확률변수가 취할수 있는 특정한 값은 x와 같이 소문자를 쓴다.

따라서 확률변수가 취할 수 있는 값과 이 값들이 발생할 가능성이 상대도수에 의해 확인되면 비로소 우리는 확률함수 또는 확률함수 또는 확률분포를 구성할 수 있게 된다. 확률모형을 구성하는 과정을 그림으로 나타내면 그림 5.5와 같다.

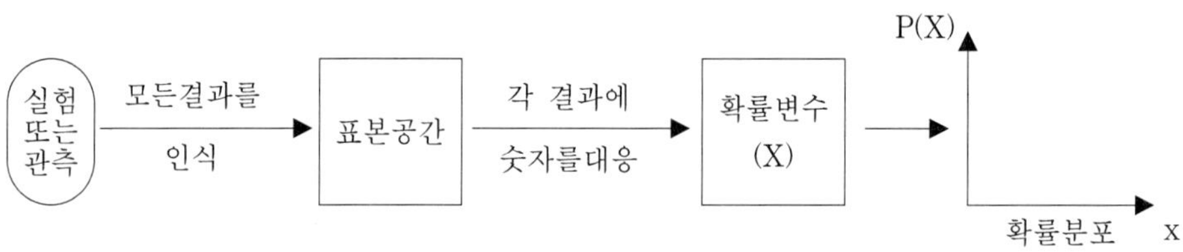

그림 5.5 • 확률모형의 형성과정

이와 같은 확률함수의 구성에 있어 일반적으로 확률변수 X를 이산확률변수일 때와 연속확률변수일 때로 구분하여 다룬다. 우선, 이산확률변수(discrete random variable)는 정수값으로 셀 수 있는 확률변수를 의미하며 이의 예는 다음과 같다.

① 주어진 기간(월) 동안에 한 영업사원이 판매한 자동차의 수
② 한국반도체에 근무하는 종업원의 수

그리고 연속확률변수(continuous random variable)는 모든 실수값을 갖는 변수를 의미하며 이의 예는 다음과 같다.

① 자동차 베터리의 수명　　② 리터당 우유의 양

예제 5.8

2개의 동전을 던지는 실험을 생각하자. 이 경우 표본공간은 {(H, H), (H, T), (T, H), (T, T)}로 된다. 여기서 우리는 앞면(H)의 개수에만 관심이 있다고 가정하고, 이 앞면의 개수를 나타내는 변수를 X라 하자. 그러면 (H, H)에는 $X=2$가 대응되고 (H, T), (T, H)에는 $X=1$, (T, T)에는 $X=0$이 각각 대응됨을 알 수 있다. 즉 $e_1=(\mathrm{H},\ \mathrm{H})$, $e_2=(\mathrm{H},\ \mathrm{T})$, $e_3=(\mathrm{T},\ \mathrm{H})$, $e_4=(\mathrm{T},\ \mathrm{T})$라 두면 $X(e_1)=2$, $X(e_2)=X(e_3)=1$, $X(e_4)=0$이 된다.

확률변수 X의 각 값에 대응하는 확률은 도수분포에 있어서의 상대도수에 해당한다. 또한 확률변수 X가 택할 수 있는 모든 값에 대응하는 확률의 총합은 1이다. 2개의 동전을 던지는 실험의 예의 경우에는 위와 같이 확률분포가 정해진다.

표 5.1 • 확률분포

$X=x$	0	1	2	계
$P(X=x)$	$\frac{1}{4}$	$\frac{2}{4}$	$\frac{1}{4}$	1

표본공간과 확률변수 간의 관계를 위의 동전을 던지는 예로 도시하면 그림 5.6과 같다.

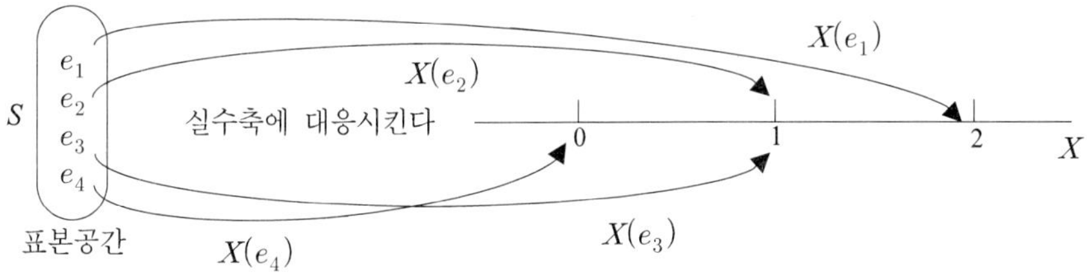

그림 5.6 • 표본공간에서 정의된 확률변수

2) 확률질량함수

확률이론에서 확률변수의 개념을 도입하게 되는 중요한 동기는 확률실험의 확률분포를 수학의 도구를 이용하여 조작할 수 있는 형태로 기술하는 데 있다.

이산확률변수의 값의 범위는 유한개의 실수값들과 이루어지는 집합이거나 그 값의 범위는 셀 수 있는 집합이어야 한다. 이와 같은 확률변수의 값의 범위를 구성하고 있는 실수들의 각각에 확률이 대응되는 수학적인 방법은 확률변수가 취하는 실수값들을 독립변수의 값들로 하고 확률변수로 특별한 실수값을 취할 확률을 함수값으로 하는 함수를 사용하는 것이다. 이러한 함수를 확률질량함수(pmf; probability mass function)라고 하며 다음 식과 같이 정의된다.

$$P(X=x)$$

이와 같이 정의된 확률질량함수는 다음과 같은 속성을 갖는다.

첫 번째 속성은 모든 가능한 실험결과 중 어느 한 결과가 발생할 가능성을 의미하는 확률값의 크기는 1보다 클 수 없고 또한 0보다 작을 수 없다는 것이다.

여기서 주의할 것은 확률변수 X가 이산확률변수이므로 정수 이외의 값이 발생할 확률은 성립되지 않는다는 것이다. 예를 들면 $x=1.5$ 또는 $\sqrt{3}$이라면 $P(X=x)$는 $P(X=1.5)=0$ 또는 $P(X=\sqrt{3})=0$이 된다. 이는 이산확률변수에 있어서 정수 이외의 값이 발생할 확률은 0으로 정의한다. 이상의 내용을 수식으로 정의하면 다음과 같다.

$$0 \leq P(X=x) \leq 1$$

두 번째 속성은 모든 가능한 실험의 각 결과들이 발생할 확률을 모두 더하면 1이 된다는 것으로 이는 실험의 각 결과들이 상호배타적임을 암시하고 있다.

이것을 수식으로 정의하면 다음과 같다.

$$\sum_{\text{모든 } x} P(X)=1$$

예제 5.9

두 개의 주사위를 던져 나오는 점들의 총수를 관찰하는 확률실험이 주어졌다고 하자. 관찰되는 점들의 총수를 확률변수 X로 나타내고 이 X의 확률질량함수를 $P(X=1.5)=0$라고 하면 이 확률변수의 확률분포는 그것의 확률질량함수를 기술하는 표 5.2로 나타낼 수 있다. 이제 표 5.2와 같이 정리된 자료를 이용하여 확률질량함수를 도시하면 그림 5.7과 같다. 이 때 X의 각 값이 발생할 확률은 X의 각 값에서 수직거리로 나타나는데 이 수직거리를 질량(mass) 또는 높이(height)라 하며 X의 각 값을 질량점(mass point)이라 한다.

표 5.2 • 두 주사위면의 합을 나타내는 확률함수

X의 값	도수	상대도수	확률질량함수값
2	1	1/36	$P(X=2)=1/36$
3	2	2/36	$P(X=3)=1/36$
4	3	3/36	$P(X=4)=1/36$
5	4	4/36	$P(X=5)=1/36$
6	5	5/36	$P(X=6)=1/36$
7	6	6/36	$P(X=7)=1/36$
8	5	5/36	$P(X=8)=1/36$
9	4	4/36	$P(X=9)=1/36$
10	3	3/36	$P(X=10)=1/36$
11	2	2/36	$P(X=11)=1/36$
12	1	1/36	$P(X=12)=1/36$
합 계	36	1	1

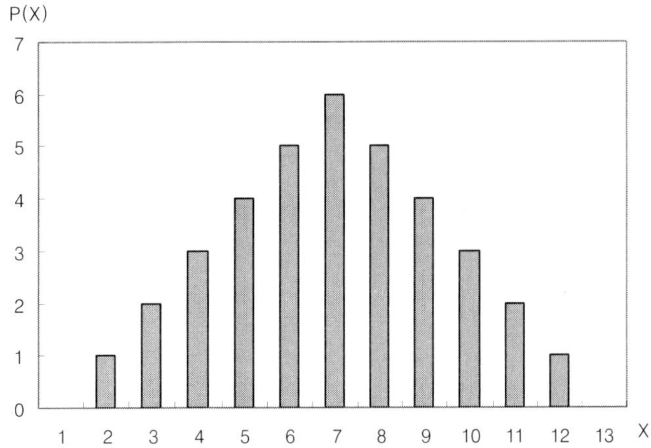

그림 5.7 • 두 주사위의 합을 나타내는 확률질량함수

예제 5.10

다음 자료는 대한기계공업주식회사의 한 기계에서 발생되는 월당 고장건수에 대한 확률분포를 나타낸 것이다.

고 장 건 수	0	1	2	3
확　　률	0.15	0.20	0.35	0.30

(1) 확률분포를 그림으로 그리시오.

(2) 다음 주어진 조건에 대한 확률을 구하시오.

① 정확하게 2건이 고장일 확률

② 2건 이하일 확률

③ 1건보다 클 확률

풀이...

(1)

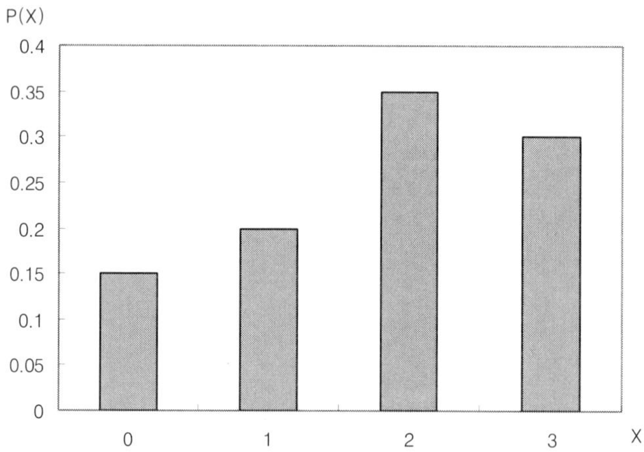

(2) ① $P(X=2) = 0.35$

② $P(0 \le X \le 2) = P(X=0)+P(X=1)+P(X=2) = 0.15 + 0.20 + 0.35 = 0.70$

③ $P(X>1) = P(X=2)+P(X=3) = 0.35 + 0.3 = 0.65$

3) 기대값

확률에 의해 설명할 수 있는 현상들을 주위에서 쉽게 볼 수 있다. 비록 개별적인 결과는 예측하기 어렵더라도 오랜 시행을 거치면 패턴을 갖춘 형태가 된다. 도박에 필요한 도구들과 단순임의표본은 임의현상들의 예이다. 임의현상은 더 이상 확률표본이 우연한 것과 같이 우연스러운 것만은 아니다. 임의성은 질서와 같은 것들을 대신하며, 사전에 사건들을 고정하는 결정론뿐 아니라 무질서에 반대되는 장기적 안목으로서의 정규성을 의미한다.

어떤 임의현상에서 수치로 나타나는 결과가 $x_1, x_2, \cdots, x_k$이고 각 결과의 확률이 $p_1, p_2, \cdots, p_k$이면 기대값은 각 결과에 확률을 곱하여 전부 합한 것이다. 즉,

$$E(X) = x_1 p_1 + x_2 p_2 + \cdots + x_k p_k$$

기대값(expectation value; E(X))은 나타날 수 있는 결과값의 평균이며, 높은 확률을 갖는 결과값이 큰 비중을 차지하게 된다. 기대값은 또한 다음과 같은 사실에 근거하여 평균값이라 할 수 있다. 즉, 임의 현상이 독립적으로 여러번 반복될 때 결과값의 평균값은 기대값이 된다. 이러한 성질 때문에 도박장을 운영하는 사람의 입장에서는 결코 도박이 아닌 것이다. 많은 고객들이 받는 상금액의 평균값은 기대값에 매우 가깝게 된다. 따라서 장기적으로 얼마를 벌 수 있는지를 미리 알 수 있다.

예제 5.11

올림픽복권은 100,000번부터 600,000번까지 60만 매를 1개조로 하고 1조부터 5조까지 5개조 300만매를 발매하였다. 당첨금과 해당복권수는 다음과 같다.

등위	당첨금(단위:천원)	매수	당첨금 총액(=복권×매수)(단위:천원)
1등	100,000	1	100,000
행운상	1,000	4	4,000
다행상	1,000	9	9,000
2등	10,000	3	30,000
3등	1,000	10	10,000
4등	3	9,000	27,000
5등	1	120,000	120,000
6등	0.5	900,000	450,000
합계			750,000

상금의 총액은 750,000,000원이며, 이 당첨금은 3백만 장의 복권에 분배되므로 복권 한 장당 평균당첨금은 750,000,000원/3,000,000 = 250원이다. 이것은 산술평균의 개념이다.

이제 확률변수의 기대값으로서 계산하기로 한다. 임의로 당첨자를 추첨하기 때문에 1억 원에 당첨될 기회는 3,000,000매 중의 1매이며, 1천만 원에 당첨될 기회는 3,000,000매 중의 3매며, …… 따라서 복권 한 장의 당첨금에 대한 확률모형은 다음과 같다.

복금(단위:천원)	확률	복금(단위:천원)	확률
100,000	1/3,000,000	3	9,000/3,000,000
10,000	3/3,000,000	1	120,000/3,000,000
1,000	23/3,000,000	0.5	900,000/3,000,000

복권의 기대값은 각 상금에 그 확률을 곱하여 더함으로써 얻어진다.

$$(100{,}000{,}000)(1)/3{,}000{,}000 + (10{,}000{,}000)(3)/3{,}000{,}000 + \cdots$$
$$+ (500)(900{,}000)/3{,}000{,}000 = 250$$

예제 5.12

주택복권은 국민은행에서 발행하여 그 수익금은 서민주택 건설자금으로 사용한다. 1969년 9월부터 실시한 우리나라의 최장수 복권인 주택복권은 여섯 개조로 나누어지며 각 조는 90만개의 번호(100,000부터 999,999까지)를 가지고 있어 모두 540만가지의 복권번호가 있다. 액면가는 1000원이다.

정확한 당첨률은 당첨확률을 모두 합한 42.1%이다. 이를 주의하여 살펴보면 42.1%중 40%는 6등으로 당첨될 확률을 나타내며 2%는 5등이 당첨될 확률이다. 또한 모든이가 염원하는 1등으로 당첨될 확률은 정확히 1/540만 = 0.0000001852이며 1등, 2등, 행운상, 보너스상, 3등까지를 모두 합한 확률은 15/540만 = 0.000003이다.

복권 한 장의 액면가 1,000원에 대한 기대금액은 515원이다.

순위	당첨금	당첨매수	당첨금총액	당첨확률	기대값	당첨번호
1등	200,000,000	1	200,000,000	1/540만	37.04	3조 644532
2등	50,000,000	2	100,000,000	2/540만	18.52	3조 644533 3조 644531
행운상	5,000,000	5	25,000,000	5/540만	4.63	1등과 조가 다른번호
3등	1,000,000	6	6,000,000	6/540만	1.11	각조 312220
4등	10,000	5,400	54,000,000	1/1,000	10.00	각조 **817
5등	2,000	108,000	216,000,000	2/100	40.00	각조 ***81 각조 ***07
6등	1,000	2,160,000	2,160,000,000	4/10	400.00	각조 *****3 각조 *****1 각조 *****0 각조 *****4
보너스상	스포티지	1	20,000,000	1/540만	3.70	1조 967808
합계		2,273,415	2,781,000,000		515.00	

※당첨번호는 2005년 10월 16일 1450회차 주택복권 당첨번호임

4) 대수의 법칙

대수의 법칙은 확률의 정의와 밀접한 관련이 있다. 많은 독립시행에서 나타날 수 있는 결과의 상대도수인 그 결과가 나타날 확률에 매우 근접한 값이 되며, 이 상대도수를 이용하여 얻어진 결과값의 평균은 기대값에 가깝게 되는 것이다. 이런 관점에서 기대값은 "결과값의 평균값"을 의미하기 때문에 폭넓게 사용되고 있다.

확률과 마찬가지로 기대값과 대수의 법칙에 대해 탐구하는 것도 가치있는 일이다. 여기서 대수(large number)란 얼마나 큰 수를 말하는가? 대수의 법칙이란 많은 시행을 하여 얻은 평균값은 기대값에 근접하게 됨을 뜻하는 것이지 얼마나 많은 시행을 거쳐야 이와 같은 성질을 얻게 되느냐 하는 문제를 얘기하는 것은 아니다. 그 문제는 임의 현상 그 자체에 달려있기 때문이다. 극단적으로 변화무쌍한 결과를 갖는 도박에서 결과값의 평균이 기대값에 근접한다는 사실을 확인하기엔 많은 시행이 필요하다.

도박을 하는 이유는 그 결과가 예측할 수 없다는 사실에 있고, 도박업은 결과가 예측불허가 아니라는 사실에 바탕을 두고 있다. 여러 가지 형태의 도박은 복

권보다 변동이 작지만, 그 도박을 운영하는 사람은 대수의 법칙에 의존할 수 있을 만큼 많은 시행을 하는 셈이며 도박을 하는 사람은 그렇지 못하다는 사실을 명심하기 바란다. 도박에서 이기는 방법은 없는가?

예제 5.13

룰렛 게임은 카지노에서 즐기는 게임중 가장 오래되고 인기있는 게임중의 하나로 알려져 있다. 원판안에 있는 수의 차이에 따라 유럽식과 미국식으로 나누어지는데 여기서는 미국식만 고려하기로 하자.

미국식 룰렛 게임의 원판에는 0, 00, 그리고 1~36까지의 수가 있다. 게임은 돌아가고 있는 원판과 반대방향으로 굴러가는 구슬이 속력이 떨어져 하나의 번호에 안착하게 되면 이 번호에 따라 배팅한 금액과 종류에 따라 배당을 받게 된다. 구슬이 0과 00에 들어가면 배팅한 모든 돈은 카지노 소속이 된다. 0과 00의 숫자는 초록으로 되어있고 1~36까지의 숫자중 반은 빨강, 그리고 반은 검정으로 되어 있다.

일단 0, 00을 포함하여 모든 수가 나올확률은 동일한 것으로 가정하면 총 38개의 수가 있으므로 각각의 확률은 1/38이 된다.

배팅형태	확률	배당
1개 번호	1/38	배팅한 금액의 35배
빨강 또는 검정	18/38	배팅한 금액의 1배

(1) 돈을 거는 사람이 자신이 정한 계획에 따라 계속 돈을 건다면 그는 자신이 건 돈중에서 평균적으로 얼마나 따거나 잃을까?(돈을 거는 사람이 만원씩 380번 계속 건다고 가정하자)

(2) 돈을 딸 수 있는 방법이 있을까?

풀이...

(1) 그가 어떤 순서로 숫자를 선택하는가는 잠시 무시하기로 하자. 평균적으로 그는 1/38의 확률로 돈을 따게 되어 있다. 그렇다면 그는 10번은 따고

370번은 잃게 된다. 한번 딸 때마다 35만원를 받게 되니까 그는 350만원를 버는 셈이다. 그런데 380번 중 37/38만큼 돈을 잃게 되니까 370만원을 잃게 된다. 따라서 그의 순 손해액은 20만원이다. 장기적으로 보면 그는 380만원를 걸 때마다 20만원씩 잃게 되는 것이다. 이것을 퍼센트로 나타내면 (20/380)×100 = 5.3(%)가 된다. 이 의미는 장기적으로 보면 돈을 거는 사람이 자신이 건 액수의 약 5.3%를 잃게되리라는 사실일 뿐이다.

(2) 우리는 2번 문제에 대해 토론하면서 임의의 방법으로 계속 돈을 거는 사람이 장기적으로 잃게 되는 돈의 평균값은 5.3%라고 말한 바 있다. 이러한 손실을 이익으로 바꾸기 위해 돈을 거는 사람들은 여러 가지 방법을 고안해 왔다. 그러나 불행하게도 통계학 이론이 우리에게 가르쳐주는 것은 어떤 방법으로 돈을 걸더라도 딸 수 없다는 사실이다. 어떤 방법으로 돈을 걸더라도 장기적으로는 언제나 5.3%의 돈을 잃게 될 것이라고 단정적으로 말할 수도 있다. 어떤 순서로 숫자를 선택하든 어떤 액수를 걸든 장기적으로는 같은 비율의 손해를 보게 될 것이다. 즉 언제나 전체액수의 5.3%를 잃게 된다는 말이다. 이러한 사실들 이면에는 (1) 각각의 숫자가 나올 확률은 언제나 1/38이라는 것과 (2) 원을 한번 회전시켜서 나오는 결과는 그 전에 원을 돌려서 나온 결과와는 아무 상관이 없다는 중요한 전제가 있다. 즉, 그 원은 '기억력이 없다'는 뜻이다. 따라서 이전에 나온 숫자들을 토대로 돈을 거는 것은, 평균적으로는 아무렇게나 돈을 거는 것보다 나을 것이 없다. 간단하게 말하면, 어떤 방법으로 돈을 걸든 장기적인 결과는 언제나 똑같다는 것이다.

연습문제 5

1 실험에 대한 모든 결과들의 집합을 무엇이라 하는가?

ⓐ 표본공간　ⓑ 합집합의 사상　ⓒ 결합확률

2 두 개의 상호배반적인 사상들은?

ⓐ 같은 확률을 갖는다.　ⓑ 함께 발생하지 않는다.
ⓒ 서로 발생가능성에 대한 영향을 갖지 않는다.

3 두 개의 독립사상들은?

ⓐ 같은 확률을 갖는다.　ⓑ 함께 발생하지 않는다.
ⓒ 서로 발생가능성에 대한 영향을 미치지 않는다.

4 사상의 확률은 항상 어떤가?

ⓐ 0보다 작다.　ⓑ 0과 1 사이의 범위를 갖는다.
ⓒ 1.0보다 크다.

5 두 독립사상은?

ⓐ 항상 상호배반적이다.　ⓑ 결코 상호배반적이지 않다.
ⓒ 항상 보완적이다.

6 $P(A) = 0.5$, $P(B) = 0.2$ 그리고 $P(A \cap B) = 0.2$라고 가정하자. 다음 내용 중 어느 것이 맞는 것인가?

ⓐ A와 B는 상호배반적이며 통계적 독립사상이다.
ⓑ A와 B는 상호배반적이지만 통계적 독립사상은 아니다.
ⓒ A와 B는 통계적으로 독립이나 상호배반적인 사상은 아니다.
ⓓ A와 B는 통계적으로 독립도 아니고 상호배반적인 사상도 아니다.

7 미주회사는 1997년에 파산될 확률이 0.1이다. 이 회사는 1997년에 부도가 날 확률은 0.2이다. 그리고 이 회사가 1997년에 파산도 되고 부도도 날 확률은 0.1이다. 그러면 이 회사가 1997년에 파산하거나 부도가 날 확률은 얼마인가?

ⓐ 0.1보다 작다.　ⓑ 0.1　ⓒ 0.2　ⓓ 0.2보다 크다.

8 7번 문제에서, 미주회사가 1997년에 파산하게 될지 어떨지는?

ⓐ 이 회사가 1997년에 부도를 내려는 것과는 통계적으로 독립이 아니다.
ⓑ 이 회사가 1997년에 부도를 내려는 것과는 통계적으로 독립이다.
ⓒ 확률로 나타낼 수 없다.
ⓓ 객관적 확률로 나타낼 수 없다.
ⓔ 통계적 방법으로 분석할 수 없다.

9 7번 문제에 의하여, 미주회사가 1997년에 부도를 내지 않을 확률은?

ⓐ 0 ⓑ 0.1 ⓒ 0.2 ⓓ 0.8

10 표준적인 52장의 카드로부터 각 카드의 추출확률이 같다면, 한 장의 카드를 추출하여 다음의 각 경우의 확률을 구하시오.

ⓐ 검은색 10 ⓑ 붉은색 에이스(ace) ⓒ 붉은색 카드
ⓓ 검은색 카드도 아니고 킹(king)도 아닌 경우
ⓔ 잭(jack)과 퀸(queen) 혹은 킹

11 평소에 하는 말 중 70%가 거짓말인 사람에게 거짓말 탐지기로 어떤 물음에 대한 그 사람의 대답이 거짓인지 참인지를 조사하려 한다. 이 거짓말 탐지기가 90%의 정확성을 가지고 있다고 할 때, 그 사람의 대답이 거짓이라는 조사결과가 나올 확률은 얼마인가?

12 다음의 확률변수는 연속형 혹은 이산형인지를 구분하시오.

ⓐ 승용차를 타고 있는 사람의 수
ⓑ 일주일 동안 운전한 km의 수
ⓒ 시리얼(Cereal) 한 상자의 무게
ⓓ 전국에서 하루에 발생하는 교통사고의 건수
ⓔ 비행기의 속도
ⓕ 임의로 선택한 대학교수의 나이
ⓖ 대학구내서점의 책들의 수
ⓗ 한 개인병원에 외래환자들이 도착하는 시간의 간격

13 확률질량함수의 속성중에서 모든 가능한 실험결과 중 어느 한 결과가 발생할 가능성을 의미하는 확률값의 크기는?

ⓐ 1.0 ⓑ 1.0보다 작다. ⓒ 0과 1사이의 값을 갖는다.

14 이산확률변수의 확률분포에 대해서 x의 모든 가능한 값의 확률의 합은 항상?

ⓐ 1.0보다 크다 ⓑ 1.0 ⓒ 0.1보다 작다

15 확률변수 X는 다음과 같은 확률분포를 갖는다. 기대값은?

X	0	1	2	3	4
확률	0.1	0.2	0.4	0.2	0.1

ⓐ 1.6 ⓑ 1.8 ⓒ 2.0 ⓓ 2.2

16 한 개의 동전을 세 번 던졌을 때 X가 나오는 횟수를 나타내는 변수를 확률변수라 한다.

ⓐ X의 확률분포표를 작성하시오. ⓑ 그 분포를 그래프로 그려보시오.

17 52매의 카드에서 임의로 4매의 카드를 추출할 때 나오는 에이스(ace)의 수를 나타내는 확률변수를 X라 할 때

ⓐ X의 확률분포를 만드시오. ⓑ 그 분포를 그래프로 그리시오.

18 X의 확률변수가 다음과 같을 때 아래의 문제에 답하시오.

X	1	2	4	6	12
$f(x)$	0.08	0.27	0.10	0.33	0.22

ⓐ 히스토그램을 그리시오. ⓑ E(X)를 구하시오.
ⓒ $P[2 \le X \le 6]$을 구하시오.

19 500원에 판매되는 주택복권의 기대값을 계산해 보자. 복권과 당첨매수는 다음과 같다. 단, 발행매수는 1,000,000장이다. 주택복원 한 장으로 받을 수 있는 상금의 기대값은 얼마인가?

등위	복금(단위:천원)	매수	복금총액(단위:천원)
1등	100,000	1	100,000
다복상	3,000	2	6,000
행운상	1,000	4	4,000
2등	20,000	2	40,000
3등	1,000	60	60,000
4등	1	90,000	90,000
5등	0.5	900,000	450,000

20 미국의 어느 보험회사는 피보험자가 5년내에 사망하면 10,000달러를 지급하는 생명보험증권을 팔고 있다. 피보험자는 21세의 남자이며 각 연령에서 남자들이 사망하는 비율을 적어놓은 생명표에서 피보험자가 5년내에 사망할 확률을 알고 있다. 보험회사에서는 매년 50만달러의 보험료를 받으므로 피보험자가 사망했을 때 지불하는 총보험금은 10,000달러에서 보험료를 뺀 액수가 된다.

결과	확률	보험금
21세에 사망	0.0018	9,950
22세에 사망	0.0018	9,900
23세에 사망	0.0019	9,850
24세에 사망	0.0019	9,800
25세에 사망	0.0020	9,750
25세까지 사망하지 않음	0.9906	0

이 보험증권의 보험금 기대값은 얼마인가?

6

모집단분포

1 밀도곡선

막대그래프와 히스토그램은 오래 전부터 사용되어 온 방법이다. 막대그래프에서는 막대의 폭은 일정해야 하며 X축에는 아무런 눈금이 있을 수 없는 반면 히스토그램은 항상 등분한 눈금이 있든가 아니면 적어도 X축의 각 구간의 값이 정확히 표시되어야 한다. 또 히스토그램에서는 막대가 붙든가 떨어져도 상관없지만 히스토그램에서 막대가 떨어져 있으면 두 막대 사이에 해당하는 값에 대한 구간의 도수는 0임을 의미하며, 높이는 막대그래프와 같이 도수를 정확히 반영해야 한다. 우리의 시각은 히스토그램에서도 막대그래프와 마찬가지로 기둥의 면적에 민감하게 반응한다. 따라서 기둥들의 폭을 가능한 한 일정하게 해 주는 것이 바람직하다. 히스토그램으로 인한 오류는 막대그래프와의 차이점을 유념해서 그리면 오류를 피할 수 있다. 한 가지 고려해야 할 점은 밑변의 폭을 어떻게 정하느냐, 즉 구간의 폭을 어느 정도로 정하느냐에 따라 기둥의 수와 그에 해당하는 도수가 달라지기 때문에 전체의 분포를 효과적으로 보여주기 위해서는 여러 값들을 고려해서 그려야 한다.

그림 6.1은 어떤 도시의 의약품제조업에 속하는 중소기업의 매출액에 대한 제품제조 원가의 비율을 나타내는 자료에 대한 분포의 전체적인 형태를 히스토그램 대신 곡선을 사용하여 나타내고 있다. 히스토그램에 있는 막대의 꼭대기를 연결하는 곡선을 그린다면, 막대의 높이가 불규칙적인 경우에는 부드러운 곡선으로 만들어야 할 것이다. 히스토그램과 막대의 꼭대기를 연결하는 곡선 사이에는 중요한 차이점이 있다. 대부분의 히스토그램은 각 계급에 속한 관측값의 개수들을 그들의 막대 높이나 넓이로 나타내고 있다. 그에 비해 곡선은 어느 영역에 있는 관측값들의 비율을 곡선 아래의 면적으로 나타낼 수 있도록 만든 것이다. 따라서 곡선 아래의 전체 면적이 정확하게 1이 되도록 눈금을 선택해야 하며, 이것을 밀도곡선이라 한다.

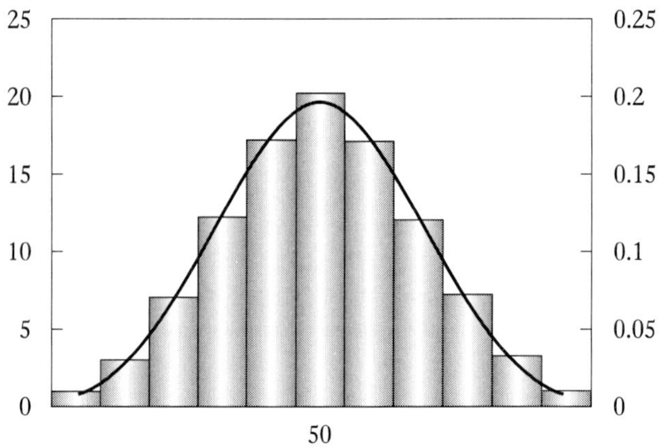

그림 6.1 • 예제 6.1의 자료에 대한 밀도곡선과 히스토그램($\mu = 50$, $\sigma = 10$)

밀도곡선은 중심과 퍼짐의 측도를 이해하는데 도움이 된다. 밀도곡선에서 중앙값과 사분위수는 쉽게 나타낼 수 있다. 밀도곡선의 아래 면적은 관측값들의 전체 개수에 대한 비율을 나타내고 있다. 중앙값은 전체 관측값들을 이등분하는 값이다. 따라서 밀도곡선의 중앙값은 면적을 이등분하는 점이다. 즉, 곡선 아래 면적의 반은 이 점 왼쪽에 있고 나머지 반은 이 점의 오른쪽에 있다. 사분위수는 곡선의 아래 면적을 사등분하는 점들이다. 곡선 아래 면적의 1/4은 제1사분위수 왼쪽에, 면적의 3/4은 제3사분위수의 왼쪽에 있다. 밀도곡선 아래 면적을 눈대중으로 사등분하여 밀도곡선의 중앙값과 사분위수의 대략적인 위치를 알 수 있다. 밀도곡선은 이상화된 형태이기 때문에 대칭인 밀도곡선은 정확하게 대칭이다. 따라서 대칭인 밀도곡선의 중앙값은 중앙에 위치한다. 그림 6.2(a)는 대칭인 곡선의 중앙값을 보여 주고 있다. 그림 6.2(b)와 같이 비대칭인 곡선의 경우에는 면적을 이등분하는 점의 위치를 대충 눈대중으로 알 수 있다.

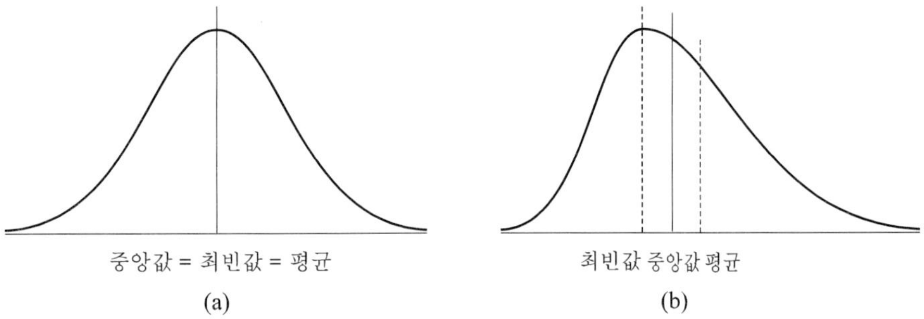

그림 6.2 ● 대칭인 정규 밀도곡선과 오른쪽으로 비대칭인 밀도곡선에 대한 중앙값과 평균

평균에 대해선 어떠한가? 관측값들에 대한 평균은 산술평균이다. 만약 관측값들을 시소 위에 쌓아 놓은 무게라고 한다면, 평균은 시소가 균형을 갖게 하는 값이다. 이러한 사실은 밀도곡선에서도 역시 적용된다. 평균은 곡선이 받침대 위에서 균형을 유지하게 하는 점이다. 그림 6.2(a)에 나타난 것처럼 대칭인 밀도곡선의 평균과 중앙값은 같다. 비대칭인 분포의 평균은 긴 꼬리 쪽으로 잡아 당겨지는데, 그림 6.2(b)는 비대칭인 밀도곡선의 평균이 중앙값보다 얼마나 더 긴 꼬리쪽으로 잡아 당겨지는지를 보여주고 있다.[1)]

예제 6.1

어떤 도시의 의약품 제조업에 속하는 중소기업(종업원 30명 이하) 100개의 기업체의 매출액에 차지하는 제품제조 원가의 비율을 조사한 결과는 다음 표 6.1과 같다.

1) 심규박 · 조태경 · 신미영 역, 통계학, 홍릉과학출판사. pp.289-290.

표 6.1은 100개 기업체의 매출액에 대한 제품제조 원가의 비율에 관한 데이터로 단위는 퍼센트이다. 이 자료를 이용하여 도수분포와 밀도곡선을 그림으로 나타내시오.

표 6.1 • 중소기업체의 비율

기업체의 번호	비율	기업체의 번호	비율	기업체의 번호	비율	기업체의 번호	비율	기업체의 번호	비율
1	24	21	42	41	48	61	53	81	59
2	28	22	42	42	48	62	53	82	59
3	30	23	42	43	48	63	53	83	59
4	32	24	43	44	48	64	53	84	60
5	33	25	43	45	49	65	54	85	60
6	34	26	43	46	49	66	54	86	61
7	35	27	44	47	49	67	54	87	61
8	36	28	44	48	49	68	54	88	62
9	36	29	44	49	50	69	55	89	62
10	37	30	45	50	50	70	55	90	63
11	37	31	45	51	50	71	55	91	63
12	38	32	45	52	50	72	56	92	64
13	38	33	46	53	51	73	56	93	65
14	39	34	46	54	51	74	56	94	65
15	39	35	46	55	51	75	57	95	66
16	40	36	46	56	51	76	57	96	67
17	40	37	47	57	52	77	57	97	68
18	41	38	47	58	52	78	58	98	70
19	41	39	47	59	52	79	58	99	72
20	41	40	47	60	52	80	58	100	76

표 6.1에서 유한모집단에서의 평균과 분산을 각각 구하면 다음과 같다.

$$\mu = \frac{1}{100}\sum x_i = 50$$
$$\sigma^2 = \frac{1}{100}\sum (x_i - 50)^2 = 99.98$$
$$\sigma \fallingdotseq 10$$

표 6.1의 유한모집단 A를 도수분포로 나타내면 표 6.2와 같다. 또한 이 도수분포를 히스토그램으로 도시하면 그림 6.2와 같다. 이 그림에서 보면 50을 중심으로 해서 좌우대칭에 거의 종형의 분포를 하고 있는 것을 알 수 있다.

표 6.2 • 중소기업체의 비율

계급구간	계급값	도수	밀도곡선
22.5 ~ 27.5	25	1	0.006476
27.5 ~ 32.5	30	3	0.028287
32.5 ~ 37.5	35	7	0.065984
37.5 ~ 42.5	40	12	0.12084
42.5 ~ 47.5	45	17	0.173759
47.5 ~ 52.5	50	20	0.196184
52.5 ~ 57.5	55	17	0.173927
57.5 ~ 62.5	60	12	0.121074
62.5 ~ 67.5	65	7	0.066176
67.5 ~ 72.5	70	3	0.028397
72.5 ~ 77.5	75	1	0.009566

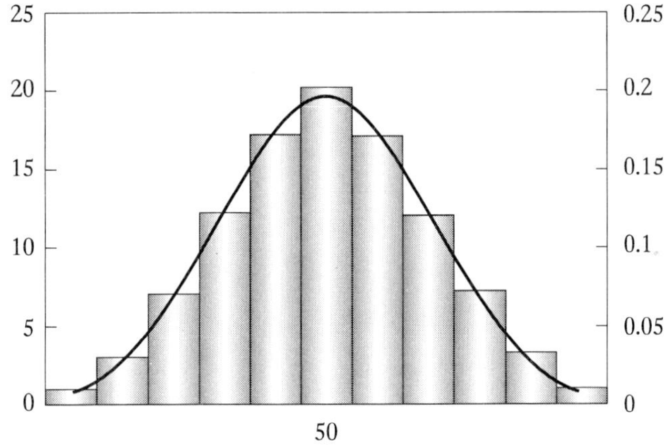

그림 6.3 • 중소기업체 비율의 밀도곡선과 히스토그램
($\mu = 50,\ \sigma = 10$)

※ R 프로그램을 이용한 예제 풀이

```
# 자료를 불러옵니다.(단, 여기에서는 위의 자료를 아래의 주소위치에
ex61.txt로 만들어야 함)
data = scan("c:/data/ex61.txt")

# 줄기 잎 그림을 그립니다.
stem(data)
```

```
# 평균 분산 표준편차를 구합니다.
mean(data) (50.01)
var(data)    (101.2827)
sd(data)     (10.06393)

# 도수분포표를 그립니다.
freqency.table = cut(data, br = seq(22.5,77.5,5))
table(freqency.table)

# 상대도수를 이용해서 그래프를 그립니다.
hist(data)
x = sort(data)
curve(dnorm(x, mean(x), sd(x)), col = "red", lwd = 2, add = T)
```

※ ex61.txt 만드는 방법

시작메뉴의 메모장 프로그램을 연 후 위의 자료를 순서적으로 입력한다. 즉, 24 Enter, 28 Enter, 30 Enter, … 순으로 입력한 후 c:\data\ex61.txt로 저장한다.

2 이항분포

1) 이항 실험

우리는 흔히 실험의 결과를 두 가지 중의 하나로 분류하는 경우를 볼 수 있다. 예를 들면 동전을 던지는 실험은 그 결과가 앞면이거나 뒷면이 된다. 또한 제품의 검사결과를 양호 또는 불량 중의 하나로 분류하거나 어떤 정책에 대한 의견을 찬성 또는 반대 중의 하나로 분류하는 것 등이 이와 같은 경우이다. 이와 같이 두 가지 결과로 특징지워지는 실험들을 설명하는데 있어 가장 기본적이고 또 중요한 역할을 하는 것이 이항분포(binomial distribution)이다. 이항분포는 1700년대의 스위스 수학자들, 특히 베르누이(Bernoulli) 등이 확률에 관한 연구에서 그 기원을 찾을 수 있다. 이러한 이유로 해서 두 가지 결과와 관련된 실험을(예를 들면 동전 던지기) 하는 것을 베르누이 시행(Bernoulli trial)이라고 한다. 그러나 우리는 단 한 번의 베르누이 시행에 대한 것보다는 일련의 독립적이고 반복적인 베르누이 시행에 관심을 갖게 된다. 반복적으로 행해지는 시행이 독립적이라 함은 한 시행의 결과가 다른 시행의 결과에 영향을 미칠 수 없음을 의미한다. 예를 들어 동전을 던지는 실험을 반복 시행할 때 결과는 앞면과 뒷면의 두 가지이고, 앞면 또는 뒷면이 각 시행에 있어 발생할 확률은 항상 일정하다고 볼 수 있으므로 이항분포를 따른다고 볼 수 있다.

일반적으로 베르누이 시행을 독립적으로 n회 반복하는 실험을 이항실험이라고 부른다. 이항실험은 다음과 같은 조건을 만족시킨다.

① 실험은 n회의 반복시행으로 이루어진다.
② 각 시행의 결과는 두 가지의 상호배반적인 상태로만 분류된다.
③ 매 시행마다의 성공의 확률 p는 일정하다.
④ 각 시행은 상호독립적(mutually independent)이다.

예제 6.2

동전 한 개를 10번 던지는 실험을 고려해 보자. 이 실험이 이항실험의 네 가지 조건을 만족하는지의 여부에 대하여 설명하시오.

풀이...

① 10회의 시행은 동일한 조건하에서 실행되므로 조건 ①을 만족한다.
② 각 시행은 단지 두 가지 결과(앞면과 이면)만 가지므로 조건 ②를 만족한다.
③ 표면의 확률은 1/2이며 이면의 확률도 1/2이다. 즉

$$P = P(H) = 1/2 \qquad Q = P(T) = 1/2$$

따라서 각 시행의 확률은 일정하므로 조건 ③을 만족한다.
④ 시행은 독립이다. 이전의 동전 던지기의 결과는 다음에 시행되는 결과에 영향을 미치지 않으므로 독립이다. 따라서 조건 ④를 만족한다.

2) 이항분포와 이항식

이제 “n번 시행하여 몇 번 성공할 수 있는가”하는 것을 베르누이 시행의 확장으로 생각해 보자. n번의 반복시행에서 발생한 성공의 수에 대한 각각의 확률을 구하여 배열한 표나 혹은 이들의 관계를 나타내는 그래프 또는 함수를 이항분포라 한다. 즉 성공률이 p인 베르누이 시행이 n번 반복시행되었을 때 확률변수 X를 “n번 시행에서의 성공횟수”라고 하면 이 때 X의 확률분포를 시행횟수 n과 성공률 p를 갖는 이항분포라고 한다. X가 취할 수 있는 값은 0, 1, 2, $\cdots$, n이며 이들의 각각에 대해서 $P(X=x)$를 구하는 공식을 유도하기 위하여 간단한 예를 들어 본다.

네 번($n=4$) 시행에서 각 시행의 결과가 성공이면 S, 그리고 실패이면 F라 하고 각 시행에서 $P(S)=p$이고, $P(F)=1-q=p$라 하자. 모든 가능한 결과는 $2\times2\times2\times2=16$개가 있다. 이 때 확률변수 X를 네 번 시행에서의 성공횟수로 정의하면 16개의 결과를 표 6.3과 같이 정리할 수 있다.

표 6.3의 구체적인 예를 들어 설명하기 위하여 한 개의 주사위를 4회 던져서 표면에 3이 2회 출현하는 확률을 구해보기로 한다(3이 출현하는 것을 S로, 출현하지 않는 것을 F로 표시한다). 4번 시행에서 표면에 3이 2회 출현하는 경우는 6가지, 즉 표 6.3에서 X의 값이 2인 경우이다. 각 경우마다 S의 확률은 1/6, F의 확률은 5/6이고 각 시행이 상호독립적이기 때문에 $(1/6)^2(5/6)^2$이다. 따라서 전체의 확률은 서로 다른 경우가 6가지이기 때문에 $6\left[=\binom{4}{2}\right]$을 곱하여 $6\left(\frac{1}{6}\right)^2\left(\frac{5}{6}\right)^2=0.1157407407$을 얻게 된다.

이를 일반적인 경우에 확장해 보자. n회의 베르누이 시행 가운데서 x회의 성공과 $(n-x)$회의 실패가 있을 경우의 수는 $\binom{n}{x}$가지이며 각 경우의 확률은 $p^x q^{n-x}$이다. 따라서 확률변수 X에 따른 확률함수는 다음과 같이 정의된다.

표 6.3 • 16개의 시행결과

모든 가능한 시행결과 (16개)	FFFF	SFFF FSFF FFSF FFFS	SSFF SFSF SFFS FSSF FSFS FFSS	SSSF SSFS SFSS FSSS	SSSS
X의 값	0	1	2	3	4
각 결과의 확률	p^0q^4	p^1q^3	p^2q^2	p^3q^1	p^4q^0
경우의 수 $\binom{n}{x}$	$1=\binom{4}{0}$	$4=\binom{4}{1}$	$6=\binom{4}{2}$	$4=\binom{4}{3}$	$1=\binom{4}{4}$
$P[X=x]$	$\binom{4}{0}p^0q^4$	$\binom{4}{1}p^1q^3$	$\binom{4}{2}p^2q^2$	$\binom{4}{3}p^3q^1$	$\binom{4}{4}p^4q^0$

$$p(X=x)=\binom{n}{x}p^xq^{n-x}$$

단, $x=0, 1, \cdots, n,\ p+q=1,\ 0\le p,\ q\le 1$

$n=$ 시행의 총수, $p=$ 성공의 확률

$q=1-p=$ 실패의 확률, $x=n$번 시행에서 성공의 수

$n-x=n$번 시행에서 실패의 수

이것이 이항확률분포의 확률함수이다. 여기서 $\binom{n}{x}$를 이항계수라 하고 이는 $(a+b)^n$의 이항전개식에서의 계수에 해당된다.

예제 6.3

미국 노동통계국 자료에 의하면 6세 이하의 어린이가 있는 어머니의 56%가 직장을 갖고 있다고 한다. 6세 이하의 어린이가 있는 세 어머니를 임의로 표본 추출하였다. 여기서 X는 이 표본의 수이다. X의 확률분포를 구하고 이를 그림으로 나타내시오.

풀이...

$n=3, \quad p=0.56, \quad q=1-p=0.44$

x가 취할 수 있는 값은 0, 1, 2, 3이다. 이들 네 가지 결과의 각 확률은 다음과 같이 계산된다.

i) $x=0$인 경우 $P(x=0)=\binom{3}{0}(0.56)^0(0.44)^3=0.0852$

ii) $x=1$인 경우 $P(x=1)=\binom{3}{1}(0.56)^1(0.44)^2=0.3252$

iii) $x=2$인 경우 $P(x=2)=\binom{3}{2}(0.56)^2(0.44)^1=0.4139$

iv) $x=3$인 경우 $P(x=3)=\binom{3}{3}(0.56)^3(0.44)^0=0.1756$

따라서 x의 확률분포와 이의 그림은 다음과 같다.

x	P(x)
0	0.0852
1	0.3252
2	0.4139
3	0.1756

《x의 확률분포》

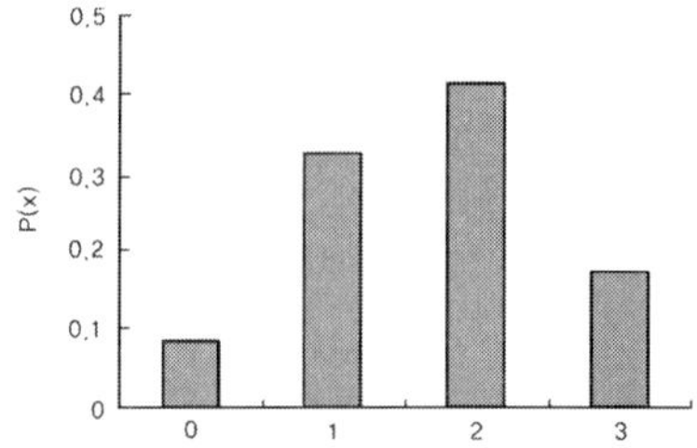

《x의 확률분포 그림》

※ R 프로그램을 이용한 예제 풀이

```
# 팩토리얼 구하는 프로그램입니다.
f=function(n) { if(n==0) return(1)
   return(n*f(n-1)) }

# 컴비네이션을 구하는 프로그램입니다.
com <- function(n,r) { result <- f(n)/(f(r)*f(n-r))
   result }
```

```
# 확률을 계산합니다.
p <- 0.56
q <- 1-p
pf <- function(n,r) { pro <- com(n,r)*p^r*q^(n-r)
   pro }

# 결과를 출력합니다.
pf(3,0)  (0.085184)
pf(3,1)  (0.325248)
pf(3,2)  (0.41952)
pf(3,3)  (0.175616)
```

3) 이항분포의 형태

이항분포는 두 개의 모수 n과 p에 의해 특징지워지는 분포이므로, 이항분포의 모양은 물론 두 모수값에 따라 달라지게 된다. 이제 이 n과 p와의 값이 변화함에 따라서 이항분포의 모양이 어떻게 변화하는가를 보기로 한다. 먼저 p와 q가 모두 $p=q=0.5$의 경우를 보면 이항분포는 완전대칭이 된다. 즉 표 6.4에서 완전대칭임을 알 수 있다.

또한 p와 q가 같지 않고 n이 상당히 작은 경우를 생각하면 이항계수는 중앙항을 중심으로 대칭이지만, $p^x q^{n-x}$의 합은 X값에 따라 현저한 차가 있기 때문에 비대칭형이 된다. 이해를 돕기 위해서 $n=5$이고 각 시행에서 성공할 확률 p가 0.2, 0.5, 0.8인 경우 대응하는 분포를 살펴보자.

아래의 그림에서 알 수 있듯이 p가 $\left(\frac{1}{2}\right)$일 때는 좌우대칭이 되나 $\left(\frac{1}{2}\right)$보다 크거나 작은 경우에는 음의 왜도(negatively skewed) 또는 양의 왜도(positively skewed)인 분포형태를 취함을 알 수 있다. 그러나 p와 q가 같지 않다 하더라도 n이 상당히 커서 $p^x q^{n-x}$의 값이 $\binom{n}{x}p^x q^{n-x}$의 각 항에 별 영향을 주지 못한다면 이항계수의 대칭성에 의해서 X=0, 1, 2, …에 따르는 $P(x_i)$는 대칭화하게 된다. 따라서 이와 같은 예를 구체적으로 들어보면 다음과 같다. $(0.9+0.1)^n$의 분포에서는 n이 작으면 비대칭이고 n이 커짐에 따라 대칭화하고 있음을 그림 6.4, 그림 6.5에서 볼 수 있다.

표 6.4 • $(0.5+0.5)^5$의 분포

X	$P(x)=\binom{5}{x}(0.5)^5(0.5)^{5-x}$
0	0.03125
1	0.15625
2	0.21250
3	0.21250
4	0.15625
5	0.03125
계	1.00000

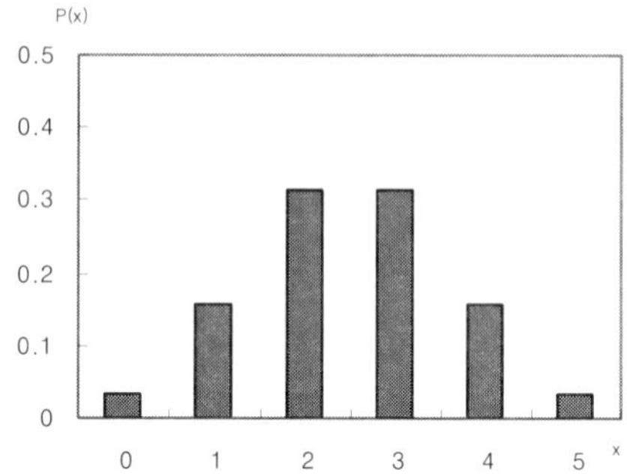

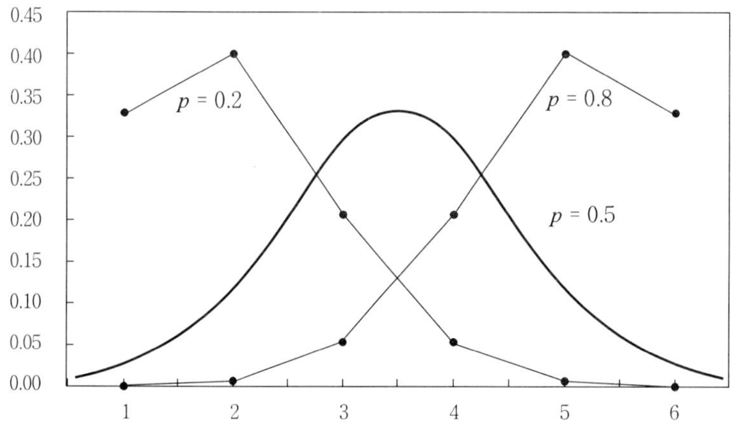

그림 6.4 • $(0.9+0.1)^n$의 분포형

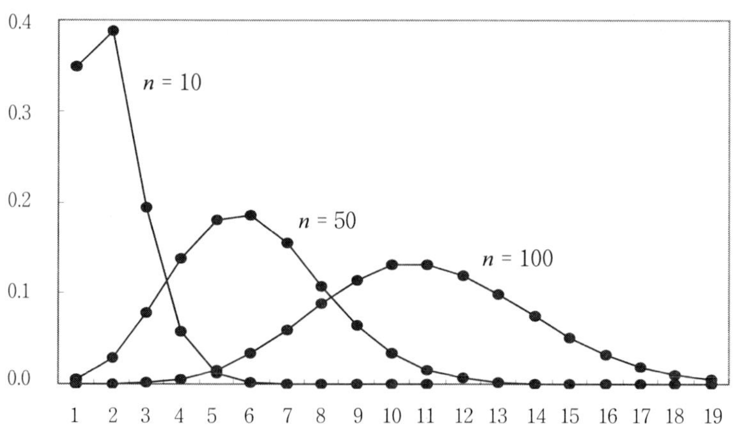

그림 6.5 • n 값 변화에 따른 이항분포 모양

4) 이항분포의 계산

n의 값이 크면 클수록 이항확률의 계산은 매우 복잡해진다. 그러므로 이항확률변수에 관한 확률을 계산할 때 부록의 표 1에 있는 이항분포의 누적확률분포표를 사용하면 편리하다. 누적확률이란 어떤 한 점까지의 확률을 모두 더한 것을 가리키며, 이 표에는

$$P(X \leq C) = \sum_{x=0}^{c} P(X = x)$$

의 값들이 여러 가지의 n, p, c 값들에 대하여 주어져 있다. 예를 들면, $P(3 \leq X \leq 7)$과 같은 확률을 계산할 때

$$\begin{aligned} P(3 \leq X \leq 7) &= P(X=3) + P(X=4) + P(X=5) + P(X=6) + P(X=7) \\ &= \{P(X=0) + P(X=1) + P(X=2) + \cdots + P(X=7)\} \\ &\quad - \{P(X=0) + P(X=1) + P(X=2)\} \\ &= P(X \leq 7) - P(X \leq 2) \end{aligned}$$

이므로 누적확률분포표를 이용하면 편리하다. 일반적으로는 이 누적확률분포표에서 X에 관한 다른 확률들도 다음과 같이 구해진다. 즉,

$$P[X = C] = P[X \leq C] - P[X \leq (C-1)]$$
$$P[C_1 \leq X \leq C_2] = P[X \leq C_2] - P[X \leq (C_1 - 1)]$$
$$P[X \geq C] = 1 - P[X \leq (C-1)]$$

예제 6.4

5개 중 하나를 택하는 선다형 문제가 25문항이 있는 시험에서 임의로 답을 써 넣는 경우에

(1) 정답이 하나도 없을 확률은?

(2) 8개 이상의 정답을 맞출 확률은?

(3) 4개부터 6개 사이의 정답을 맞출 확률은?

풀이...

X를 25문항 중 정답의 수라 정하면 X는 $n=25$, $p=0.2$인 이항분포를 갖는다. 그러므로 <표 6.5>에서 다음을 얻을 수 있다.

표 6.5 ● 누적이항분포표

P	c	0.05	0.10	0.20	0.30	0.40	0.50	0.60	0.70	0.80	0.90	0.95
n=25	0	0.227	0.072	0.004	0.000	0.000	0.000	0.000	0.000	0.000	0.000	0.000
	1	0.642	0.271	0.027	0.002	0.000	0.000	0.000	0.000	0.000	0.000	0.000
	2	0.873	0.537	0.098	0.009	0.000	0.000	0.000	0.000	0.000	0.000	0.000
	3	0.966	0.764	0.234	0.033	0.002	0.000	0.000	0.000	0.000	0.000	0.000
	4	0.993	0.902	0.421	0.090	0.009	0.000	0.000	0.000	0.000	0.000	0.000
	5	0.999	0.967	0.617	0.193	0.029	0.002	0.000	0.000	0.000	0.000	0.000
	6	1.000	0.991	0.780	0.341	0.074	0.007	0.000	0.000	0.000	0.000	0.000
	7	1.000	0.998	0.891	0.512	0.154	0.022	0.001	0.000	0.000	0.000	0.000
	8	1.000	1.000	0.953	0.677	0.274	0.054	0.004	0.000	0.000	0.000	0.000
	9	1.000	1.000	0.983	0.811	0.425	0.115	0.013	0.000	0.000	0.000	0.000

(1) $P[X=0]=0.004$

(2) $P[X \geq 8]=1-P[X \leq 7]=1-0.891=0.109$

(3) $P[4 \leq X \leq 6]=P[X \leq 6]-P[X \leq 3]=0.780-0.234=0.546$

※ R 프로그램을 이용한 예제 풀이

```
# 팩토리얼 구하는 프로그램입니다.
f=function(n) { if(n==0) return(1)
    return(n*f(n-1))}

# 컴비네이션을 구하는 프로그램입니다.
com <- function(n,r) { result <- f(n)/(f(r)*f(n-r))
    result}

# 확률을 계산합니다.
p <- 0.25
q <- 1-p
pf <- function(n,r) { pro <- com(n,r)*p^r*q^(n-r)
    pro}

# 결과를 출력합니다.
pf(25,0) (0.00075)
```

5) 이항분포의 평균과 분산

이산확률변수의 확률분포에 대한 평균과 분산은 어떤 사상의 발생확률이 각 시행에서 항상 p이고 발생하지 않을 확률이 q라 할때, n번의 시행에서 이 사상의 평균 발생수와 분산은 다음과 같다.

$$\text{평균} = E(X) = \mu = np$$
$$\text{분산} = Var(X) = \sigma^2 = npq$$

예제 6.5

1992년 포춘(Fortune, 9.21)지에 의하면, 1991년에 미국에서 판매된 모든 개인용 컴퓨터 중 18.6%가 IBM에서 생산된 것이라고 한다. 미국의 모든 국민에 의하여 현재 소유하고 있는 개인용 컴퓨터 중 18.6%가 IBM컴퓨터라고 가정하자. 컴퓨터를 소유하고 있는 25명을 표본추출하였다. 여기서 X를 이표본에서의 IBM컴퓨터의 숫자라고 하자. X의 확률분포에 대한 평균과 표준편차를 구하시오.

풀이...

이것은 25번 시행을 갖는 이항실험이다. 각 시행은 2가지의 결과를 갖는다. 즉 표본으로 추출된 사람은 IBM컴퓨터를 소유하든지 아니면 다른 회사에 의하여 생산된 컴퓨터를 소유한다. 두 가지 결과에 대한 확률 p와 q는 각각 0.186과 0.814이다. 따라서

$$n = 25 \quad p = 0.186 \quad q = 0.814$$

이항분포의 평균과 표준편차에 대한 식을 이용하여 구하면 다음과 같다.

$$\text{평 균} = \mu = np = 25 \times 0.186 = 4.65$$
$$\text{표준편차} = \sigma = \sqrt{npq}$$
$$= \sqrt{(25)(0.186)(0.814)}$$
$$= 1.95$$

6) 이항분포에 대한 정규근사

n번 시행에서 x번 성공의 확률에 대한 이항분포식은

$$P(x) = \binom{n}{x} p^x q^{n-x}$$

이다. 그러나 n이 클 때는 이항분포를 이용하여 계산하기에는 복잡하다. 이러한 경우에 정규분포를 이항분포에 근사하여 이용할 수 있다. 이항문제에 대해서 유의해야 할 것은, 이항분포식을 이용함으로써 정확한 확률을 구할 수 있다. 그런데 만약에 이항문제를 해결하는 데 정규분포를 적용하였다면, 구해진 확률은 정확한 확률에 근사된다는 것이다. 정규분포를 이용함으로써 구해진 근사값은 n이 크고 p가 0.5에 가까울 때 정확한 확률에 가까워지는 것이다. 그러나 이것은 p가 0.5에 가깝지 않을 때 정규근사(normal approximation)를 이용할 수 없는 것을 의미하지는 않는다. p가 0.5에 가까울 때 정확한 확률에 가깝게 근사되는 이유는 $p = 0.5$일 때 이항분포는 대칭이 되기 때문이다. 정규분포는 항상 대칭이다. 그러므로 이 두 개의 분포(이항분포와 정규분포)는 n이 크고 p가 0.5에 가까울 때 서로 가깝게 되는 것이다. 그러나 이것은 $p = 0.5$일 때마다 이항분포와 정규분포가 같다는 것을 의미하지는 않는다. 왜냐하면 모든 대칭적이고 종모양의 곡선이 정규곡선이 아니기 때문이다.

일반적으로 np와 nq가 5보다 모두 클 때($np > 5$와 $nq > 5$) 정규분포는 이항분포에 대한 근사로서 이용된다. 구체적인 계산과정은 다음 예제를 이용하여 설명하기로 한다.

예제 6.6

추정에 의하면 한국인 50%가 적어도 한 개의 신용카드를 갖고 있다고 한다. 임의로 30명을 추출했을 때 이들 중에 19명이 적어도 한 개의 신용카드를 갖고 있을 확률을 구하시오.

풀이...

우선 이항분포를 이용하여 계산하면 다음과 같다.

$$n = 30 \quad p = 0.5 \quad q = 1 - p = 0.5 \quad x = 19$$
$$P(x = 19) = \binom{30}{19}(0.5)^{19}(0.5)^{11} = 0.0509$$

이제 우선 $np(= 30 \times 0.5 = 15 > 5)$와 $nq(= 15 > 5)$를 계산하면 모두 5보다 크므로 정규근사방법을 이용하여 다음과 같은 3단계 과정을 거쳐 계산된다.

1단계: 이항분포에 대한 μ와 σ를 계산한다.

$$\mu = np = 30 \times 0.5 = 15$$
$$\sigma = \sqrt{npq} = \sqrt{30 \times 0.5 \times 0.5} = 2.74$$

2단계: 이산 확률변수를 연속확률변수로 변환한다.

이항분포가 이산확률변수에 적용하는 반면에 정규분포는 연속확률변수에 적용된다. 이항분포에 대한 정규근사는 연속성의 수정(correction for continuity)을 함으로써 이산확률변수를 연속확률변수로 변환한다. <그림 6.6>에서 보는 것처럼 30번 시행 중에서 19번 성공의 확률은 $x = 19$에 대한 직사각형의 면적이 된다. 연속성의 수정을 함으로써 19명 대신에 구간 18.5와 19.5를 이용한다. 이것은 19에서 0.5를 한쪽에서 빼고 다른 쪽에서 더한 값이다. 즉,

$$P(a \le x \le b) \fallingdotseq P\left(\frac{a - 0.5 - \mu}{\sigma} \le z \le \frac{b + 0.5 - \mu}{\sigma}\right)$$

따라서 이항문제에 대한 $P(x = 19)$는 정규분포에 대한 $P(18.5 \le x \le 19.5)$와 근사적으로 같게 될 것이다.

3단계: 정규분포를 이용하여 계산한다.

이제 x=18.5와 x=19.5에 대한 z값을 구하면 다음과 같다.

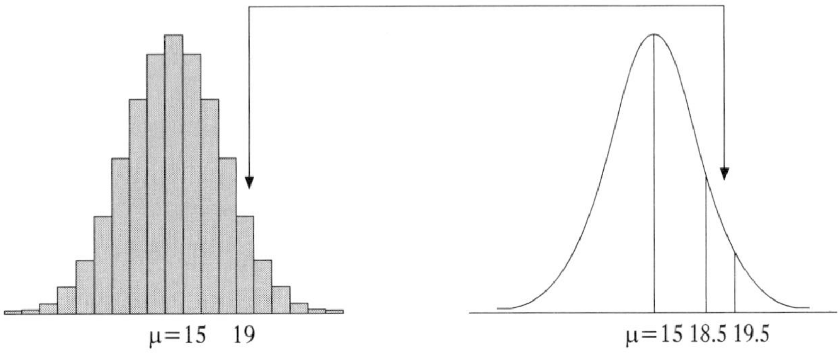

그림 6.6 ● 연속성의 수정

$$x = 18.5 \ : z = \frac{18.5 - 15}{2.74} = 1.28$$

$$x = 19.5 \ : z = \frac{19.5 - 15}{2.74} = 1.64$$

따라서 우리가 구할 확률은

$$P(18.5 \le x \le 19.5) = P(1.28 \le z \le 1.64) = 0.0498$$

이다. 그런데 여기에서 유의해야 할 점은 이항분포에서 구한 확률은 0.0509인 반면에 정규근사에 의해서 구한 확률은 0.0498로 0.0011(=0.0509-0.0498)만큼 정확한 확률값에 정규근사를 이용함으로써 과소 추정되었다고 볼 수 있다.

예제 6.7

대기업과의 경쟁에서 살아 남기 위하여 중소기업은 기술개발 등을 통하여 부단히 노력하고 있으나 매우 어려움을 겪고 있는 것으로 나타났다. 중소기업청의 자료에 의하면 중소기업의 23.7%가 창업한 지 2년 이내에 도산되었다고 한다. 임의로 50

개 중소기업을 추출하여 이 중에서 7개 내지 9개 기업체가 2년 이내에 도산될 확률은 얼마인가?

풀이...

$n = 50 \quad p = 0.237 \quad q = 0.763$

np와 nq가 5보다 크므로 정규근사방법을 이용하기로 한다. 우선 평균과 표준편차는

$$\mu = np = 50 \times 0.237 = 11.85$$
$$\sigma = \sqrt{npq} = \sqrt{50 \times 0.237 \times 0.763} = 3.007$$

이다. 따라서 연속성의 수정을 하면 즉 7에서 0.5를 빼고 9에 0.5를 더하면 구간은 6.5에서 9.5까지 된다. 7개 내지 9개 중소기업이 2년 이내에 도산될 확률은 X=6.5에서 X=9.5까지의 정규곡선하의 면적에 의해서 근사된다. 즉

$$x = 6.5 : z = \frac{6.5 - 11.85}{3.007} = -1.78$$
$$x = 9.5 : z = \frac{9.5 - 11.85}{3.007} = -0.78$$
$$P(6.5 \le x \le 9.5) = P(-1.78 \le z \le -0.78) = 0.1802$$

따라서 50개 표본 중에서 7개 내지 9개 중소기업이 2년 이내에 도산될 확률은 근사적으로 18.02%이다.

3 정규분포

18세기 과학자들이 측정오차들의 값 또는 제조품규격의 기준값과의 차이 등이 규칙성을 가지는 분포형태를 형성함을 발견하였다. 이러한 형태의 오차발생 실험을 통하여 오차의 정규분포곡선(normal curve of errors)으로 불려지는 좌우대칭형의 분포가 도출되었는데 이를 함수적으로 체계화한 것이 정규분포(normal distribution)이다.

정규분포의 확률밀도함수는 다음과 같다.

$$f(x;\mu,\sigma^2)=\frac{1}{\sigma\sqrt{2\pi}}e^{-\frac{(x-\mu)^2}{2\sigma^2}}$$

정규분포는 연속변수의 분포형이므로 x가 정수인 경우만이 아니고 실수의 모든 값, 즉 $-\infty$에서 $+\infty$의 실수에 대해서 성립하는 이론적 분포이다.

1) 정규분포의 특징

정규분포는 2개의 모수, 즉 μ와 σ^2 값에 의존한다. 모수 μ는 정규분포의 평균이고 σ^2은 분산이다.

우선 정규분포는 어떤 특징을 갖고 있는지를 그림 6.5에 의해서 설명하기로 한다. 첫째, 정규분포는 평균을 중심으로 좌우대칭이며 종(bell)의 모양을 하고 있다. 이 때 평균 μ는 중앙값 및 최빈값과 모두 일치한다. 둘째, 평균으로부터 양쪽으로 표준편차의 1배 거리에 있는 두 점으로 형성되는 구간이 전체 밀도함수 면적에서 차지하는 비율은 0.683이다. 즉

$$\mu-\sigma\leq X\leq\mu+\sigma=0.683$$

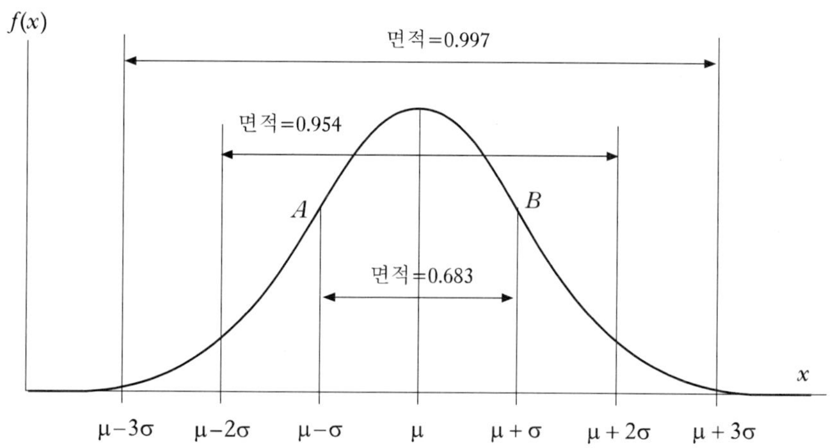

그림 6.7 • 정규분포의 경험적 규칙

여기에서 유의해야 할 점은 평균으로부터 양쪽으로 σ만큼 떨어진 거리에 있는 점들은 기하학적으로 볼 때 바로 변곡점에 대응하게 된다. 그림 6.4에서 A와 B가 바로 변곡점이다. 또한 평균을 중심으로 좌우로 표준편차 크기의 2배 거리만큼씩을 벌려 만든 구간이 형성하는 면적은 0.954이며, 그리고 3배 거리만큼의 구간으로 형성하는 면적은 0.997이 된다는 특징을 갖는다. 이상을 수식으로 나타내면 다음과 같다.

$$(\mu - \sigma \le X \le \mu + \sigma) = 0.683$$
$$(\mu - 2\sigma \le X \le \mu + 2\sigma) = 0.954$$
$$(\mu - 3\sigma \le X \le \mu + 3\sigma) = 0.997$$

정규분포의 경험적 규칙(empirical rule)은 그림 6.7에서 보는 바와 같이 종모양의 분포에만 작용되는 특수한 형태의 분포를 의미한다. 이러한 분포를 정규곡선(normal curve)이라고 한다. 이러한 곡선에 대해서 다음과 같은 세 가지 규칙이 주어진다.

종모양의 분포에 대해서 근사적으로

① 관측값의 68.3%는 평균을 중심으로 ±1표준편차(σ) 범위내에 있다($\mu \pm 1\sigma$).
② 관측값의 95.4%는 평균을 중심으로 ±2표준편차(σ) 범위내에 있다($\mu \pm 2\sigma$).
③ 관측값의 99.7%는 평균을 중심으로 ±3표준편차(σ) 범위내에 있다($\mu \pm 3\sigma$).

예제 6.8

미국 센서스국에 의하면 남편이 없는 모든 여성가구주들의 1990년 소득이 평균 23,380달러와 표준편차 4,200달러를 갖는 종모양의 분포를 한다. 이들의 1990년 소득이 14,980과 31,780 사이가 될 백분율(%)을 구하시오.

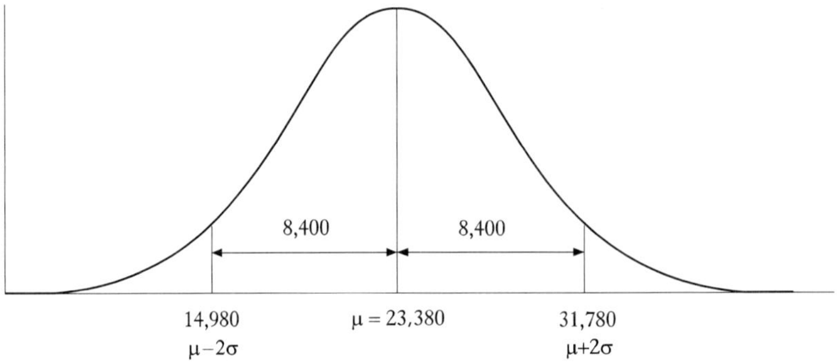

풀이...

소득의 분포가 종모양의 분포이기 때문에 경험적 규칙을 이용한다. 분포에 대해서 $\mu=23{,}380$, $\sigma=4{,}200$이다. 우선 평균(23,380)을 중심으로 14,980과 31,780이 얼마나 떨어져 있는가를 보면 ±8,400이다. 그러므로 표준편차가 4,200이므로 ±8,400을 4,200으로 나누면 ±2가 된다. 결과적으로 그림에서 보는 것처럼 14,980에서 31,780까지의 면적은 $\mu-2\sigma$에서 $\mu+2\sigma$까지의 면적과 같다. 평균을 중심으로 $\pm 2\sigma$ 범위내에 있는 면적은 약 95%이므로 남편이 없는 모든 여성가구주들의 1990년 소득 중 14,980과 31,780 사이에 될 경우는 약 95%가 된다.

※ R 프로그램을 이용한 예제 풀이

```
#R에서는 누적확률의 값을 구해주므로 31780일 때의 누적확률에서
14980을 빼주면 된다.

ul=pnorm(31780, mean=23380, sd=4200)
ll=pnorm(14980, mean=23380, sd=4200)
ul-ll(0.9544997)
```

셋째, 분포의 최고 높이는 $0.399/\sigma$가 되며[2] 따라서 표준편차 또는 분산의 값에 따라 달라진다.

2) 이 결과는 정규분포의 확률밀도함수에서 $x=\mu$를 대입함으로써 $x=\mu$인 점에서의 $f(x)$의 높이를 구한 것이다.

즉, $f(x)=f(\mu)=\dfrac{1}{\sqrt{2\pi}\,\sigma}e^{\frac{1}{2}\left(\frac{x-\mu}{\sigma}\right)^2}=\dfrac{1}{\sqrt{2\pi}\,\sigma}e^{0}=0.399/\sigma$

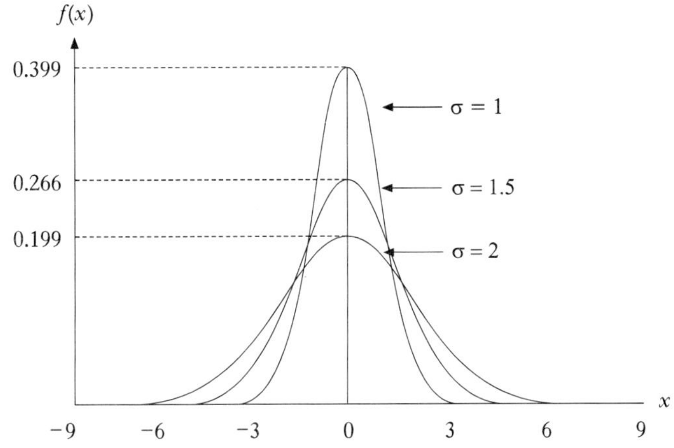

그림 6.8 • σ의 변화와 정규곡선의 변화($\mu=0$)

즉 산포된 정도가 클수록 σ값이 커지고 따라서 $0.339/\sigma$값은 작아져 완만한 형태를 이룰 것이고 산포 정도가 적어 σ값이 작아지면 높이는 반대로 높아진다. σ값이 작아지면 높이는 반대로 높아진다. σ값이 1, 1.15 그리고 2인 경우의 정규분포의 모형을 도시하면 그림 6.8과 같다. 그리고 표준편차 σ값이 일정하고 평균 μ의 값이 변한다면 x축을 따라 중심만이 변하게 된다(그림 6.9 참조).

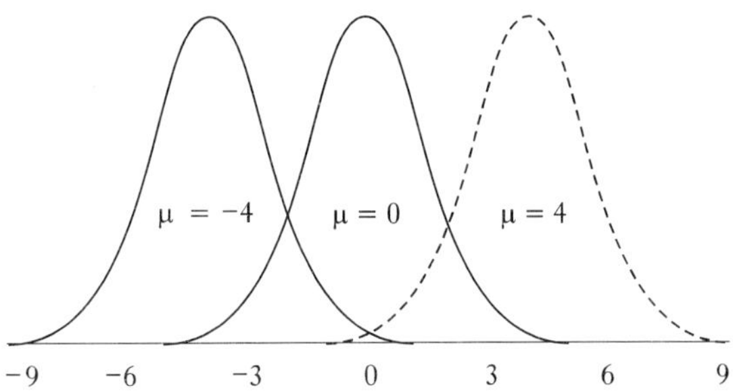

그림 6.9 • 평균 μ의 변화와 정규분포의 좌우이동(σ=1.5)

2) 정규분포의 응용

정규분포가 통계학에서 중요시되고 있는 데에는 다음과 같은 몇 가지 이유가 있다.

첫째, 자연현상에서의 측정값들의 대부분, 예를 들면 사람들의 키, 공산품의 직경이나 길이와 같은 측정값들은 거의 다 근사적으로 정규분포를 하는 것으로 알려져 있다. 예를 들면 대부분의 데이터의 분포는 정규곡선에 의해 근사적으로 나타내어질 수 있다. 특히 생물학적 모집단에서 측정하여 얻어지는 대부분의 데이터는 정규분포를 따른다고 알려져 있다. 그림 6.7은 2,000명으로부터 두개골의 최대폭과 이마의 최대폭을 측정하여 얻은 데이터를 정규분포로 근사한 것이다.

둘째, 정규분포를 하지 않은 측정치들에 있어서도 측정척도에 대한 간단한 변화에 의해서 근사적으로 정규분포를 하도록 유도할 수 있는데 변환으로는 제곱근이나 대수변환, 즉 $\sqrt{x}$ 나 $\log_e x$가 많이 이용된다.

셋째, 정규분포는 수학적으로 다루기가 쉽다. 정규분포에서 얻는 결과는 비정규분포나 이산적 변수의 모집단에 대해서도 대체적으로 잘 적용되는 경우가 많다는 것이다.

넷째, 모집단이 정규분포를 하지 않을 경우에도 여기에서 얻은 표본평균값 $\overline{X}$ 는 표본의 크기가 클 때에는 근사적으로 정규분포를 한다는 사실이다.

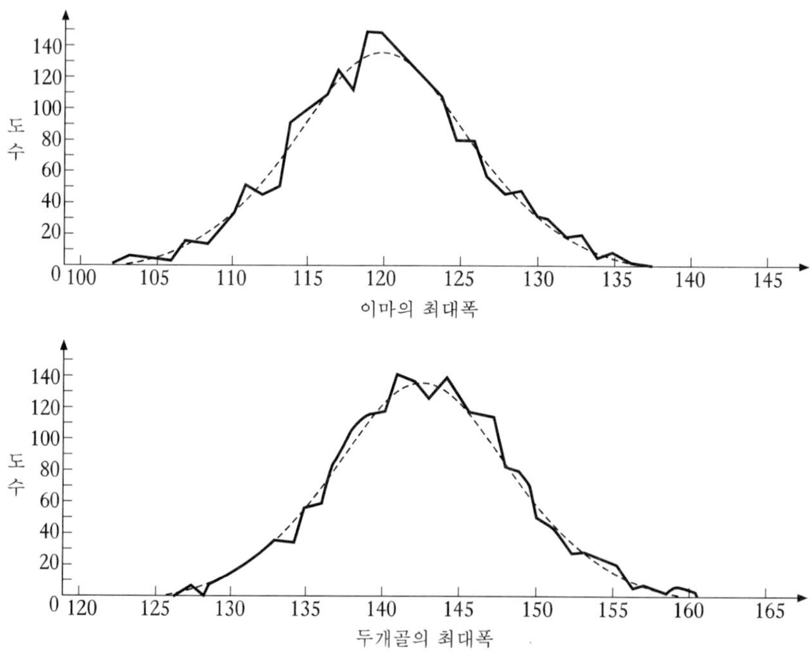

※자료: 1903년 바이오메트리카에 실린 칼 피어슨의 논문 "두개골에 관한 소고"

그림 6.10 • 2,000명의 헝가리인 남자로부터 측정한 두개골의 최대폭과 이마의 최대폭의 분포

예제 6.9

미국 센서스국 자료에 의하면 2001년 모든 미국가구의 평균소득은 53,230달러이고 표준편차가 11,000달러인 정규분포를 가정하자. 따라서 정규분포의 경험적 규칙을 사용하기 위해서는 항상 정규곡선을 그리는 것으로 시작해야 한다. 어떤 정규분포라도 관측값들의 반은 평균의 오른쪽에 있으므로 모든 미국가구들 중에서 반은 소득이 53,230달러보다 크다. 또한 어떤 정규분포에서도 관측값의 68%는 평균에서 1표준편차 이내에 들어가고 이 68%의 반인 34%는 평균의 오른쪽에 있게 된다. 따라서 모든 미국가구의 34%는 53,230달러와 64,230달러 사이의 소득을 가진다. 모든 미국가구 가운데 84%는 64,230달러보다 작은 소득을 가지게 된다. 그리고 64,230달러보다 소득이 많은 미국가구는 16%이다.

어떤 정규분포에서도 관측값의 95%는 평균에서 2표준편차 이내에 들어간다. 여기서 2표준편차는 22,000달러이므로 미국가구의 95%는 31,230달러와 75,230달러 사이의 소득을 가지게 된다. 나머지 5%의 미국가구는 31,230달러에서 75,230달러를 벗어난 소득을 가진다. 정규분포는 대칭이므로 모든 미국가구의 반은 소득이 작은쪽에 있다. 소득이 가장 작은 2.5% 미국가구의 소득은 31,230달러보다 작다.

어떤 정규분포에서도 대부분의 관측값(99.7%)은 평균에서 3표준편차 이내에 포함된다. 따라서 대부분의 미국가구의 소득은 20,230달러와 86,230달러 사이에 있다.

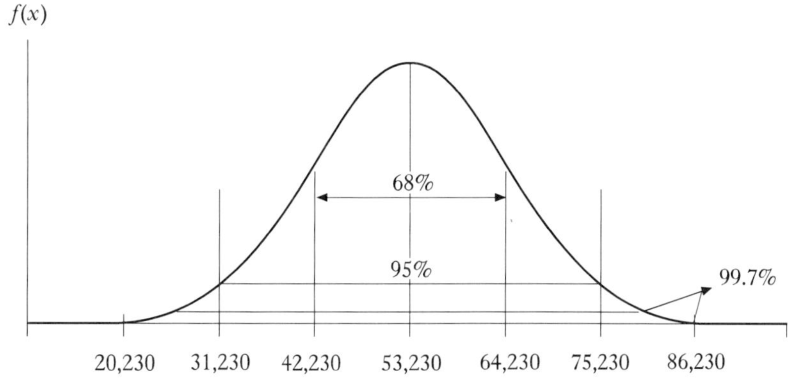

그림 6.11 • 미국가구의 경험적 규칙

※ R 프로그램을 이용한 예제 풀이

```
#분포의 형태가 정규분포를 따름을 가정
##(1-0.16)-0.16=0.68

qnorm(0.16, mean=53230, sd=11000) (42290.96)
qnorm(1-0.16, mean=53230, sd=11000) (64169.04)
```

4 표준정규분포

1) 표준화개념

표준화(standardization)란 각기 다른 모양과 위치를 가지는 정규분포들을 하나의 공통된 정규분포로 전환시키는 기본적인 방법이며, 이것은 변수 X의 평균이 μ, 표준편차가 σ일 때, X를 $Z=(X-\mu)/\sigma$와 같이 변환시키는 것을 표준화한다고 한다. 이것은 X값들이 평균으로부터 떨어져 있는 거리들을 표준편차의 단위로 측정하는 것이다. 즉 X값이 평균에서 표준편차의 몇 배 거리만큼 떨어져 있는가 하는 식으로 표현되는데 이를 수식으로 나타내면, X의 각 값에서 X의 평균을 뺀 값을 표준편차로 나눈 값으로 전환하는 것이다. 즉,

$$\text{표준화점수}(Z) = \frac{\text{관측값}-\text{평균}}{\text{표준편차}} = \frac{X-\mu}{\sigma}$$

이 식은 X와 그 평균과의 거리가 표준편차의 몇 배가 되는지를 계산해 주고 있는데 이와 같이 표준화된 값을 일반적으로 Z로 표기한다. 이러한 Z를 표준화점수라고도 한다.

예제 6.10

한국대학교 경영학과 학생들의 통계학 성적이 평균은 82점이고 표준편차가 15점인 정규분포에서 85점 이상의 비율을 얼마나 되는가?

풀이...

정규분포에서 85점 이상의 정규곡선 밑에 있는 면적을 구하면 된다. 그림에서 보는 것처럼 85점 이상의 곡선 밑에 있는 면적은 20%라는 것을 알 수 있다.

$$Z = \frac{85-82}{15} = 0.2$$

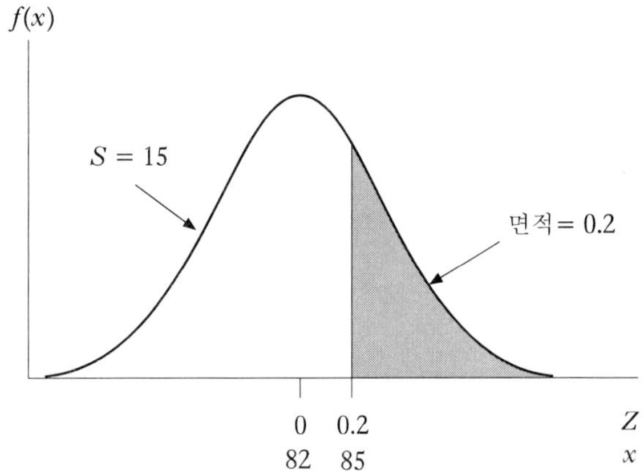

그림 6.12 • $\mu=82$와 $\sigma=15$으로 결정되는 정규분포에서 85점을 초과하는 점수들의 비율

※ R 프로그램을 이용한 예제 풀이

```
# 누적확률을 계산해서 값을 구해준다. (1-누적확률 값)
1-pnorm(85, mean=82, sd=15) (0.4207403)
```

2) 표준정규분포

표준정규분포는 평균이 0이고 표준편차가 1인 정규분포를 말한다. 이 표준정규분포의 함수와 그림은 다음과 같다.

$$f(Z) = \frac{1}{\sqrt{2\pi}} e^{-\frac{Z^2}{2}} \qquad -\infty < Z < +\infty$$

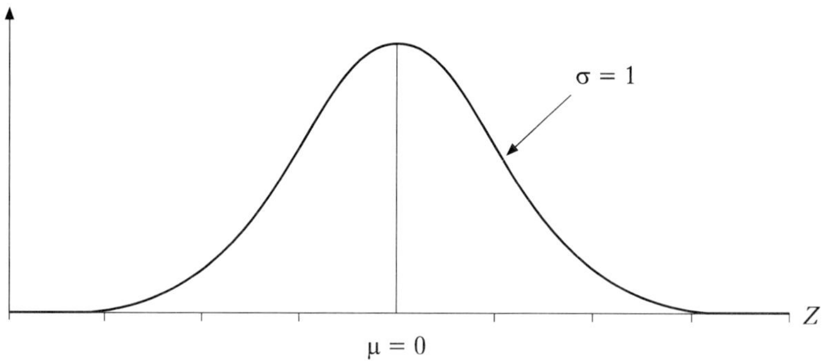

그림 6.13 • **표준정규분포**

정규분포를 따르는 연속확률변수 X의 확률계산은 본질적으로 일정구간에 대한 $f(x)$의 적분을 통해 이루어지나 그 계산이 번거로우므로 이를 미리 계산해 놓은 표를 이용하는 방안이 필요하게 된다. 그러나 X가 취할 수 있는 값은 $-\infty$와 $+\infty$ 사이의 모든 값이므로 수없이 많은 정규분포의 확률표를 일일이 만들어 제공한다는 것은 불가능하다. 따라서 간접적인 방법을 강구하게 되는데 이는 X를 변환시켜 모든 정규분포가 공통의 모양을 갖도록 정의한 표준화변수를 이용해서 이루어진다. Z는 평균이 0, 분산이 1이 되는 특수한 정규분포를 가지며 이에 대한 누적면적표를 이용하여 일단 각종 면적을 계산한 다음 원래의 변수 X개념으로 표현된 문제에 대한 비율값을 얻는다.

예제 6.11

현대철강에서 사용되는 철괴의 무게 X가 정규분포를 하고 그의 평균과 표준편차가 각각 520kg, 11kg이라 할 때 $P(X \leq 525)$의 값은 얼마인가? 그림 6.11에 525의 왼쪽에 있는 면적과 표준정규분포에서 대응되는 면적과의 관계를 나타내었다. $X = 525$에 대응되는 표준정규분포에 대한 Z값은 $Z = (X - \mu)/\sigma$를 이용하면 $Z = (525 - 520)/11 = 0.45$이다. 따라서

$$P(X \leq 525) = P\left(\frac{X - 520}{11} \leq \frac{525 - 520}{11}\right) = P(Z \leq 0.45)$$

이고 이를 그림 6.14에 나타내었다. 따라서 부록의 표 2를 이용하면 철괴의 무게가 525kg 이하일 면적은 $P(X \leq 525) = 0.6736$임을 알 수 있다.

그런데 여기에서 $P(Z \leq 0.45)$를 부록의 표 2에서 찾는 방법을 설명하기로 하자. 표 6.6은 누적표준정규분포의 일부분이다. $P(X \leq 525) = P(Z \leq 0.45)$의 값은 표 6.6에서 Z의 첫 번째 열의 값 0.4와 첫 번째 행의 0.05와 만나는 점이 0.6736이 되고, 이것이 우리가 구하는 값이 된다.

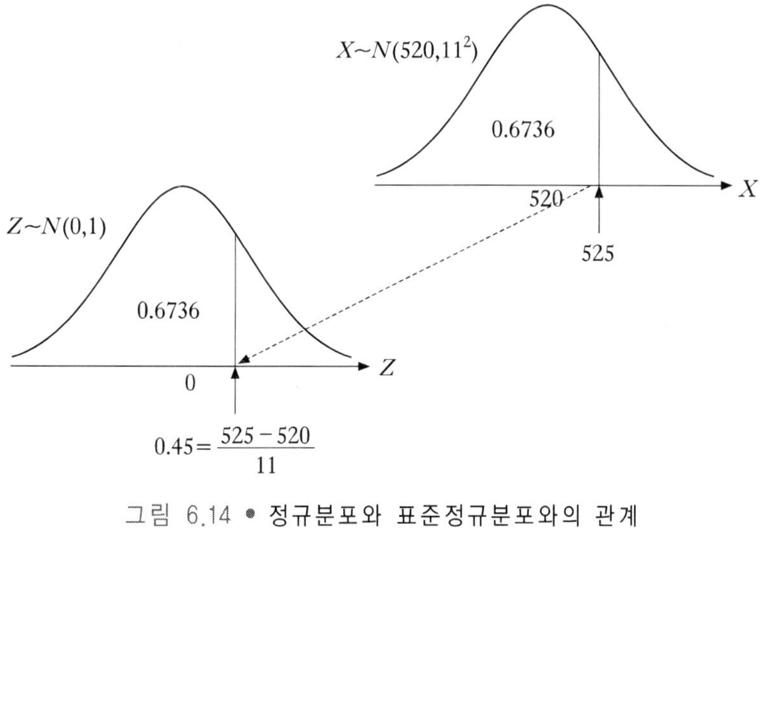

그림 6.14 • 정규분포와 표준정규분포와의 관계

표 6.6 • 표준정규분표(누적값임)

z	.00	.01	.02	.03	.04	.05	.06	.07	.08	.09
.0	.5000	.5040	.5080	.5120	.5160	.5199	.5239	.5279	.5319	.5359
.1	.5398	.5438	.5517	.5517	.5557	.5596	.5636	.5675	.5714	.5753
.2	.5793	.5832	.5910	.5910	.5948	.5987	.6026	.6064	.6103	.6141
.3	.6179	.6217	.6293	.6293	.6331	.6368	.6406	.6443	.6480	.6517
⋮	⋮	⋮	⋮	⋮	⋮	⋮	⋮	⋮	⋮	⋮

※ R프로그램을 이용한 예제 풀이

```
# 누적확률 값을 이용해서 계산해준다.
pnorm(525, mean=520, sd=11) (0.6752819)
```

5 백분위수와 정규분포

정규분포에 대한 표준화점수는 백분위수로 변환될 수 있다. 분포의 C백분위수는 관측값들의 C%가 그 값보다 작고 나머지는 그 값보다 큰값을 말한다.

어떤 분포의 중앙값은 50백분위수이면 제 1사분위수와 제 3사분위수는 각각 25백분위수와 75백분위수이다. 평균 ($z=0$)에서부터 1 표준편차 위의($z=+1.00$) 위치까지 백분위에서의 변화는 34점이다. 즉 C_{50}에서 C_{84}까지이다. 그러나 $z=+1.00$에서 +2.00까지의 위치 변화는 백분위에서는 단지 14점인 C_{84}에서 C_{98}이다. 그리고 $z=+2.00$에서 +3.00으로의 이동은 약 2점의 변화를 가져온다. C_{98}에서 $C_{99.9}$까지이다. 백분율 척도의 장점은 바로 해석하기 쉽다는 것이지만, 상당히 큰 단점은 척도상의 다른 지점들간의 수행 수준의 차이를 왜곡한다는 것이다. 마지막으로 한 가지는 정상분포를 가정하는 것이 타당한 경우, 우리는 백분위를 표준점수 위치와 연결시킬 수 있고, 그와 반대도 마찬가지이다. 예를 들어, 그림 6.15로부터 정상적으로 분포된 GRE 점수에서 600점에 상응하는 $z=+1.00$이며, 정상곡선 밑에 있는 면적에 대한 수표로부터 준거집단의 16%만이 더 잘했음을 알 수 있다. 따라서 그 집단의 84%는 이 점수 이하에 있을 것이다. 다른 말로 한다면, $C_{84}=600$이다.

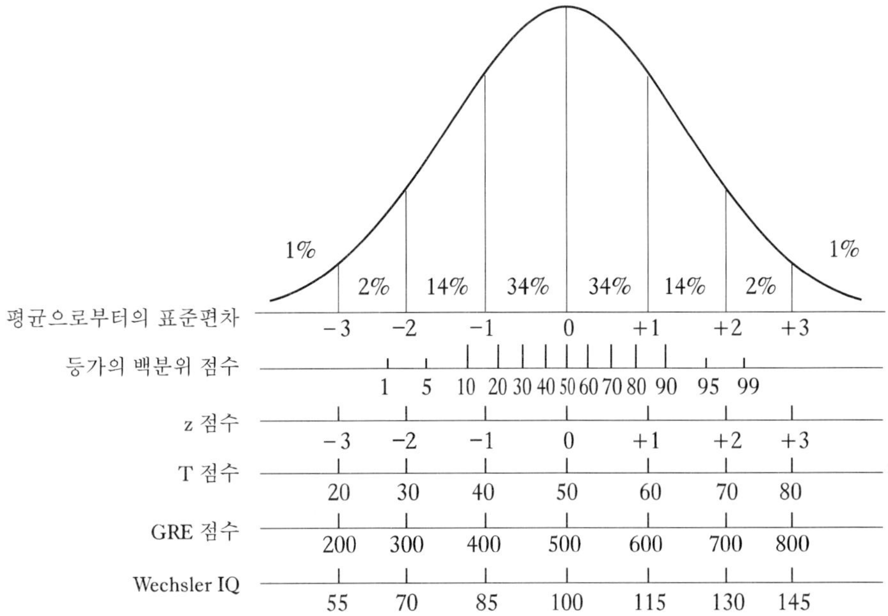

그림 6.15 • 정규분포 내에서의 백분위점수와 표준화점수들

예제 6.12

GRE에서 시험 평균은 500점이고 표준편차가 100인 정규분포에서 얼마나 높은 점수를 받아야 전체 점수의 상위 20%안에 포함될 수 있는가? 80백분위수 이상의 점수를 받아야 할 것이다. 부록 표 1에서 80에 가까운 백분위수를 찾아보면, 표준화점수가 0.84일 때 백분위수는 0.7995이다. 즉 79.95 백분위수이다. 따라서 표준화점수로부터 GRE시험의 점수를 구하면 다음과 같다.

$$\begin{aligned} \text{관측값} &= \text{평균} + \text{표준화점수} \times \text{표준편차} \\ &= 500 + 0.84 \times 100 \\ &= 584 \end{aligned}$$

584점 이상을 받아야 상위 20%안에 포함될 수 있다.

※ R 프로그램을 이용한 예제 풀이

```
#누적확률분포로 나오므로 상위 20%를 구하기 위해서는 1-백분위수로 한다.
qnorm(1-0.2, mean=500, sd=100) (584.1621)
```

연습문제 6

1 $n=25$와 $p=0.2$인 이항분포의 평균과 표준편차는?

ⓐ 5와 2　　ⓑ 8과 4　　ⓒ 4와 3

2 어떤 도시는 이 도시의 재정의 어려움을 해결하기 위한 노력으로 복권을 판매하기로 결정하였다. 복권은 1,000원이며 1,000,000매를 발행하여 이 중에서 두 장의 복권을 임의로 추출하여 1등과 2등만을 선정한다고 한다. 그리고 1등에 대한 당첨금은 600,000(천원)이고 2등은 300,000(천원)이다. 그 외의 당첨금은 없다.

ⓐ 복권을 구입하는 사람의 기대값(기대이익)은 얼마인가?
ⓑ 기대이익을 최대화하려면 누가 이러한 복권을 사겠는가?

3 한 여론조사기관의 발표에 의하면 국민들 중의 70%가 1년 전보다 TV를 적게 시청하며 22%는 1년 전과 비슷하게 시청하고 그리고 8%는 작년보다 더 시청한다고 한다.

ⓐ 임의로 추출한 5명 중 3명이 작년보다 올해 TV를 적게 시청할 확률은?
ⓑ 5명중 2명에서 4명까지 작년보다 올해 TV를 적게 시청할 확률은?
ⓒ 적어도 한명이 작년보다 TV를 적게 시청할 확률은?

4 국립의료원 내과에 의하면 모든 연장자(65세 이상)의 45%가 고혈압을 가지고 있다고 한다. 내과 클리닉(clinic)에서는 임의로 12명의 연장자를 선출하여 건강진단을 실시하여 고혈압 여부를 검사하였다. 여기서 x는 고혈압을 갖고 있는 연장자의 수를 나타낸다.

ⓐ $x=0$에서 12까지의 확률을 히스토그램으로 나타내시오.
ⓑ 이 확률분포의 기대값(μ)을 구하시오.
ⓒ 이 확률분포의 표준편차를 구하시오.

5 나사못을 생산하고 있는 기계가 있다. 100개씩 한 상자로 포장하는데 상자당 4개씩의 불량 나사못이 들어있다고 한다.

ⓐ 한 상자에 2개의 불량 나사못이 들어있는 확률을 이항 분포를 사용하여 구하시오.
ⓑ ⓐ번 문제를 위의 정규분포를 이용하여 근사 계산하여 구하시오.

6 $n = 25$, $p = 0.4$인 이항실험을 하였을 때 확률 $P(8 \leq X \leq 11)$을 다음과 같이 구하시오.

ⓐ 이항분포에 따라 계산하시오.

ⓑ 정규분포에 의해 근사 계산하시오.

7 가운데 것만이 우리가 전형적으로 정규곡선과 관련시키는 '종모양'을 갖고 있는데, 어떻게 아래에 제시된 세 가지 곡선이 모두 정규곡선이 될 수 있는가?

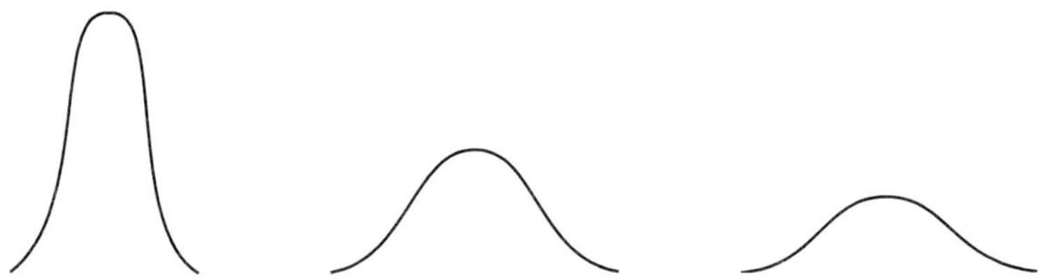

8 대학생 집단에게 실시한 외향성-내향성 검사점수의 분포에서 $\mu = 82$, $\sigma = 12$(높은 점수는 내향성)이다. 다음의 학생들 각각에 대해 원점수를 z 점수로 바꾸시오.

ⓐ 이순신, 96　　ⓑ 유관순, 80　　ⓒ 박길동, 72

9 정규분포에서, 다음에 포함되는 사례들의 비율은?

ⓐ z = -.25와 z = +1.25 사이　　ⓑ z = +.25와 z = +1.25 사이

ⓒ z = -.62와 z = -2.15 사이　　ⓓ z = -.40과 z = -.20 한계의 밖

ⓔ z = -2.00과 z = +2.00 한계의 밖

10 특정 상표의 소형차를 가진 운전사들에게 알아본 가솔린의 시내 주행 거리는 $\overline{X}$ = 27.1 m.p.g와 S = 2.3 m.p.g.을 가진 정규분포이다. 다음의 수치를 얻게 될 운전사들의 비율은?

ⓐ 23 m.p.g. 이하　　ⓑ 30 m.p.g. 이하

ⓒ 25와 30 m.p.g. 사이　　ⓓ 28과 32 m.p.g. 사이

11 잘 알려져 있는 한 IQ 검사는 어느 특정 연령의 아동들에 대해 평균 100과 표준편차가 15가 되도록 표준화된 것이다. 일정 연령의 500명 아동표본 중에서, 다음과 같은 IQ 점수를 얼마나 많이 얻으리라고 기대하는가?

ⓐ 130이상　ⓑ 150이상　ⓒ 80이하
ⓓ 90과 110사이　ⓔ 80과 120 한계 밖

12 몸집이 큰 동물일수록 수태 기간이 길다. 임신에서 출산까지 말의 수태 기간은 대략적으로 평균이 336일, 표준편차가 3일인 정규분포에 따라 다양하다. 경험적 법칙을 사용하여 다음 질문에 답하여라.

ⓐ 거의 모든(99.7%) 말의 수태기간은 어떤 값들 사이에 포함되는가?
ⓑ 전체의 몇 백분율이 339일보다 긴 수태기간을 갖는가?

13 1911년에 Ty Cobb의 타율 0.420, 1941년에 Ted Willianms의 타율 0.406 그리고 1980년에 George Brett의 타율 0.390은 역사적인 야구 업적이다. 메이저리그의 타율에 대한 분포는 매년 변하기 때문에 이들의 타율을 직접 비교할 수는 없다. 분포는 대체적으로 대칭이고 Cobb, Williams 그리고 Brett와 같은 이상점을 제외하면 상당히 정규곡선 형태를 띤다. 타율의 평균은 대체로 변하지 않은 반면, 표준편차는 시간에 따라 작아졌다. 다음 자료는 이러한 사실을 보여주고 있다.

기간(10년간)	평균	표준편차
1910년대	0.266	0.0371
1940년대	0.267	0.0326
1970년대	0.261	0.0317

동료들보다 누가 더 앞서있는 지를 비교하기 위해서 Cobb, Williams, Brett의 타율에 대한 표준점수를 구하시오.

14 어느 대학의 적성검사 점수분포는 전국 준거집단에서 $\overline{X}=500$과 $S=100$로 정규분포한다. 다음 점수들에 대해 백분위수를 구하시오.

ⓐ 400　ⓑ 550　ⓒ 760　ⓓ 310

7

표본분포

1 표본분포의 개념

통계조사의 목적은 모집단에 대한 정보를 알아내는 것이다. 여기서 모집단에 대한 정보란 많은 경우에 모집단의 평균 또는 모집단의 분산과 같은 모집단의 특성값을 의미한다.

이러한 모집단의 특성값은 모집단 전체를 조사하여야만 알 수 있다. 그러나 대부분의 연구에서는 모집단 전체를 조사한다는 것은 현실적으로 불가능하기 때문에 일반적으로 모수는 미지로 남게 된다. 이러한 경우 모집단으로부터 표본을 뽑고 표본으로부터 계산되는 표본의 평균 또는 표본의 분산과 같은 표본의 특성값, 즉 통계량(statistic)을 이용하여 모수를 추정하게 된다. 여기서 모수를 추정할 때 이용되는 통계량의 값은 어떠한 표본을 선택하는가에 따라서 달라지기 때문에 위험이 따른다. 통계량을 나타내는 표본이 확률표본이라면 이러한 통계량의 값에서 일어나는 변동은 무작위적이며 어느 정도까지는 예측할 수 있다. 다시 말하면 이러한 것들은 우연의 법칙(law of chance)이라는 확률이론에 따른다.

따라서 표본추출의 변동을 어떠한 의미로 사용하는가를 설명하기로 한다. 그것은 어떤 통계량이 취할 수 있는 가능한 모든 값들의 분포와 그 각각의 값이 나타날 확률을 의미하며 이것을 표본분포(sampling distribution)라고 한다. 즉, 어떤 통계량이 취할 수 있는 각각의 값들이 나타날 확률을 알아보기 위하여 표본분포를 사용하며, 우리는 표본분포를 활용하여 통계량에 따르는 위험을 측정할 수 있다. 이제 표본분포의 특징을 설명하기 위하여 다음의 예제를 고찰해 보기로 한다.

예제 7.1

다음 자료는 어느 중소기업 종업원의 연간 임금(단위: 백만 원)을 나타낸 것이다. 이 자료로부터 임의로 3개의 표본을 비복원추출하여 표본평균에 대한 표본분포의 일반적인 조건을 만족하는지에 대하여 설명하시오.

17,　24,　35,　35,　43

풀이...

모집단의 5개 자료로부터 3개를 비복원추출한 경우의 수는 10가지($_5C_3 = 10$)이다. 계산 편의상 각 자료에 문자 A, B, C, D, E를 지정하여 10개의 표본을 추출하여 이들의 평균을 정리한 것이 표 7.1이다.

A = 17　　B = 24　　C = 35　　D = 35　　E = 43

표 7.1의 표본평균의 값을 이용하여 표본평균의 도수분포를 만든다. 이 도수분포의 자료를 이용함으로써 각 표본평균에 대한 상대도수를 계산하여 확률값을 구하여 정리한 것이 표 7.1이다. 표 7.2는 표본의 크기가 3일 때 표본평균의 표본분포를 나타낸다.

표 7.1 • 표본의 크기가 3일 때 모든 가능한 표본과 이들의 평균

표본	표본집단	표본평균($\bar{x}$)
ABC	17, 24, 35	25.33
ABD	17, 24, 35	25.33
ABE	17, 24, 43	28.00
ACD	17, 35, 35	29.00
ACE	17, 35, 43	31.67
ADE	17, 35, 43	31.67
BCD	14, 35, 35	31.33
BCE	24, 35, 43	34.00
BDE	24, 35, 43	34.00
CDE	35, 35, 43	37.67

표 7.2 • 표본크기가 3일 때 $\bar{x}$의 표본분포

표본평균($\bar{x}$)	도수(f)	비율
25.33	2	2/10 = 0.20
28.00	1	1/10 = 0.10
29.00	1	1/10 = 0.10
31.33	1	1/10 = 0.10
31.67	2	2/10 = 0.20
34.00	2	2/10 = 0.20
37.67	1	1/10 = 0.10
계	합계 = 10	합계 = 1.0

표본분포는 통계량(표본평균), 표본추출방법(단순확률추출방법), 표본크기($n=3$), 모집단(17, 24, 35, 35, 43) 등에 관한 것임을 유의해야 한다. 만일 이 조건 중 어느 하나라도 변한다면, 예를 들면 표본크기가 4가 되거나 모집단이 200이라면 예제와는 다른 표본분포가 얻어진다. 따라서 표본분포에 대해서 말할 때는 반드시 다음 4가지 사항을 전제로 한 표본분포라는 것을 명시해야 한다.

① 주어진 통계량
② 표본추출방법
③ 표본크기
④ 모집단

일반적으로 위의 네 가지 조건을 만족한 상태에서 모수의 추정에 사용되는 표본의 특성값인 통계량은 어떤 표본이 뽑히느냐에 따라 그 값이 달라지고 그 값에 의해 하나의 분포를 이루게 된다. 이 때 통계량의 분포를 표본분포라고 부른다.

따라서 표본분포의 네 가지 조건은 다음과 같다. 즉

① 주어진 통계량 → 표본평균 ② 표본추출방법 → 단순확률추출
③ 표본크기 → $n=3$ ④ 모집단 → (17, 24, 35, 35, 43)

2 표본평균의 표본분포

1) 표본평균 $\bar{x}$의 평균

표본평균 ($\bar{x}$)의 표본분포에 대해서 계산한 평균과 표준편차를 $\overline{X}$의 평균과 표준편차라고 한다. 실제로 $\bar{x}$의 평균과 표준편차는 각각 모집단으로부터 추출된 동일한 크기의 모든 표본들의 평균들에 대한 평균과 표준편차를 의미하며 $\mu_{\bar{x}}$와 $\sigma_{\bar{x}}$로 표기한다.

표본평균 $\bar{x}$의 평균은 모집단의 평균과 같다. 즉

$$\mu_{\bar{x}} = \mu$$

그러므로 우리가 모집단으로부터 동일한 크기의 모든 가능한 표본들을 취하여 이들의 평균들을 계산한다면, 이들 표본평균들의 평균 $\mu_{\bar{x}}$는 모집단의 평균 μ와 같게 될 것이다.

예제 7.2

표 7.3의 모집단으로부터 2개의 표본을 비복원추출하여 계산된 표본평균과 모집단의 모평균과 동일함을 보이시오.

우선, 모집단의 자료에 대한 모평균을 구하면 다음과 같다.

$$\mu = \frac{\sum X_i}{N} = \frac{229 + 298 + 262 + 162 + 448}{5} = 279.8$$

이제 표 7.3의 모집단으로부터 2개의 표본을 비복원추출로 모든 가능한 표본들을 추출한 경우는 모집단의 5개로부터 2개를 뽑는 경우의 수는 10가지이다.

이들 10개의 표본들은 표 7.4에 정리되어 있다. 표 7.4에서 보는 바와 같이 10개의 표본평균들을 평균했을 때 이들 값의 평균($\mu_{\bar{x}}$)은 모집단의 평균(μ)과 279.8로 같음을 알 수 있다.

$$\mu_{\bar{x}} = \frac{263.5+245.5+195.5+338.5+280.0+230.0+373.0+212.0+355.0+305.0}{10} = 279.8$$

표 7.3 • 모집단

A	229
B	298
C	262
D	162
E	448

표 7.4 • 비복원추출($_5C_2$)에 의한 표본집단

표본	종류	표본집단	표본평균 $\bar{x}$
1	(A, B)	(229, 298)	263.5
2	(A, C)	(229, 262)	245.5
3	(A, D)	(229, 162)	195.5
4	(A, E)	(229, 448)	338.5
5	(B, C)	(298, 262)	280.0
6	(B, D)	(298, 162)	230.0
7	(B, E)	(298, 448)	373.0
8	(C, D)	(262, 162)	212.0
9	(C, E)	(262, 448)	355.0
10	(D, E)	(162, 448)	305.0
			$\mu_{\bar{x}}$ = 279.8 = μ

※ R 프로그램을 이용한 예제 풀이

```
# 자료을 행렬형태로 입력합니다.
data <- matrix(scan(), ncol=1)
229 298 262 162 448

# 모평균을 계산합니다.
mu <- sum(data[,1])/length(data[,1])

# 2개의 표본을 비복원 추출한 10가지 경우의 표본평균들의 평균을 계산합니다.
twosample <- matrix(0, ncol=1, nrow=10)

   twosample[1,] <- sum(data[1,]+data[2,])/2
   twosample[2,] <- sum(data[1,]+data[3,])/2
   twosample[3,] <- sum(data[1,]+data[4,])/2
   twosample[4,] <- sum(data[1,]+data[5,])/2
   twosample[5,] <- sum(data[2,]+data[3,])/2
   twosample[6,] <- sum(data[2,]+data[4,])/2
   twosample[7,] <- sum(data[2,]+data[5,])/2
   twosample[8,] <- sum(data[3,]+data[4,])/2
   twosample[9,] <- sum(data[3,]+data[5,])/2
   twosample[10,] <- sum(data[4,]+data[5,])/2

barx <- sum(twosample[,1])/length(twosample)

# 결과를 나타냅니다.
table (mu, barx) (279.8)
```

2) 표본평균 $\bar{x}$의 표준오차

표본평균 $\bar{x}$의 표준편차 $\sigma_{\bar{x}}$는 모집단의 표준편차를 표본크기의 제곱근으로 나눈 값과 같다. 즉

$$\sigma_{\bar{x}} = \frac{\sigma}{\sqrt{n}}$$

표본평균 $\bar{x}$의 표준편차인 이 식을 표본평균 $\bar{x}$의 표준오차(standard error)라고도 한다.

대부분 실제로 적용하는 경우에 표본크기는 모집단의 크기에 비교하여 대체로 작다. 결과적으로 대부분의 경우에 표본평균의 표준편차를 계산하기 위해 윗 식을 이용한다.

표본평균 $\bar{x}$의 표본분포에 관하여 다음과 같은 중요한 두 가지 사실이 있다.

첫째로 표본평균 $\bar{x}$의 표본분포에 대한 퍼짐의 정도는 대응되는 모집단분포의 퍼짐의 정도보다는 작다. 다른 말로 나타내면 $\sigma_{\bar{x}} < \sigma$이다. n이 1보다 클 때 $\sigma/\sqrt{n}$의 분모가 1보다 커진다. 그러므로 $\sigma_{\bar{x}}$는 σ보다 작게 된다.

둘째로 표본평균 $\bar{x}$의 표본분포에 대한 표준편차는 표본크기가 증가할 때 작아진다. $\bar{x}$의 표본분포에 대한 이러한 특징은 다음 식에 의해서 분명해진다.

$$\sigma_{\bar{x}} = \frac{\sigma}{\sqrt{n}}$$

예제 7.3

대기업에서 일하고 있는 모든 종업원 5,000명에 대한 시간당 평균임금이 13,500원이고 표준편차는 2,900원이다. $\bar{x}$는 이 회사로부터 표본으로 추출된 종업원에 대한 시간당 평균임금이다. 다음의 표본크기에 대한 표본평균 $\bar{x}$의 평균과 표준편차를 구하시오.

(1) 30　　　(2) 75　　　(3) 200

풀이...

모든 종업원에 대한 자료는 $N = 5{,}000$, $\mu = 13{,}500$, $\sigma = 2{,}900$이다.

(1) $\bar{x}$의 표본분포에 대한 평균 $\mu_{\bar{x}}$는 $\mu_{\bar{x}} = \mu = 13{,}500$이다. 그리고 $n = 30$, $N = 5{,}000$, $n/N = 30/5{,}000 = 0.006$. n/N이 0.05보다 작을 때 $\bar{x}$의 표준편차는 $\sigma/\sqrt{n}$을 이용함으로써 구해진다. 따라서

$$\sigma_{\bar{x}} = \frac{\sigma}{\sqrt{n}} = \frac{2,900}{\sqrt{30}} = 530$$

(2) $n = 75$, $n / N = 75/5{,}000 = 0.015$이므로 작다. $\bar{x}$의 평균과 표준편차는

$$\mu_{\bar{x}} = \mu = 13{,}500 \qquad \sigma_{\bar{x}} = \frac{\sigma}{\sqrt{n}} = \frac{2,900}{\sqrt{75}} = 335$$

(3) $n = 200$, $n / N = 200/5{,}000 = 0.04$이므로 0.05보다 작다. $\bar{x}$의 평균과 표준편차는

$$\mu_{\bar{x}} = \mu = 13{,}500 \qquad \sigma_{\bar{x}} = \frac{\sigma}{\sqrt{n}} = \frac{2,900}{\sqrt{200}} = 205$$

이상의 결과로부터 $\bar{x}$의 표본분포에 대한 평균은 표본의 크기가 어떠하든지 간에 모집단의 평균과 항상 같다는 것을 알 수 있으나 $\bar{x}$의 표준편차의 값은 표본의 크기가 30으로부터 75, 그리고 200까지 증가하는 반면에 530으로부터 335, 그리고 205까지 작아지는 것을 볼 수 있다.

※ R 프로그램을 이용한 예제 풀이

```
# 함수를 이용해서 표본평균과 표준편차를 구해준다.
# 주어진 모수 n(표본크기), mu(모평균), sigma(모표준편차)
F7.3=function(n, mu, sigma){
    answer=round(c(mu, sigma/sqrt(n)),1) # 표본평균과 표본표준편차
    return(answer)
}

F7.3(30, 13500, 2900) (13500 529.5)
F7.3(75, 13500, 2900) (13500 334.9)
F7.3(200, 13500, 2900) (13500 205.1)
```

3) 표본평균 $\bar{x}$의 표본분포 형태

표본평균 $\bar{x}$의 표본분포에 대한 형태는 다음 두 가지 경우에 관련해서 설명하기로 한다.

① 정규분포를 하는 모집단으로부터 표본을 추출하는 경우
② 정규분포를 하지 않은 모집단으로부터 표본을 추출하는 경우

(1) 정규분포모집단으로부터 추출하는 경우

평균이 μ이고 표준편차가 σ인 정규분포로부터 표본이 추출되었을 때, 그러면

① $\bar{x}$의 평균, $\mu_{\bar{x}}$는 모평균 μ와 같다.: $\mu_{\bar{x}} = \mu$
② $\bar{x}$의 표준편차는 $n / N \leq 0.05$인 경우에 $\sigma / \sqrt{n}$와 같다.: $\sigma_{\bar{x}} = \dfrac{\sigma}{\sqrt{n}}$
③ n의 크기에 관계없이 $\bar{x}$의 표본분포에 대한 형태는 정규분포이다.

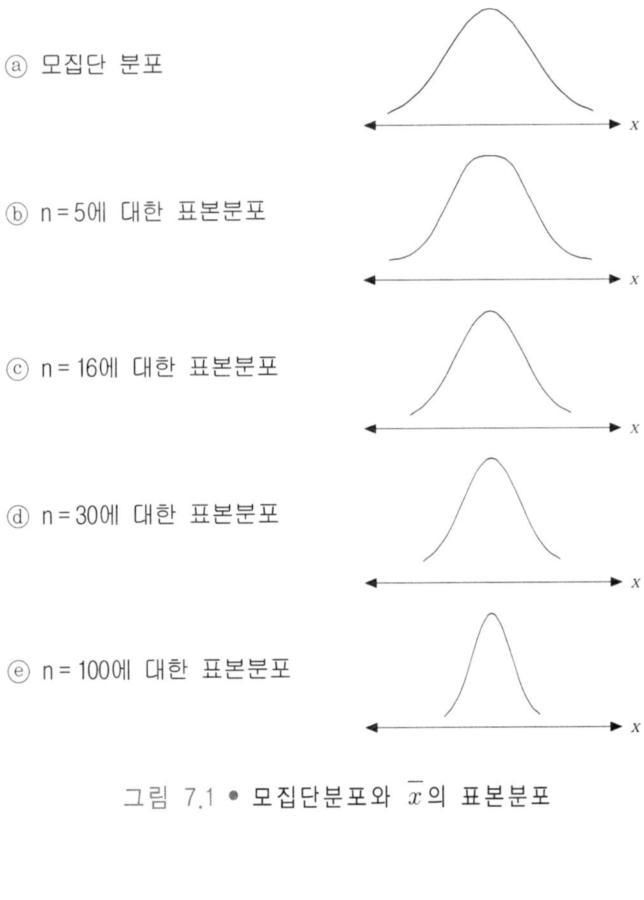

그림 7.1 • 모집단분포와 $\bar{x}$의 표본분포

그림 7.1ⓐ는 모집단에 대한 정규분포곡선을 나타낸 것이다. 그림 7.1ⓑ에서 그림 7.1ⓔ까지의 분포곡선은 그림 7.1ⓐ의 모집단으로부터 추출된 서로 다른 표본의 크기에 대한 $\bar{x}$의 표본분포를 나타낸 것이다. 우리가 보는 바와 같이 모집단은 정규분포이다. 이것 때문에 $\bar{x}$의 표본분포는 그림 7.1ⓑ에서 ⓔ까지의 네 가지 경우에 각각이 정규분포를 보이고 있다. 또한 유의해야 할 것은 그림 7.1ⓑ에서 ⓔ까지 표본의 크기가 증가함으로써 $\bar{x}$의 표본분포에 대한 퍼짐의 정도는 작아지고 있는 것을 볼 수 있다.

예제 7.4

건설협회 자료에 의하면 건설업 노동자에 대한 시간당 평균임금이 1995년에 13,990원이었다. 모든 건설업 노동자의 시간당 임금의 분포가 평균 13,990원이고 표준편차가 2,250원인 정규분포를 한다고 가정하자. $\bar{x}$의 평균과 표준편차를 계산하고 표본의 크기가 다음과 같을 때 이들의 표본분포에 대한 형태를 나타내시오.

(1) 10　　　　(2) 50

풀이...

(1) $\bar{x}$의 평균과 표준편차는

$$\mu_{\bar{x}} = \mu = 13,990\text{원}$$
$$\sigma_{\bar{x}} = \sigma / \sqrt{n} = 2,250 / \sqrt{10} = 712$$

※ R 프로그램을 이용한 예제 풀이

```
# 2가지 형태의 표본을 설정한다.
n1=10
n2=50

# plot을 위한 벡터를 설정한다.
x=seq(11000, 17000, length=50)
```

```
# 평균과 분산을 설정하는 정규분포를 그려준다.
plot(x, dnorm(x, mean=13990, sd=2250/sqrt(n2)), type="l")

# 그림을 덧씌어준다.
lines(x, dnorm(x, mean=13990, sd=2250/sqrt(n1)), lty="dashed")
```

모든 건설업 노동자들의 시간당 임금이 정규분포를 한다고 가정하였으므로 10명 노동자들의 표본에 대한 $\bar{x}$의 표본분포도 역시 정규분포를 한다. 그림에서 보는 바와 같이 σ가 $\sigma_{\bar{x}}$보다 크기 때문에 모집단분포가 $\bar{x}$의 표본분포보다 넓게 분포되어 있다.

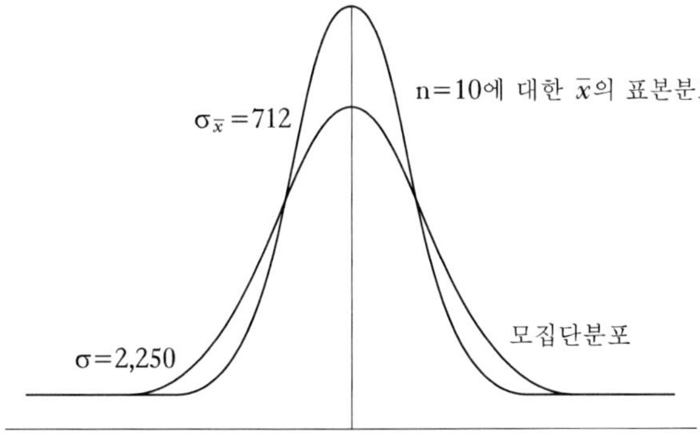

(2) $\mu_{\bar{x}} = \mu = 13,990$원

$\sigma_{\bar{x}} = \sigma / \sqrt{n} = 2,250 / \sqrt{50} = 318$

$\bar{x}$의 표본분포가 $n = 10$일 때보다 평균을 중심으로 집중되었다.

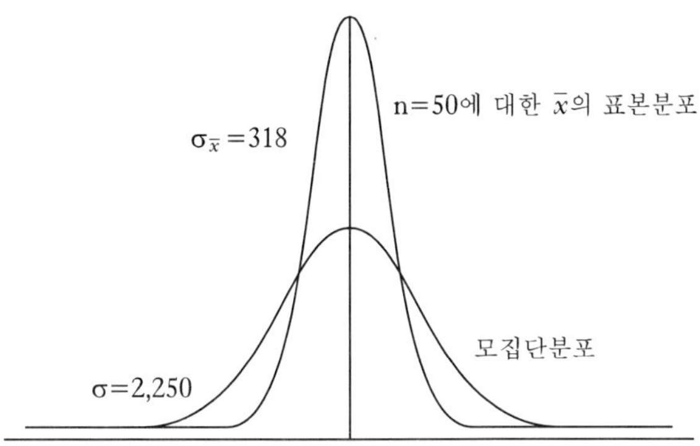

결론적으로 표본의 크기에 관계없이 모집단분포가 정규분포를 하는 경우에 여기에서 추출된 표본평균의 표본분포는 마찬가지로 정규분포를 한다.

(2) 정규분포를 하지 않은 모집단으로부터 표본을 추출하는 경우

평균이 μ이고 표준편차가 σ인 임의의 모집단으로부터 추출한 확률표본 $(X_1, X_2, \cdots, X_n)$에 대해서 표본평균 $\overline{X}$의 평균과 표준편차는 항상 μ, $\sigma/\sqrt{n}$이 되지만, 표본평균 $\overline{X}$가 어떤 분포를 가질 것인가 하는 문제는 모집단의 형태에 따라 좌우된다. 만약 모집단의 분포가 정규분포라면 표본평균 $\overline{X}$의 분포도 표본의 크기에 관계없이 항상 정규분포에 따르게 된다는 것을 앞에서 설명한 바 있다. 그런데 만약 모집단의 분포가 정규분포가 아니라면 $\overline{X}$는 정규분포를 따르지 않는다. 그러나 n이 증가할수록 $\overline{X}$의 분포는 근사적으로 정규분포에 접근한다. 이를 우리는 중심극한정리(central limit theorem)라고 한다.

중심극한정리

중심극한정리에 따르면, 표본의 크기가 큰 경우에 표본평균 $\overline{X}$의 표본분포는 모집단분포의 형태에 관계없이 근사적으로 정규분포에 접근한다. $\overline{X}$의 표본분포에 대한 평균과 표준편차는

$$\mu_{\bar{x}} = \mu \qquad \sigma_{\bar{x}} = \frac{\sigma}{\sqrt{n}}$$

이며 표본의 크기는 $n \geq 30$ 이면 보통 크다고 간주한다.

ⓐ 모집단분포

ⓑ n=4에 대한 $\overline{x}$의 표본분포

ⓒ n=15에 대한 $\overline{x}$의 표본분포

ⓓ n=30에 대한 $\overline{x}$의 표본분포

ⓔ n=80에 대한 $\overline{x}$의 표본분포

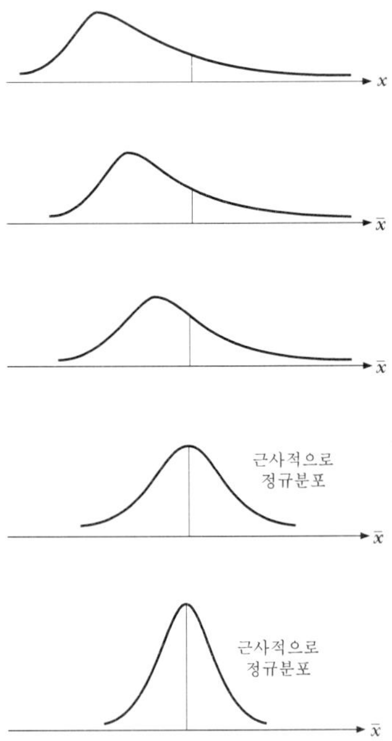

그림 7.2 ● **모집단분포와 $\overline{x}$의 표본분포**

따라서 모집단분포가 정규분포형이 아닌 경우, 표본평균의 분포는 표본의 크기가 커짐에 따라 정규분포형을 취하게 되는데 이에 대한 예는 그림 7.2에서 설명될 수 있다. 그림 7.2ⓐ는 모집단에 대한 확률분포곡선을 나타내고 있다. 그림 7.2ⓑ~ⓔ까지는 그림 7.2ⓐ의 모집단으로부터 추출된 서로 다른 표본의 크기에 대한 $\overline{x}$의 표본분포를 보이고 있다. 그림에서 보는 바와 같이 모집단은 정규분포를 하지 않고 있다. $n<30$일 때 그림 7.2ⓑ와 ⓒ의 $\overline{x}$의 표본분포는 정규분포를 따르지 않고 있다. 그러나 그림 ⓓ와 ⓔ는 표본의 크기가 $n \geq 30$이므로 근사적으로 정규분포를 나타내고 있다. 또한 표본의 크기가 증가함에 따라 $\overline{x}$의 표본분포의 퍼짐의 정도는 평균을 중심으로 좁아지고 있음을 볼 수 있다.

모집단의 모양에는 관계없이 일반적으로 표본의 크기가 $n \geq 30$이면 중심극한정리에 있어서의 정규근사법은 훌륭하게 적용된다. 만일 $n<30$일 경우의 근사법은 모집단의 모양이 정규분포와 거의 다름이 없다고 판단될 경우에 한하여 적용된다. 또한 모집단의 정규확률변수가 취하는 값으로 이루어진다면 $\overline{X}$의 표본분포는 비록 표본의 크기 n이 작다고 할지라도 정확하게 정규분포를 따르게 된다.

예제 7.5

미국 대학교수협의회 자료에 의하면 2002년 전임강사 이상의 전교수에 대한 평균 연봉이 45,360달러이며 표준편차는 5,900달러라고 한다. 그런데 모든 교수의 연봉에 대한 모집단분포는 오른쪽으로 길게 뻗어진 비대칭분포를 이루고 있다. 표본의 크기가 다음과 같을 때 $\overline{X}$의 평균과 표준편차를 구하고, 이의 표본분포의 형태를 나타내시오.

(1) 10　　　　　(2) 100

풀이...

모든 교수의 연봉에 대한 자료가 비정규분포라 하더라도 표본의 크기가 크므로 $(n \geq 30)$ 중심극한정리를 적용하여 $\bar{x}$의 표본분포의 형태를 추론할 수 있다.

(1) $\mu_{\bar{x}} = \mu = 45,360 \quad \sigma_{\bar{x}} = \sigma / \sqrt{n} = 5,900 / \sqrt{10} = 1,866$

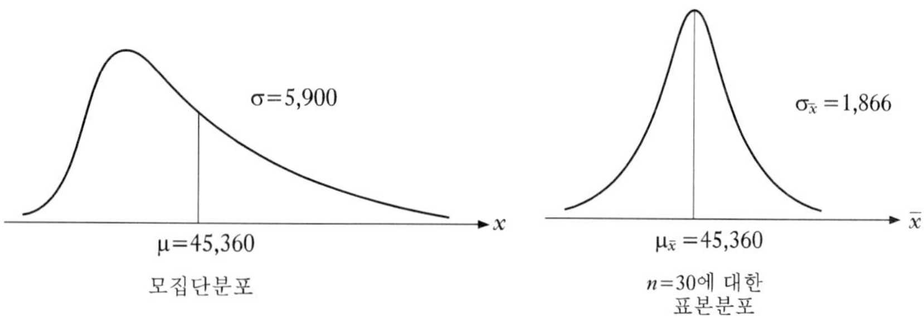

(2) $\mu_{\bar{x}} = \mu = 45,360 \quad \sigma_{\bar{x}} = \sigma / \sqrt{n} = 5,900 / \sqrt{100} = 590$

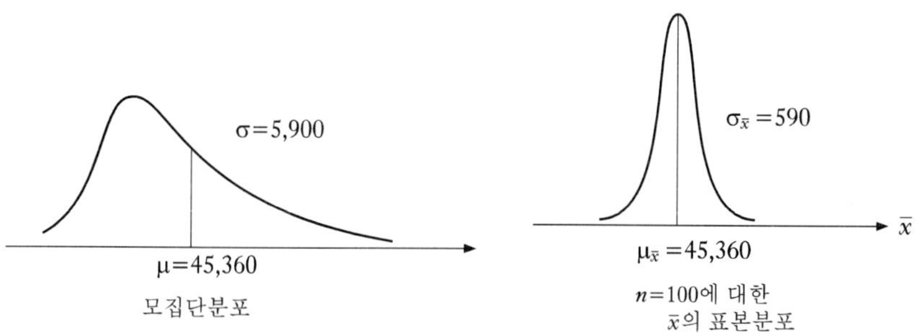

※ R 프로그램을 이용한 예제 풀이

```
# 2가지 형태의 표본을 설정한다.
n1=30
n2=100

# plot을 위한 벡터를 설정한다.
x=seq(40000, 50000, length=50)

# 평균과 분산을 설정하는 정규분포를 그려주고 덧씌운다.
plot(x, dnorm(x, mean=45360, sd=5900/sqrt(n2)), type="l")
lines(x, dnorm(x, mean=45360, sd=5900/sqrt(n1)), lty="dashed")
```

예제 7.6

어느 전구회사는 평균수명이 790시간, 그 표준편차가 40시간인 전구를 공급하고 있다. 이 경우 전구의 수명이 거의 정규분포를 이룬다고 가정하고 16개의 전구로 이루어진 표본이 775시간보다 짧은 수명을 가질 비율을 구하여라.

풀이...

$\overline{x}$의 표본분포는 $\mu_{\overline{x}} = 790$, $\sigma_{\overline{x}} = 40/\sqrt{16} = 10$인 정규분포를 이룬다.

$\overline{X} = 775$에 대응하는 Z값을 먼저 구하면

$$Z = \frac{\overline{x} - \mu}{\sigma_{\overline{x}}} = \frac{\overline{x} - \mu}{\sigma/\sqrt{n}}$$

$$Z = \frac{775 - 790}{40/\sqrt{16}} = -1.5$$

따라서 구하고자 하는 비율은

$$P(\overline{x} < 775) = 1 - P(Z < 1.5)P(Z < 1.5) = 0.0668$$

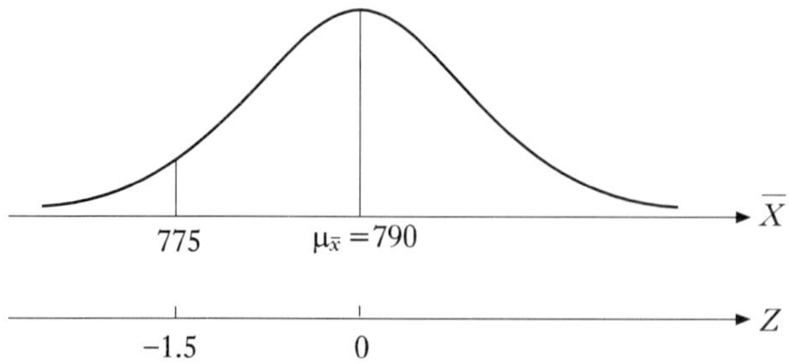

이다.

※ R 프로그램을 이용한 예제 풀이

```
# 함수를 이용해서 비율을 구한다.
# mu(모평균), sd(모표준편차), n(표본크기), barx(표본평균)

F7.6=function(mu, sd, n, barx){
   Z=(barx-mu)/(sd/sqrt(n)) # Z(확률을 구하기 위한 표준화)
   k=pnorm(Z) #pnorm(표준정규분포에서의 확률)
   return(k)}

F7.6(790,40,16,775) (0.0668072)
```

예제 7.7

서울특별시의 모든 주택에 대한 평균가격이 157,000(천원)이고 표준편차가 29,500(천원)인 오른쪽으로 길게 뻗어진 정규분포를 한다고 한다. $\bar{x}$는 서울특별시로부터 추출된 400개 주택의 평균가격이다.

(1) 평균가격이 모평균의 3,000(천원) 범위내에 있을 경우는 얼마인가?

(2) 평균가격이 모평균보다 2,500(천원)이 더 작을 경우는 얼마인가?

풀이...

모집단의 분포가 오른쪽으로 길게 뻗어진 분포를 하더라도, 중심극한정리에 의해서 표본의 크기가 크기 때문에($n>30$) $\bar{x}$의 표본분포는 근사적으로 정규분포를 하게 된다.

$$\mu_{\bar{x}} = \mu = 157{,}000 \quad \sigma_{\bar{x}} = \sigma / \sqrt{n} = 29{,}500 / \sqrt{400} = 1{,}475$$

(1) 우리가 구할 값은 모평균 157,000 ± 3,000이므로 즉 154.000 ≤ $\bar{x}$ ≤ 160,000 이며, 이것을 Z값으로 변환하면 다음과 같다.

$$\bar{x} = 154{,}000: \; Z = \frac{154{,}000 - 157{,}000}{1475} = -2.03$$

$$\bar{x} = 160{,}000: \; Z = \frac{160{,}000 - 157{,}000}{1475} = 2.03$$

따라서 구할 값은 다음과 같다.

$$P(154.000 \leq \bar{x} \leq 160{,}000) = P(-2.03 \leq Z \leq 2.03) = 0.9576$$

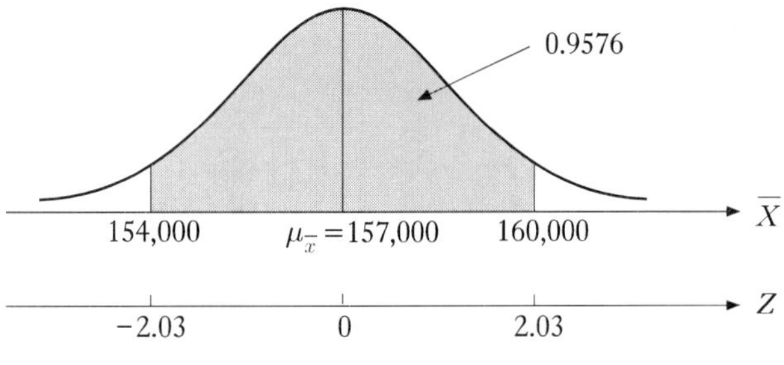

(2) 모평균 157,000 − 2,500 = 154,500이므로 $\bar{x}$ ≤ 154,500 이것을 Z값으로 변환하면

$$\bar{x} = 154{,}500 : \; Z = \frac{154{,}500 - 157{,}000}{1475} = -1.69$$

따라서 구할 값은

$$P(\bar{x} \leq 154{,}500) = P(Z \leq -1.69) = 0.0455$$

이다.

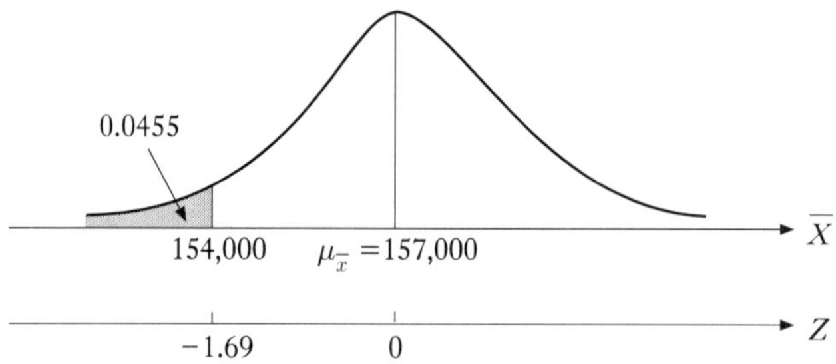

※ R 프로그램을 이용한 예제 풀이

```
# 함수를 이용해서 값을 구해준다.
# mu(모평균), sd(모표준편차), n(표본크기), barx(표본평균)

F7.7=function(mu, sd, n, range) {
    Z1=(mu-range-mu)/(sd/sqrt(n)) # Z1(범위의 하한)
    Z2=(mu+range-mu)/(sd/sqrt(n)) # Z1(범위의 하한)

    k=pnorm(Z2)-pnorm(Z1) #pnorm(표준정규분포에서의 확률)
    return(k)}

# 값을 넣어준다.

F7.7(157000, 29500, 400, 3000) (0.9580382)
```

3 표본비율의 표본분포

1) 모집단비율과 표본비율

모집단 중에는 각 단위가 갖는 특성이 "성공", "실패"와 같이 두 가지 범주로만 구분되고 그 비율이 일정하게 주어진 특수한 모집단이 있는데 이와 같은 모집단을 특히 이항모집단(binomial population)이라고 한다. 예를 들면 제품을 우량품과 불량품으로 구분하거나 노동인구를 취업자와 실업자로 구분하여 관찰할 때 이 모집단은 모두 이항모집단이다.

이항모집단에서 성공의 비율을 p라 하면 실패의 비율은 $1-p$가 된다.

이와 같이 이항모집단의 모수는 p 하나뿐인데 이를 모집단비율이라 하며 다음 식으로 계산된다.

$$p = \frac{x}{N}$$

여기서 N은 모집단에서의 원소의 총수이며 x는 특별한 특성을 갖는 모집단에서의 원소의 수를 나타낸다. 또한, 이항모집단에서 표본의 크기가 n이고 특별한 특성을 갖는 표본에서의 원소의 수를 x라고 할 때

$$\hat{p} = \frac{x}{n}$$

를 표본비율이라고 부른다.

예제 7.8

어떤 도시의 총가구가 789,654이며 이 중에서 자기집을 소유한 가구는 563,282가구라 가정하자. 그러면

N = 모집단 크기 = 789,654
x = 자기집을 소유한 가구 = 563,282

이 도시에서 자기집을 소유하고 있는 가구의 비율은

$$p = \frac{x}{N} = \frac{563,282}{789,654} = 0.71$$

이다. 이제 이 도시로부터 240가구의 표본을 추출한 결과 이 중에서 158가구가 자기집을 소유하고 있다. 그러면

n = 표본의 크기 = 240
x = 표본에서 자기집을 소유한 가구 = 158

따라서 표본비율은

$$\hat{p} = \frac{x}{n} = \frac{158}{240} = 0.66$$

이다.

※ R 프로그램을 이용한 예제 풀이

```
# 함수를 이용해서 비율을 계산해 줍니다. 모집단 크기(N), 표본 크기(n)

F7.8 <- function(N,x){ p <- x/N
   return(p)}

F7.8(789654,563282) (0.7133276)
F7.8(240,158) (0.658333)
```

2) 표본비율 $\hat{p}$의 표본분포

표본평균 $\bar{x}$에서처럼, 표본비율 $\hat{p}$도 확률분포를 갖게 되는데 이를 표본비율의 표본분포라고 부른다.

일반적으로 모집단으로부터 임의로 추출된 각 표본들이 포함하고 있는 분포대상이 되는 원소의 비율에 대한 분포를 표본비율의 표본분포라고 한다. 예제 7.10을 이용하여 표본비율 $\hat{p}$의 표본분포에 대한 개념을 설명하기로 한다.

예제 7.9

통계여론연구소에는 5명의 주임연구원이 있다. 다음 표에는 이들 연구원의 이름과 대학에서의 통계학 전공여부가 표시되어 있다.

이 름	통계학 전공여부
김길동	전 공
이순신	비전공
박말복	비전공
최순동	전 공
강도형	전 공

만약 모집단비율 p를 통계학을 전공한 연구원의 비율이라고 정의하면, 모비율은

$$p = \frac{3}{5} = 0.6$$

이 된다.

이제 5명의 모집단으로부터 비복원추출방법으로 3명의 연구원을 추출한다고 가정하고 각 연구원들의 통계학 전공여부에 대한 비율을 계산하기로 한다. 표본의 총수는 ${}_5C_3 = 10$이며 이들 표본의 각각에 대하여 통계학을 전공한 연구원의 비율을 계산한 것이 표 7.5에 정리되어 있다. 표본비율 $\hat{p}$의 값은 소수점 2자리까지만 계산하였다.

표 7.5를 이용함으로써 표본비율 $\hat{p}$의 도수분포를 만들 수 있다. 이 도수분포의 자료에 의해서 상대도수를 구하여 비율로 이용할 수 있다. 이 비율값이 표 7.6에 계산되어 있는데 이것이 표본비율 $\hat{p}$의 표본분포이다.

표 7.5 • 각 표본에 대한 $\hat{p}$의 값

표본	통계학 전공비율 $\hat{p}$
김, 이, 박	1/3 = 0.33
김, 이, 최	2/3 = 0.67
김, 이, 정	2/3 = 0.67
김, 박, 최	2/3 = 0.67
김, 박, 정	2/3 = 0.67
김, 최, 정	3/3 = 1.00
이, 박, 최	1/3 = 0.33
이, 박, 정	1/3 = 0.33
이, 최, 정	2/3 = 0.67
박, 최, 정	2/3 = 0.67

표 7.6 • $\hat{p}$의 표본분포

표본비율 $\hat{p}$	도수 f	비율
0.33	3	3/10 = 0.30
0.67	6	6/10 = 0.60
1.00	1	1/10 = 0.10
		합계 = 1.0

3) 표본비율 $\hat{p}$의 평균과 표준오차

표본비율 $\hat{p}$의 평균은 모집단비율 p와 같으며 $\mu_{\hat{p}}$로 표기한다. 즉

$$\mu_{\hat{p}} = p$$

표본비율 $\hat{p}$의 표준오차는

$$\sigma_{\hat{p}} = \sqrt{\frac{pq}{n}}$$

이며 p는 모집단비율이며 $q = 1 - p$ 그리고 n은 표본의 크기이다.

4) 표본비율 $\hat{p}$의 표본분포의 형태

$\hat{p}$의 표본분포의 형태는 중심극한정리에 의하여 추론된다. 중심극한정리에 의하면, $\hat{p}$의 표본분포는 충분히 큰 표본크기에 대하여 근사적으로 정규분포를 한다. 비율인 경우에 np와 nq가 모두 5보다 크면, 즉 $np > 5$, $nq > 5$이면 표본크기 n은 충분히 크다고 간주한다. 따라서 $\hat{p}$의 표본분포는 $np > 5$와 $nq > 5$이면 근사적으로 정규분포를 한다. 즉, 표본비율 $\hat{p}$는 평균이 p이고 표준편차가 $\sqrt{pq/n}$인 정규분포로 접근한다. 즉

$$Z = \frac{\hat{p} - p}{\sqrt{pq/n}} \sim \mathrm{N}(0, 1)$$

은 평균이 0이고 표준편차가 1인 표준정규분포에 근사한 분포를 이루게 된다.

예제 7.10

한국여론조사기관에 의하면 성인의 31%가 행정부관리들이 청소년의 이성문제에 대해서 도덕적이고 윤리적인 판단기준에 의하여 의사결정을 하고 있다고 주장하고 있다. 여기서 $\hat{p}$는 이 견해를 지지하는 500명의 표본에서의 성인의 비율이다. $\hat{p}$의 평균과 표준편차를 구하고 표본분포의 형태에 대하여 설명하시오.

풀이...

우선 표본비율 $\hat{p}$의 평균은

$\mu_{\hat{p}} = 0.31$ 이며 $\hat{p}$의 표준오차는 $\sigma_{\hat{p}} = \sqrt{\dfrac{pq}{n}} = \sqrt{\dfrac{(0.31)(0.69)}{500}} = 0.021$ 이다.

그리고 np와 nq의 값은

$$np = 500 \times 0.31 = 155, \qquad nq = 500 \times 0.69 = 345$$

이다. np와 nq가 모두 5보다 크므로, $\hat{p}$의 표본분포의 형태를 추론하기 위하여 중심극한정리를 적용시킬 수 있다. 그러므로 $\hat{p}$의 표본분포는 평균이 0.31이고 표준편차가 0.021인 정규분포에 근사적으로 가까운 분포를 한다.

연습문제 7

1 표본평균 $\bar{x}$의 표본분포의 평균은 항상?

ⓐ μ와 같다. ⓑ $\bar{x}$와 같다. ⓒ $\sigma/\sqrt{n}$와 같다.

2 표본이 정규분포를 하는 모집단으로부터 추출될 때, 표본평균의 표본분포는 어떤 조건일 때 정규분포를 하는가?

ⓐ $n \geq 30$ ⓑ $n/N \leq 0.05$ ⓒ 언제나

3 표본이 정규분포를 하지 않은 모집단으로부터 추출될 때 표본평균의 표본분포는 어떤 조건일 때 정규분포를 하는가?

ⓐ $n \geq 30$ ⓑ $n/N \leq 0.05$ ⓒ 언제나

4 표본비율 $\hat{p}$의 표본분포의 평균은 항상 어떠한가?

ⓐ p ⓑ μ ⓒ $\hat{p}$

5 표본비율의 표본분포의 표준편차가 $\sqrt{pq/n}$ 이 되기 위한 조건은?

ⓐ $np > 5$와 $nq > 5$ ⓑ $n > 30$ ⓒ $n/N \leq 0.05$

6 표본비율 $\hat{p}$의 표본분포는 어떤 조건일 때 근사적으로 정규분포를 하는가?

ⓐ $np > 5$와 $nq > 5$ ⓑ $n > 30$ ⓒ $n/N \leq 0.05$

7 이화기계는 새로운 기계를 5대 구입했다. 이들의 가격들은 7, 8, 9, 2와 4(억원)이다.

ⓐ 이 기계들의 가격에 대한 평균과 표준편차를 계산하시오(5대의 기계들은 모집단이다.).

ⓑ 모집단(5대의 가격들)으로부터 표본의 크기를 2로 하여 비복원추출한 모든 가능한 표본들을 나열하시오.

ⓒ ⓑ에서 추출한 결과를 이용하여 표본평균의 표본분포를 유도하시오.

8 손님들의 패스트푸드(fast food) 식당에서 소비하는 시간은 평균이 25분이고 표준편차가 6분인 정규분포를 한다고 가정하자. 그런데 과거자료에 의하면 $\mu = 24$분이고 $\sigma = 6$분이다.

ⓐ 한 손님이 식당에서 25분 이상 소비할 비율을 구하시오.

ⓑ 임의로 선정한 36명의 손님들이 평균 25분 이상을 소비할 비율을 구하시오.

ⓒ 임의로 선정한 100명의 손님들이 평균 25분 이상을 소비할 비율을 구하시오.

9 어떤 공장에서 생산하는 철사의 평균인장강도는 500kg이고 표준편차는 20kg이다. 100,000개의 생산량 중에서 100개의 임의표본을 추출했을 때 표본평균이 모집단평균 500kg보다 4kg 이상 작을 값을 구하시오.

10 통조림 공장에서 소비하는 소고기 통조림의 무게가 평균 150g이고 분산이 250g이라면 10개의 통조림이 들어 있는 한 상자의 무게가 138g 이하일 값을 구하시오.

11 어느 호수에 서식하는 물고기의 수를 조사하기 위하여 100마리의 물고기를 잡아 표시를 한 후에 다시 호수로 놓아 주었다. 만약 이 호수에 1000마리의 물고기가 서식하고 있다면 얼마 후에 다시 100마리의 물고기를 잡았을 때 그 중에 표시가 된 물고기의 마리 수가 5마리 이하일 경우를 구하시오.

12 국방부에서는 외국의 한 무기제조회사로부터 패트리어트 미사일의 구입을 검토하고 있다. 이 무기의 구입목적은 적군의 주력 미사일인 대포동 미사일이 발사되었을 때 목표지점에 낙하하기 전에 공중에서 파괴하는 것이다. 제조회사측은 이 무기가 대포동 미사일을 추적하여 명중시킬 비율이 0.9라고 주장한다. 제조회사의 주장이 옳다고 한다면 발사된 50개의 대포동 미사일 중 5대 이상이 파괴되지 못할 경우를 구해 보시오.

8

측정변수들의 관계

1 상관계수

1) 상관계수의 개념

우리는 일반적으로 변수들간의 관계에 관심을 갖게 된다. 예를 들어 설명하기 위하여 다음과 같은 문장을 생각하여 보자. 즉,

◇ '지출은 수입과 관계가 있다.' ◇ '암은 담배 소비와 관련이 있다.'

이러한 말은 자주 접하는 것으로, 이것은 수입이 많을수록 지출이 많아지고 흡연량이 많을수록 암에 걸릴 가능성이 높아진다는 것을 의미한다. 위의 두 가지 경우 모두 하나의 요인이 많아질수록 다른 요인도 많아진다는 사실이다. 수학자들은 '더 많은', '더 적은'과 같은 모호한 말보다는 어떤 사실을 수량화하는 것을 더 선호하기 때문에 두 요인(변수)의 관련성 정도를 정확하게 표현하기 위하여 상관관계와 같은 수학적인 기법을 개발하였다. 상관관계를 표현하는, 즉 관련성 정도

를 나타내는 값을 상관계수(correlation coefficient)라고 부른다. 두 측정값이 완전한 연관성을 보이면, 즉 한 요인의 값이 커지면 다른 요인의 값도 커지고, 작아지면 다른 요인의 값도 작아질 때, 완전한 양의 상관관계를 보인다고 하고 이때의 상관계수는 +1이 된다. 반면에 두 변수 사이에 연관성이 전혀 없으면 상관관계가 없다고 하고 이때의 상관계수는 0이 된다.

대부분의 경우 두 변수간의 상관관계는 0과 1 사이의 값인 상관계수를 갖게 된다. 즉, 그들의 연관정도는 완전한 관련성을 보이기보다는 '약간', '상당히', 또는 '매우 많은' 관련성을 보일 것이다. 0과 1 사이의 수치로 중간단계를 표현할 수 있으며, 이것은 모호한 언어표현보다 더 쉽고 정확하다.

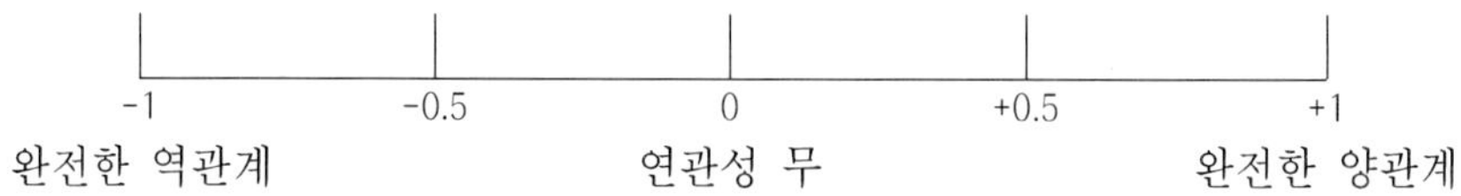

그림 8.1 • 상관계수의 상대적인 위치

아래의 그림은 상관계수의 부호와 크기를 그림으로 나타낸 것이다.

우측 상단으로부터 좌측 하단으로 길게 늘어진 그림 (a)의 형태인 경우는 양의 관련성을 나타내며 또한 두께가 얇을수록 완전한 양관계에 가까워지고 있음을 나타낸다. 두께가 두꺼워지면서 원의 형태에 가까워질수록 즉 그림 (c)와 그림 (d)의 형태로 바뀜에 따라 연관성이 없어짐이 나타나지며 그림 (e)의 경우는 좌측상단으로부터 우측하단까지 길게 늘어뜨려지며 두께가 얇아짐에 따라 완전한 역관계에 가까워지고 있으며 그림 (f)의 경우는 완전 역관계의 상태로 두께가 직선으로 표현되어진다.

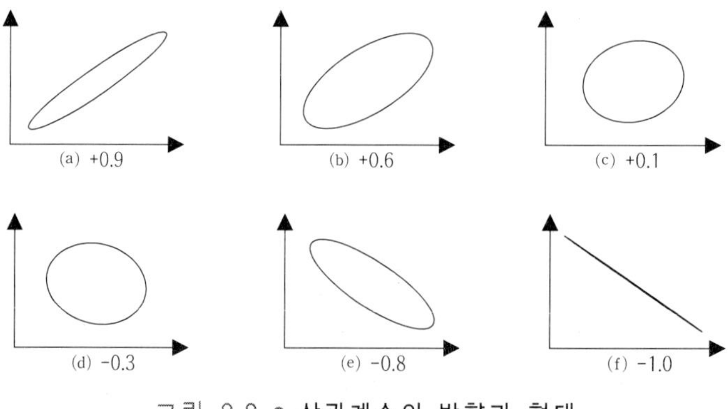

그림 8.2 • 상관계수의 방향과 형태

2) 상관계수의 계산

연관성은 여러 가지 방법으로 표현될 수 있는데 여기서는 그 중 하나인 상관계수에 대하여 알아보고자 한다. 이 때 두 변수는 이론적으로는 구간 또는 비율척도로 측정되어야 한다. 평균이나 표준편차와 마찬가지로 상관계수도 흔히 쓰이는 도구이며, 평균이나 표준편차처럼 자료를 요약하는데 사용된다.

모집단의 자료로부터 n개의 짝(x, y)이 추출되었다고 하자. 이들 자료로부터 표본평균($\overline{x}$와 $\overline{y}$)과 표본표준편차(s_x와 s_y)를 계산할 수 있다. 따라서 표본상관계수 r는 다음 식에 의해서 계산되어진다.

$$r = \frac{\sum_{i=1}^{n}(x_i - \overline{x})(y_i - \overline{y})}{\sqrt{\sum(x_i - \overline{x})^2}\sqrt{\sum(y_i - \overline{y})^2}}$$

$$\overline{x} = (\Sigma x)/n = 27/6 = 4.5$$

$$\overline{y} = (\Sigma y)/n = 78/6 = 13.0$$

x	y	$(x-\overline{x})$	$(y-\overline{y})$	$(x-\overline{x})(y-\overline{y})$
4	16	-0.5	+3.0	-1.5
7	12	+2.5	-1.0	-2.5
2	10	-2.5	-3.0	+7.5
5	8	+0.5	-5.0	-2.5
6	18	+1.5	+5.0	+7.5
3	14	-1.5	+1.0	-1.5
		0.0	0.0	7.0

$$r = \frac{\Sigma(x-\overline{x})(y-\overline{y})}{\sqrt{\Sigma(x_i-\overline{x})^2}\sqrt{\Sigma(y_i-\overline{y})^2}} = \frac{7.0}{\sqrt{17.5}\sqrt{70}} = \frac{7.0}{35.000} = 0.2$$

예제 8.1

보스톤(Boston)시의 공원 중의 한 곳에서는 여름기간 동안에 좀도둑이 빈번하게 발생되는 우범지역이 되어서 방범대원을 배치하는 문제가 제기되었다. 경찰서에서는 여름기간 중 90일 중에서 10일을 임의로 추출하여 다음과 같은 자료를 구했다. 각 날에 대해서 x는 공원에서 근무중인 방범대원의 수를 나타내고 y는 보고된 좀도둑의 건수이다.

x	10	15	16	1	4	6	18	12	14	7
y	5	2	1	9	7	8	1	5	3	6

(1) x와 y에 대한 산점도를 그리시오.

(2) 상관계수를 구하시오.

풀이...

(1) x와 y에 대한 산점도를 그리면 다음과 같다.

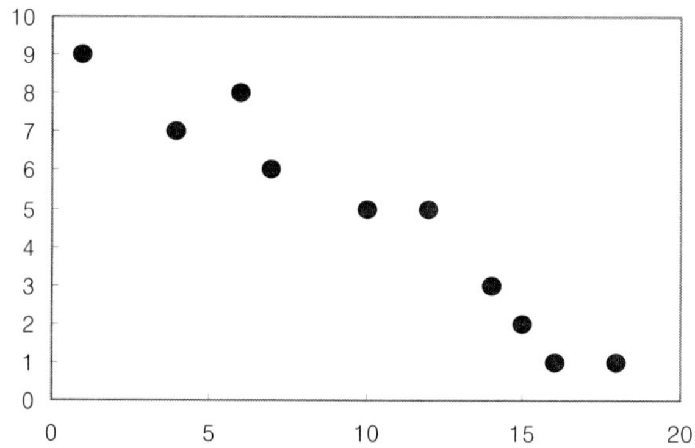

(2)

x	y	$(x-\overline{x})$	$(y-\overline{y})$	$(x-\overline{x})(y-\overline{y})$
10	5	-0.3	0.3	-0.09
15	2	4.7	-2.7	-12.69
16	1	5.7	-3.7	-21.09
1	9	-9.3	4.3	-39.99
4	7	-6.3	2.3	-14.49
6	8	-4.3	3.3	-14.19
18	1	7.7	-3.7	-28.49
12	5	1.7	0.3	0.51
14	3	3.7	-1.7	-6.29
7	6	-3.3	1.3	-4.29
				-141.10

$$\overline{x} = 10.3, \quad \overline{y} = 4.7$$

$$r = \frac{\Sigma(x-\overline{x})(y-\overline{y})}{\sqrt{\Sigma(x_i-\overline{x})^2}\sqrt{\Sigma(y_i-\overline{y})^2}} = -0.9691$$

※ R 프로그램을 이용한 예제 풀이

```
#scan함수로 data를 읽고 plot함수로 산점도를 그린다.
data <- matrix(scan(), ncol=2)
10 15 16 1 4 6 18 12 14 7
5 2 1 9 7 8 1 5 3 6

plot(data[,1], data[,2])

#cor함수를 통해 상관계수를 구한다.
round(cor(data[,1],data[,2]),4) (-0.9691)
```

예제 8.2 음의상관과 반비례

교육의 금전적인 가치에 관해서 생각해 보기로 하자. 우선 고등학교를 졸업한 사람이 중퇴한 사람보다 더 많은 수입을 올리며 또 대학에서의 수업연한이 1년씩 늘 때마다 수입도 조금씩 는다는 사실이 이미 증명되어 있다고 가정하기로 하자. 그러나 여기서 조심하여야 할 일은 학교에 오래 다니면 다닐수록 그 만큼 수입도 늘어난다는 일반적인 결론이다. 이 결론의 대학졸업 후의 수학연한에 관해서까지 성립한다고 증명되어 있는 것은 아니며, 또 사실 그 수학연한에 대해서는 적용조차 할 수 없는 것이다. 박사학위를 받는 사람들은 대부분이 대학교수가 되기 때문에 고액소득자 그룹에 포함되지는 않는다.

상관관계라 해서 모두 다 1대1의 이상적인 관계로 되어 있는 것은 아니며 오히려 이상적인 관계가 아닌 경우가 많다. 예컨대 키가 큰 소년의 체중은 평균적으로 키가 작은 소년보다 무겁다. 따라서 양의 상관관계를 갖는다. 그러나 키가 180㎝인 남자 중에는 키가 150㎝인 남자보다 체중이 가벼운 사람도 있는 법이다. 따라서 음의 상관관계라 하는 것은 어떤 변수가 증가하는 데 따라 다른 변수가 감소하는 경우를 말한다. 물리학에서는 이런 관계를 반비례 관계라고 부른다. 예컨대 전구에서 멀리 떨어지면 떨어질수록 책에 미치는 빛의 밝기는 줄어든다. 다시 말하면 거리가 멀어짐에 따라 빛의 세기는 감소한다. 물리적 상관관계 중에는 완전한 상관관계를 갖고 있는 것이 많다. 그러나 경영학이나 사회학 또는 의학에 관계되는 변수에 대해서는 예컨대 교육을 받으면 일반적으로 수입도 늘어나기는 하겠지만 그 중에는 파산하는 사람도 나올 수 있는 법이다.

유의해야 할 일은 실제로 어떤 상관관계가 성립하고 또 그것이 실제의 원인과 결과에 의해 뒷받침되어 있다 하더라도 어떤 행동을 결정하는 데 있어 거의 의미가 없는 경우도 있다는 점이다.

2 회귀직선

회귀분석(regression analysis)이란 사회나 자연현상의 규명이나 기타 모든 과학적인 연구행동에 있어서 관련된 변수들 간의 상호관련성을 규명할 수 있는 수학적 모형을 측정된 변수들의 자료로부터 추정하는 통계적 방법이며 일반적으로 이 추정된 모형을 사용하여 필요한 예측을 하거나 관심 있는 통계적 추론 등을 하게 된다. 회귀란 말은 영국의 우생학자 갈톤(F. Galton 1822~1911)이 인간의 신장에 대한 유전학적 연구에서 최초로 사용 발전시킨 것이다. 그런데 그의 연구에 관심을 가진 피어슨(K. Pearson 1857~1936)이 장성한 아들을 가진 1078명의 아버지와 그 아들들의 키를 조사한 결과 그 키의 측정값들이 모두 중심 집중적인 성향을 띠고 있다는 것을 발견했다. 그리고 아버지의 키를 독립변수 x로 지정하고 아들의 키를 종속변수 y로 지정하여 다음과 같은 1차 선형함수를 도출해 냈다.

$$y = 33.73 + 0.516x \text{ (단위는 인치)}$$

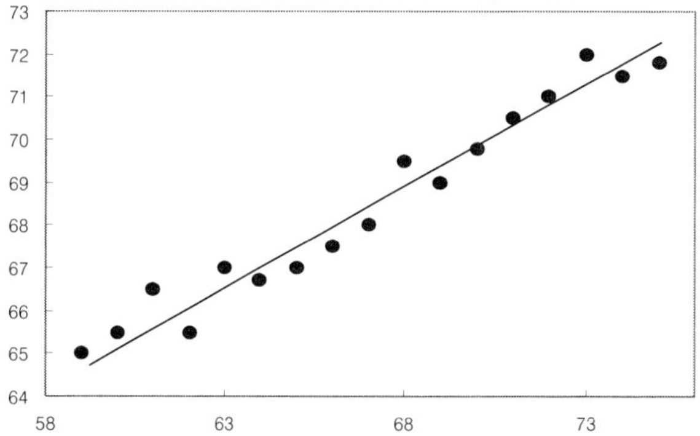

그림 8.3 • 아버지와 아들간의 신장에 대한 회귀직선

그림 8.3은 아버지의 각 신장별로 아들들의 신장을 표시하고 이들 간의 관계를 나타내는 직선을 표시한 것이다.

이 그림에서 보면 아버지의 신장이 60인치인 경우 아들들의 평균 신장은 약 65인치로서 아버지의 신장보다 크고, 이와 반대로 아버지의 신장이 74인치인 경우에는 아들들의 평균 신장이 약 72인치로서 아버지의 신장보다 작은 것을 보게 된다.

회귀직선은 독립변수 x가 변할 때 종속변수 y가 얼마나 변하는가를 나타내는 직선이다. 회귀직선은 주어진 x의 값에 대하여 y의 값을 예측하는데 자주 사용된다.

3 최소제곱 회귀직선

앞 절에서 설명한 아버지와 아들간의 신장에 대한 회귀직선과 같이 그림에 직선적 관계가 강하게 나타날 때 점들에 가까운 직선을 쉽게 그릴 수 있다.

x를 이용하여 y를 예측하기 때문에 점들이 직선에 수직방향(y축에 평행인 방향)으로 가까운 직선을 원한다. 따라서 수직 거리로 점들에게 가장 가까이 가는 직선의 방정식을 자료로부터 찾는 방법이 필요하다. "가능한 한 작은" 수직 거리가 되도록 하는 방법에는 여러 가지 가운데 가장 자주 사용하는 것은 최소 제곱법(least square method)이다. 즉, x에 대한 y의 최소제곱 회귀직선은 직선으로부터 자료의 점들의 수직 거리에 대한 제곱의 합을 가능한 작게 만드는 직선이다.

직선의 방정식에는 x는 독립변수, 그리고 y는 종속변수로 사용한다. 직선의 방정식은 다음과 같은 형태를 갖는다.

$$y = \alpha + \beta x + \epsilon_i$$

1) 기본가정과 선형회귀모형

만약 x, y의 산점도가 직선모양이면 x, y의 함수관계를 다음과 같이 나타낼 수 있다.

$$y = \alpha + \beta x$$

여기서 계수 α, β가 확정되면 x의 값이 주어짐에 따라 y의 값이 결정된다. 윗식은 독립변수 x가 주어지면 그에 따라 종속변수 y가 오차없이 확정적으로 결정되는 방정식이므로 이것을 결정적 모형이라고 한다. 그런데 y는 여러 가지 오차를 수반하는 확률변수이기 때문에 단순선형회귀모형은 다음식과 같이 오차항을 수반하는 확률적 모형으로 설정해야 한다.

$$y_i = \alpha + \beta x_i + \epsilon_i$$

이때 α, β는 미지의 회귀모수이며 표본자료로부터 α, β를 추정하게 된다. ϵ은 미지의 확률오차항이다. 회귀모형에 확률오차항 ϵ_i를 포함시키는 이유는 일반적으로 다음 세 가지로 요약할 수 있다.

첫째로 종속변수 y_i에 영향을 미치는 독립변수는 x_i 뿐만 아니라 다른 어떤 독립변수도 생각할 수 있다. 이와 같이 생략된 변수들의 영향이 확률오차항으로 나타난다.

둘째로 관찰에 의해 변수들을 측정할 때 실제로 오차없이 정확하게 측정하기란 매우 어렵다. 이와 같이 측정오차가 확률오차항으로 나타난다.

셋째로 두 변수 x, y간에 존재하는 진정한 함수형태는 선형관계가 아니고 비선형관계일 수도 있다. 이와 같이 비선형관계를 선형관계로 설명하는 데서 오차가 발생하는 것이다.

이러한 확률오차항 ϵ_i에 관해서는 다음과 같은 것이 가정되어 있다.

■ 가정 1 확률오차항 ϵ_i의 기대값은 0이다. 주어진 x에 대하여 가능한 모든 ϵ_i의 값은 평균이 0이다.

$$E(\epsilon_i) = 0, \quad i = 1, 2, \cdots, n$$

■ 가정 2 확률오차항 ϵ_i는 서로 독립이다.

$$Cov(\epsilon_i, \epsilon_j) = E(\epsilon_i \epsilon_j) - E(\epsilon_i)E(\epsilon_j) = 0 \, (i \neq j)$$

■ 가정 3 확률오차항 ϵ_i는 모든 x값에 대하여 동일한 분산 σ_ϵ^2을 갖는다. 즉,

$$Var(\epsilon_i) = \sigma_\epsilon^2$$

따라서 확률오차항 ϵ_i의 분포형태는 모든 x에 대해서 같다.

■ 가정 4 확률오차항 ϵ_i의 평균이 0, 분산이 σ_ϵ^2인 정규분포를 이룬다. 즉,

$$\epsilon_i \sim N(0, \sigma_\epsilon^2)$$

■ 가정 5 확률오차항 ϵ_i와 독립변수 x_i는 서로 독립이다. 즉,

$$Cov(\epsilon_i, x_i) = 0, \quad i = 1, 2, \cdots, n$$

2) 회귀직선의 추정

모집단 회귀모형이 설정되면 회귀계수 α, β의 값을 추정해야 한다. 그러나 모집단 회귀직선에서 α, β를 구할 수 없다. 따라서 두 변수 x, y의 표본 측정값으로부터 회귀계수 α, β를 추정해야 한다. α, β의 추정량을 각각 $\hat{\alpha}$, $\hat{\beta}$라 하면, y_i의 추정값 $\hat{y_i}$는

$$\hat{y_i} = \hat{\alpha} + \hat{\beta} x_i \quad (i = 1, 2, \cdots, n)$$

이다. 이 식을 추정된 회귀직선 또는 표본회귀직선이라고 한다. 그리고 또한 $\hat{\alpha}$, $\hat{\beta}$를 회귀계수라고 한다. 잔차(=실제값−추정값)들의 제곱의 합계

$$\sum e_i^2 = \sum (y_i - \hat{y_i})^2$$

을 최소로 하는 방법을 최소제곱법이라 한다.

$\hat{\alpha}$, $\hat{\beta}$는 다음과 같이 구해진다.

$$\hat{\beta} = \frac{n\Sigma x_i y_i - \Sigma x_i \Sigma y_i}{n\Sigma x_i^2 - (\Sigma x_i)^2} = \frac{\Sigma(x_i - \overline{x})(y_i - \overline{y})}{\Sigma(x_i - \overline{x})^2} = \frac{\Sigma x_i y_i - \dfrac{(\Sigma x_i)(\Sigma y_i)}{n}}{\Sigma x_i^2 - \dfrac{(\Sigma x_i)^2}{n}}$$

$$\hat{\alpha} = \frac{\Sigma x_i^2 \Sigma y_i - \Sigma x_i \Sigma x_i y_i}{n\Sigma x_i^2 - (\Sigma x_i)^2} = \overline{y} - \hat{\beta}\overline{x}$$

예제 8.3

표 8.1의 봉강의 길이(y_i)와 온도(x_i)의 자료를 이용하여 최소제곱법에 의하여 x에 대한 y의 회귀직선을 구하고 그것을 도시하여 의미를 설명하시오.

풀이...

표 8.1의 자료로부터

$$\sum y = 5{,}038, \quad \sum x = 100, \quad n = 5, \quad \sum xy = 100{,}885$$
$$\sum (y_i - \overline{y})(x_i - \overline{x}) = 125, \quad \sum (x_i - \overline{x})^2 = 250, \quad \sum x^2 = 2{,}250$$

이므로 $\hat{\beta}$와 $\hat{\alpha}$는 각각

$$\hat{\beta} = \frac{\Sigma(x_i - \overline{x})(y_i - \overline{y})}{\Sigma(x_i - \overline{x})^2} = \frac{125}{250} = 0.5$$

$$= \frac{SS_{xy}}{SS_{xx}} = \frac{\Sigma xy - \dfrac{\Sigma x \Sigma y}{n}}{\Sigma x^2 - \dfrac{(\Sigma x)^2}{n}} = \frac{100{,}885 - \dfrac{100 \times 5{,}038}{5}}{2{,}250 - \dfrac{(100)^2}{5}} = \frac{125}{250} = 0.5$$

$$\hat{\alpha} = \overline{y} - \hat{\beta}\overline{x}$$

$$= \frac{5{,}038}{5} - 0.5\frac{100}{5} = 997.6$$

이다. 따라서 추정회귀직선은 다음과 같다.

$$y = 997.6 + 0.5x$$

표 8.1 • $\hat{\alpha}$, $\hat{\beta}$의 계산

i	봉강의 길이 (y_i)	온도 (x_i)	$y_i-\overline{y}$	$x_i-\overline{x}$	$(x_i-\overline{x})^2$	$(y_i-\overline{y})\cdot(x_i-\overline{x})$	x^2	xy
1	1,002	10	-5.6	-10	100	56	100	10,020
2	1,006	15	-1.6	-5	25	8	225	15,090
3	1,009	20	1.4	0	0	0	400	20,180
4	1,007	25	-0.6	5	25	-3	625	25,175
5	1,014	30	6.4	10	100	64	900	30,420
합계	5,038	100	0	0	250	125	2250	100,885

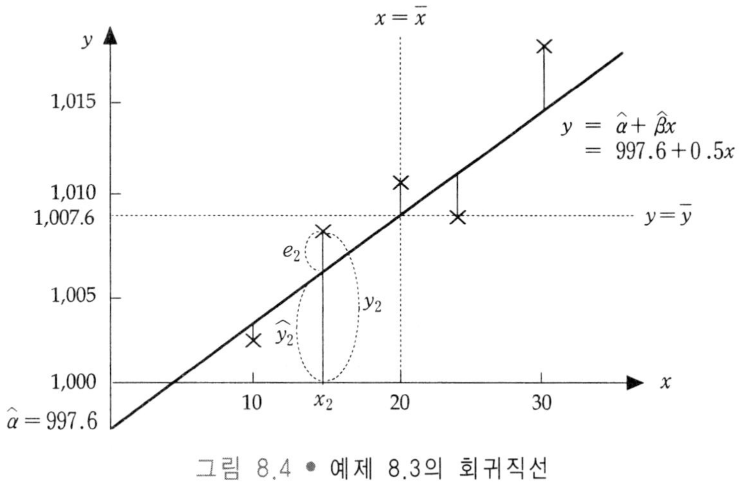

그림 8.4 • 예제 8.3의 회귀직선

그리고 추정회귀식을 x와 y의 산점도상에 그림으로 표시하면 그림 8.4와 같다. 추정회귀식을 나타낸 직선은 5개의 산포점(×표)의 사이를 통과하고 있다. 특히 회귀직선은 반드시 평균점 좌표($\overline{x}$, $\overline{y}$)를 통과한다.

말할 것도 없이 $x=x_i$에 있어서 회귀직선의 높이는 y의 이론값 y_i를 나타내고 있기 때문에 회귀의 잔차 e_i는 산포점에서 회귀선까지의 수직거리를 나타내고 있다. 플로트가 회귀직선보다 밑에 있으면 마이너스이고 위에 있으면 플러스이다. 그림 8.4에서는 $i=2$에 대한 y_2, $\hat{y}_2$, e_2의 관계를 표시하

고 있다.

※ R 프로그램을 이용한 예제 풀이

```
#x,y의 값을 읽고, lm()함수와 coef함수를 통해 회귀 직선식을 구한다
x=c(10, 15, 20, 25, 30)
y=c(1002, 1006, 1009, 1007, 1014)
reg=lm(y~x)
coef=reg$coefficients #계수값들.. y = 997.6 + 0.5*x #
coef(997.6, 0.5)

#회귀식 그리는 방식
plot(x,y)
abline(coef[1],coef[2])
```

예제 8.4

의학잡지를 출판하고 있는 한국출판사는 수요조사를 하기 위하여 12개 지역을 대상으로 조사한 결과 표 8.2의 자료를 구했다. 여기서

y = 각 지역의 1,000명당 예약 구독비율
x = 각 지역의 50세 이상의 인구비율

따라서 표 8.2의 자료를 이용하여 x에 대한 y의 회귀직선을 구하고 그림으로 나타내시오.

표 8.2 • 의학잡지의 수요조사

판매지역	y	x	판매지역	y	x
1	12	5.0%	7	22	20.1
2	11	2.1	8	10	4.4
3	12	5.4	9	12	2.2
4	14	10.2	10	23	24.9
5	18	14.8	11	40	30.2
6	13	7.5	12	36	28.0

풀이...

표 8.2의 자료에 대한 회귀계수 $\hat{\alpha}$, $\hat{\beta}$의 계산을 간단하게 하기 위하여 다음 표와 같이 정리한다.

판매지역	y	x	xy	x^2
1	12	5.0%	60.0	25.00
2	11	2.1	23.1	4.41
3	12	5.4	64.8	29.16
4	14	10.2	142.8	104.04
5	18	14.8	266.4	219.04
6	13	7.5	97.5	56.25
7	22	20.1	442.2	404.01
8	10	4.4	44.0	19.36
9	12	2.2	26.4	4.84
10	28	24.9	697.2	620.01
11	40	30.2	1208.0	912.04
12	36	28.0	1008.0	784.00
계	228	154.8	4080.4	3182.2

$$SS_{xy} = \sum xy - \frac{(\sum x)(\sum y)}{n} = 4080.4 - \frac{(154.8)(228)}{12} = 1139.2$$

$$SS_{xx} = \sum x^2 - \frac{(\sum x)^2}{n} = 3182.2 - \frac{(154.8)}{12} = 1185.28$$

따라서 회귀계수의 추정값은

$$\hat{\beta} = \frac{SS_{xy}}{SS_{xx}} = \frac{1139.2}{1185.28} = 0.96112$$

$$\hat{\alpha} = \overline{y} - b\overline{x} = \frac{228}{12} - 0.96112 \times \frac{154.8}{12} = 6.601$$

이다. 추정된 회귀선은 다음과 같다.

$$y = 6.601 + 0.961x$$

그리고 표 8.2의 자료와 추정된 회귀선을 나타내면 다음 그림과 같다.

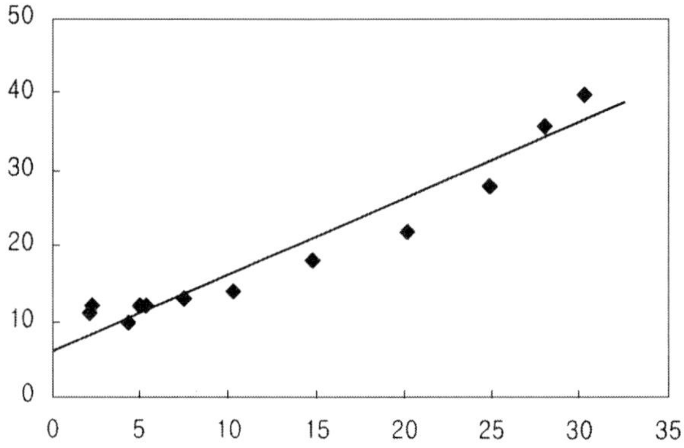

※ R 프로그램을 이용한 예제 풀이

```
# x,y의 값을 읽어주고 lm()함수와 reg함수를 이용하여 회귀식을 구한다.
x=c(5.0, 2.1, 5.4, 10.2, 14.8, 7.5, 20.1, 4.4, 2.2, 24.9, 30.2, 28.0)
y=c(12, 11, 12, 14, 18, 13, 22, 10, 12, 28, 40, 36)
reg=lm(y~x)
coef=reg$coefficients
coef (6.601, 0.961)

#회귀직선을 그리는 방식
plot(x, y)
abline(coef[1], coef[2])
```

4 상관계수와 회귀직선의 결정계수

상관계수는 두 변수간 직선적 관계의 방향과 관련성의 강도를 측정한다. 회귀직선은 관계를 나타내기 위해서 직선을 그리는 것이다. 비록 회귀직선은 독립변수의 선택을 요구하고, 상관계수는 그렇지 않지만 상관계수와 회귀직선은 밀접하게 관련되어 있다.

회귀직선이 예측하는데 얼마나 유용한지는 관련성의 강도에 달려있다. 즉 회귀직선의 유용성은 변수들에 대한 상관계수에 달려 있다.

결정계수란 회귀직선이 실제 측정값에 어느 정도 적합하게 추정되었는지의 관련성의 정도를 의미한다.

따라서 y의 총변동은 회귀직선에 의해 설명되는 변동과 설명되지 않는 변동으로 나뉘어진다. 즉,

$$\text{총변동 } SST = \text{회귀변동 } SSR + \text{오차변동 } SSE$$

여기서 설명되는 변동이 총변동 중에서 차지하고 있는 비율

$$R^2 = \frac{SSR}{SST} = \frac{\Sigma(\hat{y}_i - \overline{y})^2}{\Sigma(y_i - \overline{y})^2}$$

을 회귀직선의 결정계수라고 한다.

회귀직선의 결정계수 R^2를 다시 정리하면

$$R^2 = \frac{\left[\Sigma(x_i - \overline{x})(y_i - \overline{y})\right]^2}{\Sigma(x_i - \overline{x})^2 \Sigma(y_i - \overline{y})^2}$$

으로 된다. 여기에 제곱근을 취해주면 상관계수가 된다.

$$r = \frac{\Sigma(x_i - \overline{x})(y_i - \overline{y})}{\sqrt{\Sigma(x_i - \overline{x})^2 \Sigma(y_i - \overline{y})^2}}$$

이 결정계수 R^2은 y의 총변동 중에서 추정된 회귀직선에 의해 설명되는 부분이 어느 정도인가를 나타낸다. 따라서 결정계수 R^2은 추정된 회귀직선이 표본측정값에 얼마나 적합한가를 나타내 주는 것이다.

$R^2 = 1$이면 회귀선으로 y의 총변동이 완전히 설명된다는 것을 의미한다. 따라서 이때에는 모든 측정값이 회귀직선상에 있게 된다. 이에 대하여 $R^2 = 0$이면 회귀선으로 x와 y의 관계를 전혀 설명하지 못한다는 것을 나타낸다. 따라서 R^2은 $0 \le R^2 \le 1$의 범위값을 가지며 R^2이 1에 가까울수록 회귀선은 그 적합도가 높고 그만큼 추정이 잘되었다는 것을 뜻한다.

예제 8.5

다음 자료는 농촌지역의 7가구에 대한 월소득과 음식료품 지출비용을 조사한 것이다. 이 자료를 이용하여 선형회귀직선을 추정하고 이 회귀직선에 대한 결정계수를 구하시오. 월소득과 음식료품 지출 비용의 단위는 10만원이다.

월소득 x	음식료품 지출 y	xy	y^2	x^2
35	9	315	81	1,225
49	15	735	225	2,401
21	7	147	49	441
39	11	429	121	1,521
15	5	75	25	225
28	8	224	64	784
25	9	225	81	625
$\sum x$=212	$\sum y$=64	$\sum xy$=2,150	$\sum y^2$=646	$\sum x^2$=7,222

풀이...

우선 회귀직선을 추정하기 위하여 $\hat{\alpha}$와 $\hat{\beta}$를 구하면

$$\hat{\beta} = \frac{SS_{xy}}{SS_{xx}} = \frac{\sum xy - \dfrac{\sum x \sum y}{n}}{\sum x^2 - \dfrac{(\sum x)^2}{n}} = \frac{2,150 - \dfrac{212 \times 64}{7}}{7,222 - \dfrac{(212)^2}{7}} = \frac{211.7}{802} = 0.264$$

$$\hat{\alpha} = \bar{y} - \hat{\beta}\bar{x} = \frac{\sum y}{n} - \hat{\beta}\frac{\sum x}{n} = \frac{64}{7} - 0.264\frac{212}{7} = 1.1414$$

이다. 따라서 추정된 회귀선은

$$\hat{y} = 1.1414 + 0.264x$$

이다. 그리고 결정계수를 계산하기 위하여 각 변수의 값을 구하면

$$SS_{yy} = \sum y^2 - \frac{(\sum y)^2}{n} = 646 - \frac{(64)^2}{7} = 60.8$$

$$SS_{xx} = 802$$

이다. 따라서 결정계수는

$$R^2 = \frac{211.7}{\sqrt{60.8}\,\sqrt{802}} = 0.959$$

이다.

※ R 프로그램을 이용한 예제 풀이

```
# 회귀 직선의 계수 값을 구해준다.
x=c(35,49,21,39,15,28,25)
y=c(9,15,7,11,5,8,9)
mod=lm(y~x)
summary(mod)

# 결정계수 값을 구해준다.
sst=sum(y^2)
ssr=sum(fitted(mod)^2)
sse=sum(resid(mod)^2)
ur2=ssr/sst
ur2 (0.992371)
```

예제 8.6

미국 공화당의 Reagan은 1980년과 1984년 두 번에 걸쳐 대통령에 당선되었다. 그림 8.5는 1980년과 1984년에 Reagan의 경쟁자인 민주당의 Carter에 대한 투표율을 나타내고 있다. 이 그림은 양의 직선적 관계를 보여준다. 이와 같은 관계를 기대할 수 있는 것은 어떤 주는 민주당에 투표했고 나머지는 공화당에 투표했기 때문이다. 이상점인 Carter의 고향 조지아주(GA)는 1980년에는 56%가 민주당의 Cater에게 투표했지만 1984년에는 단지 40%만이 그에게 투표하였다.

1980년 투표율로부터 1984년 주들의 투표율을 예측하는데 그림 8.5에 있는 회귀선을 이용할 수 있다. 이 그림에 관측값에 대한 직선적 관계의 강도를 나타내는 상관계수 값은 $r = 0.704$이다.

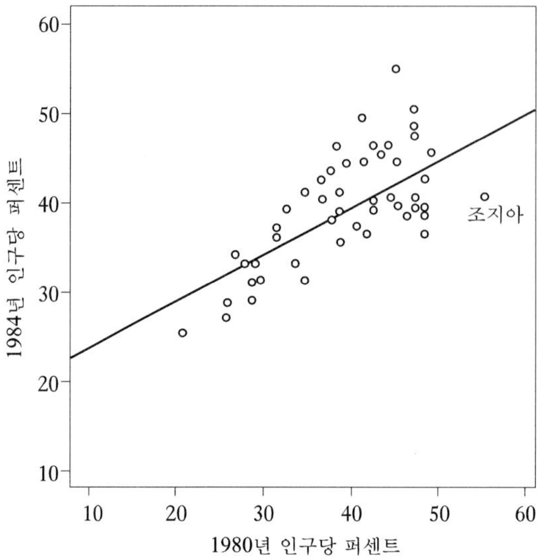

그림 8.5 • 약한 직선적 형태. 이 자료는 두 번의 Reagan대통령 선거에서 민주당에 투표한 각 주들의 투표율에 대한 것이다.

5 관련성과 인과관계

흡연과 폐암으로 인한 사망률 사이엔 관련성이 있다고 알려져 있다. "비흡연자에 비해 흡연하는 남성은 폐암에 걸릴 확률이 23배이며, 흡연 여성의 경우 13배이다. 폐암으로 사망하는 남성의 90%가 흡연 때문이며, 여성의 경우 80%이다."[1] 그렇다면 이러한 사실로부터 흡연이 폐암의 원인이 된다고 말할 수 있을까? 즉, 한 변수의 변동(폐암)이 다른 변수(흡연)의 변동에 기인함으로써 관련성이 나타났는가 하는 것이다. 측정된 관련성이 인과관계에 기인하는 경우도 있고 그렇지 않는 경우도 있다.

그림 8.6에 흡연과 폐암 사망률과의 관련관계를 나타내는 산점도와 회귀직선이 나타나있다. 이 자료는 영국에서 25개 직업군(농사, 광업, …, 행정업무, 전문직업)에서 일하는 사람들에 대한 평균적인 값으로서, 흡연정도는 흡연하는 전체 인구의 흡연정도를 100으로 놓을 때 해당 직업군에 속한 사람의 흡연정도를 나타내고 있으며, 사망

1) 자료: http://quitsmoking.about.com/od/tobaccostatistics/a/cancesrstats.htm

률은 전체 사망자 중 폐암으로 사망한 사람의 비율을 100으로 하였을 때, 각 그룹에서 폐암으로 사망한 사람의 비율이다. 이 도표를 보면 흡연정도와 사망률은 매우 깊은 관계에 있는 것을 알 수 있다. 회귀직선과 R^2는 다음과 같다.2)

$$\text{폐암 사망률} = -2.9+1.0\times\text{흡연정도},\ R^2=51\%$$

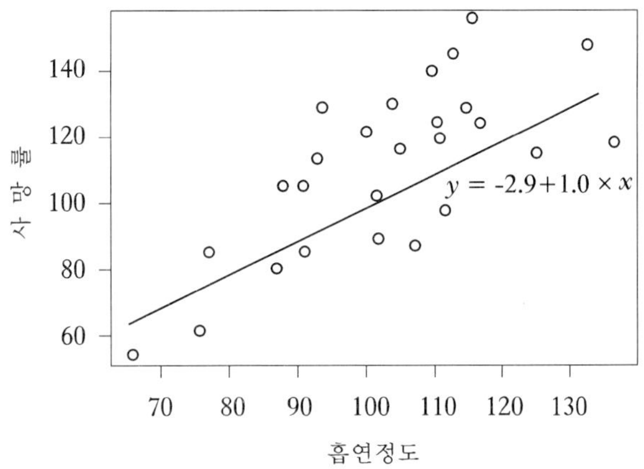

그림 8.6 ● 흡연율과 폐암 사망률의 관계

그러나 흡연과 폐암의 사망률에 상관관계가 있다고 하여, 흡연이 폐암을 유발한다고 할 수 있는가? 흡연이 폐암의 원인이 된다는 것은 단순히 이런 상관관계만으로 입증한 것은 아니다. 두 변수간의 연관성이 있다고 하여 하나의 변수가 다른 변수의 원인이 된다고 할 수 없다. 흡연이 폐암을 발생시키는 주범이라는 사실에 대해서는 이러한 단순한 연관관계 이상의 연구가 이를 뒷받침하였다. 이러한 연관성은 인과관계, 공통반응(共通反應: common response) 또는 교락(交絡: confounding)에 기인한다. 담배제조회사에서는 흡연과 폐암의 관련성은 공통반응의 한 예라고 주장한다. 아마도 그들의 주장대로 니코틴 중독이 되고 폐암에 걸리는데 유전적인 요인이 작용하는지도 모르겠다. 따라서 흡연이 건강에 직접적인 영향을 미치지는 않더라도 흡연과 폐암은 양의 연관성을 보이는 것이다.3)

어떻게 하면 이러한 인과관계를 간파할 수 있을까? 이에 관하여 몇 가지 도움말을

2) 남궁평 외 2인, 통계적 사고, 박영사, pp.243-244.
3) 김동희 외 3인, 통계학, 자유아카데미, pp.187-188.

하고자 한다. 첫째, 인과관계는 단순하지가 않다. A가 B의 원인이 되는 경우는 거의 없다. 흡연은 기껏해야 폐암을 더욱 유발시키는 하나의 원인일 뿐이다. 석면 침착증과 오염된 공기를 호흡하는 것도 원인이 될 수 있다. 둘째, 정확히 실험을 계획하는 것이 인과관계를 밝히는 좋은 방법이다. 여러분들도 흡연이 폐암의 원인이 되는가를 알아보기 위한 실험을 계획할 수 있다. 그러나 그러한 실험은 도덕적으로나 현실적으로 불가능하다. 이러한 경우에 원인에 대한 확신이 있더라도 실험을 통해 얻는 강력한 통계적 확신에는 미치지 못한다. 셋째로, 실험을 할 수 없는 경우, 연관성이 인과관계에 기인한다는 결론을 내리려면 통계학에서 얘기할 수 없는 증거와 판단이 필요하다. 다음과 같은 경우에는 변수 A와 B의 변화의 원인이 된다고 주장할 수 있다.

표 8.3 • 영국에서 각 직업군별로 흡연정도와 폐암 사망률을 조사한 자료

직업군	흡연정도	폐암 사망률
농림어업종사자	77	84
광업종사자	137	116
가스제조업종사자	117	123
유리산업종사자	94	128
철강산업종사자	116	155
전기전자관련종사자	102	101
기계관련종사자	111	118
산림종사자	93	113
피혁종사자	88	104
섬유종사자	102	88
의복종사자	91	104
음식료, 술, 담배종사자	104	129
종이, 인쇄종사자	107	86
기타 제조업종사자	112	96
건설종사자	113	144
페인트종사자	110	139
운전관련종사자	125	113
단순종사자	133	146
운수관련종사자	115	128
창고보관종사자	105	115
비서관련종사자	87	79
영업종사자	91	85
서비스관련종사자	100	120
행정관련종사자	76	60
전문기술관련종사자	66	51

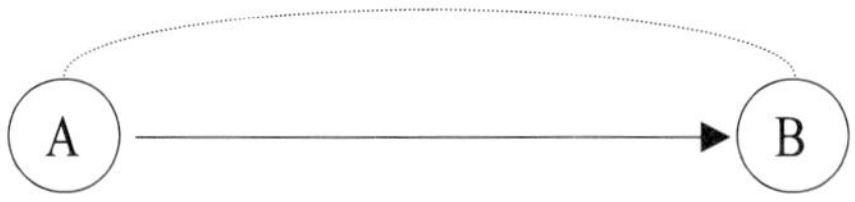

인과관계: A의 변화로 인하여 B의 변화가 생김.

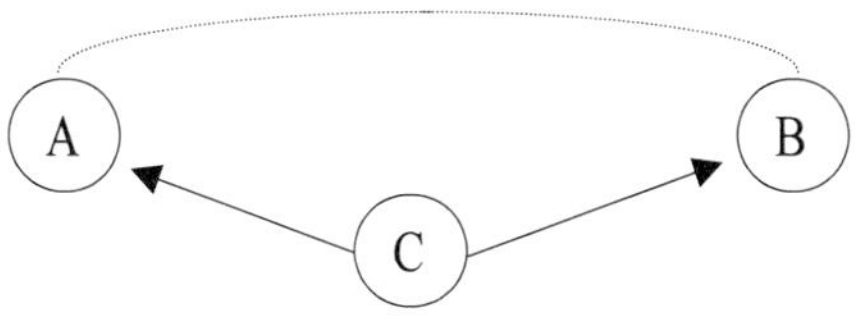

공통반응: A와 B의 변화는 세 번째 변수 C의 변화에 기인함.

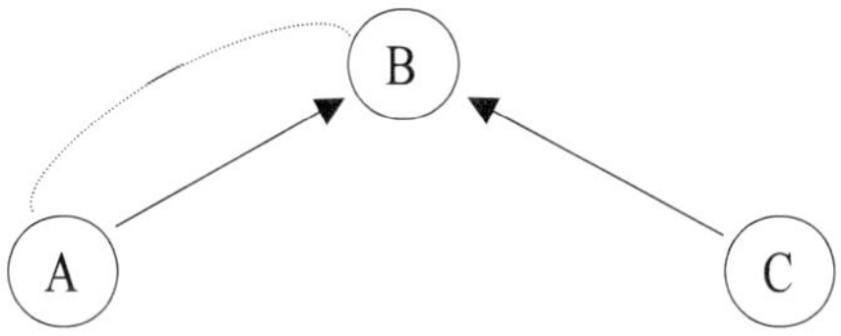

교락: B의 변화는 A의 변화와 세 번째 변수 C의 변화에 기인함.

그림 8.7 • 연관성의 원인. 점선은 두 변수간에 연관성이 있음을 나타낸다. 이러한 연관성은 화살표가 나타내는 여러 형태의 관계로부터 기인한다.

- A와 B의 연관성이 다른 상황에서도 일어난다. 따라서 이 연관성이 교락에 의하여 발생했을 가능성이 줄어들게 된다.
- A가 B의 변화에 대한 원인이 될 수 있음을 합리적으로 설명할 수 있다.
- A와 B 모두에게 영향을 미치는 제 3의 요인이 존재하지 않는다.

흡연이 폐암의 원인이 된다는 결론은 이와 같은 기준에서 얻어지는 것이다. 이 두 변수간의 강한 연관성은 오랜 시간에 걸쳐서 많은 지방에서 많은 사람들의 연구결과에서 나타났다. 폐암으로 인한 사망의 위험성은 흡연량과 흡연을 시작한 연령과 관계가 있다. 폐암으로 인한 사망자수는 지난 30여년간 흡연인구가 증가하는 것과 더불어 증가하였다. 폐암은 다른 암보다도 치사율이 높다. 여성의 흡연인구가 늘어남에 따라 여성의 폐암도 계속 증가하고 있으며, 폐암은 여성의 사망원인 가운데 으뜸인 유방암을 곧 추월하게 될 것이다. 따라서 흡연과 폐암의 연관성은 교락이나 데이터 수집과 정의 오류에 기인하지 않았음을 인식할 수 있다. 둘째로 충분한 양의 타르를 쥐와 토끼에 주입했을 때 피부에 종양을 일으킨다는 사실이 실험에 의해 밝혀졌는데, 담배는 타르를 포함하고 있다. 따라서 수년에 걸쳐 조금씩 흡입한 타르도 폐에 종양을 일으키는 원인이 될 수 있다. 그리고 제 3의 요인으로 유전적 형질을 내세우는 것은 가설일 뿐이다. 이 가설로는 남녀의 폐암 증가의 서로 다른 양상이나 금연을 함으로써 암의 위험성을 줄일 수 있는 사실을 설명할 수는 없다. 한때 흡연을 하다가 10여년동안 금연을 한 사람들은 전혀 담배를 피우지 않은 사람에 비해서 폐암의 위험성이 결코 높지 않다. 흡연이 폐암의 원인이 된다는 것은 비록 실험을 통하여 확인되지는 않았지만 그 정도로 확실한 결과라고 할 수 있다.

연습문제 8

1 상관계수의 값은 항상 어떤 범위를 갖는가?

ⓐ 0에서 1까지　　ⓑ -1에서 1까지　　ⓒ -1에서 0까지

2 표본상관계수가 0.5라면 이것은 무엇을 의미하는가?

ⓐ 종속변수의 어떠한 변동도 회귀에 의하여 설명되지 않는다.
ⓑ 종속변수의 변동의 25%가 회귀에 의하여 설명된다.
ⓒ 종속변수의 변동의 50%가 회귀에 의하여 설명된다.
ⓓ 종속변수의 변동의 75%가 회귀에 의하여 설명된다.

3 R^2의 값은 항상 어떤 범위를 갖는가?

ⓐ 0에서 1까지　　ⓑ -1에서 1까지　　ⓒ -1에서 0까지

4 다음 용어를 간단히 설명하시오.

ⓐ 회귀　ⓑ 상관관계　ⓒ 산점도　ⓓ 회귀방정식　ⓔ 회귀계수
ⓕ 결정계수　ⓖ 상관계수　ⓗ 최소제곱법　ⓘ 가변수

5 다음의 자료에 대하여

I.

x	4	4	-4	-4
y	-4	4	4	-4

II.

x	4	3	0	-3	-4
y	-4	-2	0	2	4

III.

x	4	1	2	2	-4
y	4	-2	2	-4	

ⓐ 산점도를 그리시오.
ⓑ 각 변수 x, y의 평균, 분산, 표준편차를 구하시오.
ⓒ 상관계수 r과 결정계수 r^2를 구하시오.
ⓓ r의 값을 비교해 보고 산점도의 점들이 직선에 얼마나 근접해 있는지 조사해 보시오.

6 다음 데이터의 산점도를 그리시오.

x	-5	-3	0	3	5
y	0	4	5	4	0

상관계수가 0임을 보이시오(r의 분자가 0임을 보이면 된다. 표준편차를 구할 필요는 없다.) 산점도는 x와 y의 관계를 강하게 나타내고 있는데 어떻게 해서 0이 되었는지를 설명하시오.

7 "$r = 0.7$은 표본에 있는 데이터의 70% 가량의 y는 x로부터 예측할 수 있다는 것을 뜻한다." 이 말은 사실인가, 거짓인가? $r^2 = 0.7$이라면 사실인가? 이를 설명해 보시오.

8 다음 표는 각각 12명의 아버지와 그 첫 아들의 키를 측정해 본 결과를 나타낸 것이다.

아버지(x)	65	63	67	64	68	62	70	66	68	67	69	71
아들(y)	68	66	68	65	69	66	68	65	71	67	68	70

ⓐ 산점도를 그리시오.
ⓑ x에 대한 y의 최소제곱회귀직선을 구하시오.
ⓒ y에 대한 x의 최소제곱회귀직선을 구하시오.

9 다음 표는 12명의 여자의 나이 x와 혈압 y를 나타낸 것이다.

나이(x)	56	42	72	36	63	47	55	49	38	42	68	60
혈압(y)	147	125	160	118	179	128	150	145	115	140	152	155

ⓐ x와 y 사이의 상관계수를 구하시오.
ⓑ x에 대한 y의 최소제곱회귀직선을 구하시오.
ⓒ 나이가 45세인 여자의 혈압을 추정하시오.

10 다음은 지난 6년 동안에 걸쳐 우리나라에 있는 모든 기업에 대한 수익액과 이윤을 조사한 자료이다.

연도	1992	1993	1994	1995	1996	1997
수익(x)	16	20	30	39	28	42
이윤(y)	31	36	48	59	49	64

ⓐ x에 대한 y의 최소제곱회귀직선을 구하시오.

ⓑ 결정계수 r^2과 회귀선에 대한 표준오차를 구하시오.

ⓒ 위의 설문에 대한 계산결과가 무엇을 뜻하는가를 기술하시오.

11 미인 콘테스트에서 10명의 후보자에 대한 2명의 심사원의 평점이 다음과 같았을 때 상관계수를 구하시오.

심사원	1	2	3	4	5	6	7	8	9	10
갑	89	86	84	83	80	74	68	59	50	38
을	85	82	90	76	67	84	50	80	39	61

12 어느 대학의 학생들을 대상으로 한 조사에서 주당 평균학습시간과 평균학점이 다음과 같았다.

학습시간(X)	평균학점(Y)
16	4.0
15	3.8
14	3.5
12	3.0
10	2.8
8	2.2
6	1.5
4	1.0
2	0.5
0	0.2

ⓐ 표본상관계수를 구하시오.

ⓑ 학습시간과 평균학점 사이에 어떤 관계가 있는지 설명하시오.

13 어떤 경제학자는 커피 값과 설탕 값 사이에 명확한 관계가 있다고 주장한다. "사람들은 커피를 살 때 그들은 설탕도 살 것이다. 그리고 수요가 클수록 가격이 높다는 것은 당연하지 않은가?" 이 이론을 검정하기 위하여 자료를 수집하였다. 최소제곱추정량을 구하라. 커피 값이 2.05일 때 설탕 값을 예측하시오.

커피값(x)	0.68	1.12	1.92	1.18	1.55	1.87	1.56
설탕값(y)	0.245	0.126	0.092	0.086	0.101	0.223	0.212

14 다음 자료는 7명의 세일즈맨들에 의하여 지난 3개월 동안 판매한 컴퓨터 대수와 경력(년)을 나타낸 것이다.

경력	4	12	9	6	10	16	7
컴퓨터 판매대수	19	42	28	31	39	35	21

ⓐ 컴퓨터 판매대수는 경험에 의존한다고 볼 수 있겠는가?
ⓑ 독립변수로 경험을, 그리고 종속변수로 컴퓨터 판매대수로 하여 회귀분석을 할 때 회귀모형의 β의 부호는 무엇으로 기대되는가?
ⓒ 산점도를 그리시오. 이 산점도는 두 변수간의 선형관계를 보이는가?
ⓓ 최소제곱회귀선을 구하시오.
ⓔ y의 절편과 기울기의 값을 설명하시오.
ⓕ r과 r^2을 계산하고 이들이 의미하는 바를 설명하시오.
ⓖ 11년의 경력을 가진 세일즈맨에 의하여 지난 3개월 동안 판매된 컴퓨터 대수를 예측하시오.

9

불확실성하의 추정

1 추정의 개념

모집단분포의 모수를 알아내려는 것은 통계적 추측이론에서 앞으로 설명하게 될 가설검정과 더불어 중요한 과제 중의 하나이다. 그러나 미래에 관한 것이나 미지의 일을 예측하는 것은 일상생활에서의 경험이나 현재의 상황을 토대로 하여 이루어질 수 있는 것이다. 이렇게 통계학에서는 실험을 통하거나 모집단으로부터 추출한 표본으로 실제로 관찰하지 않은 부분을 포함한 전체에 대하여 서술하게 된다. 왜냐하면 현실적으로 모집단 전체에 대한 실험은 비용이라든지 시간 또는 기타 여러 가지 제약 때문에 가능한 일이 아니기 때문이다. 따라서 표본을 추출하여 그 추정량을 통하여 모집단에 대한 추측을 하고 의사결정을 하게 된다.

예를 들어 어느 진공관 제조업자가 그의 생산제품에 대한 평균수명을 알고자 할 때 분포대상이 되는 모집단(무한모집단)의 원소(즉, 한개 한개의 진공관)를 전부 실험해 본다는 것은 현실적으로 불가능한 일이며 불필요한 일이다. 따라서 그 제조업자는 그 모집단으로부터 소정의 표본을 추출하여 그들의 평균수명을 측정함으로써 모집단의 특성을 추측할 수 있을 것이다. 즉, 표본의 특성을 조사해서 모집단의 특성을 추정한다고 하는 문제가 빈번하게 발생된다. 이러한 문제를 추정(estimation)의 문제라 한다.

그런데 위에 설명한 예에서 표본의 크기 100개의 진공관을 무작위로 추출해서 그 수명을 조사한 결과 수명의 표본평균이 2,516시간이었다고 하자. 이 때 우리는 이 공장에서 생산된 진공관의 수명을 평균 2,516시간이라고 해도 좋을 것인가? 전체의 평균은 실제로 2,516시간이 아닐지도 모른다.

그러나 우리는 모집단의 평균값을 모르고 있으므로 모집단 평균값을 하나의 추정값으로 해서 2,516시간이라고 하는 값을 사용해도 무방할 것이다.

따라서 모집단에서 표본을 추출하여 표본의 통계량을 계산하고 이것을 기초로 하여 모집단의 특성을 알아내야 한다. 이와 같이 표본에서 구한 통계량을 이용하여 모집단의 평균, 분산 및 표준편차 등의 모수를 파악하는 것을 모수의 추정이라 한다. 모수의 추정은 일반적으로 표본으로부터 정의되는 함수를 통해 이루어지므로 표본이 달라지면 추정된 결과도 달라지게 된다. 즉 추정에 사용되는 통계량은 하나의 확률변수이다.

추정과정에 혼동을 일으키는 개념이 추정량(estimator)과 추정값(estimate)이다. 추정량이란 모수를 추정하기 위하여 사용된 표본통계량을 의미한다. 진공관의 평균수명이 2,516시간이라 할 때 평균수명인 $\overline{X}$(표본평균)는 모평균 μ의 추정량이 되며 2,516시간은 추정값이 된다. 즉, 추정값이란 우리가 어떤 추정량의 특수한 수 값을 구체적으로 나타내야 할 때 그 값을 말한다.

그리고 추정의 종류는 점추정(point estimation)과 구간추정(interval estimation) 두 가지가 있다. 점추정은 모수를 단 하나의 값으로 추정하는 것을 말한다. 예를 들어 위에서 설명한 진공관의 평균수명이 2,516시간일 것이라고 추정하였다면 이 2,516시간은 점추정값이 된다. 여기에 대해 추정값의 주위에 일정의 구간을 설정해서 그 구간 중에 모수가 포함되어 있으리라고 기대하는 구간을 구간추정이라 한다. 즉, 진공관의 수명이 2,486시간에서 2,546시간 사이에 있다라고 추정하는 것을 말한다. 이제 이 방법들에 대해 고찰해보기로 한다.

2 점추정

모집단의 모수를 특정한 한 개의 값으로 추정하는 점추정에 대하여 살펴보기로 하자. 모평균 μ의 점추정값으로 해서 표본평균 $\overline{x}$를 이용한 표본평균은

$$\overline{x} = \frac{1}{n}(x_1 + x_2 + \cdots + x_n)$$

이기 때문에 $\overline{x}$는 표본을 구성한 n개의 원소 $x_1,\ x_2,\ \cdots,\ x_n$의 하나의 함수이다. 이들 원소 $x_1,\ x_2,\ \cdots,\ x_n$을 n개의 확률변수라 한다면 $\overline{x}$는 n개의 확률변수의 함수이기 때문에 역시 하나의 확률변수이고, 특정의 확률분포를 갖게 된다. 이처럼 표본원소의 함수를 통계량(statistic)이라 한다. 단, 이 경우에 모평균 μ를 추정한다고 하기 때문에 이 확률변수 $\overline{x}$는 대체로 μ를 중심으로 해서 확률적으로 변동하는 것이 기대된다. 이처럼 특정의 모수를 추정하기 위하여 만들어진 통계량을 그 모수의 추정량(estimator)이라 한다. 추정값(estimate)은 추정량의 하나의 측정값이다.

위에서 설명한 예에서 진공관의 수명을 평균 2,516시간이라고 할 때 $\overline{x} = 2{,}516$이다. 여기서 표본평균 $\overline{x}$는 모평균 μ의 점추정량이고 추출된 단순확률표본에 의해 구체적으로 얻어진 2,516시간은 μ의 점추정값이다. 점추정을 할 경우에는 주어진 1개의 표본($x_1,\ x_2,\ \cdots,\ x_n$)에 의하여 단 1개의 추정값을 이용하는 것이지만 그 추정값은 추정하려고 하는 모수의 값에 가능한 한 가까운 것이 바람직하다는 것은 당연하다. 예를 들면 모평균 μ에 대한 점추정량으로 다음과 같이 여러 형태의 점추정량들을 생각할 수 있다. 첫째는 표본평균 $\overline{x}$이고, 둘째는 절사평균[1)](trimmed mean)이다. 셋째는 표본중앙값(median)이다.

1) 절사평균(trimmed mean)은 산술평균의 이상값에 대한 예민성을 감소시키기 위한 모수의 한 추정량이다. $0 \leq \alpha \leq 0.5$일 때 관측값의 양쪽에서 일정비율 α의 극단값(바깥쪽의 관측값)을 버리고 나머지의 평균으로 정의된다. $\alpha = 0$일 때의 절사평균 $\overline{X_\alpha}$는 산술평균과 같으며 α가 0.5에 수렴하면 $\overline{X_\alpha}$는 중앙값에 수렴한다.

1) 모평균의 점추정

표본평균 $\overline{x}$는 모평균 μ의 최량추정량이다. 표본평균은 불편성, 일치성과 유효성의 성질을 갖고 있으며 또한 표본크기가 충분히 큰 경우에는 표본평균의 표본분포는 정규분포에 근사하게 된다.

예를 들어 설명하기 위하여 모평균 μ를 추정하는 문제를 생각하기로 하자. μ의 점추정량으로 표본평균 $\overline{x}$을 선택하는 데는 불편성의 성질($E(\overline{x}) = \mu_{\overline{x}} = \mu$)에 의해서 최선의 방법이 될 것이다. 그러나 모집단분포가 대칭일 때 표본평균 $\overline{x}$는 오로지 최선의 선택은 아니다. 이러한 경우에는 μ를 추정하기 위한 다른 불편추정량으로 표본중앙값과 절사평균을 포함할 수 있기 때문이다. 이러한 경우에 어떤 통계량을 사용해야 되는가에 대한 답으로 다음의 내용은 도움이 될 것이다.

① 모집단분포가 정규분포이면 표본평균 $\overline{x}$는 μ를 추정하기 위한 다른 어떤 불편추정량보다 더 작은 표준편차를 갖는다. 그러나 이러한 경우에 약간의 절사평균(10% 정도)은 표본평균 $\overline{x}$와 마찬가지로 거의 같게 된다.

② 모집단분포가 정규분포와 비교해서 꼬리부분이 약간 높게 되어 대칭일때는 절사평균이 μ를 추정하기 위한 $\overline{x}$보다 더 좋은 추정량이 된다.

모집단분포가 의심할 여지없이 정규분포를 할 때는 μ를 추정하기 위해서 표본평균 $\overline{x}$를 사용하는 것은 당연하다. 그러나 무게가 나가는 꼬리를 갖는 분포에서는, 절사평균은 추정값에 영향을 미칠 수 있는 표본내의 한두 개의 이상점들(outliers)의 영향을 제거할 수 있기 때문에 더 좋은 경우가 있다.

예제 9.1

다음 자료와 자료의 점도표를 이용하여 평균에 대한 점추정값(표본평균, 표본중앙값, 10% 절사평균)을 설명하시오.

17	19	20	17	16	17	18	17	18	18
16	17	21	17	18	17	18	14	19	17

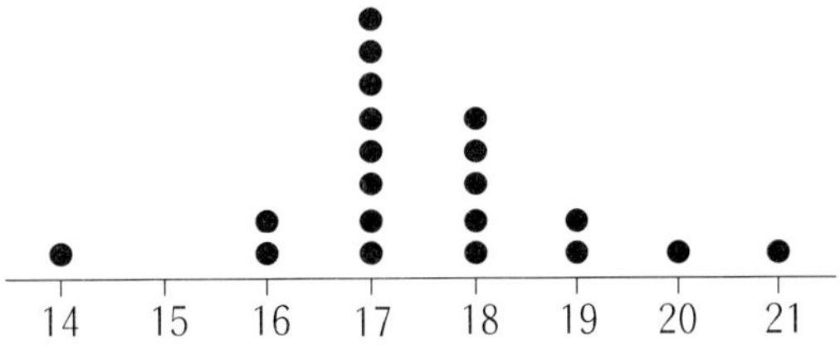

풀이...

모평균 μ을 추정하기 위한 통계량은 알기 쉽게 표본평균 $\overline{x}$라고 할 수 있다. 그러나 다른 가능성도 있다. 점도표에서 보는 것처럼 자료가 다소 대칭이기 때문에(유사한 모집단분포가 대칭이면 모평균 μ는 또한 모집단 중앙값과 같다.) 절사평균 혹은 중앙값을 이용할 수 있을 것이다.

모평균 μ의 추정값으로 세 가지 통계량의 값을 계산하면 다음과 같다.

$$\text{표 본 평 균} = \overline{x} = \frac{\sum x}{n} = \frac{351}{20} = 17.6$$

$$\text{표본중앙값} = \frac{17+17}{2} = 17.0$$

$$\text{10\% 절사평균} = (\text{중간 16개 관측값의 평균}) = \frac{280}{16} = 17.5$$

이들 추정값은 어느 정도 서로 다르다. 이들 중에 어느 것을 선택해야 하는 것은 참값에 가장 가까운 추정값을 계산해 내는 통계량에 달려 있다.

※ R 프로그램을 이용한 예제 풀이

```
# scan함수를 이용 데이타를 읽는다.
data <- matrix(scan(),nrow=1)
17 19 20 17 16 17 18 17 18 18 16 17 21 17 18 17 18 14 19 17

# summary함수를 이용하여 표본평균과 표본중앙값을 계산한다.
summary(data[1,])

# 절삭평균을 구하기 위해서 자료를 크기순으로 나열한다.
data1 <-matrix(sort(data),nrow=1)

# 10% 절삭평균을 구한다.
sum <- 0
for(i in 3:18)
   sum <- sum+data1[1,i]
mean2 <- sum/(length(data1)-4)
mean2 (17.4375)
```

예제 9.2

소나무 재배원의 4년생 소나무 중에서 $n = 12$ 나무를 확률표본으로 추출하여 각 나무의 줄기에 대한 지름을 추정한 자료가 다음과 같다.

11.3	10.7	12.4	15.2	10.1	16.2	10.5	11.4	11.0	10.7	12.0

(1) 지름의 모집단분포의 형태에 관하여 어떤 가정을 하지 않고 전체 4년생 소나무의 중간값에 대한 점추정값은? 이러한 경우에 추정값을 구하기 위하여 무슨 통계량을 사용하여야 하는가?

(2) 지름의 모집단분포가 대칭이지만 정규분포보다 꼬리가 두터운 분포를 한다고 가정하자. 모집단평균의 점추정값을 구하시오.

풀이...

(1) 모집단 중앙값은 표본중앙값에 의하여 추정된다. 따라서 표본중앙값은

$$\frac{11.3 + 11.4}{2} = 11.35$$

이다.

(2) 이러한 경우에 이상점을 제거하기 위해서는 절사평균을 사용해야 한다. 각 끝으로부터 1개씩을 제거하면 8.3% 절사평균이 된다. 따라서 절사평균은

$$\frac{10.5 + 10.7 + 10.7 + 11.0 + 11.3 + 11.4 + 12.0 + 12.1 + 12.4 + 15.2}{10}$$
$$= 11.73$$

이다.

2) 모표준편차와 모분산의 점추정

이제 모분산 σ^2을 추정하는 경우를 생각해 보자. 표본분산은

$$s^2 = \frac{\sum_{i=1}^{n}(x_i - \overline{x})^2}{n-1}$$

이며 이것은(표본분산 s^2) 모분산 σ^2의 불편추정량이다. 즉, σ^2의 값이 무엇이든 간에, s^2의 표본분포는 그 분포의 중심점에 있게 된다. 그러나 표본분산을 다음식으로 정의하면 모분산 σ^2의 편의추정량(biased estimator)이 된다.

$$s^2 = \frac{\sum_{i=1}^{n}(x_i - \overline{x})^2}{n}$$

※ R 프로그램을 이용한 예제 풀이

```
# 자료를 입력합니다.
data <- matrix(scan(),nrow=1)
11.3 10.7 12.4 15.2 10.1 16.2 10.5 11.4 11.0 10.7 12.0

# 자료를 크기순으로 나열합니다.
sort(data)

# 기초 통계량 값을 구해줍니다.
summary(data[1,])

# 모집단 분포가 정규분포라고 가정한다. 모분산 추정량을 계산한다.
barx <- mean(data[1,])
s2 <- sum(data[1,]-barx)^2/(length(data)-1)
s2 (5.04871 e-30)
```

예제 9.3

대한식품연구소에서는 10개 공장으로부터 프랑크푸르트(frankfurters)소시지를 수거하여 소시지에 함유되어 있는 염분량(%/무게)을 조사하였다. 이 자료를 이용하여 표본표준편차와 표본분산을 구하시오.

2.26	2.11	1.64	1.17	1.64	2.36	1.70	2.10	2.19	2.40

풀이...

$$\sum x = 19.57, \qquad \sum x^2 = 39.7335, \qquad n = 10$$

$$\sum(x-\overline{x})^2 = \sum x^2 - \frac{(\sum x)^2}{n}$$

$$= 39.7335 - \frac{(19.57)^2}{10} = 1.435$$

여기서 σ^2은 프랑크푸르트소시지의 염분량에 대한 모분산이다. σ^2의 점추정값을 구하기 위해서 표본분산 s^2을 이용하면

$$s^2 = \frac{\sum(x-\overline{x})^2}{n-1} = \frac{1.435}{9} = 0.1594$$

이다. 그런데 만일 분모를 n으로 사용하면 이에 대한 점추정값은

$$\frac{\sum(x-\overline{x})^2}{n} = \frac{1.435}{10} = 0.1435$$

이다. 그러나 s^2은 σ^2의 불편추정량이기 때문에 점추정값으로 0.1594를 이용한다. 그리고 모집단 표준편차에 대한 추정량으로 표본표준편차를 사용한다. 즉

$$s = \sqrt{0.1594} = 0.3992$$

※ R 프로그램을 이용한 예제 풀이

```
# 자료를 입력합니다.
data <- matrix(scan(),ncol=1)
2.26 2.11 1.64 1.17 1.64 2.36 1.70 2.10 2.19 2.40

# 표본평균, 표본표준편차, 분산을 구합니다.
barx <- mean(data[,1])
s2 <- round(sum((data[,1]-barx)^2)/(length(data[,1])-1),4)
s <- round(s2^(1/2),4)

# 결과를 나타냅니다.
table(s2, s, exclude=NULL) (0.3992, 0.1594)
```

3) 모비율의 점추정

주어진 모집단의 특성을 나타내는 모비율을 p로 표시할 때 같은 성질을 갖는 표본의 비율을 안다면 p의 추정량으로서 표본비율 $\hat{p}$를 사용한다. 표본비율 $\hat{p}$는 불편성, 일치성, 유효성을 갖고 있기 때문에 최량의 추정량이라고 말할 수 있다.

예제 9.4

어떤 대학에서 20명의 학생을 확률표본으로 추출하여 안경 사용 여부를 조사하였다. 조사결과(안경 사용=Y, 사용하지 않음=N)는 다음과 같다.

Y	Y	N	Y	N	N	Y	Y	Y	N
N	Y	Y	Y	Y	Y	N	Y	Y	Y

안경을 사용하고 있는 이 대학의 모든 학생들의 비율을 추정하시오.

풀이...

모비율의 점추정값은 표본비율이므로 표본비율 $\hat{p}$는

$$\hat{p} = \frac{\text{표본내의 안경사용자 수}}{n} = \frac{14}{20} = 0.7$$

이다.

※ R 프로그램을 이용한 예제 풀이

```
# 문자변수를 입력합니다.
data <- scan(what=character(0))
Y Y N Y N N Y Y Y N N Y Y Y Y Y N Y Y Y

# Y의 값과 표본수 n을 구해줍니다.
X <- max(table(data))
n <- length(data)

# 표본비율을 계산합니다.
p <- X/n
p 0.7
```

3 구간추정

1) 구간추정의 기본개념

표본을 수집하는 목적은 모집단에 관해서 보다 자세히 알기 위해서이다. 우리는 이러한 표본으로부터 전술한 점추정값과 혹은 본 절에서 설명할 구간추정값으로서 모집단에 관한 정보를 계산할 수 있다. 앞에서 설명한 바와 같이 구간추정이란 추정값의 주위에 일정의 구간을 설정해서 그 구간 중에 모수가 포함되어 있으리라고 기대하는 구간을 의미한다.

그림 9.1은 정규분포를 가정하여 구간추정의 개념을 나타낸 것이다. 그러면 구간추정을 하기 위하여 점추정값에 빼고(−) 더한(+) 어떤 값은 무엇을 의미하는가? 이 질문에 대한 답이 다음 두 가지 내용에 달려 있다.

① 표본평균의 표준편차 $\sigma_{\bar{x}}$ (표본평균의 표준오차)
② 구간에 포함될 신뢰수준

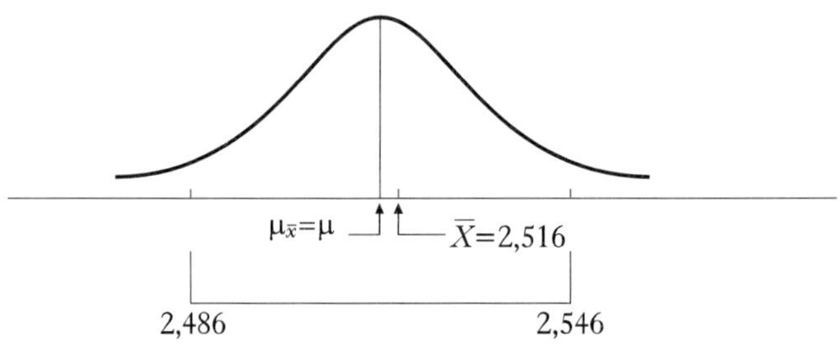

그림 9.1 • 구간추정

첫째로 표본평균의 표준편차, 즉 표준오차 $\sigma_{\bar{x}}$가 크면 클수록 구간의 범위가 더 넓게 설정된다. 이것은 표준오차의 크기를 결정하는 식이

$$\sigma_{\bar{x}} = \frac{\sigma}{\sqrt{n}}$$

이므로 표본평균 $\bar{x}$가 변동하는 정도에 따라 분포의 범위가 결정되기 때문이다.

둘째로 신뢰수준(confidence level)이란 어떤 구간을 나타내는 추정값과 관련된 확률을 의미한다. 이는 구간추정값이 모수에 대해 얼마나 잘 설명하는가를 표시하는 확률값이다. 따라서 이 확률값이 크면 클수록 신뢰도는 높다고 말할 수 있다. 신뢰수준은 $(1-\alpha)100\%$로 나타낸다. 이것을 확률로 나타낼 때 신뢰계수(confidence coefficent)라 하며 $1-\alpha$로 나타낸다. 여기서 α는 유의수준(significance level)이라 한다. 신뢰구간을 설정하기 위하여 흔히 사용되는 신뢰수준의 값은 90%, 95% 그리고 99%이다. 이에 대응한 신뢰계수는 0.90, 0.95 그리고 0.99이다. 그리고 신뢰계수와 이에 대응한 분포에 의하여 결정되어지는 값을 임계값(critical value)이라 한다. 예를 들면 표준정규분포를 가정하고 신뢰계수가 0.99인 경우의 임계값은 $Z_{0.99}=2.576$이며 0.95인 경우는 $Z_{0.95}=1.96$이다. 이것을 표준정규분포를 가정하여 그림으로 나타내면 그림 9.2와 같다.

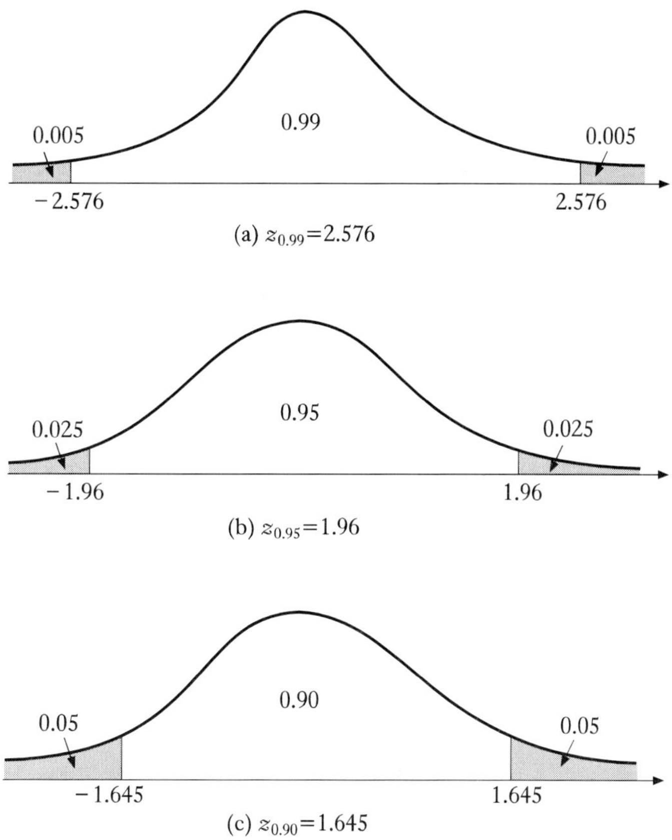

그림 9.2 • 신뢰계수와 Z_α값

신뢰수준에 의하여 설정된 구간을 신뢰구간(confidence interval)이라고 한다. 모평균의 신뢰구간은 표본평균에 임계값과 표준오차에 의하여 다음과 같이 구해진다.

$$\begin{aligned}\mu &= \text{표본평균} \pm \text{임계값}\times\text{표준오차}\\ &= \bar{x} \pm Z_{0.95}\,\sigma_{\bar{x}}\\ &= \bar{x} \pm 1.96\,\sigma_{\bar{x}}\end{aligned}$$

여기서 임계값($Z_{0.95}$)은 표준정규분포와 신뢰수준 0.95를 가정한 경우이다. 그리고 임계값 × 표준오차= $Z_{\alpha}\,\sigma_{\bar{x}}$를 추정값에 대한 오차의 한계(margin of error)라 한다. 좀 더 자세하게 말하면 신뢰한계(confidence limit)란 신뢰구간의 상한과 하한을 의미한다.

$$\bar{x} + 1.96\sigma_{\bar{x}} = \text{신뢰구간의 상한}, \qquad \bar{x} - 1.96\sigma_{\bar{x}} = \text{신뢰구간의 하한}$$

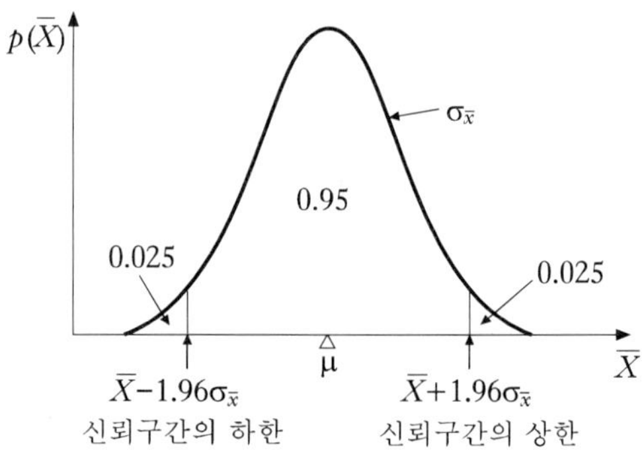

그림 9.3 • **표본평균의 정규분포**

2) 대표본에서 모평균의 신뢰구간

표준정규분포의 성질로부터 그림 9.4의 $1-\alpha$의 면적(확률)을 구하기 위해서는 다음 식과 같이 나타낼 수 있다. 즉,

$$P\{-Z_{\alpha/2} < Z < Z_{\alpha/2}\} = 1-\alpha$$

따라서 위의 식에 Z−통계량을 대입하여 μ에 관해 풀어 정리하면 다음과 같이 된다.

$$P\left\{\overline{X} - Z_{\alpha/2}\frac{\sigma}{\sqrt{n}} < \mu < \overline{X} + Z_{\alpha/2}\frac{\sigma}{\sqrt{n}}\right\} = 1 - \alpha$$

P{표본평균−임계값×표준오차 < 모평균 < 표본평균+임계값×표준오차} = 신뢰수준

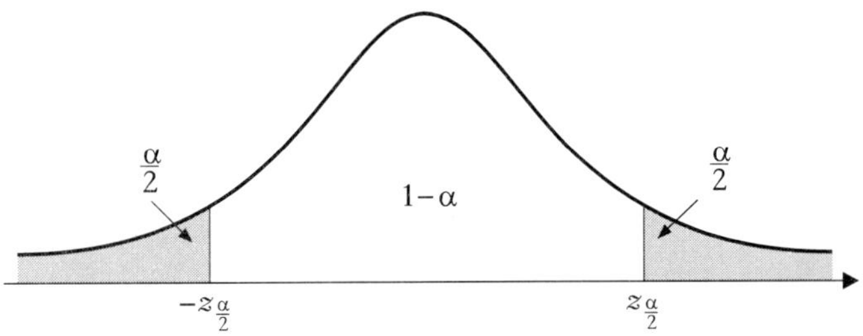

그림 9.4 ● 표준정규분포의 (1−α)면적

따라서 표준정규분포에서 α를 알 때 모평균 μ의 100(1−α)% 신뢰구간은 다음과 같이 주어진다.

$$\left(\overline{X} - Z_{\frac{\alpha}{2}}\frac{\sigma}{\sqrt{n}},\ \overline{X} + Z_{\frac{\alpha}{2}}\frac{\sigma}{\sqrt{n}}\right)$$

그러나 실제 자료가 얻어지는 모집단의 분포가 정밀한 정규분포를 따르는 경우는 없으며 또한 σ를 아는 경우도 거의 없다. 따라서 위에서 구한 μ의 신뢰구간을 실용적으로 사용하기 어렵다. 그러므로 모집단의 분포가 정규분포가 아닐 때에도 표본크기 n이 충분히 클 때에는 중심극한정리에 의하여 표본평균 $\overline{X}$는 근사적으로 정규분포를 따르며 표준편차 σ는 표본표준편차 s로 추정될 수 있다. 따라서 대표본에서 모평균 μ의 신뢰구간을 다음과 같이 구할 수 있다.

$$\left(\overline{X} - Z_{\frac{\alpha}{2}}\frac{s}{\sqrt{n}},\ \overline{X} + Z_{\frac{\alpha}{2}}\frac{s}{\sqrt{n}}\right)$$

예제 9.5

대한출판사는 새로운 대학교재를 인쇄할 예정이다. 이 회사는 이 교재에 대한 판매가격을 결정하기 전에 이와 유사한 교재의 가격에 대한 시장조사를 실시하기로 하였다. 마케팅부서에서는 36권의 표본을 조사하여 그들의 가격에 대한 정보를 수집하였다. 자료를 수집한 결과 평균가격이 20,000원이었다. 그리고 이와 유사한 모든 교재의 가격에 대한 표준편차가 12,000원으로 알려져 있다.

(1) 이와 유사한 모든 교재의 평균가격에 대한 점추정값은 얼마인가? 이 추정값에 대한 오차의 한계(90% 신뢰구간)는 얼마인가?

(2) 이와 유사한 모든 교재의 평균가격에 대한 90% 신뢰구간을 설정하시오.

풀이...

$$n = 36, \qquad \overline{x} = 20{,}000, \qquad \sigma = 12{,}000$$

표본평균의 표준오차는

$$\sigma_{\overline{x}} = \sigma / \sqrt{n} = 12{,}000 / \sqrt{36} = 2{,}000$$

이다.

(1) 이와 유사한 모든 교재의 평균가격에 대한 점추정값은 20,000원이다. 즉,

$$\mu\text{의 점추정량} = \overline{x} = 20{,}000$$

이 추정값에 대한 오차의 한계는

$$\begin{aligned}\text{오차의 한계} &= Z_{0.90}\,\sigma_{\overline{x}} \\ &= \pm 1.645 \times 2{,}000 = 3{,}290\end{aligned}$$

(2) 신뢰수준은 90%이므로 90% 신뢰수준에 대한 임계값은

$$Z_{0.90} = 1.645$$

이므로 모평균 μ에 대한 90% 신뢰구간은

$$\begin{aligned}\bar{x} \pm Z_{0.90}\,\sigma_{\bar{x}} &= 20{,}000 \pm 1.645 \times 2{,}000 \\ &= 20{,}000 \pm 3{,}290 \\ &= (16{,}710, \quad 23{,}290)\end{aligned}$$

이다.

※ R 프로그램을 이용한 예제 풀이

```
# 신뢰구간을 행렬형태로 만들어준다.
interval <- matrix(0,ncol=2,nrow=1)
Z <- 1.645

# 함수에 표본n, 표본평균barx, 표준편차sigma을 넣어서 신뢰구간을
  계산한다.
F9.5 <- function(n,barx,sigma){ sigma2 <- sigma/n^(1/2)
   interval[1,1] <- barx - Z*sigma2
   interval[1,2] <- barx + Z*sigma2
   interval}

# 결과를 나타낸다.
F9.5(36,20000,12000) (16710, 23290)
```

예제 9.6

임의로 추출한 81가구의 세대에 대해서 그 평균소득 $\bar{x}$ 및 표준편차 s를 조사한 바 $\bar{x} = 1{,}496{,}000$원, $s = 900{,}000$원이었다. 소득의 모평균 μ의 95% 신뢰구간을 구하여라.

풀이...

소득분포는 일반적으로 정규분포를 하지 않으나 그 표본평균의 분포는 표본

수 n이 커서 중심극한정리에 의하여 정규분포에 접근한다. 문제에서는 $n = 81$이므로 소득의 표본평균의 분포는 정규분포를 하는 것으로 보아도 좋다. 따라서 정규분포추정이 가능하다. 또 문제에서는 모표준편차 σ가 불명이나 $n > 30$이므로 $s \fallingdotseq \sigma$로 보아도 된다. 따라서 정규분포법칙을 사용해서 모평균 μ를 아래와 같이 구간 추정을 할 수 있다. 즉,

$$\bar{x} = 1{,}496{,}000 \qquad \sigma \fallingdotseq s = 900{,}000$$

또한 $Z_{0.95} = 1.96$이므로 이 값을

$$\bar{x} - Z_{\frac{\alpha}{2}} \frac{\sigma}{\sqrt{n}} < \mu < \bar{x} + Z_{\frac{\alpha}{2}} \frac{\sigma}{\sqrt{n}}$$

에 대입해서 구한 μ의 신뢰구간은

$$1{,}496{,}000 - 1.96 \frac{900{,}000}{\sqrt{81}} < \mu < 1{,}496{,}000 + 1.96 \frac{900{,}000}{\sqrt{81}}$$
$$1{,}300{,}000 < \mu < 1{,}692{,}000$$

이다.

※ R 프로그램을 이용한 예제 풀이

```
# 신뢰구간을 행렬형태로 만들어준다.
interval <- matrix(0,ncol=2,nrow=1)
Z <- 1.96

# 함수에 표본n, 표본평균barx, 표준편차sigma을 넣어서 신뢰구간을
  계산한다.
F9.5 <- function(n,barx,sigma){ sigma2 <- sigma/n^(1/2)
   interval[1,1] <- barx - Z*sigma2
   interval[1,2] <- barx + Z*sigma2
   interval}

# 결과를 나타낸다.
F9.5(81,1496000,900000) (1,300,000,  1,692,000)
```

3) t − 분포

t − 분포(t − distribution)는 1908년 고셋(W. S. Gosset)에 의하여 개발되었으며 스튜던트 t − 분포(student t − distribution)라고도 한다.

$x_1, x_2, \cdots, x_n$이 정규분포 $N(\mu, \sigma^2)$에서의 확률표본일 때

$$t = \frac{\bar{x} - \mu}{s/\sqrt{n}}$$

는 자유도(degree of freedom) $n-1$인 t분포를 따른다.

t분포는 수학적으로 도출하지 않고 직관적으로 표준정규분포와의 관련성을 찾을 수 있다. 이 두 분포가 갖는 공통성은 모두 0을 중심으로 좌우대칭분포를 형성한다는 점을 지적할 수 있다. 그러나 특이한 것은 t분포는 그림 9.5에서 보는 것처럼 평균(0)부분이 표준정규분포보다 낮고 꼬리부분이 표준정규분포보다 높다는 것이다. 이것은 t분포가 정규분포보다 표준편차가 크기 때문이다. 즉, 표준정규분포의 표준편차가 1이지만 t분포의 표준편차는 항상 1보다 큰 것은 $\sqrt{df/(df-2)}$이기 때문이다. t분포곡선의 형태는 자유도(df)의 크기에 따라 결정된다. 자유도가 증가할수록 t분포의 모양은 표준정규분포곡선에 가까워진다.

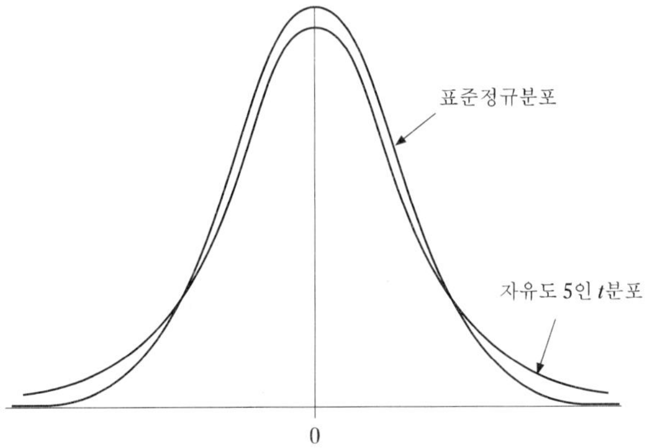

그림 9.5 ● 표준정규분포와 자유도가 5일 때의 t분포

t분포에 대한 자유도는 표본의 크기에서 1을 뺀 것과 같다. 즉

$$df = n - 1$$

자유도의 수는 t분포의 유일한 모수(parameter)이다.

자유도 n인 t분포를 기호 $t(n)$으로 나타내기로 한다. 또한 자유도 n인 t분포에서 오른쪽꼬리의 면적이 α인 점을 $t_\alpha(n)$이라 하자. 즉, $t_\alpha(n)$은 자유도 n인 t분포에서

$$P\{t > t_\alpha(n)\} = \alpha$$

를 만족하는 상수이다. 그런데 그림 9.6에서 보는 바와 같이 t분포는 대칭이기 때문에 t분포의 왼쪽꼬리의 면적과 같게 된다. 즉

$$P\{t > t_\alpha(n)\} = P\{t < -t_\alpha(n)\} = \alpha$$

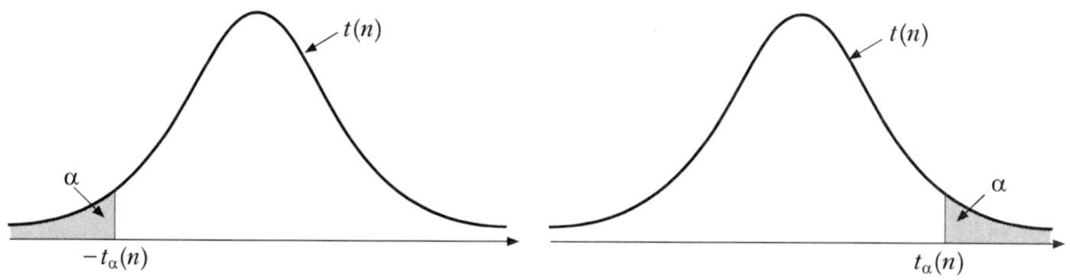

그림 9.6 • t분포의 α면적

예를 들어 자유도가 10이고 t분포의 오른쪽 꼬리의 면적이 0.025인 t값을 구하기로 하자. 표 9.1은 t분포표 중의 일부분이며 여기에서 자유도가 10이고 α가 0.025인 점에서 만나는 값이 2.228이다. 이것을 그림 9.7에 나타내는 것처럼 t분포는 대칭이기 때문에 오른쪽꼬리의 면적 0.025에 해당되는 t값은 2.228이며 왼쪽꼬리면적은 t값은 -2.228이다.

그리고 t분포의 면적 α가 0.025이고 자유도의 크기가 20일 때와 무한대(∞)일 때의 t값이

$$t_{0.025}(20) = 2.086, \qquad t_{0.025}(\infty) = 1.96$$

이다. 여기에서 자유도의 크기가 무한대(∞)일 때 t값이 1.96인 것은 정규분포의

Z값과 같게 된다. 이것은 자유도가 증가함에 따라서 정규분포와 t분포가 같게 된다는 것을 의미한다.

표 9.1 • t분포표

자유도	0.25	0.1	0.05	0.025	0.1	0.005
1	1.000	3.078	6.314	12.706	31.821	63.657
2	0.186	1.886	2.920	4.303	6.965	9.925
3	0.765	1.638	2.353	3.182	4.541	5.841
4	0.741	1.533	2.132	2.776	3.747	4.604
5	0.727	1.476	2.015	2.571	3.365	4.032
6	0.718	1.440	1.943	2.447	3.143	3.707
7	0.711	1.415	1.895	2.365	2.980	3.499
8	0.706	1.397	1.860	2.306	2.896	3.355
9	0.703	1.383	1.833	2.262	2.821	3.250
10	0.700	1.372	1.812	2.228	2.764	3.169
11	0.697	1.363	1.796	2.201	2.718	3.106
12	0.695	1.356	1.782	2.179	2.681	3.055
⋮	⋮	⋮	⋮	⋮	⋮	⋮
19	0.688	1.328	1.729	2.093	2.539	2.861
20	0.687	1.325	1.725	2.086	2.528	2.845
⋮	⋮	⋮	⋮	⋮	⋮	⋮
120	0.677	1.289	1.658	1.980	2.358	2.617
∞	0.674	1.282	1.645	1.960	2.326	2.576

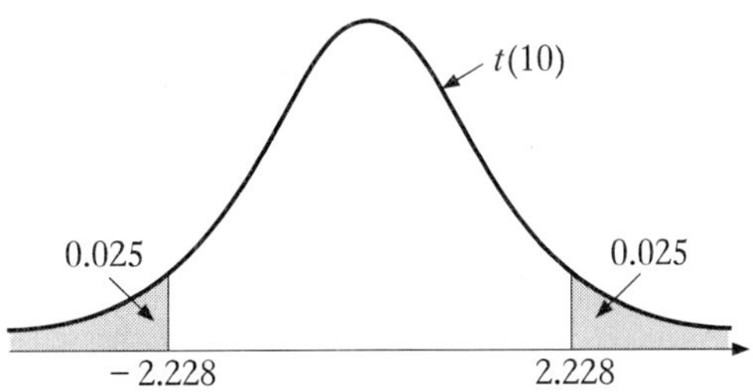

그림 9.7 • t분포의 면적($\alpha = 0.05$)

(1) t분포에 의한 모평균의 신뢰구간

이제 t분포를 이용하여 소표본에서 모평균 μ의 신뢰구간을 구해 보면 다음과 같다.

$$P\left\{\bar{x} - t_{\alpha/2}(n-1)\frac{s}{\sqrt{n}} < \mu < \bar{x} + t_{\alpha/2}(n-1)\frac{s}{\sqrt{n}}\right\} = 1-\alpha$$

> P(표본평균 − 임계값 × 표준오차 < 모평균 < 표본평균 + 임계값 × 표준오차)
> =신뢰수준

따라서 소표본($n<30$)에서 모평균 μ의 $100(1-\alpha)\%$ 신뢰구간은

$$\left(\bar{x} - t_{\alpha/2}(n-1)\frac{s}{\sqrt{n}},\quad \bar{x} + t_{\alpha/2}(n-1)\frac{s}{\sqrt{n}}\right)$$

이다.

이 식을 정규분포의 추정식과 비교하면 $Z_{\alpha/2}$가 $t_{\alpha/2}$로 또 σ가 s로 변하였음을 알 수 있다. 이 중 σ가 s로 변한 것은 정규분포의 추정식에서는 모표준편차 σ를 알지 못할 경우 대표본($n>30$)이 아니면 사용할 수 없으나 t분포의 추정식에서는 이와 같은 제한이 없음을 의미한다.

예제 9.7

강원지역에서 광석에 포함된 카드뮴의 포함률을 조사하기 위해 일정한 크기의 광석 25개를 표본으로 하여 분석한 결과 카드뮴의 평균포함률이 평균 10.2, 표준편차 3.1로 나타났다. 따라서 이 지역의 광석에 대한 카드뮴의 평균포함률에 대한 99% 신뢰구간을 구하여라.

풀이...

자유도 $n-1=25-1=24$이므로 t-분포표로부터 $t_{\alpha/2}=t_{0.005}=2.797$이다. 따라서 99% 신뢰구간은

$$\left(\bar{x} - t_{\alpha/2}(n-1)\frac{s}{\sqrt{n}},\ \bar{x} + t_{\alpha/2}(n-1)\frac{s}{\sqrt{n}}\right)$$
$$= \left(10.2 - 2.797\frac{3.1}{\sqrt{25}},\ 10.2 + 2.797\frac{3.1}{\sqrt{25}}\right)$$
$$= (8.47,\ 11.93)$$

이다.

※ R 프로그램을 이용한 예제 풀이

```
# 신뢰구간을 저장할 행렬을 만들어준다.
interval <- matrix(0,ncol=2,nrow=1)
t <- 2.797

# 함수를 이용해서 신뢰구간을 계산한다.
F9.7 <- function(n,barx,s) {interval[1,1] <- round(barx - t*s/n^(1/2),2)
   interval[1,2] <- round(barx + t*s/n^(1/2),2)
   interval}

# 결과를 나타낸다.
F9.7(25,10.2,3.1) (8.47, 11.93)
```

예제 9.8

대한은행에서는 새로운 지점을 개설하기 위하여 여러 지역에 대한 타당성조사를 하고 있다. 그러나 은행의 기본정책은 연간 가구당 평균소득이 적어도 30,000천원 정도가 되는 지역에 새로운 지점을 개설하려고 한다. 따라서 은행의 기획조사부에서는 아파트 밀집지역으로부터 25가구의 표본을 추출하여 이들의 연간 소득에 대한 정보를 수집하였다. 조사결과 연간 가구당 평균소득은 29,300천원이며 표준편차는 4,500천원이었다. 이 지역의 모든 가구의 소득이 근사적으로 정규분포를 한다고 가정한다. 이 지역의 연간 가구당 평균소득에 대한 95% 신뢰구간을 설정하시오. 30,000천원이 이 구간에 포함되는가? 이 결과를 이용하여 은행에서는 이 지역에 새로운 지점을 개설할 의사가 있는지의 여부에 대하여 설명하시오.

풀이...

$n = 25,\quad \bar{x} = 29{,}300,\quad s = 4{,}500,\quad$ 신뢰수준 = 95%,

$s_{\bar{x}} = s/\sqrt{n} = 4500/\sqrt{25} = 900,\quad$ 자유도$(df) = n-1 = 25-1 = 24$

t분포표로부터 자유도가 24이고 $t_{\alpha/2} = t_{0.025}$인 t값은 2.064이다. 따라서 모평균 μ에 대한 95% 신뢰구간

$$\begin{aligned}\bar{x} \pm t_{\alpha/2}\, s_{\bar{x}} &= 29{,}300 \pm 2.064 \times 900 \\ &= (27{,}442,\quad 31{,}158)\end{aligned}$$

이다. 이 구간에 30,000천원이 포함되므로 은행에서는 이 지역에 새로운 지점을 개설하여도 좋다고 할 수 있다.

※ R 프로그램을 이용한 예제 풀이

```
# 신뢰구간을 저장할 행렬을 만들어준다.
interval <- matrix(0,ncol=2,nrow=1)
t <- 2.064

# 함수를 이용해서 신뢰구간을 계산한다.
F9.7 <- function(n,barx,s) {interval[1,1] <- round(barx - t*s/n^(1/2),2)
   interval[1,2] <- round(barx + t*s/n^(1/2),2)
   interval}

# 결과를 나타낸다.
F9.7(25,29300,4500) (27442.4, 31157,6)
```

4) 모비율의 신뢰구간

표본비율에 의하여 모비율을 구간추정하는 데는 표본수가 적을 때에는 직접 이항분포를 사용해야 하지만 표본수가 클 때 표본비율의 분포는 $N(p,\ pq/n)$인 정규분포를 하므로

$$Z = \frac{\hat{p} - p}{\sqrt{\hat{p}\hat{q}/n}}$$

가 $N(0, 1)$인 표준정규분포를 하므로 정규분포추정을 행할 수 있다. 모비율 p의 $100(1-\alpha)\%$의 신뢰구간은 다음과 같이 주어진다.

$$P\left\{\hat{p} - Z_{\frac{\alpha}{2}}\sqrt{\frac{\hat{p}\hat{q}}{n}} < p < \hat{p} + Z_{\frac{\alpha}{2}}\sqrt{\frac{\hat{p}\hat{q}}{n}}\right\} = 1 - \alpha$$

> P(표본비율 − 임계값 × 표준오차 < 모비율 < 표본비율 + 임계값 × 표준오차)
> = 신뢰수준

예제 9.9

삼광식료품 회사는 새로운 종류의 시리얼(cereal)을 시장에 내놓을 계획을 하고 있다. 그러나 이 상품을 판매하기 전에 회사에서는 국민들의 몇 %가 이것을 좋아할 것인가를 알고자 하였다. 이 회사의 기획조사부에서는 500명의 표본을 임의로 추출하여 이 시리얼을 시식한 다음 그 결과를 조사하였다. 이들 500명 중 290명이 맛이 좋다고 답변하였다.

(1) 모비율의 점추정값은? 이 추정값의 99%의 오차의 한계값은 얼마인가?
(2) 모든 국민들의 몇 %가 이 시리얼을 좋아할 것인가를 99%의 신뢰구간을 구하시오.

풀이...

$$n = 500, \quad \hat{p} = 290/500 = 0.58, \quad \hat{q} = 0.42,$$

$$s_{\hat{p}} = \sqrt{\frac{\hat{p}\hat{q}}{n}} = \sqrt{\frac{0.58 \times 0.42}{500}} = 0.0221$$

(1) p의 점추정값 $= \hat{p} = 0.58$

99%의 오차의 한계 $= \pm 2.58 \times 0.0221 = \pm 0.057$

(2) 신뢰수준은 0.99이므로 Z의 값은 2.58이다. $n\hat{p}$와 $n\hat{q}$가 모두 5보다 크므로 $\hat{p}$의 표본분포는 근사적으로 정규분포를 한다. 따라서 p에 대한 99%의 신뢰구간은

$$\begin{aligned}\hat{p} \pm Zs_{\hat{p}} &= 0.58 \pm 2.58(0.0221) \\ &= (0.523,\quad 0.637)\end{aligned}$$

이다. 그러므로 모든 국민의 52.3%에서 63.7%까지는 이 시리얼을 좋아할 것이라고 99% 신뢰수준에서 말할 수 있다.

※ R 프로그램을 이용한 예제 풀이

```
# 신뢰구간을 저장할 행렬을 만들어준다.
interval <- matrix(0,ncol=2,nrow=1)
z <- 2.58

# 함수를 이용해서 신뢰구간을 계산한다.
F9.7 <- function(n,p) {q <- 1-p
   interval[1,1] <- round(p - z*(p*q/n)^(1/2),2)
   interval[1,2] <- round(p + z*(p*q/n)^(1/2),2)
   interval}

# 결과를 나타낸다.
F9.7(500,0.58) (0.52, 0.64)
```

예제 9.10

대광제약에서 생산되는 치약에 대해서 100명의 소비자를 상대로 표본조사를 한 결과 45명이 이 회사제품을 좋아하였다. 이 때 이 회사제품의 선호율에 대한 95%의 신뢰구간을 구하여라.

풀이...

$$n = 100, \quad \hat{p} = \frac{45}{100} = 0.45, \quad \hat{q} = 0.55, \quad Z_{\frac{\alpha}{2}} = Z_{\frac{0.05}{2}} = 1.96$$

$$\hat{p} - Z_{\frac{\alpha}{2}} \sqrt{\frac{\hat{p}\hat{q}}{n}} < p < \hat{p} + Z_{\frac{\alpha}{2}} \sqrt{\frac{\hat{p}\hat{q}}{n}}$$

$$0.45 - 1.96 \sqrt{\frac{(0.45)(0.55)}{100}} < p < 0.45 + 1.96 \sqrt{\frac{(0.45)(0.55)}{100}}$$

$$0.352 < p < 0.548$$

로 되어 95% 신뢰구간은 (0.352, 0.548)이다.

※ R 프로그램을 이용한 예제 풀이

```
# 신뢰구간을 저장할 행렬을 만들어준다.
interval <- matrix(0,ncol=2,nrow=1)
z <- 1.96

# 함수를 이용해서 신뢰구간을 계산한다.
F9.7 <- function(n,p) {q <- 1-p
   interval[1,1] <- round(p - z*(p*q/n)^(1/2),2)
   interval[1,2] <- round(p + z*(p*q/n)^(1/2),2)
   interval}

# 결과를 나타낸다.
F9.7(100,0.45) (0.35, 0.55)
```

연습문제 9

1 모수를 추정하기 위하여 사용된 표본통계량을 무엇이라고 하는가?

ⓐ 추정값　ⓑ 추정량　ⓒ 추정

2 신뢰수준은 어떻게 나타내는가?

ⓐ $100(1-\alpha)\%$　ⓑ $100\alpha\%$　ⓒ α

3 μ에 대한 추정값의 오차 한계는?

ⓐ $z\sigma_{\bar{x}}$(혹은 $zs_{\bar{x}}$)　ⓑ $\sigma/\sqrt{n}$(혹은 $s/\sqrt{n}$)　ⓒ $\sigma_{\bar{x}}$ 혹은($s_{\bar{x}}$)

4 모집단의 표준편차가 알려져 있다면 모평균에 대한 신뢰구간은 다음 어떤 분포를 이용하는가?

ⓐ t분포　ⓑ 정규분포　ⓒ 이항분포

5 t분포의 모수는?

ⓐ 표본의 크기 n　ⓑ 자유도　ⓒ μ와 자유도

6 모집단의 표준편차가 미지이고 표본의 크기가 10보다 작다면 모평균에 대한 신뢰구간은 어떤 분포를 이용하는가?

ⓐ t분포　ⓑ 정규분포　ⓒ 이항분포

7 $\alpha=0.20$이고 표본의 크기가 $n=20$이면 $t_{\alpha/2}$?

ⓐ 1.325　ⓑ 1.282　ⓒ 1.328　ⓓ 1.729

8 한국대학교 학생들의 토플 평균점수를 알아보기 위하여 100명의 학생을 임의 추출하여 조사한 결과 평균점수가 520이고 표준편차가 700이었다.

ⓐ 전체 학생들의 평균점수의 추정값은?
ⓑ 표준오차의 추정값은?
ⓒ 99% 오차의 한계는?
ⓓ 평균점수에 대한 90%의 신뢰구간을 구하시오.

9 모평균이 37.08인 모집단에서 100개의 표본을 추출하였을 때 표본평균은 $\overline{X}$는 35.50이고 표본표준편차 s는 6.24였다. 모평균에 대한 신뢰구간 설정시, 이 신뢰구간 안에 모평균이 포함되려면 몇 % 신뢰구간을 설정해야 하는가?

10 우리 나라를 방문하는 관광객이 평균 소비하는 외화를 알아보기 위하여 관광객 100명을 임의추출하여 조사해 본 결과 100명의 평균소비액은 1,700＄이고 표본표준편차는 200＄이었다. 관광객이 한 번 방문할 때 우리 나라에서 소비하는 외화의 평균소비액에 대한 90% 신뢰구간을 구하시오.

11 빛의 속도를 2,500번 측정한 결과 평균값이 186,270(마일/초)이고 표준편차가 8.7(마일/초)임을 알았다. 측정이 서로 독립이고 불편추정량이라면 빛의 속도에 대한 99% 신뢰구간을 구하시오.

12 통계청 자료에 의하면 전국적인 실업률은 7.8%이다. 서울시의 YMCA에서 취업 적령인 사람들 중 1,600명을 임의로 추출하여 조사한 결과 96명이 실업자였다. 서울시의 실업률 p에 대한 90% 신뢰구간을 구하시오.

13 보건소에서 한 도시의 사람들 중 시력장애자의 비율 p를 추정하고자 한다. 95% 확신을 갖고 추정오차가 0.05 이하가 되도록 하려고 할 때 필요한 표본크기를 구하시오. 단, 다른 도시의 예로 보아 p는 약 0.3 근방이라고 예상된다.

14 표본의 크기가 30보다 적은 경우, t-분포를 사용하는 이유는? 표본크기가 감소하면 표본분포에는 어떤 변화가 발생하는가?

15 어떤 사람이 종합검진을 받는 데 걸리는 시간이 정규분포를 한다고 하자. 종합검진을 받는 사람 16명을 임의추출하여 검진시간을 조사해 본 결과 평균 60분이 걸렸고, 표준편차는 12분이었다고 한다. 모집단 평균검진시간에 대한 95% 신뢰구간을 구하시오.

16 과거의 경험에 의하면 어떤 산업에 종사하는 종업원의 급여가 정규분포를 하는데 표준편차가 50,000원이라고 한다. 모집단의 평균급료를 99% 신뢰도로 6,000원 이내의 오차로 추정하기 위하여 필요한 표본의 크기는 얼마가 되어야 하는지 결정하시오.

10

통계적 유의성 검정

1 가설검정의 의미

통계적 추론에는 두 가지 주요 분야가 있는데, 그 하나는 제 9장에서 설명한 바와 같이 표본의 특성에 의한 모수의 추정이고 다른 하나는 통계적 유의성 검정이다. 그런데 모수의 추정이란 모집단의 모수를 추측해 내는 사전적 분석과정임에 반하여 통계적 유의성검정은 사전에 설정된 모수에 관한 가설의 진위여부를 판정하는 사후적 분석과정이라 할 수 있다.

따라서 사전에 설정한 통계적 가설의 진위여부를 확인함에 있어서 모집단의 개체 하나하나를 일일이 조사한다는 것은 현실적으로 불가능한 일이다.

그러므로 모집단으로부터 표본을 추출하여 그 모집단에 대한 통계적 추측을 하게 된다. 즉, 이러한 통계적 추측을 위해서는 모집단에 대한 예상 또는 추측의 옳고 그름의 여부를 판정해야 하는 경우가 흔히 있다. 이때 옳고 그름의 두 가지 결정 중에서 하나만을 택해야 하므로 어느 쪽을 택하건 오류가 있을 수 있다. 상식적 또는 직관적인 판정을 하는 경우에는 이러한 오류를 범할 가능성에 대하여 아무런 조치를 할 수 없음에 반하여 확률의 원리를 적용하면 오류를 범할 가능성에 대해서 알 수 있고 이를 조절할 수 있다. 이와 같이 확률의 원리를 이용해서 모집단에 대한 추측 또는 예상의 타당성을 추출할 표본에 의하여 평가하는 과정을 통계적 유의성검정이라 한다. 가설에 대한 예를 들면 다음과 같은 것들이 있다. 즉,

· 어떤 약은 특정 체내조직을 치료한다.
· 식이요법(diet)은 지능에 영향을 준다.
· 얼굴표정은 대인관계에 있어서 중요하다.
· 광고정책은 맥주판매량에 영향을 끼친다.
· 환경오염은 식물수명변동에 책임이 있다.
· 공부의 습관은 시험성적에 영향을 미친다.

위의 예들을 보면, '특정한 것'(체내조직, 지능, 대인관계 등등)이 '어떤 것'(약, 식이요법, 인상 등등)에 의해 어느 정도 영향을 받는가에 대한 믿음을 표현하고 있다. 이러한 모든 '특정한 것'과 '어떤 것'을 변수(variables)라고 한다.

각 실험에서 나타나는 변수들은 서로 다른 이름으로 부른다. 실험조작되는 변수는 독립변수라 부르고, 그리고 가정되는 변수는 실험조작변수에 따라 변하므로 종속변수라고 한다. 독립변수의 값은 실험의 변화에 따라 자유로이 변화하게 된다. 앞의 예에 대한 독립변수와 종속변수는 다음의 표와 같이 주어진다.

독립변수	종속변수
어떤 약	특정 유기조직체
다이어트	지능
얼굴표정	대인관계
광고정책	맥주판매량
환경오염	식물수명
공부습관	시험성적

어떤 특정 실험에서의 대부분의 변수는 종속적이거나 독립적이다. 예를 들면, 위의 마지막 예에서 학생의 공부습관은 시험성적에 영향을 미친다고 가정을 하고 있다. 그

러나 학생의 공부습관은 시험성적에 영향을 미친다고 가정을 하고 있다. 그러나 학생의 시험성적이 공부습관을 개선시키도록 한다는 것은 의심의 여지가 있다. 위에서 종속변수이었던 맥주판매량은 알코올 중독, 교통사고, 청량음료의 판매량 등에 대한 연구에서는 독립변수가 된다.

2 가설검정의 종류와 형태

1) 가설검정의 종류

범죄를 저질러 기소된 사람에 대한 비통계적인(nonstatistical) 예를 고려해보기로 하자. 이 사건은 법정에 계류 중에 있다. 유효한 증거에 근거하여 재판관은 다음의 두 가지 가능한 결정 중의 하나를 택할 것이다.

1. 그 사람은 죄가 없다. 2. 그 사람은 죄가 있다.

재판을 시작할 땐 그 사람은 죄가 없는 것으로 가정한다. 검사는 그 사람이 범죄를 저지른 것을 증명하려고 노력할 것이다. 그러므로 검사측에서 보면 그 사람은 죄가 있는 것이다. 이러한 예를 통계학적인 문제로 바꾸어 생각해 보자. 즉, "그 사람은 죄가 없다"를 귀무가설(null hypothesis)이라고 부르고 H_0로 나타낸다. 또한 "그 사람은 죄가 있다"를 대립가설(alternative hypothesis)이라 부르고 H_1으로 나타낸다. 이러한 법정의 문제에 대한 두 가설은 다음과 같이 나타낸다.

귀무가설 : H_0 → 그 사람은 죄가 없다.

대립가설 : H_1 → 그 사람은 죄가 있다.

이제 통계학적인 예를 들어 설명하기로 하자. 진공관을 생산하는 어느 진공관 제조업자는 그의 생산제품에 대한 수년간의 경험에 의해서 진공관 평균수명이 2,516시간임을 알았다. 그런데 특수한 공정에 의해 새로운 진공관이 개발되었는데, 이 새로 개발된 진공관의 평균수명(μ)이 예전의 진공관 평균수명인 2,516시간보다 클 것인지에 대해 알고자 한다. 즉, 진공관 제조업자는 다음과 같은 두 가지 주장에 대해 어느 것이 옳은지 결정하고자 한다.

$$H_0 : \mu \le 2,516 \qquad H_1 : \mu > 2,516$$

이 경우 H_0의 주장은 새로 개발된 진공관의 평균수명(μ)이 2,516시간을 넘지 않을 것이라는 것이고, H_1의 주장은 μ는 2,516시간보다 큰 값일 것이라는 것이다. 그런데 이들 가설을 채택 또는 기각하는 것이 가설의 검정이라고 하였는데 위에 제시된 가설, 예컨대 "$\mu \le 2,516$"이라는 가설을 채택한다는 것은 "$\mu > 2,516$"이라는 가설을 믿지 않는다는 뜻이며, "$\mu \le 2,516$"을 기각한다 함은 "$\mu > 2,516$"이라고 믿게 된다는 뜻을 내포하는 것이다. 따라서 앞에서 설명한 바와 같이 통상적으로 가설검정이란 미리 서로 상반되는 가설을 설정한 뒤에 표본정보를 이용하여 이 둘 중에서 하나를 선택하는 방법이다. 위의 예에서 새로운 주장에 해당하는 가설을 통계학에서는 대립가설이라고 하며, 이러한 새로운 주장이 타당한 것으로 볼 수 없을 때는 저절로 원상이나 현재 믿어지는 가설로 돌아가게 되는데 이 가설을 귀무가설이라 부른다.

2) 가설검정의 형태

통계청의 인구센서스자료에 의하면 평균가족수는 1995년에 3.27이었다. 한 경제학자는 이 평균이 1995년 이래로 변화하고 있는지의 여부에 대해서 조사하고자 하였다. 즉, 평균가족수가 1995년부터 몇 년 동안 증가하였거나 혹은 감소하였다면 어느 정도 변화되었는지를 알고자 하는 것이다. 이러한 경우는 양측가설을 사용한다. μ를 모든 가족에 대한 현재의 평균가족수라고 하자. 그러면 두 가지 가능한 의사결정은 다음과 같다.

1. 평균가족수는 변화가 없다. 즉, $\mu = 3.27$
2. 평균가족수는 변화하였다. 즉, $\mu \ne 3.27$

이 검정에 대한 가설을 귀무가설과 대립가설로 다음과 같이 나타낼 수 있다.

$$H_0 : \mu = 3.27 \qquad H_1 : \mu \ne 3.27$$

가설이 양측가설일지 그렇지 않으면 단측가설일지의 결정은 대립가설의 부호($\neq$)에 의하여 결정되어진다. 이번 예와 같이 대립가설이 같지 않은 부호($\neq$)를 갖는다면 가설은 양측가설이 된다. 그림 10.1에서 보는 바와 같이 양측가설검정은 두 개의 기각범위(분포곡선의 각 꼬리부분)를 갖는다.

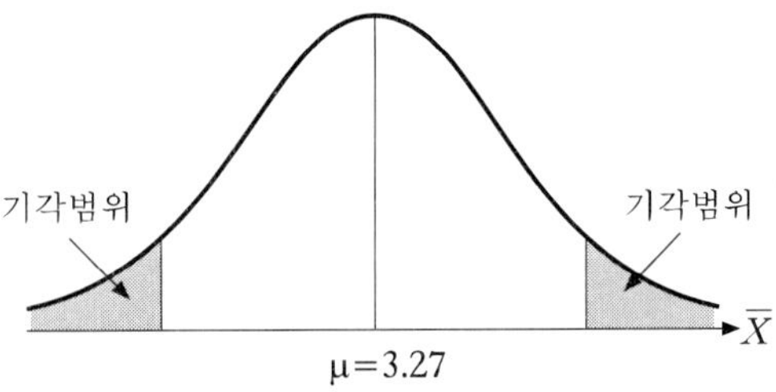

그림 10.1 • 양측가설검정

이번에는 앞의 예에서 인용한 평균가족수가 1995년 이후부터 줄어들고 있는 경우에는 어떤 가설을 적용해야 하는가? 이러한 경우는 하단단측가설(one side lower hypothesis)을 적용한다. 여기서 두 가지 가능한 의사결정은 다음과 같다.

1. 평균가족수는 변화가 없다. 즉, $\mu = 3.27$
2. 평균가족수는 감소하고 있다. 즉, $\mu < 3.27$

이 검정에 대한 가설을 귀무가설과 대립가설로 나타내면 다음과 같다.

$$H_0 : \mu = 3.27 \qquad H_1 : \mu < 3.27$$

대립가설이 작은부호(<)를 가질 때는 항상 가설은 하단단측가설이 된다. 그림 10.2에서 보는 바와 같이 하단단측가설에서의 기각범위는 분포곡선의 하단 꼬리에 있다.

가설검정의 세 번째의 형태를 설명하기 위하여 앞에서 인용한 예를 다음과 같이 변경하여 보자. 즉, 정부의 인구 증가정책에 따라서 1995년 이후부터 평균가족수가 증가하고 있는 경우에는 어떤 가설을 적용해야 하는가? 이번 경우에는 상단단측가설을 사용한다. 여기서 두 가지 가능한 의사결정은 다음과 같다.

1. 평균가족수는 변화가 없다. 즉, $\mu = 3.27$
2. 평균가족수는 증가하고 있다. 즉, $\mu > 3.27$

이 검정에 대한 가설을 귀무가설과 대립가설로 나타내면 다음과 같다.

$$H_0 : \mu = 3.27 \qquad H_1 : \mu > 3.27$$

대립가설이 큰 부호(>)를 가질 때는 항상 가설은 상단단측가설이 된다. 그림 12.3에서 보는 바와 같이 상단단측가설에서의 기각범위는 분포곡선의 상단꼬리에 있다.

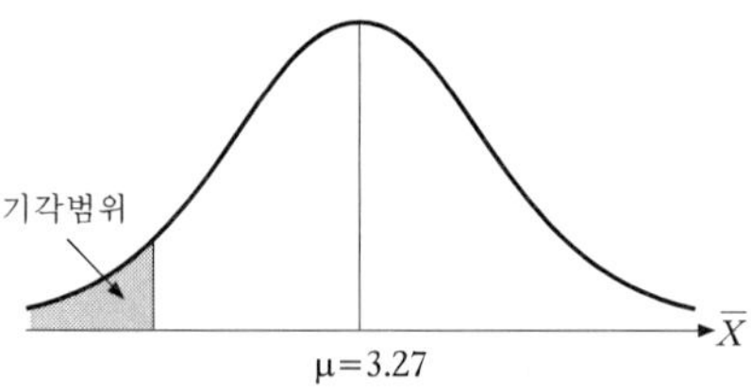

그림 10.2 • 하단단측가설

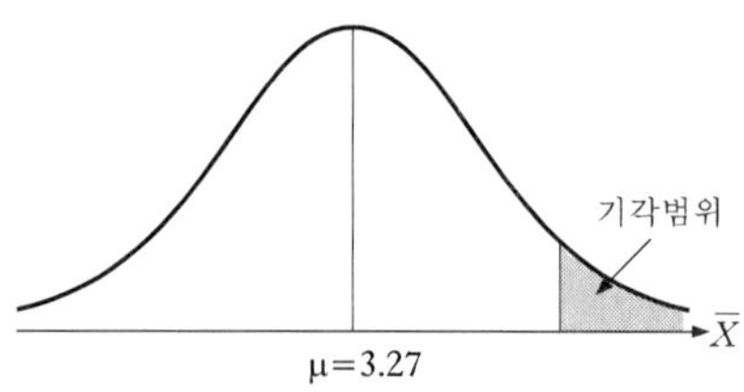

그림 10.3 • 상단단측가설

표 10.1 • 가설검정의 형태와 부호

	양측가설	하단단측가설	상단단측가설
귀무가설 H_0에서의 부호	=	= 혹은 ≥	= 혹은 ≤
대립가설 H_1에서의 부호	≠	<	>
기각범위	양쪽꼬리	하단꼬리	상단꼬리

표 10.1은 귀무가설 H_0와 대립가설 H_1에서의 부호와 가설검정의 형태와의 관계를 요약한 것이다. 여기서 우리가 유의해야 할 것은 귀무가설은 항상 같은 부호(=) 혹은 작거나 같은 부호(≤) 혹은 크거나 같은 부호(≥)를 갖고, 대립가설은 같지 않은 부호(≠) 혹은 보다 큰 부호(>)혹은 보다 작은 부호(<)를 갖는다는 점이다.

3 기각과 채택범위

법정에 관한 케이스를 나타낸 그림 10.4를 보면, "0"으로 표시된 점은 재판에 회부된 사람에 대해서 증거가 없다는 것을 의미한다. 이 점이 수평축의 오른쪽으로 멀리 가면 갈수록 그 사람은 범죄를 저질렀다는 혐의가 더욱 더 확실하게 되는 것이다. 우리는 수평축에 점 C를 임의로 표시할 수 있다.

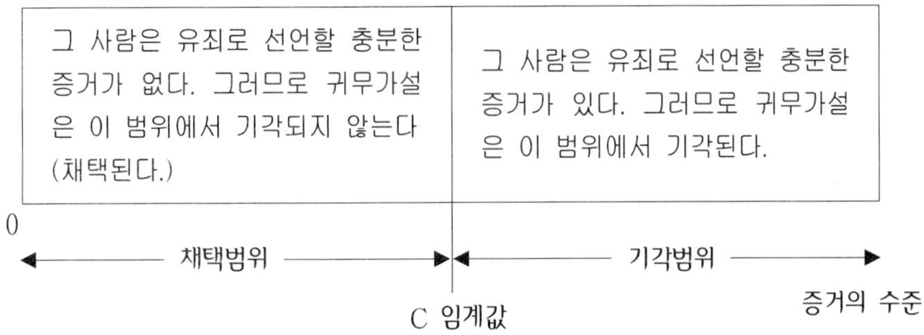

그림 10.4 • 법정케이스에 대한 기각범위와 채택범위

재판관이 점 C의 오른쪽의 많은 증거에 의해서 그 사람을 유죄로 선언하는 데 충분하다고 여기고 있으며 그리고 점 C의 왼쪽의 많은 증거에 의해서 그 사람은 유죄로 선언하는데 충분하지 않다고 가정하자. 점 C를 통계학에서는 임계값이라고 부른다. 만약 검사에 의해서 제시된 많은 증거가 점 C의 왼쪽범위에 포함되면 판결은 그 사람이 유죄라고 선언하기에는 충분한 증거가 없다고 내릴 것이다. 결과적으로 피고인은 유죄가 아니라고 선고받을 것이다. 이 결정을 통계학에서는 귀무가설 H_0를 기각하지 않는다고 말한다. 이것은 귀무가설을 거짓으로 선언하는 데 충분한 증거를 갖고 있지 않다고 말하는 것과 같다. 점 C의 왼쪽범위를 채택범위라 한다. 즉, 이것은 귀무가설이 기각되지 않은 범위이다. 그러나 점 C의 오른쪽범위에 많은 증거가 포함되면 판결은 그 사람을 유죄라고 선언하기에는 충분한 증거가 된다고 내릴것이다. 이 결정을 통계학에서는 귀무가설 H_0를 기각 혹은 귀무가설이 거짓이라고 말한다. 귀무가설 H_0를 기각한다는 것은 대립가설이 참이라고 말하는 것과 같다. 점 C의 오른쪽

범위를 기각범위라 부르고 이것은 귀무가설을 기각하는 범위가 된다.

지금까지 설명한 내용을 가설검정의 형태에 적용하여 설명하면 다음과 같다. 우선 표본평균의 표본분포는 중심극한정리에 의해서 정규분포를 한다고 가정한다.

첫째로 대립가설이 양측가설일 때의 기각범위와 채택범위는 그림 10.5와 같다. 여기서 기각범위란 귀무가설 H_0를 버리도록 해주는 것을 말하며 채택범위는 귀무가설 H_0를 취하도록 해주는 것을 말한다. 그리고 임계값은 채택범위로부터 기각범위를 구별시켜 주는 점을 의미한다. 둘째로 대립가설이 하단단측가설일 때의 기각범위와 채택범위는 그림 10.6과 같다. 셋째로 대립가설이 상단단측가설일 때의 기각범위와 채택범위는 그림 10.7과 같다.

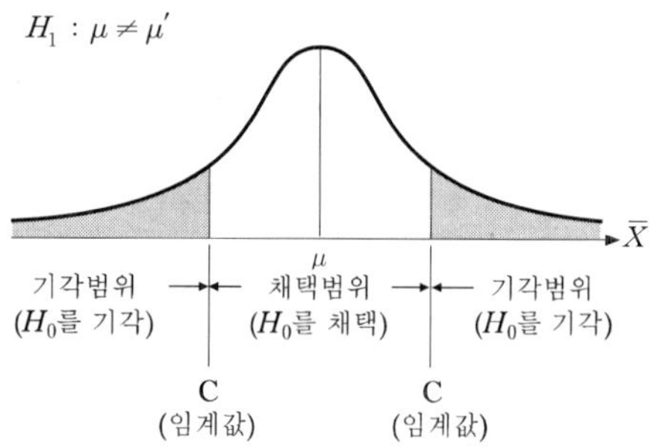

그림 10.5 • 양측가설의 기각범위

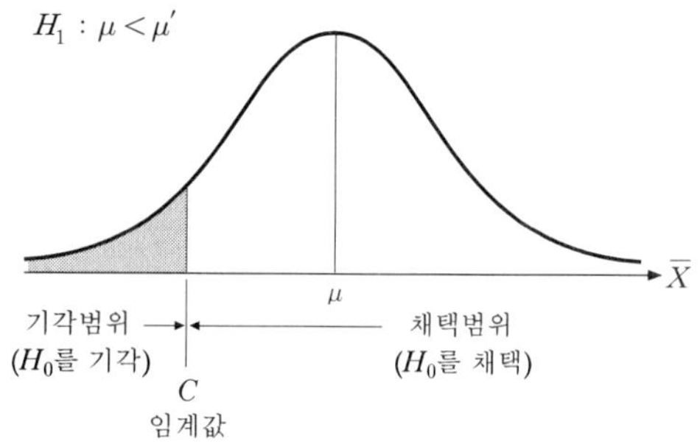

그림 10.6 • 하단단측가설의 기각범위

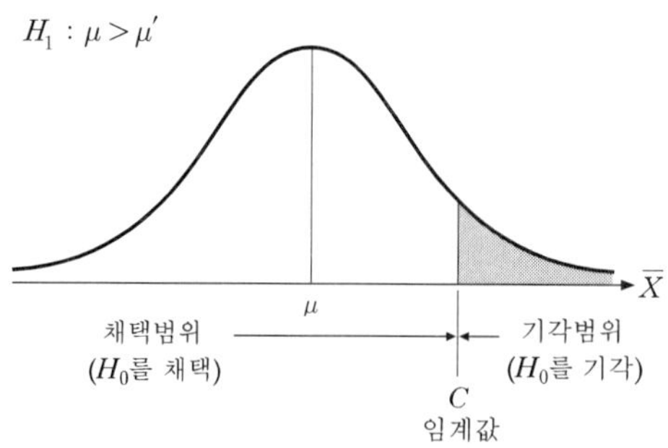

그림 10.7 • 상단단측가설의 기각범위

4 가설검정의 오류

법정의 판결이 항상 올바른 것만은 아니다라는 것을 우리는 알고 있다. 한사람이 재판에서 유죄를 선고받으면 다음과 같은 두 가지의 가능성이 있다.

1. 그 사람은 죄를 범하지 않았지만 유죄를 선고받았다(거짓증거에 의해서).
2. 그 사람은 죄를 범했고 그래서 정당하게 유죄를 선고받았다.

첫 번째의 경우에 법정은 무죄인 사람을 벌을 줌으로써 오류를 범하게 되었다. 이러한 경우를 통계학에서는 제 1종 오류(type I error) 혹은 α오류라고 한다. 두 번째의 경우는 유죄인 사람이 벌을 받았기 때문에 법정은 올바른 판결을 내린 것이다. 표 10.2는 두 가지의 가능성에 대하여 요약한 것이다. 표 10.2의 두 열에는 두 가지의 실제현상이 주어져 있다. 즉, 무죄인 경우와 유죄인 경우이다. 이들 중의 한 가지가 사실이라는 것은 재판에 계류 중인 그 사람만이 알고 있다. 그리고 이 표의 두 행에는 두 가지 가능한 법정의 판결을 나타낸 것이다. 즉, 무죄인 경우와 유죄인 경우이다.

표 10.2 • 실제현상과 법원의 결정

		실 제 현 상	
		무죄인 경우	유죄인 경우
법정의 결정	무죄인 경우	올바른 결정	제 II종 오류; β오류
	유죄인 경우	제 I종 오류; α오류	올바른 결정

이제 통계학 측면에서 설명하기로 하자.

통계적 가설검정에는 항상 표본정보를 이용하게 되는데, 이 때 표본추출시 발생할 수 있는 확률적 변동으로 인해 항상 오류를 범할 가능성이 있다. 왜냐하면 귀무가설 H_0와 대립가설 H_1 중 하나를 선택해야 하기 때문이다. 그리고 이러한 오류에는 제 I종 오류와 제 II종 오류가 있다. 즉, 귀무가설 H_0가 옳음에도 불구하고 귀무가설 H_0를 선택하게 되는 오류를 제 II종 오류(type II error)라고 한다. 이러한 관계를 앞의 예제를 들어 설명하기로 한다. 즉, 새로 개발된 진공관의 평균수명 μ에 대해 다음 형태의 가설을 설정한다.

$$H_0 : \mu \leq 2{,}516 \qquad\qquad H_1 : \mu > 2{,}516$$

이 경우 제 I종 오류는 실제로 $\mu \leq 2{,}516$(H_0가 참)인데도 불구하고 $\mu > 2{,}516$이라고 결정하는 데서 야기되고, 제 II종 오류는 실제로 $\mu > 2{,}516$(H_1이 참)인데도 불구하고 $\mu \leq 2{,}516$이라고 결정하는 데서 야기된다.

표 10.3 • 두 종류의 오류

		실 제 현 상	
		H_0가 사실($\mu \leq 2{,}516$)	H_0가 거짓($\mu > 2{,}516$)
표본을 기초로 한 의사결정	H_0를 채택($\mu \leq 2{,}516$)	올바른 결정	잘못된 결정 (제 II종 오류; β)
	H_0를 기각($\mu > 2{,}516$)	잘못된 결정 (제 I종 오류; α)	올바른 결정

이상의 설명은 위의 표 10.3과 같이 정리할 수 있다. 분명한 사실은 H_0가 참인지 거짓인지가 알려져 있지 않다는 것이다. 이러한 불확실성 아래서 기각하거나 아니거나 하나의 결정을 내려야 하며 따라서 한 종류의 오류는 필연적으로 범하게 되는 것이다.

가설 H_0와 H_1 중 하나를 선택해야 하는 과정에서 특히 중요한 것은 두 종류의 오류, 즉 제 I종 및 제 II종 오류를 범할 확률은 잘못된 결정을 내리는 위험률로 생각할 수 있다. 따라서 특히 제 I종 오류를 범할 확률은 유의수준(level of significance)이라 하고 α로 표기한다. 즉, 유의수준 α는 다음과 같이 기술된다.

$$\alpha = P(\text{I종 오류}) = P(H_0\text{를 기각} \mid H_0\text{가 사실})$$

그리고 제 II종 오류를 범할 확률은 β로 표기되며 다음과 같이 기술할 수 있다.

$$\beta = P(\text{II종 오류}) = P(H_0\text{를 채택} \mid H_0\text{가 거짓})$$

가설 검정에서 발생되는 두 종류의 오류 α와 β 수준은 어떻게 결정할 것이며 또는 어느 정도 인정할 수 있는 검정을 실시할 것인지, 그리고 어떻게 하면 이들 오류의 가능성을 축소시킬 수 있는지 하는 것이 문제이다. 물론 표본의 크기 n을 증가시키면 α뿐만 아니라 β까지 감소시킬 수 있으나, 이 때에는 동시에 증대되는 비용문제가 고려되어야 할 것이므로 일단 표본크기가 고정되어 있다고 가정하기로 한다. 그러면 주어진 표본 규모 아래에서 α의 감소는 β의 증가로 나타나므로 두 오류수준 중 어느 것에 우선적인 배려를 해야 하는지에 관한 어떤 판단기준의 설정이 필요하다.

우선 α에 대한 값을 임의로 선정(1%, 5%, 10% 등)한 뒤 β를 최소화시킬 수 있는 임계값을 선택하는 것이 일반적이다. 다시 말하면 귀무가설이 실제로는 사실인데도 불구하고 이를 기각하게 될 위험수준을 중요시하여 제 I종 오류(α)를 먼저 임의선정 후 β의 크기를 고려한다는 것이다.

제 I종 오류의 수준을 나타내는 α값은 연구자가 사실인 귀무가설을 부당하게 기각하는 가능성을 대변하는 것이며 이 가능성은 상당히 중요한 의미를 가질 수도 있다.

예를 들어 유의수준 5%라는 것은 원칙적으로 기각할 것을 예상해서 세운 가설을 기각한다 해도 그것에 의한 오차는 5% 이하임을 의미한다. 바꾸어 말하면 귀무가설이 정당함에도 불구하고 그것을 기각함으로써 과오를 범할지도 모를 위험을 100회 중 5회까지는 인정해도 좋다는 것을 의미한다.

예제 10.1

뇌파를 측정하는 새로운 형태의 거짓말 탐지기는 노스웨스턴(Northwestern) 대학교의 신경생물학 교수에 의하여 개발되었다. "거짓말 탐지기는 아마도 결백한 사람을 거짓으로 죄를 씌우지 않는다. 그리고 그것은 유죄인 사람 중에 70%에서 90%까지를 골라냈다"고 그는 말하였다. 이 거짓말 탐지기의 결과는 형사재판에서 증거로써 채택되었다고 가정하자. 그리고 다음 두 가지 가설의 결정에 대한 유일한 근거가 되었다고 하자.

H_0: 피고인은 결백하다. H_1: 피고인은 유죄이다.

이 상황에서 제 I종 오류는 결백한 사람을 죄가 있는 것으로 간주한다. 즉, 사실로 귀무가설이 참(true)일 때 결백하다는 귀무가설을 기각함으로써 생기는 오류를 의미한다. 제 II종 오류는 유죄인 사람을 결백한 것으로 간주한다. 즉, 사실로 귀무가설이 거짓일 때 결백하다는 귀무가설을 기각하지 않으므로서 생기는 오류를 의미한다. 만약 거짓말 탐지기의 개발자는 그가 말한 것이 맞다면 제 I종 오류, 즉 α의 확률은 거의 0이고 제 II종 오류, 즉 β의 확률은 0.1과 0.3 사이가 된다.

5 가설검정 과정

가설검정이란 모집단의 모수에 대하여 사전에 설정된 가설이 주어진 확률범위 내에서 타당성을 지니고 있는가를 사후적으로 분석하는 과정이다. 따라서 가설검정에 쓰이는 일반적인 과정은 다음과 같다.

① 가설의 설정
② 검정통계량의 결정
③ 임계값의 결정
④ 검정통계량값의 계산
⑤ 통계적 결정과 해석

하나의 예를 들어서 각 단계를 설명하기로 한다.

어느 대학의 모든 학생의 평균 I.Q가 120이라고 하는데 다른 이들은 120과는 다르다고 주장했다. 그런데 과연 120과 다르다는 주장자들은 120보다 더 높은지 낮은지를 모르고 있다. 여기에 우리가 알고자 하는 사실은, 이 I.Q가 표준편차 σ가 5.4이고 정규분포를 한다고 할 때 임의의 표본 $n=36$명의 학생 I.Q를 조사하여 과연 평균이 120인지 아닌지를 검정하고자 하는 것이다. 여기서 유의수준은 5%이다. 이런 경우 각 단계를 위의 예와 연결시켜 설명하면 다음과 같다.

1) 가설의 설정

우리가 든 예에서 어느 대학의 모든 학생들의 평균 I.Q가 120이라고 할 경우 이 사실의 진위여부를 검정하기 위해 이 가설을 귀무가설로 다음과 같이 설정한다. 즉,

$$H_0 : \mu = 120$$

위의 귀무가설 H_0에 대해 우리는 다음과 같은 세 가지 형태의 대립가설을 설정할 수 있다.

① 학생들의 평균 I.Q가 120이 아니다 → $H_1 : \mu \neq 120$

② 학생들의 평균 I.Q가 120보다 높다 → $H_1 : \mu > 120$

③ 학생들의 평균 I.Q가 120보다 낮다 → $H_1 : \mu < 120$

그런데 위에서 설명한 귀무가설 $H_0 : \mu = 120$이 사실이라고 가정할 때 사용할 수 있는 표본평균의 분포는 대표본일 경우에 중심극한정리에 의해서 정규분포를 이루게 된다.

따라서 이 표본분포에서 각 대립가설의 형태를 그림으로 나타내면 그림 10.8과 같다.

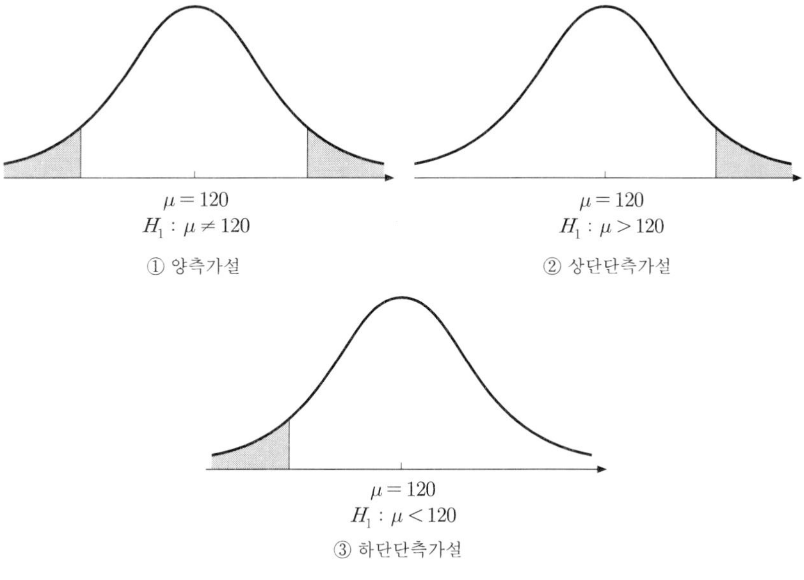

그림 10.8 • 각 대립가설의 형태

2 검정통계량의 결정

검정통계량이란 가설검정에 사용되는 통계량을 의미한다. 표본의 크기가 크기 때문에($n > 30$) $\bar{x}$의 표본분포는 근사적으로 정규분포를 한다. 결과적으로 이 검정을 하기 위하여 정규분포를 이용한다.

$$Z = \frac{\bar{x} - \mu}{\sigma / \sqrt{n}}$$

μ는 귀무가설하에서 앞에서 설명되어진 모평균 μ의 값이고 확률변수 Z는 이 예에 있어서는 검정통계량이라 한다.

3 임계값의 결정

유의수준은 0.05이다. 대립가설에서의 부호 $\neq$는 이 검정이 두 개의 기각범위를 갖는 양측검정이라는 것을 의미한다. 두 개의 기각범위의 전체면적은 0.05이기 때문에, 각 꼬리의 기각범위의 면적은 0.025가 된다. 그림 12.9에 이들 면적이 그려져 있다. 정규분포의 기각범위의 면적을 이용하여 두 개의 임계값에 대한 Z값을 구하면 다음과 같다. 즉, 그림 10.9에서 보는 바와 같이 $Z_{0.95} = 1.96$이다.

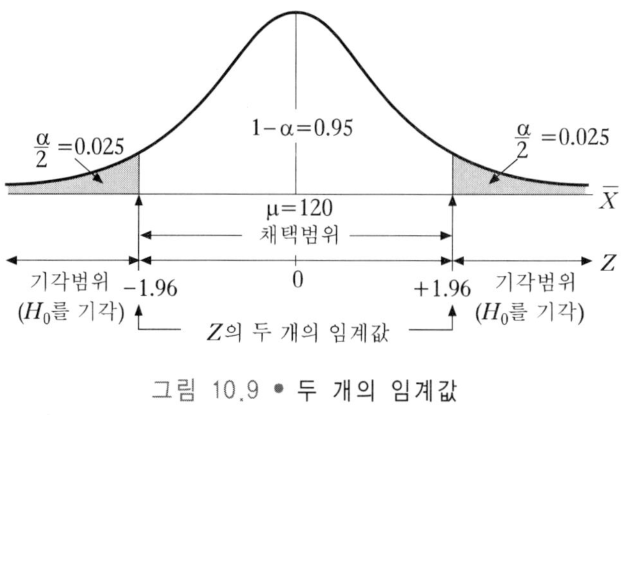

그림 10.9 • 두 개의 임계값

4 검정통계량값의 계산

표본이 큰 경우에 모평균 μ에 관한 가설검정에서 표본평균 $\overline{x}$에 대한 검정통계량 Z의 값은 다음과 같이 계산된다.

$$Z = \frac{\overline{x} - \mu_0}{\sigma_{\overline{x}}} \ (\sigma\text{를 알고 있으면}) \qquad Z = \frac{\overline{x} - \mu_0}{s_{\overline{x}}} \ (\sigma\text{를 모르고 있으면})$$

여기에서 $\sigma_{\overline{x}} = \sigma/\sqrt{n}$이며 $s_{\overline{x}} = s/\sqrt{n}$이다. 표본에서 나온 결과가 $n = 36$, $\overline{x} = 118$이며 표준편차 σ는 5.4이다. 따라서 검정통계량 Z값을 계산하면

$$Z = \frac{\overline{x} - \mu}{\sigma/\sqrt{n}} = \frac{118 - 120}{5.4/\sqrt{36}} = -2.22$$

이다.

5 통계적 결정과 해석

검정통계량의 값과 임계값을 비교하면 검정통계량의 값이 -2.22로 임계값 -1.96보다 작다. 그림 10.10에서 보는 것처럼 대립가설이 양측검정 $H_1 : \mu \neq 120$일 때 검정통계량의 값 $Z = -2.22$는 기각범위에 속해 있다. 따라서 $\mu = 120$이라는 귀무가설을 기각할 충분한 증거가 있다고 볼 수 있다.

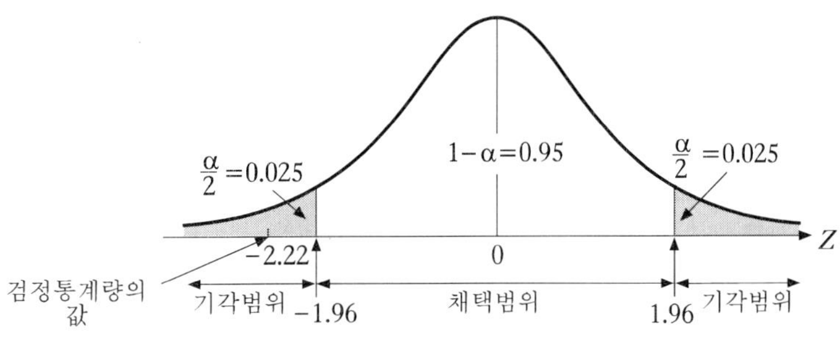

그림 10.10 • 예의 기각범위와 채택범위

6 모평균의 가설검정

표본의 크기 n이 $n>30$인 대표본에 있어서는 그 표본평균을 $\bar{x}$, 모평균을 μ, 모표준편차가 σ라 알려져 있다면 앞에서 설명했던 바와 같이 확률변수

$$Z=\frac{\bar{x}-\mu}{\sigma/\sqrt{n}}$$

는 중심극한정리에 의해서 근사적으로 $N(0,\ 1)$인 표준정규분포를 하므로 표본평균 $\bar{x}$와 모평균 μ와의 유의차를 정규분포를 사용하여 검정할 수 있다.

그리고 모표준편차 σ를 모를 경우 표본의 크기가 큰 경우에는 표본표준편차 s를 사용하여 다음의 통계량을 적용한다.

$$Z=\frac{\bar{x}-\mu}{s/\sqrt{n}}$$

예제 10.2

단위면적당 쌀 생산량이 300kg인 지역으로부터 36호의 농가를 임의추출하여 그 평균생산량을 조사한 결과 272kg이었다. 이 지역의 단위면적당 쌀 생산량의 모평균을 300kg이라고 해도 좋은가? 단, 모표준편차는 42kg이고 유의수준은 5%이다.

풀이...

(i) 가설의 설정

H_0: 표본평균과 모평균과의 차가 없다.

H_1: 표본평균과 모평균과의 차가 있다.

(ii) 검정통계량의 결정

표본의 크기가 크기 때문에($n > 30$), $\bar{x}$의 표본분포는 근사적으로 정규분포를 한다. 따라서 검정을 하기 위하여 정규분포를 사용한다. $\bar{x}$의 표준화확률변수는 다음과 같다.

$$Z = \frac{\bar{x} - \mu}{\sigma / \sqrt{n}}$$

(iii) 임계값의 결정

유의수준 α가 0.05이고 정규분포를 하므로 임계값은 그림 10.11에서 보는 바와 같이 양측검정인 경우에는 ± 1.96이다.

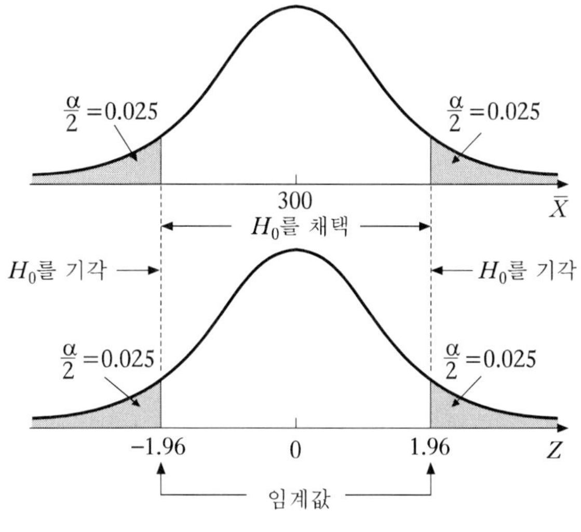

그림 10.11 ● 예제 10.2의 임계값

(iv) 검정통계량값의 계산

$n = 36$, $\sigma = 42$, $\mu = 300$이므로 구하고자 하는 검정통계량은 다음과 같다.

$$Z = \frac{272 - 300}{42 / \sqrt{36}} = -4.0$$

(v) 통계적 결정과 해석

$Z = -4.0 < -1.96$이므로 귀무가설 H_0를 기각한다. 이는 유의수준이 5% 이하에서는 이 지역의 단위면적당 평균생산량은 300kg이 아니다. 보다 적극

적으로는 이 지역의 쌀 평균생산량은 5%의 유의수준을 각오하면 300kg 이하라고 말할 수 있다.

※ R 프로그램을 이용한 예제 풀이

```
# 검정통계량 값을 계산합니다.(barx(표본평균) mu(모평균)
  sigma(모표준편차) n(표본크기))
Zf=function(barx,mu,sigma,n){
      Z=(barx-mu)/(sigma/sqrt(n)) # 검정통계량
      print(Z) # 검정통계량값을 출력
}

# 함수에 각 값을 입력해줍니다.
Zf(272,300,42,36) (-4)
```

7 소표본에서의 모평균의 가설검정

정규모집단 $N(\mu,\ \sigma^2)$으로부터 크기 $n(n<30)$인 임의표본을 추출하여 그 표본평균 $\bar{x}$, 표본표준편차를 s라 하면

$$t=\frac{\bar{x}-\mu}{\frac{s}{\sqrt{n}}}$$

는 자유도 $n-1$인 t-분포를 한다. 따라서 모평균에 대한 가설검정을 실시함에 있어서 소표본을 사용할 경우에는 위의 t-통계량을 검정통계량으로 사용한다.

그러므로 유의수준을 α라 하고 표본으로부터 계산된 검정통계량을 t라 할 때 각 대립가설에 따른 기각조건은 다음과 같다.

① 양측검정	$H_1: \mu \neq \mu_0$	$\rightarrow$ $t<-t_{\alpha/2}$ 혹은 $t>t_{\alpha/2}$
② 상단단측검정	$H_1: \mu > \mu_0$	$\rightarrow$ $t>t_{\alpha}$
③ 하단단측검정	$H_1: \mu < \mu_0$	$\rightarrow$ $t<-t_{\alpha}$

또한, 이와 같은 기각조건을 그림으로 나타내면 그림 10.12와 같다.

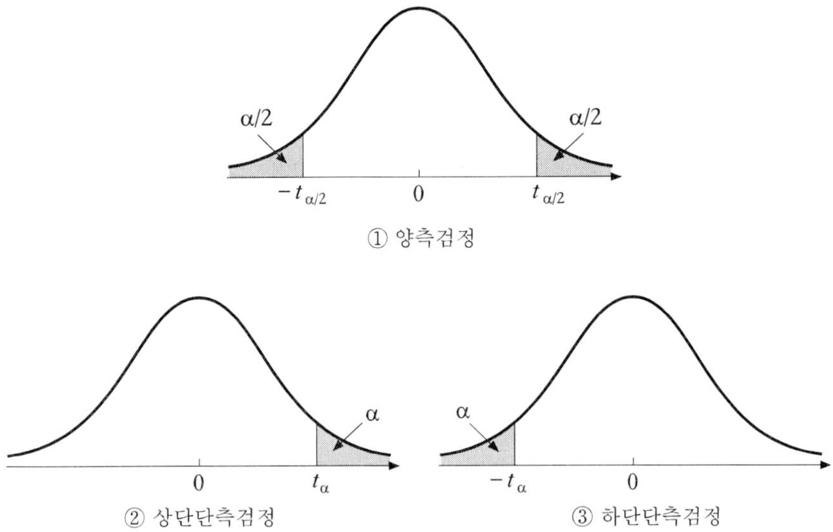

그림 10.12 • t분포의 검정종류

예제 10.3

우리나라의 주요기업의 임원들의 평균나이가 1995년에 48세였다. 최근에 주요기업의 임원들 중에서 임의로 25명을 추출하여 조사한 결과 평균나이는 46세이고 표준편차는 5세이다. 모든 기업의 임원들의 나이가 근사적으로 정규분포를 한다고 가정한다. 유의수준 1%를 이용하여 주요기업의 모든 임원들에 대한 현재의 나이는 1995년의 것과 다르다고 결론을 내릴 수가 있는지를 검정하시오.

풀이...

(i) 가설의 설정

$$H_0 : \mu = 48 \quad \text{vs.} \quad H_1 : \mu \neq 48$$

(ii) 검정통계량의 결정

표본의 크기가 크기 때문에 $(n > 30)$ 모집단은 근사적으로 정규분포를 한다.

그러나 모표준편차 σ를 모르므로 t분포를 검정통계량으로 사용한다.

$$t = \frac{\overline{X} - \mu}{s/\sqrt{n}}$$

(iii) 임계값의 결정

양측검정이고 유의수준은 0.01이다. 결과적으로 그림 10.13에서 보는 바와 같이 두 개의 기각범위의 총면적은 0.01이다. t분포의 각 꼬리부분에서의 기각범위의 면적은

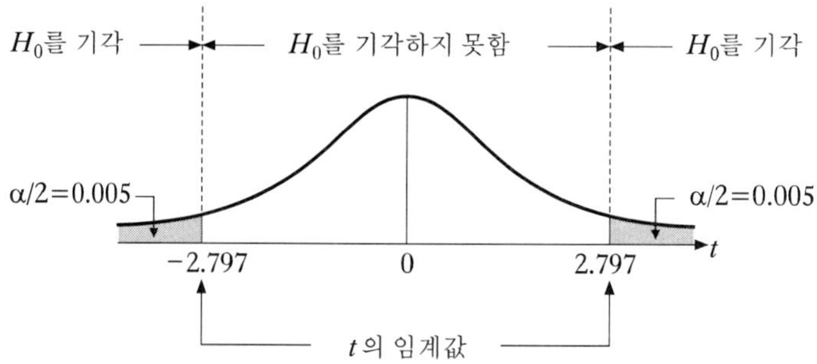

그림 10.13 • 예제 10.7의 기각범위

$\alpha/2 = 0.01/2 = 0.005$이다. t분포의 임계값을 구하기 위해서는 자유도를 알아야 한다. μ에 관한 가설검정에서 t분포의 자유도는

$$df = n - 1 = 25 - 1 = 24$$

이다. t분포표로부터 자유도 24와 각 꼬리의 면적 0.005에 대한 임계값은 -2.797과 2.797이다.

(iv) 검정통계량값의 계산

$n = 25$, $\overline{x} = 46$ 그리고 $s = 5$에서 $\overline{x} = 46$에 대한 검정통계량의 값을 계산하면 다음과 같다.

$$t = \frac{\overline{X} - \mu}{s/\sqrt{n}} = \frac{46 - 48}{5/\sqrt{25}} = -2.0$$

(v) 통계적 결정과 해석

검정통계량의 값($t = -2.0$)이 두개의 임계값(-2.797~2.797) 사이에 있게 되므로 귀무가설 H_0를 기각할 수 없다. 따라서 주요기업의 임원에 대한 현재의 나이는 1995년의 것과 다르지 않다고 할 수 있다.

※ R프로그램을 이용한 예제 풀이

```
# 검정통계량 값을 계산합니다.(barx(표본평균) mu(모평균)
  s(표본표준편차) n(표본크기))
Tf=function(barx,mu,s,n){
    T=(barx-mu)/(s/sqrt(n)) # 검정통계량
    print(T) # 검정통계량값을 출력
}

#각 값을 입력해줍니다.
Tf(46,48,5,25) (-2)
```

8 모비율의 가설검정

우리는 가끔 모비율에 관한 가설검정을 해야 할 경우가 있다. 예를 들면 통신판매(mail-order) 회사는 주문을 받은 모든 주문서의 90%는 72시간 이내에 수송된다고 주장한다. 이 회사의 품질관리부는 때때로 이 주장이 사실인지의 여부를 점검하고자 한다. 또 다른 예를 들면 화장품회사는 모든 남성의 25%가 면도 후에 자기의 화장품을 사용한다고 주장한다. 경쟁회사는 이 주장이 사실인지의 여부를 점검하고자 할 것이다.

표본이 큰 경우에 모비율 p에 관한 가설검정을 수행하기 위한 절차를 설명하기로 하자. 가설검정의 절차는 앞에서 설명한 모평균에 대한 가설검정과 여러 가지 면에서 유사하다. 표본의 크기가 클 때 표본비율 $\hat{p}$는 평균이 p이고 표준편차가 $\sqrt{pq/n}$인 근사적인 정규분포를 한다. 그러므로 표본이 큰 경우에 모비율 p에 관한 가설검정을 수행하기 위해서 정규분포를 이용한다.

표본비율 $\hat{p}$에 대한 검정통계량 Z의 값은 다음과 같다.

$$Z = \frac{\hat{p} - p_0}{\sqrt{p(1-p_0)/n}}$$

예제 10.4

죽염치약의 사장은 1995년 1년 동안 판매된 치약 중에서 죽염치약이 전체시장의 31.2%를 차지한다고 주장하였다. 그러나 경쟁회사의 기획조사부에서 조사한 바에 의하면 죽염치약에 의해서 차지하고 있는 현재의 시장점유율은 31.2%와는 다르다고 주장하였다. 즉, 400명의 표본을 임의로 추출하여 조사한 결과 이들 중에 29%가 죽염치약을 사용하고 있다. 유의수준 1%를 이용함으로써, 죽염치약의 현재의 시장점유율이 1995년의 것과 다르다고 결론을 내릴 수 있겠는가?

풀이...

(i) 가설의 설정

$$H_0 : p = 0.312 \quad \text{vs.} \quad H_1 : p \neq 0.312$$

(ii) 검정통계량의 결정

np와 nq의 값은 $np = 400 \times 0.312 = 124.8$, $nq = 400 \times 0.688 = 275.2$이다. np와 nq가 모두 5보다 크기 때문에 표본의 크기는 크다고 할 수 있다. 그러므로 정규분포를 이용하게 된다. 검정통계량은

$$Z = \frac{\hat{p} - p_0}{\sqrt{p_0 q_0 / n}}$$

(iii) 임계값의 결정

양측검정이고 유의수준이 0.01이므로 $Z_{0.005}$와 $Z_{0.995}$를 표준정규분포표에 의하여 구하면 임계값은 ± 2.58이다. 그림 10.20에서 보는 바와 같이 확률표본으로부터 계산된 검정통계량의 값이 2.58보다 크거나 -2.58보다 작으면 귀무가설 H_0를 기각한다.

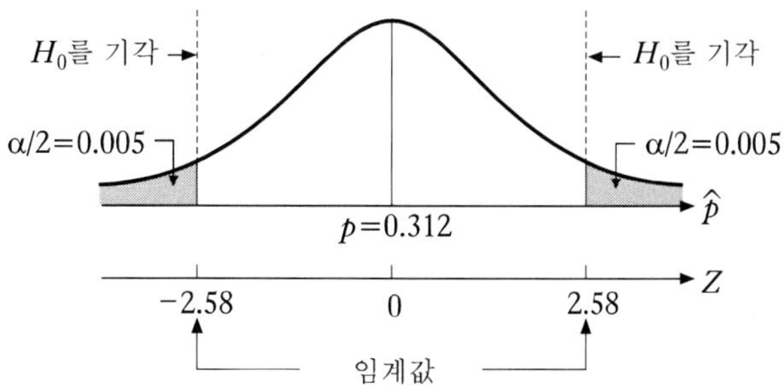

그림 10.14 • 예제 10.8의 기각범위

(iv) 검정통계량값의 계산

$$n = 400,\quad p_0 = 0.312,\quad q_0 = 0.688$$

$\hat{p} = 0.29$에 대한 검정통계량 Z의 값은

$$\sigma_{\hat{p}} = \sqrt{\frac{p_0 q_0}{n}} = \sqrt{\frac{0.312 \times 0.688}{400}} = 0.0232$$

$$Z = \frac{\hat{p} - p_0}{\sigma_{\hat{p}}} = \frac{0.29 - 0.312}{0.0232} = -0.95$$

이다.

(v) 통계적 결정과 해석

$\hat{p}$에 대한 검정통계량의 값(-0.95)이 임계값 -2.58과 2.58 사이에 있게 된다. 그러므로 귀무가설 H_0를 기각하지 못한다. 죽염치약의 현재 시장점유율이 31.2%와는 다르지 않다고 결론을 내릴 수 있다.

※ R 프로그램을 이용한 예제 풀이

```
# 검정통계량 값을 계산합니다.(phat(표본비율) p(모비율) n(표본크기))
Pf=function(phat,p,n){
    Z=(phat-p)/sqrt((p*(1-p))/n)
    print(Z)
}

# 각 값을 입력해줍니다.
Pf(0.29,0.312,400) (-0.9496885)
```

예제 10.5

기계가 정상적으로 작동이 될 때 계산기의 칩을 생산하는 기계는 4% 이하의 불량품칩을 생산한다. 이 기계가 4% 이상의 불량품인 칩을 생산할 때에는 그 기계를 정비해야 한다. 기계가 정상적으로 작동되고 있는가를 검사하기 위하여 품질관리부는 가끔 표본을 추출하여 그것들이 우량품인지 혹은 불량품인지를 검사하고 있다. 최근에 생산라인으로부터 200개의 표본을 추출하여 조사한 결과 14개의 불량품칩이 포함되어 있었다. 유의수준 5%에서 그 기계를 정비해야 되는지의 여부에 대하여 검정하시오.

풀이...

(i) 가설의 설정

$$H_0 : p \le 0.04 \text{ (그 기계는 정비가 필요하지 않다.)}$$
vs.
$$H_1 : p > 0.04 \text{ (그 기계는 정비가 필요하다.)}$$

(ii) 검정통계량의 결정

np_0와 nq_0의 값은

$$np_0 = 200 \times 0.04 = 8 > 5, \qquad nq_0 = 200 \times 0.96 = 192 > 5$$

이다. 표본의 크기가 크므로(np_0>5, nq_0>5) 정규분포를 이용한다. 따라서 검정통계량은 다음과 같다.

$$Z = \frac{\hat{p} - p_0}{\sqrt{p_0 q_0 / n}}$$

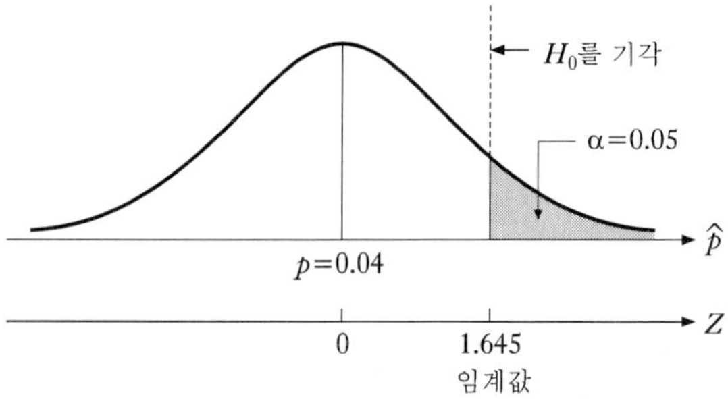

그림 10.15 ● 예제 10.9의 기각범위

(iii) 임계값의 결정

유의수준이 0.05이고 대립가설에 의해서 상단단측가설을 한다. 따라서 표준정규분포표로부터 $Z_{0.005}$의 임계값은 그림 10.21에서 보는 바와 같이 1.645이다.

(iv) 검정통계량값의 계산

$$n = 200, \quad \hat{p} = 14/200 = 0.07, \quad \alpha = 0.05$$

$$Z = \frac{\hat{p} - p_0}{\sqrt{\dfrac{p_0 q_0}{n}}} = \frac{0.07 - 0.04}{\sqrt{\dfrac{0.04 \times 0.96}{200}}} = 2.16$$

(v) 통계적 결정과 해석

검정통계량의 값(2.16)이 임계값(1.645)보다 크므로 귀무가설 H_0를 기각한다. 따라서 표본정보에 의하면 이 기계는 정비가 필요하다고 결론을 내릴 수 있다.

※ R프로그램을 이용한 예제 풀이

```
# 검정통계량 값을 계산합니다.(phat(표본비율) p(모비율) n(표본크기))
Pf=function(phat,p,n){
Z=(phat-p)/sqrt((p*(1-p))/n) # 검정통계량
   print(Z) # 검정통계량값을 출력
}

# 각 값을 입력합니다.
Pf(14/200,0.04,200) (2.165064)
```

예제 10.6

통계청의 조사에 의하면 전국적인 실업률이 7.8%라고 한다. 한 도시의 사회조사단체에서 취업적령의 사람들 중 1,600명을 임의추출하여 조사한 결과 96명이 실업자였다. 이 도시의 실업률이 전국의 실업률보다 낮다고 주장할 수 있는가? 유의수준 1%에서 검정하시오.

풀이...

(i) 가설의 설정

$$H_0 : p \geq 0.078 \quad \text{vs.} \quad H_1 : p < 0.078$$

(ii) 검정통계량의 결정

표본의 크기 n이 크므로 양측검정의 경우와 마찬가지로 다음의 검정통계량을 적용한다.

$$Z = \frac{\hat{p} - p_0}{\sqrt{p_0 q_0 / n}}$$

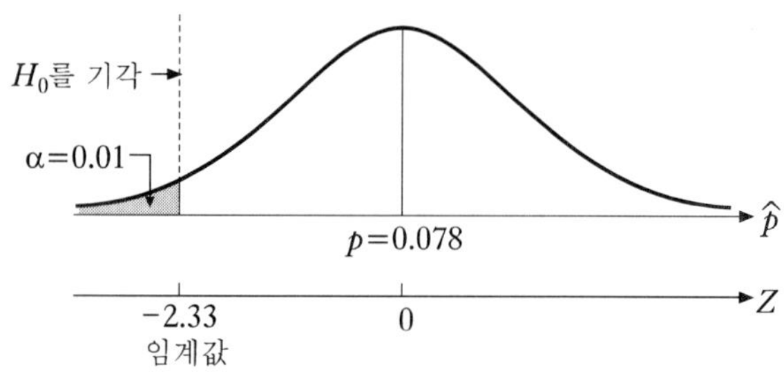

그림 10.16 • 예제 10.10의 기각범위

(iii) 임계값의 결정

대립가설에 의하여 하단단측가설이고 유의수준은 0.01이다. 따라서 정규분포표로부터 그림 10.16에서 보는 바와 같이 $Z_{0.01} = -2.33$이다.

(iv) 검정통계량값의 계산

$$n = 1{,}600, \quad \hat{p} = 96/1{,}600 = 0.06, \quad \alpha = 0.05$$

$$Z = \frac{\hat{p} - p_0}{\sqrt{\frac{p_0 q_0}{n}}} = \frac{0.06 - 0.078}{\sqrt{\frac{0.06 \times 0.94}{1{,}600}}} = 2.16$$

(v) 통계적 결정과 해석

검정통계량의 값(-2.69)이 임계값보다 작으므로 귀무가설 H_0를 기각한다.

즉, 유의수준 1%에서 이 도시의 실업률은 전국의 실업률보다 낮다고 할 수 있다.

※ R 프로그램을 이용한 예제 풀이

```
# 검정통계량 값을 계산합니다.(phat(표본비율) p(모비율) n(표본크기))
Pf=function(phat,p,n){
Z=(phat-p)/sqrt((p*(1-p))/n) # 검정통계량
    print(Z) # 검정통계량값을 출력
}

# 각 값을 입력합니다.
Pf(96/1600,0.078,1600) (-2.684848)
```

연습문제 10

1 가설검정은 항상 다음 중에서 어떤 것을 추론하는 것인가?

ⓐ 모집단 모수　ⓑ 표본통계량　ⓒ 검정통계량

2 제 I종의 오류는?

ⓐ 실제로 거짓인 귀무가설 H_0를 기각하지 않음으로써 생기는 오류이다.
ⓑ 실제로 사실인 귀무가설 H_0를 기각함으로써 생기는 오류이다.
ⓒ 실제로 사실인 대립가설 H_1를 기각함으로써 생기는 오류이다.

3 제 II종의 오류는?

ⓐ 실제로 거짓인 귀무가설 H_0를 기각하지 않음으로써 생기는 오류이다.
ⓑ 실제로 사실인 귀무가설 H_0를 기각함으로써 생기는 오류이다.
ⓒ 실제로 사실인 대립가설 H_1를 기각함으로써 생기는 오류이다.

4 임계값이란?

ⓐ 표본자료로부터 계산된 값이다.
ⓑ 분포의 표(예를 들면 정규분포표)로부터 결정된다.
ⓒ 검정통계량의 값이다.

5 α로 표기되는 유의수준이란?

ⓐ 제 I종의 오류를 범할 확률이다.
ⓑ 제 II종의 오류를 범할 확률이다.
ⓒ 검정력이다.

6 β의 값이란?

ⓐ 제 I종의 오류를 범할 확률이다.　ⓑ 제 II종의 오류를 범할 확률이다.
ⓒ 검정력이다.

7 $1-\beta$의 값이란?

ⓐ 제 I종의 오류를 범할 확률이다.　ⓑ 제 II종의 오류를 범할 확률이다.
ⓒ 검정력이다.

8 귀무가설 H_0를 기각할 수 있는 가장 작은 유의수준을 무엇이라고 하는가?

ⓐ α　ⓑ P-값　ⓒ β　ⓓ $1-\beta$

9 귀무가설이 사실인데 기각되었다면 이것을 무엇이라고 하는가?

ⓐ 제 I종의 오류이며 이의 확률은 β이다.
ⓑ 제 II종의 오류이며 이의 확률은 β이다.
ⓒ 제 I종의 오류이며 이의 확률은 α이다.
ⓓ 제 II종의 오류이며 이의 확률은 α이다.

10 모집단의 평균이 μ_0라 하면 $(\overline{X}-\mu_0)/(\sigma/\sqrt{n})$은?

ⓐ 모집단이 정규분포를 한다면 표준정규변수로서 분포된다.
ⓑ 표본의 크기가 크다면 표준정규변수로서 분포된다.
ⓒ 자유도가 $n-1$인 t분포를 한다.
ⓓ ⓐ와 ⓑ가 모두 맞다.

11 모집단비율이 p라면 $(\hat{p}-p)/\sqrt{p(1-p_0/n)}$은?

ⓐ 푸아송(Poission)변수로서 분포된다.
ⓑ 표본이 매우 크다면 표준정규변수로서 분포된다.
ⓒ 자유도가 $n-1$인 t분포를 한다.
ⓓ ⓐ와 ⓑ가 모두 맞다.

12 과자 한 봉지에 400g의 과자를 채우도록 설계되어 있는 포장기계가 제대로 작동하고 있는지 알아보기 위해 36개의 과자봉지를 임의로 추출하여 다음과 같은 가설검정을 하고자 한다.

$$H_0 : \mu = 400 \quad \text{vs.} \quad H_1 : \mu \neq 400$$

만일 표본평균 $\overline{X}$가 390 g 보다 작거나 410 g 보다 크면 H_0를 기각하는 결정을 하게 되어 있다. 모집단 표준편차가 $\sigma = 42$ g 이라고 가정할 때 다음을 구하라.

ⓐ 제 I종의 오류를 범할 확률 α는 얼마인가?
ⓑ 만일 실제 $\mu = 380$g이라면 제 II종의 과오를 범할 확률 β는 얼마인가?

13 갑을회사가 생산하는 형광등의 평균수명이 1,500시간이라고 주장하고 있어 이 사실을 검정하기 위해 36개의 형광들을 임의로 추출하여 평균수명을 계산한 결과 1,420시간이었다. 모집단 표준편차가 $\sigma = 200$시간이라고 가정하고 $\alpha = 0.05$로 이 회사의 주장을 검정하시오.

14 대한은행의 신입사원이 1,000원짜리 지폐 한 묶음(100장)을 세는 데 소요되는 시간이 평균 30초 이하라고 하는 은행의 주장을 검정하기 위하여 $n=9$ 명의 신입사원을 임의추출하여 1,000원짜리 지폐 한 묶음을 세는 데 소요되는 시간을 측정한 결과 평균 32.5초로 계산되었고 표본표준편차는 3.9초였다. 유의수준 $\alpha=0.1$로 은행의 주장이 옳은지 검정하시오.

15 우리나라 사람의 식생활 형태의 변화를 조사하기 위하여 인천에 살고 있는 100가구를 임의로 추출하여 아침에 빵을 먹는 가구를 조사한 결과 50가구였다. 작년에 빵을 먹는 가구의 비율이 0.4라고 가정하면 이번 조사의 결과로 빵을 먹는 가구가 증가했다고 말할 수 있는지 $\alpha=0.05$로 검정하시오.

11

분산분석

1 분산분석의 의미

기초통계학에서는 두 모집단의 평균에 대한 비교문제를 흔히 접할 수 있다. 달리 표현하면 각 모집단에서 표본을 추출하여 모평균 사이에 유의적 차이가 있는지를 비교하는 것이다. 이런 유형의 비교문제는 널리 이용되고 있는데, 예를 들면 두 개의 공정에서 나오는 제품의 비교라든가, 두 대의 자동차가 소비하는 휘발유량 또는 통계학과 학생과 경제학과 학생들의 학업성취도 등을 비교하는 데 이용된다. 그런데 이러한 절차는 단순히 두 모집단의 경우에만 그치지 않고 다수의 모집단을 비교하는 경우에도 가능하다. 그러나 전체모집단을 두 개씩 짝지어서 이루어진 모든 가능한 모집단의 쌍에 대해 두 모평균의 차이를 t검정한다는 것은 계산상으로 지루한 작업일 뿐 아니라 통계적으로도 적절하지 못하다. 왜냐하면, 예를 들어 5개의 표본을 대상으로 검정을 하는 경우 ${}_5C_2=10$번의 반복적인 검정을 수행해야 하기 때문이다. 또한 이는 잘못된 결론을 내리게 될 확률을 높이게 된다. 만약에 5개의 표본평균들을 대상으로 10번의 t검정을 하는 경우, 이들 평균들간에는 의미 있는 차가 없다는 옳은 결론을 내리게 될 확률은 유의수준 $\alpha = 0.05$에서 0.95가 된다. 그러므로 10개 모두의 t검정에서 올바른 결론에 도달할 수 있는 확률은 $(0.95)^{10}$이 된다. 바꾸어 말하면 이 중 적어도 어느 하나의 검정이 잘못된 결론을 내리게 될 확률이 $1-0.95^{10}=0.401$이 되어 귀무가설이 진실인데 I종 오류를 적어도 한 번은 범할 확률이 40% 이상 되는 것이다. 따라서 평가되어야 할 표본의 수가 크면 클수록 잘못된 결론을 내리게 되는 확률은 점점 커지게 되는 것이다. 또 서로 상충되는 결과가 관측될 경우 이를 합리적으로 총괄하는 결론을 도출할 수가 없다. 따라서 우리는 분산분석(analysis of variance : ANOVA)이라는 별도의 기법을 이용하게 된다.

분산분석이란 원래 1919년 피셔(R.A. Fisher : 1890~1962)에 의해 고안된 방법으로서 사회과학의 조사방법이 갖는 제한성을 해결하고자 고안된 실험계획법(method of experimental design)에 주로 사용되어 왔다. 일반적으로 모든 실험이란 여러 가지 요인에 의해 영향을 받는다. 자연과학적 실험에서 동일한 실험이라 하더라도 온도, 습도, 기압 등에 따라 서로 다른 결과가 나올 수 있듯이 경제학적 실험, 예컨대 동일한 생산요소의 부존량을 가지고도 노동의 숙련도, 기술수준, 토지의 비옥도 등에 따라 생산량이 각기 달라질 수 있는 것이다. 자연과학적 실험은 각 요인의 영향을 파악하기 위해 실험실을 이용하여 문제된 요인 이외의 요인들을 일정한 상태로 유지하며 실험하게 될 것이다. 이 경우의 문제점은 그 실험의 시행횟수가 아주 커지게 된다는 것이다. 반면 사회과학의 경우는 대부분 특정요인 이외의 요인들의 영향을 일정하게 유지하면서 실험을 반복하는 일이 불가능하다.

이상과 같은 실험상의 문제점을 해결하기 위한 방법이 실험계획법이며 이 방법에서 자주 사용되는 기법이 분산분석인 것이다. 분산분석이란 실험의 결과 관측된 변동량을 분산개념으로 파악한 다음, 이러한 분산이 각 요인에 기인하는 부분과 우연히 발생되었다고 볼 수 있는 부분으로 구분하여 비교함으로써 각 요인의 영향력 유무에 관한 판정을 시도하는 것이라고 할 수 있다.

예제 11.1

전주기계에서는 3개 회사에서 생산되는 기계 1대씩을 구입하여 이들 중 어느 회사 기계가 베어링을 생산하는 데 있어서 우수한가의 여부를 결정하려고 한다. 각각의 기계를 가동시킨 후에 임의로 시간당 생산량을 5번 측정한 결과가 표 11.1과 같다.

이 문제는 과연 표본자료들이 세 개의 모평균의 사이에 차이가 있으리라는 충분한 증거를 보이고 있느냐는 것이다. 이러한 표본평균들의 차이는 모집단의 평균이 실제로 다르기 때문에 발생할 수도 있고 또는 단지 그 이유가 뚜렷치 않은 우연한 확률오차현상에 기인한다고 볼 수도 있을 것이다. 그렇다면 기계별 표본평균의 차이가 과연 모평균들이 서로 다르다고 할 수 있을 만큼 대단한 것일까? 일견 이들 자료를 보면 표본내의 변동이 작은 반면에 표본평균들 사이의 변동은 크게 나타났다. 표본평균들 사이의 변동이 표본내 변동에 비교하여 크므로 우리는 직관적으로 모평균들이 서로 다르다고 결론을 내릴 수 있다. 표 11.2는 표 11.1에서 주어진 표본평균들과 같은 값을 갖는 자료이다. 이 자료는 표본내의 변동은 표 11.1보다 훨씬 크다. 그러므로 표 11.1과 비교하여 보면 표본간의 변동(between-sample variation)은 표본내의 변동(within-sample variation)에 비하여 작다. 따라서 모평균들은 표 11.2의 자료에 의하여 차이가 있다고 결론을 내릴 수는 없다.

표 11.1 • 세 개 표본평균의 비교(표본내의 변동이 작은 경우) [단위 : 천 개]

1	2	3
5.90	6.31	4.52
5.92	3.54	6.93
5.91	4.73	4.48
5.89	7.20	5.55
5.88	5.72	3.52
$\overline{x}_1 = 5.90$	$\overline{x}_2 = 5.50$	$\overline{x}_3 = 5.00$

표 11.2 • 세 개 표본평균의 비교(표본내의 변동이 큰 경우) [단위 : 천 개]

1	2	3
5.90	6.31	4.52
4.42	3.54	6.93
7.51	4.73	4.48
7.89	7.20	5.55
3.78	5.72	3.52
$\overline{x}_1 = 5.90$	$\overline{x}_2 = 5.50$	$\overline{x}_3 = 5.00$

표 11.11과 표 11.2의 자료들에 대한 변동을 그림으로 나타내면 그림 11.1과 같다. 그림에서 보면 표 11.1의 자료에 대한 모평균들의 차이는 분명하게 나타나고 있으나 표 11.2의 자료는 그림 11.1(b)에서 보는 것처럼 모평균간의 차이는 나타

나지 않고 있음을 알 수 있다. 따라서 표본평균들에서의 모든 차이는 이것들이 표본내 변동에 비교함으로써 통계적으로 유의한가(혹은 유의하지 않든지)를 판단하게 되는 것이다.

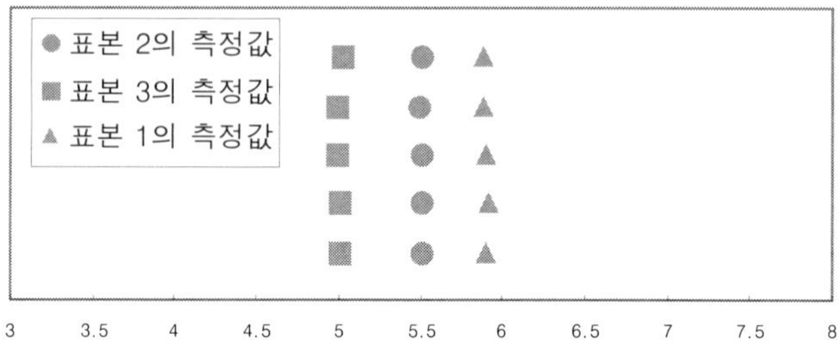

(a) 표 11.1의 자료

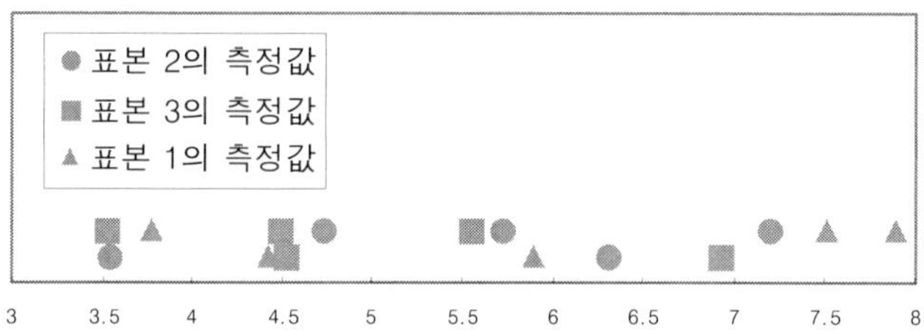

(b) 표 11.2의 자료

그림 11.1 • 표 10.1과 표 10.2에 대한 점도표

2 F-분포

F-분포는 1924년 피셔(R.A. Fisher)에 의해 개발된 분포로서 $X_1, X_2, \cdots, X_{m1}$과 $Y_1, Y_2, \cdots, Y_{m2}$가 각각 상호독립적인 두 개의 표준화 확률변수인 경우, F로 표기되는 자유도를 고려해 준 확률변수들의 비율인 통계량을 F-비(F ratio)라고 하고, 이의 분포를 자유도가(m_1, m_2)인 F-분포라 한다. 즉,

$$F = \frac{(X_1^2 + X_2^2 + \cdots + X_{m1}^2)\,/\,m_1}{(Y_1^2 + Y_2^2 + \cdots + Y_{m2}^2)\,/\,m_2}$$

위 식에서 분자와 분모는 독립적이고, 또 확률변수 F-비는 분자의 경우에 자유도가 m_1이고, 분모의 경우에 자유도가 m_2인 두 개의 χ^2 변수들의 비율임을 알 수 있다. 그러므로 위의 식은 간단하게 다음과 같이 나타낼 수 있다.

$$F = \frac{\chi^2_{m1} / m_1}{\chi^2_{m2} / m_2}$$

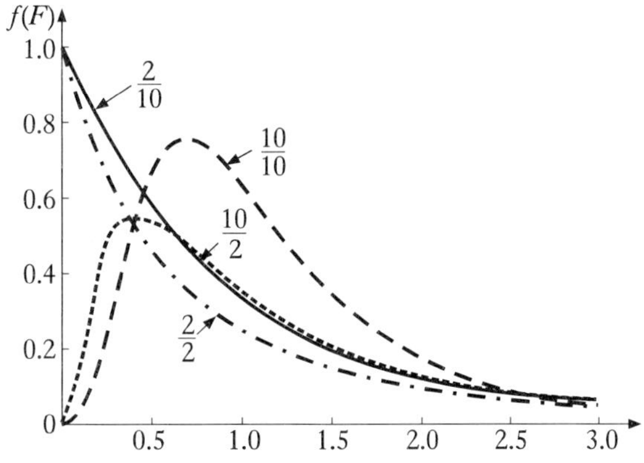

그림 11.2 • F 분포의 그림

F-분포곡선의 모양은 모수 m_1과 m_2에 의해 결정된다. 일반적으로 F-분포곡선은 χ^2 분포곡선과 마찬가지로 비대칭이며, $m_1 < m_2$인 경우에는 오른쪽으로 기운다. 그러나 두 개의 모수 또는 그 중 하나의 모수값이 증가함으로써 F-분포는 점점 대칭에 접근한다. 이러한 관계는 그림 11.2에 잘 나타나 있다.

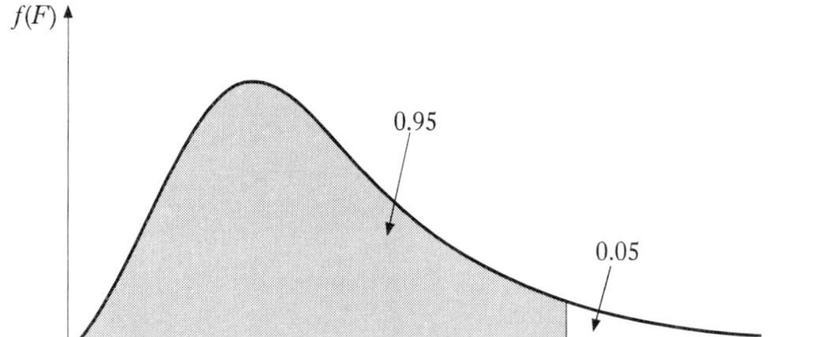

그림 11.3 • F 분포의 누적확률

표 11.3 • F 분포의 요약표

m_2 \ m_1	1	2	3	4	5	6	7	8	9	10
1	161.4	190.5	215.7	224.6	230.2	234.0	238.8	239.9	240.5	241.9
2	18.51	19.00	19.16	19.25	19.30	19.33	19.35	19.37	19.39	10.4
3	10.13	9.35	9.28	9.12	9.01	8..94	8.89	8.85	8.81	8.79
4	7.71	6.94	6.59	6.39	6.26	6.16	6.00	6.04	6.00	5.96
5	6.61	5.79	5.41	5.19	5.03	4.95	4.88	4.82	4.77	4.74
6	5.99	5.14	4.76	4.53	4.39	4.28	4.21	4.15	4.10	4.06
7	5.50	4.74	4.35	4.12	3.97	3.87	3.79	3.73	3.68	3.64
8	5.32	4.46	4.07	3.84	3.69	3.58	3.50	3.44	3.39	3.35
9	5.12	4.26	3.86	3.63	3.48	3.37	3.29	3.23	3.18	3.14

F-분포는 두 개의 모수에 의해서 결정되기 때문에 F값에 대응하는 누적확률을 표로 나타내기가 χ^2이나 t-분포보다 더 어렵다. 따라서 일반적인 F-분포표는 일부분의 누적확률만을 나타내는 극히 축소된 형태이다. 부록 표 3의 F-분포표는 자유도 m_1, m_2와 누적확률 0.99, 0.975, 0.95, 0.90, 0.75에 대응하는 F값을 나타낸 것이다. 그림 11.3은 F-분포표가 나타내는 자유도와 누적확률에 대응하는 F값을 예시하고 있다. 즉 F-분포의 왼편의 곡선 아래쪽 끝의 면적(색칠한 부분)이 95%가 되는 F값을 나타낸 것이다.

예를 들어 자유도 $m_1 = 9,\ m_2 = 5$인 F-분포에서 누적확률이 0.95인 F값을 누적확률 0.95인 F-분포의 표 11.3에서 찾을 수 있다.

$$F_{0.95}(9,\ 5) = 4.77$$

그런데 계산된 F값이 $F < 1$인 경우에는 두 자유도를 서로 바꾸어서 F-분포표에서 구한 F값의 역수를 취하면 된다. 즉,

$$F_\alpha(m_1, m_2) = \frac{1}{F_{(1-\alpha)}(m_2, m_1)}, \qquad F_{(1-\alpha)}(m_2, m_1) = \frac{1}{F_\alpha(m_1, m_2)}$$

$$F_{0.05}(5, 9) = \frac{1}{F_{0.95}(9, 5)} = \frac{1}{4.77}$$

그림 11.4는 이 관계를 나타낸 그림이다.

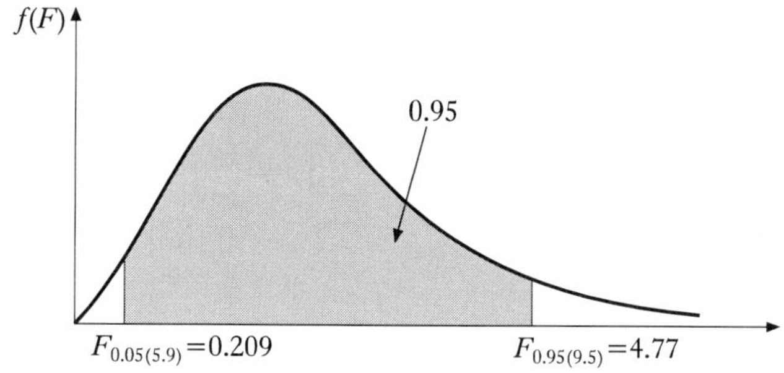

그림 11.4 • $F_{0.95}(9, 5)$와 $F_{0.05}(5, 9)$의 관계

3 일원분산분석 모형

1) 데이터의 구조

인자(factor) A의 수준이 k개(A_1, A_2, $\cdots$, A_k) 있고 각 수준에서 반복수가 똑같이 n인 일원분산분석의 데이터는 표 11.4와 같이 배열하는 것이 편리하다. 여기서 $T_{i.}$와 $\bar{x}_{i.}$는 각각 A_i에서의 n개 데이터의 합과 평균이다. 그리고 T와 $\bar{\bar{x}}$는 각각 kn개의 전체 데이터의 합과 평균이다. 즉,

$$T_{i.} = \sum_{j=1}^{n} x_{ij} \qquad \bar{x}_{i.} = \frac{T_{i.}}{n} \, (i=1, 2, \cdots, k)$$

$$T = \sum_{i=1}^{k} T_{i.} \qquad \bar{\bar{x}} = \frac{T}{kn}$$

를 의미한다. 여기에서 다루는 인자 A는 모수인자(fixed factor)라고 가정하기로 한다. 모수인자란 실험의 목적을 달성하기 위하여 관련된 인자들은 모두 선택하여야 하는데 실험의 정도(precision), 실험비용들을 고려하여 최소한의 인자들을 가지고 목적을 달성하여야 한다. 온도, 압력장치, 작업방법 등과 같이 기술적으로 수준이 지정되어지는 인자를 말한다.

표 11.4 • 일원분산분석의 자료로 배열

	인자의 수준						
	A_1	A_2	$\cdots$	A_i	$\cdots$	A_k	
실험의 반복	x_{11} x_{12} $\vdots$ x_{1n}	x_{21} x_{22} $\vdots$ x_{2n}	$\cdots$ $\cdots$	x_{i1} x_{i2} $\vdots$ x_{in}	$\cdots$ $\cdots$	x_{k1} x_{k2} $\vdots$ x_{kn}	
합계	$T_{1\cdot}$	$T_{2\cdot}$		$T_{i\cdot}$		$T_{k\cdot}$	T
평균	$\overline{x}_{1\cdot}$	$\overline{x}_{2\cdot}$		$\overline{x}_{i\cdot}$		$\overline{x}_{k\cdot}$	$\overline{\overline{x}}$

A_i수준에서의 j번째 자료 x_{ij}는 A_i수준에서의 특성값의 모평균 μ_i를 중심으로 오차 e_{ij}를 가진 변량으로 일반화하여 나타내면 다음과 같다.

$$x_{ij} = \mu + a_i + e_{ij} \quad \begin{cases} e_{ij}\text{는 } N(0,\ \sigma_e^2)\text{에 따르고 서로 독립} \\ \sum a_i = 0 \end{cases}$$

이것을 인자 A가 모수인자인 경우에 대한 일원분산분석의 데이터의 구조식이라 한다.

2) 분산분석표의 작성

(1) 총제곱합

총제곱합(total sum squares; SST)은 각 관측값에서 전체표본의 평균($\overline{\overline{x}}$)을 뺀 후에 제곱한 것을 모두 합한 것이다. 즉,

$$SST = \sum_{i=1}^{k}\sum_{j=1}^{n}(x_{ij} - \overline{\overline{x}})^2 = \sum_{i=1}^{k}\sum_{j=1}^{n}x_{ij}^2 - \frac{T^2}{kn}$$

(2) 집단간 제곱합

집단간 제곱합(sum of squares between groups; SSB)은 각 수준의 평균($\bar{x}_{i.}$)에서 전체평균($\bar{\bar{x}}$)을 뺀 후에 제곱한 것을 모두 합한 것이다. 이것을 수식으로 나타내면 다음과 같다.

$$
\begin{aligned}
SSB &= \sum_{i=1}^{k}\sum_{j}^{n}(\bar{x}_{i.}-\bar{\bar{x}})^2 \\
&= n\sum_{i=1}^{k}(\bar{x}_{i.}-\bar{\bar{x}})^2 \\
&= \sum_{i=1}^{k}\frac{T_{i.}^2}{n}-\frac{T^2}{kn}
\end{aligned}
$$

(3) 집단내 제곱합

집단내 제곱합(sum of squares within groups; SSW)을 계산하려면 특정 인자수준이 집단내에서 각 관측값으로부터 그 수준의 평균을 뺀 후에 제곱을 하여 합한다. 이 방법을 나머지 인자수준들에 적용하여 모두 더한다. 집단내 제곱합은 인자수준에 대한 정보를 이용할 때 자료에 남아 있는 불확실성을 반영하는 것이며, 총제곱합 중에서 인자수준으로도 설명이 안되는 변동이다. 이를 수식으로 나타내면 다음과 같다.

$$SSW=\sum_{i=1}^{k}\sum_{j=1}^{n}(x_{ij}-\bar{x}_{i.})^2$$

이상에서 설명한 총제곱합, 집단간 제곱합과 집단내 제곱합과의 관계는 다음과 같다. 총제곱합은 집단간 제곱합과 집단내 제곱합을 더한 것과 같다. 즉,

$$SST=SSB+SSW$$

따라서 분산분석모형의 총제곱합은 두 요소로 나누어진다. 집단간 제곱합은 전체평균($\bar{\bar{x}}$)에 대한 인자수준평균($\bar{x}_{i.}$)의 편차에 근거하면서 인자수준평균들 사이의 차이 정도를 측정한다. 만일 모든 표본의 인자수준평균들이 같다면 $SSB=0$

이 된다. 평균차이가 클수록 SSB는 커진다. 한편 집단내 변동은 각 인자수준평균에 대한 관측값들의 임의변동을 측정한 것이다. 변동(제곱합)이 작을수록 SSW는 작아진다. 만약 $SSW = 0$이라면 한 인자수준에서 관측값은 모두 같다는 것을 나타내고 다른 인자수준에서도 마찬가지라고 할 수 있다.

예제 11.2

표 11.1의 자료를 이용하여 $SST = SSB + SSW$을 보이시오.

풀이...

우선 표 11.1의 자료를 다음 표와 같이 정리하자.

		인자수준			
		1	2	3	
실험의 반복	1	$x_{11} = 5.90$	$x_{21} = 5.51$	$x_{31} = 5.01$	
	2	$s_{12} = 5.92$	$x_{22} = 5.50$	$x_{32} = 5.00$	
	3	$x_{13} = 5.91$	$x_{23} = 5.50$	$x_{33} = 4.99$	
	4	$x_{14} = 5.89$	$x_{24} = 5.49$	$x_{34} = 4.98$	
	5	$x_{15} = 5.88$	$x_{25} = 5.50$	$x_{35} = 5.02$	
합계		$T_{1.} = 29.5$	$T_{2.} = 27.5$	$T_{3.} = 25.0$	$T = 82$
평균		$\bar{x}_{1.} = 5.90$	$\bar{x}_{2.} = 5.50$	$\bar{x}_{3.} = 5.00$	$\bar{\bar{x}} = 5.47$

위의 표를 이용하여 SST를 구하면

$$SST = \sum\sum x_{ij}^2 - \frac{T^2}{kn}$$
$$= 5.90^2 + 5.92^2 + \cdots 4.98^2 + 5.02^2 - \frac{82^2}{15} = 2.0357$$

이며 SSB는

$$SSB = n\sum(\bar{x}_{i.} - \bar{\bar{x}})^2$$
$$= 5(5.90 - 5.47)^2 + 5(5.50 - 5.47)^2 + 5(5.00 - 5.47)^2 = 2.0335$$

또한

$$SSB = \sum \frac{T_{i\cdot}^2}{n} - \frac{T^2}{kn}$$
$$= \frac{29.5^2}{5} + \frac{27.5^2}{5} + \frac{25^2}{5} - \frac{82^2}{15} = 2.0335$$

이다. 마지막으로 SSW는

$$\begin{aligned} SSW &= \sum_{i=1}^{k}\sum_{j=1}^{n}(x_{ij} - \overline{x}_{i\cdot})^2 \\ &= (5.90 - 5.90)^2 + \cdots + (5.88 - 5.90)^2 + (5.51 - 5.50)^2 \\ &\quad + \cdots + (5.50 - 5.50)^2 + (5.01 - 5.00)^2 + \cdots + (5.02 - 5.00)^2 \\ &= 0.0022 \end{aligned}$$

이다.

따라서

$$SST = SSB + SSW$$
$$2.0357 = 2.0335 + 0.0022$$

이다.

(4) 자유도

총제곱합을 두 부분으로 분해할 수 있으므로 여기에 관련된 자유도 또한 두 부분으로 나눌 수 있다. 총제곱합에서 보면 관측값의 총개수는 kn인데 편차 $(\overline{x}_{i\cdot} - \overline{\overline{x}})$에 대한 하나의 제약식 $\sum\sum(\overline{x}_{i\cdot} - \overline{\overline{x}}) = 0$이 있다. 그래서 SST의 자유도는 $kn-1$이다. 집단간 제곱합에는 k개의 인자수준평균 $\overline{x}_{i\cdot}$가 있으며 하나의 제약식 $n\sum(\overline{x}_{i\cdot} - \overline{\overline{x}}) = 0$이 있어 SSB의 자유도는 $k-1$이다. 집단내 변동에 있어 i번째 처리의 구성요소를 보면

$$\sum(x_{ij} - \overline{x}_{i\cdot})^2$$

이 되는데 이것에 대한 자유도는 $n-1$이 된다. 그런데 SSW는 이러한 것이 k개가 모여 있는 것이므로 그 자유도는 $k(n-1)$이 된다.

지금까지 설명한 것을 정리하면 다음 표와 같다.

제곱합(SS)	자유도(df)	예제 11.2의 자유도
집단간 제곱합(SSB)	$k-1$	2
집단내 제곱합(SSW)	$k(n-1)$	12
총제곱합(SST)	$kn-1$	14

앞의 표에 보면 총제곱합의 자유도는 집단간 제곱합의 자유도와 집단내 제곱합의 자유도를 합한 것과 같다는 것이다. 예제 11.2에서 보면 총제곱합의 자유도는 $kn-1=3\times5-1=14$이며 집단간 제곱합과 집단내 제곱합의 자유도는 각각 2와 12가 된다.

(5) 평균제곱

분산분석에서 제곱합은 직접 사용되지 않는다. 제곱합은 각 자유도를 나누어서 얻어진 값인 평균제곱(mean squares)이 쓰여진다. 이것은 분산의 개념과 같은 것이다. 집단간 제곱합을 그의 자유도로 나눈 것을 집단간 평균제곱(mean squares between groups; MSB)이라 하며, 집단내 제곱합을 그의 자유도로 나눈 것을 집단내 평균제곱(mean squares within groups; MSW)이라고 한다. 총제곱합은 평균제곱으로 나타내지 않는다. 이들을 수식으로 나타내면 다음과 같다.

$$\text{집단간 평균제곱}(MSB) = \frac{SSB}{k-1}$$

$$\text{집단내 평균제곱}(MSW) = \frac{SSW}{k(n-1)}$$

(6) 분산분석표의 작성

앞에서 구한 제곱합을 요인별로 분류하여 분산분석표(analysis of variance table; ANOVA table)를 만들어 보면 표 11.5와 같다.

표 11.5에서 F값은 다음 절에서 설명할 F검정에서 이용할 검정통계량이다.

표 11.5 • 일원분산분석의 분산분석표

요 인	제곱합(SS)	자유도(df)	평균제곱	F
집단간	$SSB=n\sum(\bar{x}_{i\cdot}-\bar{\bar{x}})^2$	$k-1$	$MSB=\dfrac{SSB}{k-1}$	$F=\dfrac{MSB}{MSW}$
집단내	$SSW=\sum\sum(x_{ij}-\bar{x}_{i\cdot})^2$	$k(n-1)$	$MSW=\dfrac{SSW}{k(n-1)}$	
합 계	$SST=\sum\sum(x_{ij}-\bar{\bar{x}})^2$	$kn-1$		

3) 일원분산분석의 F검정

표 11.5에서 F의 값은 평균제곱(MSB와 MSW)의 비로서 가설

$$H_0 : \mu_1 = \mu_2 = \cdots = \mu_k$$
$$H_1 : \mu_i \text{가 모두 같지는 않다.}$$

또한

$$H_0 : \alpha_1 = \alpha_2 = \cdots = \alpha_k = 0$$
$$H_1 : \alpha_i \text{가 모두 0은 아니다.}$$

에 대한 검정에 사용된다. 만약 F의 값이

$$F \geq F_{(k-1,\ k(n-1),\ \alpha)}$$

이면 유의수준 α에서 귀무가설이 기각된다. 기각되면 인자 A가 유의하다고 말하고 A인자의 수준간에는 유의한 차가 존재한다고 말할 수 있다.

(1) 각 집단표본들의 크기가 동일한 경우

예제 11.3

다음 자료는 25명을 대상으로 다섯 가지 다른 상표의 두통약을 복용시켰을 때 나타나는 두통해소시간이다. 이 25명을 임의로 5개의 집단으로 나누어 각 상표의 두통약을 복용시켰다. 분산분석표를 작성하고 다섯 개 상표에 대하여 두통해소의 평균시간에 차이가 있는지를 유의수준 5%에서 검정하시오.

두통약을 사용했을 때의 두통해소시간

표본 \ 두통약	A	B	C	D	E	
$i=1$	5	9	3	2	7	
$i=2$	4	7	5	3	6	
$i=3$	8	8	2	4	9	
$i=4$	6	6	3	1	4	
$i=5$	3	9	7	4	7	
총 합	26	39	20	14	33	132
평 균	5.2	7.8	4.0	2.8	6.6	5.28

풀이...

(i) 가설의 설정

$$H_0 : \mu_1 = \mu_2 = \mu_3 = \mu_4 = \mu_5$$
$$H_1 : \text{최소한 한 쌍의 } \mu_i\text{가 서로 다르다.}$$

(ii) 검정통계량의 결정

$$F = \frac{MSB}{MSW}$$

(iii) 임계범위의 결정

유의수준 α가 0.05이고 자유도가 4, 20인 F-분포의 기각범위는

$$F > F_{0.95}(4,\ 20) = 2.87$$

이다.

(iv) 검정통계량값의 계산

$$SST = \sum_{i=1}^{k}\sum_{j=1}^{n} x_{ij}^2 - \frac{T^2}{kn}$$
$$= 5^2 + 4^2 + \cdots + 7^2 - \frac{132^2}{25} = 137.04$$
$$SSB = \sum_{i=1}^{k}\frac{T_{i\cdot}^2}{n} - \frac{T^2}{kn}$$
$$= \frac{26^2}{5} + \frac{39^2}{5} + \cdots + \frac{33^2}{5} - \frac{132^2}{25} = 79.44$$
$$SSW = SST - SSB = 137.04 - 79.44 = 57.60$$

위의 결과와 나머지 계산을 분산분석표를 이용하면 다음 표와 같다.

분산분석표의 결과

	SS (제곱합)	df (자유도)	MS (평균제곱)	F
집단간	79.44	4	19.86	$F = \frac{MSB}{MSW} = \frac{19.86}{2.88} = 6.90$
집단내	57.60	20	2.88	
합 계	137.04	24		

(v) 통계적 결정과 해석

계산된 F값 6.90이 F의 임계값 2.87보다 크므로 귀무가설 $H_0 : \mu_1 = \mu_2 = \mu_3 = \mu_4 = \mu_5$를 기각하고 다섯 가지 두통약의 평균해소시간은 유의수준 5%에서 같지 않다고 말할 수 있다.

※ R프로그램을 이용한 예제 풀이

```
# anova(분산분석)을 하기 위한 데이터를 작성합니다.
data <- data.frame(src=c(5,4,8,6,3,9,7,8,6,9,3,5,2,3,7,2,3,4,1,4,7,6,9,4,7),
factor=factor(rep(1:5,c(5,5,5,5,5))) )

# R에서 제공하는 분산분석함수를 사용합니다.
anova(lm(src~factor, data=data))
```

(2) 각 집단표본들의 크기가 동일하지 않은 경우

우리는 가끔 집단내의 표본들의 크기가 동일하지 않은 경우를 볼 수 있다. 이러한 자료에 대한 분석방법은 앞에서 설명한 방법과 거의 같게 유도되지만 각 집단의 표본의 크기가 동일하지 않을 경우에 i집단의 표본의 크기를 n_i라고 하면 $\sum n_i = N$이므로 제곱합(SS)은 다음 식으로 계산된다.

$$SSB = \sum_{i=1}^{k}\sum_{j=1}^{n}(\bar{x}_{i\cdot} - \bar{\bar{x}})^2 = \sum_i n_i(\bar{x}_{i\cdot} - \bar{\bar{x}})^2$$

$$= \sum \frac{T_{i\cdot}^2}{n_i} - \frac{T^2}{N} \quad (\text{단, } N = \sum n_i)$$

$$SSW = \sum_{i=1}^{k}\sum_{j=1}^{n}(x_{ij} - \bar{\bar{x}})^2$$

$$SST = \sum_{i=1}^{k}\sum_{j=1}^{n}(x_{ij} - \bar{\bar{x}})^2 = \sum_i\sum_j x_{ij}^2 - \frac{T^2}{n}$$

따라서 분산분석표를 작성하면 다음과 같다.

표 11.6 • 표본크기가 동일하지 않을 경우의 분산분석표

	제곱합(SS)	자유도(df)	평균제곱(MS)	F
집단간	SSB	$k-1$	$MSB = SSB/k-1$	$F = \frac{MSB}{MSW}$
집단내	SSW	$N-k$	$MSW = SSW/N-k$	
합 계	SST	$N-1$		

예제 11.4

대한전자 인사에서는 24명의 종업원에 대하여 자기업무에 대한 만족도 여부를 조사하기로 하였다. 보다 높은 점수는 자기 업무에 대해서 이론상으로는 보다 더 높은 만족감을 나타낸다. 6개월 후 그들의 업무에 대한 만족여부를 4개 그룹(즉, 매우 만족, 만족, 불만족, 매우 불만족)으로 분류하여 평가한 결과 다음 표와 같은 점수를 얻었다. 평가된 점수에서 각 그룹간에 차이가 있는지 여부를 유의수준 $\alpha = 0.05$로 검정하시오.

직무만족도 조사결과

그 룹	점 수
A 매우 만족	64, 49, 61, 57, 54, 44, 49
B 만족	55, 60, 38, 44, 41, 45, 41
C 불만족	33, 19, 64, 38, 37, 31
D 매우 불만족	33, 22, 48, 16

풀이...

(i) 가설의 검정

$$H_0 : \mu_1 = \mu_2 = \mu_3 = \mu_4$$

H_1 : 최소한 두 개의 평균은 같지 않다.

(ii) 검정통계량의 결정

자유도가 3, 20인 F검정통계량은

$$F = \frac{MSB}{MSW}$$

이다.

(iii) 임계범위의 결정

유의수준 α가 0.05이고 자유도가 3, 20인 F-분포의 기각범위는

$$F > F_{(3,\ 20,\ 0.95)} = 3.10$$

이다.

(iv) 검정통계량값의 계산

조사결과를 이용하면 검정통계량 F의 계산에 필요한 값들은 다음과 같이 구할 수 있다.

$$T_{1.} = 378,\ T_{2.} = 324,\ T_{3.} = 222,\ T_{4.} = 119$$
$$T = 1,043,\ n_1 = 7,\ n_2 = 7,\ n_3 = 6,\ n_4 = 4,\ N = 24$$

$$SST = \sum_{i=1}^{k}\sum_{j=1}^{n} x_{ij}^2 - \frac{T^2}{n}$$
$$= (64^2 + 49^2 + 61^2 + \cdots + 48^2 + 16^2) - \frac{(1,043)^2}{24} = 4,238$$
$$SSB = \sum_{i=1}^{k}\frac{T_{i.}^2}{n_i} - \frac{T^2}{N}$$
$$= \left(\frac{378^2}{7} + \frac{324^2}{7} + \frac{222^2}{6} + \frac{119^2}{4}\right) - \frac{(1,043)^2}{24} = 1,836$$
$$SSW = SST - SSB = 4,238 - 1,836 = 2,402$$

따라서 ANOVA표를 작성하면 다음과 같다.

	SS	자유도(df)	MS	F
집단간	1,836	4 − 1 = 3	1,836/ 3 = 612	612/120 = 5.1
집단내	2,402	24 − 4 = 20	2,402/20 = 120	
합 계	4,238	24 − 1 = 23		

※ R 프로그램을 이용한 예제 풀이

```
# anova (분산분석)을 하기 위한 데이터를 작성합니다.
data <- data.frame(src=c(64,49,61,57,54,44,49,55,60,38,44,41,45,41,33,19,64,38,37,31,33,22,48,16),
factor=factor(rep(1:4,c(7,7,6,4))) )

# R에서 제공하는 분산분석함수를 사용합니다.
anova(lm(src~factor, data=data))
```

연습문제 11

1 F분포를 갖는 확률변수는?

ⓐ 오로지 음이 아닌 값을 가정할 수 있다.
ⓑ 그들의 자유도로 나누어진 두 x^2 변수의 비이다.
ⓒ 무한의 기대값을 갖는다.
ⓓ ⓐ와 ⓑ는 맞다.

2 F분포는 항상?

ⓐ 대칭이다. ⓑ 하단단측검정을 한다. ⓒ 양측검정을 한다.

3 확률변수의 자유도가 10과 12인 F분포를 한다면 $F_{0.05}$는?

ⓐ 2.69 ⓑ 2.98 ⓒ 2.75 ⓓ 2.91

4 일원분산분석 검정은 항상?

ⓐ 상단단측검정을 한다.
ⓑ 하단단측검정을 한다.
ⓒ 양측검정을 한다.

5 다음의 분산분석표를 완성하고 유의수준 5%에서 유의차 여부를 검정하시오.

요인	제곱합	자유도	평균제곱	F
처리		5		
오차	120			
합계	220	29		

6 다음 자료에 대하여 인자 A의 수준에 유의차가 있는지를 유의수준 5%에서 검정하시오.

A_1	A_2	A_3	A_4
46.8	51.2	50.2	21.4
58.0	32.4	38.2	22.1
51.4	30.6	46.8	28.2
61.0	46.0	26.7	42.7
45.8	48.8	22.7	25.2

7 다음은 한 농경학자가 밀의 4품종을 각각 3개 구역에 재배한 결과이다. 4품종의 평균생산량에 차이가 있는지 $\alpha = 0.05$로 검정하시오.

품종 A	품종 B	품종 C	품종 D
60	59	55	58
61	52	55	58
56	51	52	55

8 어떤 사람이 교육에 사용되고 있는 컴퓨터의 효과에 대해 연구하려고 한다. 컴퓨터 애호가들은 교사들을 컴퓨터로 대치시킬 수 있다고 주장하는 반면에, 어떤 이들은 교사들이 컴퓨터를 이용하여 교육했을 때에 효과적이라고 주장하고 있다. 따라서 컴퓨터를 이용하여 교육했을 때에 효과적이라고 주장하고 있다. 따라서 컴퓨터 이용에 관한 효과를 분석하기 위하여 학생들을 세 그룹으로 나누어 교육하였다. 즉, 컴퓨터에 의한, 교사와 컴퓨터에 의한, 그리고 전통적인 교사에 의한 교육을 실시하여 일 년 후에 교육의 성취도를 측정하여 그룹별로 다음의 자료를 수집하였다.

컴퓨터 ⓐ	교사와 컴퓨터 ⓑ	교사 ⓒ	컴퓨터 ⓐ	교사와 컴퓨터 ⓑ	교사 ⓒ
48	45	49	39	37	46
47	64	41	47	46	50
48	45	52	39	47	39
45	46	46	31	44	45
46	45	41	47	45	49
43	44	47	40	49	42
39	31	46	43	51	36
44	46	47	48	49	41
44	60	45	43	46	47
45	55	47	43	46	47
41	43	44	44	45	43
45	54	47	38	45	52
48	43	52	39	46	40
35	49	43	44	51	48
45	49	41			

ⓐ 분산분석표를 작성하고, 세 가지 교육방법에 차이가 있는지 여부를 유의수준 5%에서 검정하시오.

ⓑ 그룹성적의 평균을 관찰하면 과연 어떤 교육방법이 바람직하다고 생각되는가? 어느 교육방법이 가장 비효과적인 것으로 판단되는가?

12 범주형 자료 및 카이제곱 검정

1 범주형 자료

지금까지 우리는 통계분석을 위한 자료로서 무게, 길이, 거리, 통화량 등과 같은 실제적인 측정값을 사용하였으나 분석에 필요한 자료가 반드시 실제적인 측정값이어야 한다는 법도 없다. 그래서 통계조사를 할 때 우리는 흔히 남자, 여자와 같이 조사대상을 분류하거나 또는 질병의 치료결과를 악화, 현상유지, 호전 등으로 관측결과를 분류하여 분석할 때도 많다. 이와 같이 질적 변수에 의하여 구분된 측정결과를 어떤 범주에 따라 분류시켜 도수로 주어지는 자료를 이용한 통계적 추론방법을 범주형 자료의 분석(analysis of categorical data)이라 한다.

이러한 분석의 대표적인 경우로는 관측결과가 특정한 분포로부터의 관측값인지를 검정하는 ① 적합도 검정(goodness of fit test)이 있고, 또한 교육수준과 결혼생활의 관계를 조사하는 경우처럼 두 요인(factor)간에 관계가 있는지를 검정하는 ② 독립성의 검정(test of independence), 몇 개의 모집단이 분석하고자 하는 문제의 특성에 대하여 동질성을 갖는지를 검정하는 ③ 동질성의 검정(test of homogenity)

이 있다.

위의 각 검정을 필요로 하는 실제 예들은 일반적인 특성을 가지고 있는데 첫째는 원래자료들의 도수로 구성되어 있으며, 둘째는 어떤 명시된 가설하에서 관찰도수에 비교될 수 있는 기대도수가 존재한다는 것이다.

그리고 위의 각 검정법에 있어서 문제의 핵심은 기대도수를 야기시키는 이런 가정이 과연 어떤 타당성을 갖는지 혹은 갖지 않는지를 판정할 만큼 기대도수와 측정도수 사이의 차이가 실제로 존재하는가의 여부를 분석하는 것이다.

예제 12.1 범주형 자료의 예

더크헤임(E. Durkheim)이 1897년 "사회학에서의 연구: 자살(suicide)"을 발표한 이래, 자살의 현상이 사회에 만연되어 있는 스트레스의 수준을 평가하는 수단으로서 널리 연구되어 왔다.[1] 수년에 걸쳐서 자살률은 어떤 일정한 양상을 따른다는 것이 나타났다. 즉 여성보다는 남성이 자살률이 높고 흑인보다는 백인이 높게 나타났다. 그리고 중년을 지난 사람, 결혼하지 않은 사람, 아이가 없는 사람이 자살률이 높다는 것이다. 또한 전쟁기간 동안에는 적고 평화시절에는 자살률이 높다는 것이다.

이러한 양상이 어떤 원인으로 나타나는지는 아직도 알려지지 않고 있다. 소외감이 여러 원인 중의 중요한 요인임에 틀림없지만, 이것이 자살률이 보다 낮은 지역사회보다는 도시지역에서 높다는 이유가 설명될 수 있을 것이다. 또한 일시 머무르는 인구가 많은 도시들에서의 자살률이 한 곳에 정주하는 인구가 많은 도시들보다는 자살률이 높다는 것은 시사하는 바가 크다.

영과 쉬미드(Young & Schmid)는 미국의 주요 25개 도시의 거주자에 대한 자살률과 단기체재자수준(transiency level)의 자료를 수집하여 전술한 내용 중의 후자에 대한 가설을 검정하고자 하였다. 여기서 단기체재자수준은 이동성 지수(mobility index)로서 측정되었으며 이동성 지수가 낮다는 것은 보다 일시 머무르는 인구가 많다는 것을 의미하는데 표 12.1에 요약되어 있다.

1) Larsen, R. J & Marx, M. L, Statistics(Prentice-Hall international editions, 1990), pp.148-149.

표 12.1 • 자살률과 이동성 지수

도시	자살률 X_i (100,000당)	이동성 지수 Y_i	도시	자살률 X_i (100,000당)	이동성 지수 Y_i
New York	19.3	54.3	Washington	22.5	37.1
Chicago	17.0	51.5	Minneapolis	23.8	56.3
Philadelphia	17.5	64.6	New Orleans	17.2	82.9
Detroit	16.5	42.5	Cincinnati	23.9	62.2
Los Angeles	23.8	20.3	Newark	21.4	51.9
Cleveland	20.1	52.2	Kansas City	24.5	49.4
St. Louis	24.8	62.4	Seattle	31.7	30.7
Baltimore	18.0	72.0	Indianapolis	21.0	66.1
Boston	14.8	59.4	Rochester	17.2	68.0
Pittsburg	14.9	70.0	Jersey City	10.1	56.5
San Francisco	40.0	43.8	Louisville	16.6	78.7
Milwaukee	19.3	66.2	Portland	29.3	33.2
Buffalo	13.8	67.6			

이 자료에 의하면 이들 측정값은 범주형 자료가 아니므로 두 변수(X=자살률, Y=이동성 지수)의 자료를 각각 이분시켜 범주형 자료 형태로 만들기로 한다. 예를 들면 X변수를 이분시키는데, 즉 $\overline{X}$보다 작거나 그리고 $\overline{X}$보다 큰 것으로 구분한다. 같은 방법으로 Y변수도 구분한다. 표 12.1의 25개 관측값에 대해서 각각 평균을 구하면 다음과 같다.

$$\overline{X} = \frac{19.3 + 17.0 + \cdots\cdots + 29.3}{25} = 20.8$$

$$\overline{Y} = \frac{54.3 + 51.5 + \cdots\cdots + 33.2}{25} = 56.0$$

표 12.2는 표 12.1의 자료를 이분시킨 X변수와 Y변수의 네 개의 범주에 해당되는 도수를 계산하여 정리한 것이다.

표 12.2 • 자살률과 이동성 지수에 대한 범주형 자료

		이동성 지수	
		낮다(<56.0)	높다(>56.0)
자살률	높다(>20.8) 낮다(<20.8)	7 3	4 11
%		70.0	26.7

이 표로부터 이동성 지수와 자살률 간의 관계를 인지할 수 있다. 낮은 이동성 지수를 갖는 도시들에서는 70%라는 높은 자살률을 나타내고 있다. 그리고 높은 이동성 지수를 갖는 도시들에서는 단지 26.7%의 높은 자살률을 보이고 있다. 이러한 결과에 의하여 소외감은 자살 빈도에 있어서 의미 있는 요인이라는 주장에 근거가 있다고 할 수 있다.

예제 12.2 **상관관계의 예: 교육기관과 수입은 높은 연관성이 있다.**

교육을 많이 받으면 받을수록 더 많은 돈을 번다는 것은 양의 상관관계라고 가정할 수 있을 것이다. 이것으로부터 수입을 직접 결정하는 것은 교육이라고 유추하는 것은 그럴듯해 보인다. 그러나 조금 생각해 보면 잘못된 결론이라는 것을 알 수 있다. 우리의 사회에서는 교육의 정도가 높을수록 수입이 더 좋은 직업을 갖는 경향이 있다. 그러나 의심할 여지없이 교육의 정도는 수입에 도움을 줄 수 있지만 수입을 결정하는 것은 아니며 이를 결정하는 것은 직업에 대한 책임감일 수 있다. 지식은 또 다른 고려요소이다. 특히, 우리의 사회가 학문적(교육적) 기준에서 지식을 이해하는 경향이 있기 때문에 더욱 그렇다. 시험에서 좋은 성적을 받으며, 교육을 더 받은 소위 현명한 사람이 중도에 교육을 포기한 사람보다 더 높은 임금을 받는 직업을 갖는 경향이 있을 것이다.

즉 교육은 수입을 결정하는 데 역할을 하지만, 수입은 개인적 환경, 지식 및 행운 같은 요인에 영향을 받기 때문에 교육을 유일한 또는 가장 중요한 요인으로 볼 수가 없는 것이다. 단순히 높은 상관관계는 두 가지 변수인 교육의 정도와 수입 사이에 관한 측정 순간에 어떤 관계가 존재한다는 것을 의미할 뿐이다.

2 카이제곱분포; χ^2—분포

χ^2-분포의 이론적 근거는 1899년 영국의 수리통계학자인 피어슨(K. Pearson; 1857~1936)에 의해 제시되었으며, 이것은 통계적 추론의 초기방법의 하나로 마련되었다.

그는 모집단에서 표본을 추출할 때 야기되는 문제점으로서 분산을 이용한 편차제곱의 합으로 새로운 산포지수를 고안하여 그 산포지수에 대한 명칭을 χ^2(chi-square; 카이제곱)이라고 명명하였다.

x_1, x_2, $\cdots$, x_n이 정규모집단 $N(\mu,\ \sigma^2)$으로부터의 확률표본일 때,

$$s^2 = \frac{\sum_{i=1}^{n}(x_i - \bar{x})^2}{n-1}$$

이면

$$\chi^2 = \frac{(n-1)s^2}{\sigma^2} = \frac{\sum_{i=1}^{n}(x_i - \bar{x})^2}{\sigma^2}$$

은 자유도 $(n-1)$인 χ^2-분포를 따른다.

χ^2-분포에서는 그것의 자유도에 의해 분포가 완전히 결정되기 때문에 반드시 자유도가 명시되어야 한다. 그림 12.1에 자유도에 따른 χ^2-분포의 형태가 표시되어 있다. 이 분포는 항상 0보다 큰 값에서만 나타나는 점에 유의할 필요가 있다. 또한 자유도가 점점 커짐에 따라 정규분포곡선에 가까워진다.

χ^2-분포의 수표에서 각 난의 값은 각각의 자유도 m에서 측정된 χ^2값이 어느 특정의 확률(이를 α로 표시함)에서 특정의 χ^2값보다 크게 되는 그 χ^2값을 나타낸 것이다.

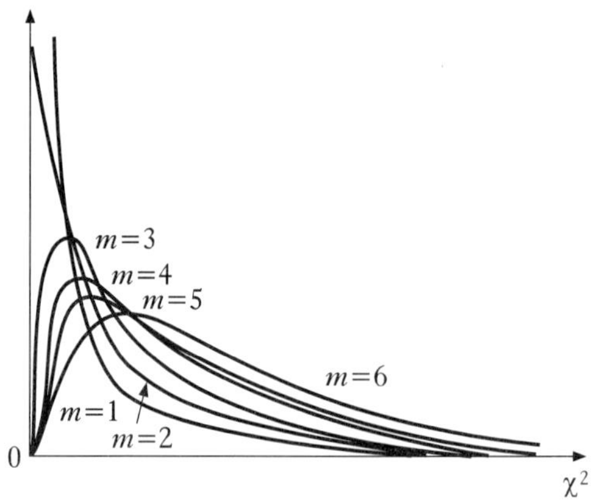

그림 12.1 • 자유도 m인 χ^2-분포곡선

이 자유도 m의 χ^2-분포에서 어느 특정의 값(자유도 m의 χ^2의 $100\times\alpha$ % 점이라 함)을 $\chi^2_\alpha(m)$이라 표시한다면,

$$P\{\chi^2_\alpha(m) < \chi^2 < \infty\} = \int_{\chi^2_\alpha(m)}^{\infty} f(\chi^2)\,d\chi^2 = \alpha$$

와 같다. 이때 $f(\chi^2)$은 자유도 m의 χ^2-분포의 밀도함수이다. 예를 들면 그림 11.2는 χ^2-분포표가 나타내는 자유도와 누적확률에 대응하는 χ^2값을 예시하고 있다.

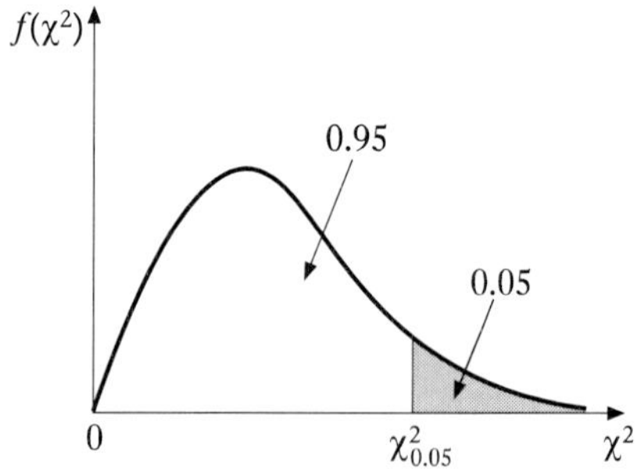

그림 12.2 • χ^2-분포의 확률

χ^2-분포는 비대칭이므로 χ^2-분포의 수표는 누적확률이 0.5 이상일 때와 이하일 때를 별도로 나타내야 한다. 예를 들어 자유도 $m=5$인 χ^2-분포에서 누적확률이 0.95

와 0.05인 χ^2의 값은 각각 다음과 같이 표 12.2에서 찾아볼 수 있다. 이것을 그림으로 표시한 것이 그림 12.3이다.

표 12.3 • χ^2분포표

m \ α	0.995	0.990	0.975	0.950	0.050	0.025	0.010	0.005
1	0.0000393	0.0001571	0.0009821	0.0039321	3.84146	5.02389	6.63490	7.87944
2	0.0100251	0.0201007	0.0506356	0.102587	5.99147	7.37776	9.21034	10.5966
3	0.0717212	0.114832	0.215795	0.351846	7.81473	9.34840	11.3449	12.8381
4	0.206990	0.297110	0.434419	0.710721	9.48773	11.1433	13.2767	14.8602
5	0.144740	0.554300	0.831211	1.145476	11.0705	12.8325	15.0863	16.7496
6	0.675727	0.872085	1.237347	1.63539	12.5916	14.4494	16.8119	18.5476
7	0.989265	1.239043	1.68987	2.16735	14.0671	16.0128	18.4753	20.2777
8	1.344419	1.646482	2.17973	2.73264	15.5073	17.5346	20.0902	21.9550
9	1.734926	2.087912	2.70039	3.32511	16.9190	19.0228	21.6660	23.5893
⋮	⋮	⋮	⋮	⋮	⋮	⋮	⋮	⋮
70	43.2752	45.4418	48.7576	51.7393	90.5312	95.0231	100.425	104.215
80	51.1720	53.5400	57.1532	60.3915	101.879	106.629	112.329	116.321
90	59.1963	61.7541	65.6466	69.1260	113.145	118.136	124.116	128.299
100	67.3276	70.0648	74.2219	77.9295	124.342	129.561	135.807	140.169

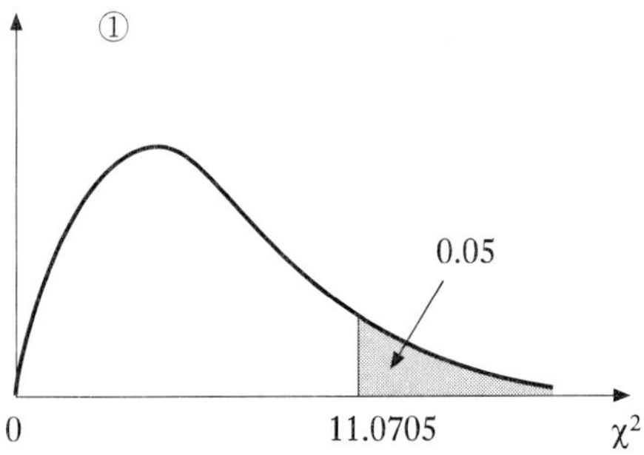

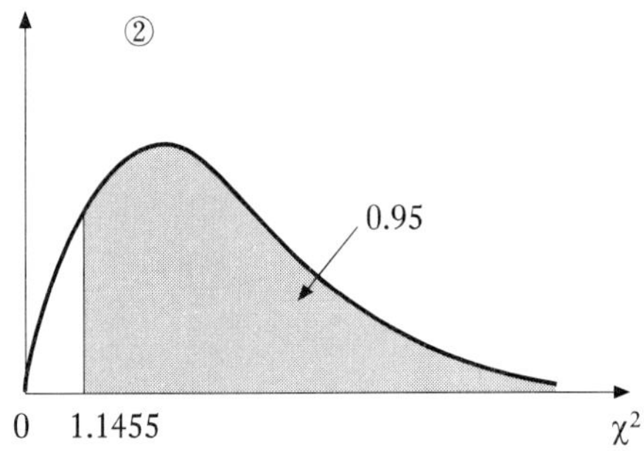

그림 12.3 • ① α=0.05인 경우와 ② α=0.95인 경우

$$\chi^2_{0.05}(5) = 11.0705 \qquad \chi^2_{0.95}(5) = 1.1455$$

3 적합도 검정

실험으로부터 구해진 도수들을 관측도수라 한다. 적합도 검정(goodness of fit test)에 있어서 실험에 의한 관측도수가 어떤 패턴 혹은 이론적인 분포를 따른다는 귀무가설을 검정하게 된다. 이 검정을 적합도 검정이라고 하는 이유는 관측도수들이 주어진 패턴에 얼마나 잘 적합한지를 검정하기 때문이다. 예를 들기 위하여 한 개의 주사위를 던지는 실험을 고려해 보자. 이 실험은 반복시행을 계속적으로 하며 각 시행의 결과는 여섯 가지 가능한 결과들 중의 하나로 나타낸다. 또한 각 시행은 다른 시행에 대하여 독립적이며 여섯 가지 결과들의 확률들은 각 시행에 대해서 일정하다고 할 수 있는지의 여부를 결정한다고 하자. 그러므로 우리는 주어진 주사위가 공정하게 제조되었다는 귀무가설을 검정하게 된다. 각 결과에 대한 관측도수가 전체 던진 횟수의 1/6에 접근하게 되면 이 주사위는 공정하게 제조된 것으로 볼 수 있을 것이다. 이러한 관측도수에 대한 이론적 대응도수를 기대도수(expected frequency)라 한다.

이제 관측도수들과 기대도수들 간의 차이가 얼마나 큰가에 따라서 귀무가설을 기각하거나 기각하지 않거나를 결정하게 될 것이다. 이 검정을 수행하기 위하여 χ^2-분포를 사용하게 된다. 따라서 전술한 바와 같이 실험으로부터 구해진 도수들을 관측도수라 하며 "O"으로 표기한다. 적합도 검정을 하기 위하여 실험의 모든 범주들에 대한 기대도수들을 계산해야 하며 기대도수는 "E"로 표기한다.

적합도 검정에서 사용되는 검정통계량은 다음과 같이 계산한다.

n개의 관측값이 있을 때 그 중에서 i번째 속성에 대항되는 관측도수를 O_i라 하고 어떤 주어진 가설하에서 기대되는 기대도수를 E_i라 하면 검정통계량은 다음과 같다.

$$\chi^2 = \frac{(O_1 - E_1)^2}{E_1} + \frac{(O_2 - E_2)^2}{E_2} + \cdots + \frac{(O_k - E_k)^2}{E_k}$$

$$\chi^2 = \sum_{i=1}^{k} \frac{(O_i - E_i)^2}{E_i}$$

이 때 k는 이 분석에서 고려되고 있는 속성의 개수를 나타내며 χ^2통계량은 자유도 $(k-1)$인 χ^2-분포를 따른다.

앞의 식에서 알 수 있는 것처럼 기대도수와 관측도수가 완전히 일치할 경우에는 χ^2-통계량의 값이 0이 되리라는 것이 명백하다. 일반적으로 기대도수 E와 관측도수 O가 비슷하면 χ^2-통계량의 값은 작을 것이며 두 도수 사이의 차이가 크면 χ^2-통계량의 값은 커질 것이다. 즉 χ^2-통계량의 값이 크면 기대도수와 관측도수의 값의 차이가 크므로 귀무가설 H_0가 사실이 아닐지도 모른다는 것을 의미한다. 즉 귀무가설 H_0를 기각하게 된다.

예제 12.3

세 개의 문(door)이 있을 때 쥐들이 한 마리씩 이 세 개의 문 중 하나의 문을 통과하는 실험에서, 쥐들이 90번 시도하여 3개 문의 관측도수는 $n_1 = 23$, $n_2 = 36$ 그리고 $n_3 = 31$이었다. 이 자료에 의하여 각 쥐들이 세 개의 문을 통과할 확률이 동일한지를 유의수준 5%에서 적합도 검정을 하시오.

풀이...

(i) 가설의 설정

$$H_0 : P_1 = P_2 = P_3 = \frac{1}{3}$$

H_1 : 3개 확률 중 적어도 두 개는 1/3이 아니다.

(ii) 검정통계량의 결정

3개의 범주들이 있기 때문에 이것은 다항실험이다. 결과적으로 검정을 하기 위해 χ^2분포를 이용한다.

$$\chi^2 = \sum \frac{(O-E)^2}{E}$$

(iii) 임계범위의 결정

유의수준이 0.05이고 적합도 검정은 항상 상단단측검정을 한다. 그리고 자유도는 $m = k - 1 = 3 - 1 = 2$이다. 따라서 $\chi^2_{2,\,0.05} = 5.991$이다.

(iv) 검정통계량값의 계산

검정통계량 χ^2의 값은 다음 표에 의해서 계산한 바와 같이 $\chi^2 = 2.86$이다.

문	관측도수 O	p	기대도수 E	$O-E$	$(O-E)^2$	$\frac{(O-E)^2}{E}$
1	23	1/3	90×1/3=30	-7	49	1.63
2	36	1/3	90×1/3=30	6	36	1.2
3	31	1/3	90×1/3=30	1	1	0.03
	90					2.86

(v) 통계적 결정과 해석

검정통계량의 값 $\chi^2 = 2.86$이 임계값 $\chi^2 = 5.991$보다 작으므로 귀무가설 H_0를 기각하지 못한다. 따라서 유의수준 5%에서 쥐들이 문을 선택하는 선호도는 세 개의 문에 대하여 동일하다고 볼 수 있는 것이다.

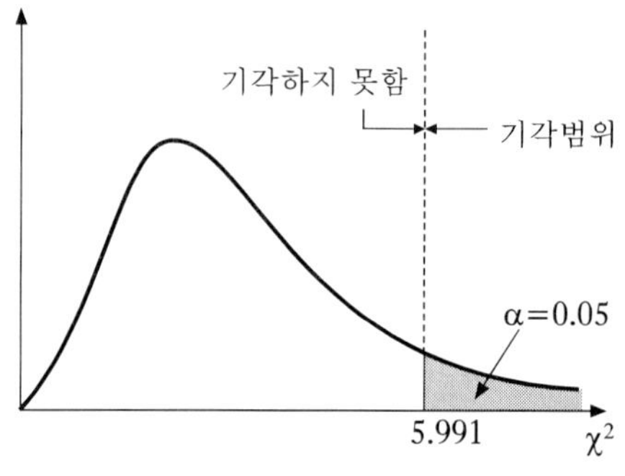

※ R 프로그램을 이용한 예제 풀이

```
# 기대도수 O와 관측도수 E에 대한 행렬을 만들어준다.
E <- matrix(0,ncol=1,nrow=3)
O <- scan()
23 36 31
data <- cbind(O,E)

# 검정통계량(카이제곱) 값을 계산해준다.
p <- 1/3
data[,2] <- sum(data[,1])*p
chi2 <- sum((data[,1]-data[,2])^2/data[,2])
chi2 (2.866667)
```

예제 12.4

다음 표는 여러 종류의 자동차회사들의 1995년 미국자동차의 시장점유율을 나타낸 것이다. 시장점유율은 보통 여러 회사들에 의해서 벌어들인 총수익의 백분율로 정의한다. 그러나 이번 경우의 시장점유율은 편의상 1995년에 여러 자동차회사들에 의해서 판매된 전체 신형차의 백분율로 정의하였다.

회 사	지엠 (GM)	포드 (Ford)	혼다 (Honda)	도요타 (Toyota)	크라이슬러 (Chrysler)	기타
시장점유율 (%)	34.5	21.6	9.3	9.2	8.3	17.1

포드의 마케팅지배인은 이들 회사들의 현재 미국자동차 시장점유율이 1995년의 것과 같은지를 조사하고자 하였다. 최근에 판매된 2,000대의 신형차 중에서 715대는 지엠, 446대는 포드, 175대는 혼다, 187대는 도요타, 178대는 크라이슬러 그리고 299대는 기타회사로 나타났다. 유의수준 2.5%에서 이들 회사들에 의해서 형성된 현재의 미국자동차 시장점유율은 1995년의 것과 같다는 귀무가설을 기각할 수 있는가를 검정하시오.

풀이...

(i) 가설의 설정

H_0 : 여러 자동차회사의 현재 미국자동차 시장점유율은 1995년의 것과 같다.
H_1 : 여러 자동차회사의 현재 미국자동차 시장점유율은 1995년의 것과 같지 않다.

(ii) 검정통계량의 결정
6개의 범주들이 있으므로 다항실험이 된다. 결과적으로 이 검정을 하기 위하여 χ^2-분포를 이용한다.

$$\chi^2 = \sum \frac{(O-E)^2}{E}$$

(iii) 임계범위의 결정
유의수준은 0.025이고 자유도는 $m = k-1 = 6-1 = 5$이다. 따라서 자유도 5와 0.025에 대한 χ^2의 임계값은 $\chi^2_{5,\,0.025} = 12.833$이다.

(iv) 검정통계량값의 계산

검정통계량의 값을 구하기 위한 계산과정이 다음 표에 있다. 그러므로 검정통계량의 값은

$$\chi^2 = \sum \frac{(O-E)^2}{E} = 8.333$$

이다.

회사	관측도수 O	p	기대도수 $E=np$	$O-E$	$(O-E)^2$	$\frac{(O-E)^2}{E}$
GM	715	0.345	2,000×0.345=690	25	625	0.906
Ford	446	0.216	2,000×0.216=432	14	196	0.454
Honda	175	0.093	2,000×0.093=186	-11	121	0.651
Toyota	187	0.092	2,000×0.092=184	3	9	0.049
Chrysler	178	0.083	2,000×0.083=166	12	144	0.867
기 타	299	0.171	2,000×0.171=342	-43	1849	5.406
	$n=2,000$					8.333

(v) 통계적 결정과 해석

검정통계량의 값 $\chi^2 = 8.333$이 임계값 $\chi^2 = 12.833$보다 작으므로 귀무가설 H_0를 기각하지 못한다. 따라서 유의수준 2.5%에서 여러 자동차회사의 현재 미국자동차 시장점유율은 1995년의 것과 같다고 말할 수 있다.

※ R프로그램을 이용한 예제 풀이

```
# 기대도수O와 관측도수E에 대한 행렬을 만들어준다.
E <- matrix(0,ncol=1,nrow=6)
O <- matrix(scan(),ncol=2)
715 446 175 187 178 299
0.345 0.216 0.093 0.092 0.083 0.171

data <- cbind(O,E)

# 검정통계량(카이제곱) 값을 계산한다.
data[,3] <- sum(data[,1])*data[,2]
chi2 <- sum((data[,1]-data[,3])^2/data[,1])
chi2 (9. 04608)
```

4 분할표; 독립성의 검정

앞 절에서는 얻어진 표본의 자료를 k개의 범주로 나누어 분류한 것을 검토하여 보았는데, 이를 더욱 세분하여 또 하나의 다른 범주를 생각하여 분류할 수 있는 것이다. χ^2-분포는 두 개의 실체를 갖는 모집단에 있어서 두 가지의 분류기준이 상호독립적이라는 귀무가설을 검정하는 데 가장 많이 사용된다. 만약 두 분류기준에 있어서 하나의 기준이 다른 하나의 기준에 전혀 영향을 미치지 않는다면 이 두 분류기준은 상호독립적이라고 한다. 만약 이 두 분류기준이 상호독립적이 아니면 이들 사이에는 어떤 관련성이 있다고 볼 수 있는 것이다.

예를 들어, 이 두 분류기준을 텔레비전의 크기와 남녀 성별이라고 한다면 텔레비전 크기의 선호도가 남녀에 따라 다르게 나타나는가 하는 문제를 생각하여 보자. 만약 어떤 사람이 남자인지 여자인지를 알고 있다는 사실이 그가 선호하는 텔레비전의 크기를 예측하는 데 아무런 도움이 되지 않는다면 혹은 그가 택한 텔레비전의 크기를 알고 있다는 사실에서 그 사람이 여자인지 남자인지를 텔레비전의 크기만 보고 알 수 없다면, 이 두 분류기준(TV 크기, 남녀 성별) 사이에는 독립관계가 있다고 볼 수 있는 것이다.

두 분류기준을 각각 A, B라 하고, 기준 A는 r개로 나누어져 있고 기준 B는 c개로 나누어져 있다 하자. 간편하게 각각의 속성을 $A_1, A_2, \cdots, A_r$; $B_1, B_2, \cdots, B_c$로 표시하면 표 12.3과 같은 $r \times c$ 분할표(contingency table)를 얻을 수 있다.

표 12.4에서 $O_{ij}(j=1, 2, \cdots, r,\ j=1, 2, \cdots, c)$는 변수 A의 i번째 속성과 변수 B의 j번째 속성에 해당되는 관측값의 빈도수를 나타내며, $O_{i\cdot}(i=1, 2, \cdots, r)$는 변수 A의 i번째 속성의 주변도수, 즉 O_{ij}를 모든 j에 더한 값을 나타내고, $O_{\cdot j}(j=1, 2, \cdots, c)$는 변수 B의 j번째 속성의 주변도수, 즉 O_{ij}를 모든 i에 대해 더한 값을 나타낸다. 따라서 다음 식이 성립한다.

$$O_{i\cdot} = \sum_{j=1}^{c} O_{ij} \qquad O_{\cdot j} = \sum_{i=1}^{r} O_{ij}$$

$$n = \sum_{i=1}^{r}\sum_{j=1}^{c} O_{ij} = \sum_{j=1}^{c} O_{i\cdot} = \sum_{i=1}^{r} O_{\cdot j}$$

각 칸에 해당되는 기대도수의 계산은 행의 주변도수에 열의 주변도수를 곱하여 전체도수로 나눈 것이 된다. 즉, 기대도수를 E_{ij}라 표시하면

표 12.4 • $r \times c$ 분할표

변수 A \ 변수 B	B_1	B_2	$\cdots$	B_c	
A_1	O_{11}	O_{12}	$\cdots$	O_{1c}	$O_{1\cdot}$
A_2	O_{21}	O_{22}	$\cdots$	O_{2c}	$O_{2\cdot}$
$\vdots$	$\vdots$	$\vdots$	$\vdots$	$\vdots$	$\vdots$
A_r	O_{r1}	O_{r2}	$\cdots$	O_{rc}	$O_{r\cdot}$
계	$O_{\cdot 1}$	$O_{\cdot 2}$	$\cdots$	$O_{\cdot c}$	n

$$E_{ij} = \frac{O_{i\cdot} \times O_{\cdot j}}{n} \, (i = 1,\ 2,\ \cdots,\ r,\ j = 1,\ 2,\ \cdots,\ c)$$

$$\text{기대도수} = \frac{(\text{행의 주변도수}) \times (\text{열의 주변도수})}{\text{전체도수}}$$

이다. 따라서 독립성 검정에 대한 검정통계량 χ^2의 값은 다음 식에 의해 구한다.

$$\chi^2 = \sum_{i=1}^{r} \sum_{j=1}^{c} \frac{(O_{ij} - E_{ij})^2}{E_{ij}}$$

χ^2은 자유도 $(r-1)(c-1)$인 χ^2-분포를 따르며, 이 검정에서의 가설은

H_0 : 두 변수가 서로 독립이다. H_1 : 두 변수가 독립이 아니다.

로 설정할 수 있으며, H_1이 사실인 경우 χ^2값이 커지는 경향을 나타낸다. 따라서 χ^2의 값이 큰 때에 H_0를 기각하게 되어 기각범위는

$$R = \chi^2 : \chi^2 > \chi^2_{(r-1)(c-1),\,\alpha}$$

로 표시할 수 있다.

예제 12.5

다음 자료는 (a) 흠집의 형태와 (b) 생산방법에 따라 가구제조업체에서 생산되는 가구에서 발견된 $n = 309$개의 흠집들을 A, B, C, D의 네 가지 형태로 구분한 자료이다. 네 가지로 구분하여 나타낸 흠집을 하나의 분류기준으로 하였고 또 하나의 분류기준으로는 가구의 제조방법으로 정하였다. 이의 자료로부터 흠집의 형태가 제조방법과 서로 독립인지의 여부를 유의수준 5%에서 검정하시오.

[3×4 분할표]

제조방법	흠집의 형태				
	A	B	C	D	합계
1	15(22.51)	21(20.99)	45(38.94)	13(11.56)	94
2	26(22.99)	31(21.44)	34(39.77)	5(11.81)	96
3	33(28.50)	17(26.57)	49(49.29)	20(14.63)	119
합 계	74	69	128	38	309

풀이...

(i) 가설의 설정

H_0 : 제1분류기준(제조방법)과 제2분류기준(흠집의 형태)는 상호독립적이다.

H_1 : H_0가 아니다.

(ii) 검정통계량의 결정

분할표에 대한 독립성 검정을 하기 위하여 χ^2분포를 사용한다.

$$\chi^2 = \sum_{j=1}^{4}\sum_{i=1}^{3}\frac{(O_{ij} - E_{ij})^2}{E_{ij}}$$

(iii) 임계범위의 결정

유의수준은 0.05이며 자유도는

$$m = (r-1)(c-1) = (4-1)(3-1) = 6$$

이다. 따라서 χ^2의 임계값은 $\chi^2_{6,\ 0.05} = 12.592$이다.

(iv) 검정통계량값의 계산

위의 표는 관측도수 O_{ij}와 기대도수 E_{ij}를 각각 나타낸 것이고 여기서 괄호 속에 있는 것은 기대도수이다. 각 칸의 기대도수를 예를 들어 계산하여 보면

$$E_{11} = \frac{O_{10}O_{01}}{n} = \frac{(94)(74)}{309} = 22.51$$
$$E_{21} = \frac{O_{20}O_{01}}{n} = \frac{(96)(74)}{309} = 22.99$$
$$E_{34} = \frac{O_{30}O_{04}}{n} = \frac{(119)(38)}{309} = 14.63$$

으로 구할 수 있다. 따라서 검정통계량 χ^2의 값을 아래와 같이 계산할 수 있다.

$$\begin{aligned}\chi^2 &= \sum_{j=1}^{4}\sum_{i=1}^{3}\frac{(O_{ij}-E_{ij})^2}{E_{ij}} \\ &= \frac{(15-22.51)^2}{22.51} + \frac{(26-22.99)^2}{22.99} + \cdots + \frac{(20-14.63)^2}{14.63} = 19.17\end{aligned}$$

(v) 통계적 결정과 해석

검정통계량의 값 $\chi^2 =$ 19.17이 임계값 12.592보다 크므로 귀무가설 H_0를 기각한다. 유의수준 5%에서 제조방법에 따라 흠집의 형태가 달라진다고 볼 수 있다.

※ R 프로그램을 이용한 예제 풀이

```
# 자료를 입력합니다.
data1 <- matrix(scan(),ncol=4)
15 26 33 21 31 17 45 34 49 13 5 20
data2 <- matrix(scan(),ncol=4)
22.51 22.99 28.50 20.99 21.44 26.57 38.94 39.77 49.29 11.56 11.81 14.63
data <- cbind(data1,data2)
n <- sum(data1[,])

# 기대도수를 계산합니다.
E <- matrix(0,ncol=4,nrow=3)
for(i in 1:3)
   for(j in 1:4)
      E[i,j] <- round(sum(data1[i,])*sum(data1[,j])/n,2)
```

```
# 검정통계량(카이제곱) 값을 구해줍니다.
chi2 <- 0
for(i in 1:3)
    for(j in 1:4)
        chi2 <- chi2 + round(sum((data[i,j]-E[i,j])^2/E[i,j]),2)
chi2 (19.18)
```

예제 12.6

한국 식료품 회사의 중역은 회사에서 개발한 두 종류의 통조림에 대한 선호도가 지리적 위치와 독립적이라고 주장하고 있다. 이 주장의 타당성 여부를 검정하기 위하여 네 개의 지역에 사는 사람들 중에서 각각 임의로 아래와 같이 추출한 후에 설문지조사를 하였다. 이 자료의 결과를 이용하여 유의수준 $\alpha = 5\%$에서 χ^2의 독립성 검정을 하시오.

지 역	통조림 A	통조림 B	설문지응답자
서 울	65	53	118
경 상 도	59	76	125
전 라 도	48	42	90
충 청 도	43	49	92
합 계	215	220	435

풀이...

(i) 가설의 설정

H_0 : 통조림의 선호는 지리적 위치와 독립적이다.

H_1 : 통조림의 선호는 지리적 위치와 독립적이 아니다.

(ii) 검정통계량의 결정

독립성 검정을 하기 때문에 χ^2분포를 사용한다.

(iii) 임계범위의 결정

유의수준이 5%이고 자유도는 $(r-1)(c-1) = (4-1)(2-1) = 3$이므로 임계값은 $\chi^2_{(3,\ 0.05)} = 7.81$이다.

(iv) 검정통계량값의 계산

기대도수를 $E_{ij} = O_i.\ O._j\ / n$의 공식으로부터 구하여 관측도수 O_{ij}와 기대도수 E_{ij}를 각각 적어보면 다음과 같다. 기대도수는 괄호를 이용하여 나타내었다.

지 역	통조림 A	통조림 B	설문지응답자
서 울	65(58.32)	53(59.68)	118
경 상 도	59(66.73)	76(68.27)	125
전 라 도	48(44.48)	42(45.52)	90
충 청 도	43(46.47)	49(46.53)	92
합 계	215	220	435

다음으로 검정통계량 χ^2의 값은 다음과 같이 구한다.

$$\chi^2 = \sum_{j=1}^{4}\sum_{i=1}^{2}\frac{(O_{ij}-E_{ij})^2}{E_{ij}}$$
$$= \frac{(65-58.32)^2}{58.32} + \frac{(53-59.68)^2}{59.68} + \frac{(59-66.72)^2}{66.72} + \cdots + \frac{(49-46.53)^2}{46.53}$$
$$= 3.9872$$

(v) 통계적 결정과 해석

검정통계량의 값 $\chi^2 = 3.9872$는 임계값 $\chi^2 = 7.81$보다 작으므로 귀무가설 H_0를 기각하지 못한다. 따라서 유의수준 5%에서 지리적 위치에 따라 통조림의 선호도와는 독립적이라고 볼 수 있는 것이다.

※ R 프로그램을 이용한 예제 풀이

```
data <- matrix(scan(),ncol=2)
65 59 48 43 53 76 42 49
n <- sum(data[,])

# 기대도수를 계산합니다.
E <- matrix(0,ncol=2,nrow=4)
for(i in 1:4)
    for(j in 1:2)
        E[i,j] <- round(sum(data[i,])*sum(data[,j])/n,2)

# 검정통계량(카이제곱) 값을 구해줍니다.
chi2 <- 0
for(i in 1:4)
    for(j in 1:2)
        chi2 <- chi2 + round(sum((data[i,j]-E[i,j])^2/E[i,j]),2)
chi2 (4. 09)
```

5 동질성의 검정

몇 개의 모집단이 분석하고자 하는 문제의 특성에 대하여 동질성(homogeneity)을 갖는지의 여부에 관심을 가질 수 있다. 예를 들어, 몇 개의 연령층에 속하여 있는 사람들이 동일한 TV 프로그램을 선호하고 있는지의 여부, 상이한 사회·경제적 배경을 가진 상품구입자들이 어떤 상품을 사는 데 있어서 상이한 이유들을 갖는지의 여부 등을 분석하고자 하는 경우가 있을 것이다.

위의 경우들을 위한 귀무가설을 문제의 모집단들이 어떤 특성에 대하여 동질성을 서로 갖고 있지 않다는 것으로 설정할 수 있는데 이러한 가설을 검정하는 것을 χ^2의 동질성 검정(test of homogeneity)이라고 부르며, 이에 관한 검정절차는 독립성이나 동질성의 검정과 동일하다.

예제 12.7

다음 자료는 임의로 추출한 TV 시청자 400명을 3집단으로 나누어 3가지의 TV 프로그램에 대한 선호도를 연령에 따라 조사한 표본자료이다. 다음과 같이 설정한 가설에 대해서 유의수준 $\alpha = 0.05$로 검정하시오.

H_0 : TV 프로그램의 선호에 관한 3가지 연령집단은 동질성을 갖는다.
H_1 : 3가지 연령집단은 동질성을 갖지 않는다.

[TV프로그램의 선호형태와 연령에 의하여 분류한 표본자료]

(괄호 안의 숫자는 기대도수)

시청자의 연령	TV 프로그램			
	A	B	C	합 계
30 이하	120(70)	30(67.50)	50(62.80)	200
30 ~ 44	10(35)	75(33.15)	15(31.25)	100
45 이상	10(35)	30(33.75)	60(31.25)	100
합 계	140	135	125	400

풀이...

(i) 가설의 설정

H_0 : TV 프로그램의 선호에 관한 3가지 연령집단은 동질성을 갖는다.
H_1 : H_0가 아니다.

(ii) 검정통계량의 결정

동질성 검정을 하기 때문에 χ^2분포를 사용한다.

$$\chi^2 = \sum\sum\frac{(O_{ij}-E_{ij})^2}{E_{ij}}$$

(iii) 임계범위의 결정

유의수준이 5%이고 자유도가 $(r-1)(c-1)=(3-1)(3-1)=4$이므로 임계값은 $\chi^2_{(4,\ 0.05)}=9.488$이다.

(iv) 검정통계량값의 계산

표에 계산된 기대도수를 이용하여 검정통계량의 값을 구하면 다음과 같다.

$$\chi^2 = \frac{(120-70)^2}{70}+\frac{(10-35)^2}{35}+\cdots+\frac{(60-31.25)^2}{31.25}$$
$$= 180.495$$

(v) 통계적 결정과 해석

검정통계량의 값 $\chi^2=180.495$가 임계값보다 크므로 귀무가설 H_0를 기각한다. 따라서 유의수준 5%에서 TV 프로그램의 선호형태와 연령에 의하여 분류된 시청자들의 집단은 동질성을 갖고 있지 않다고 결정할 수 있다.

※ R프로그램을 이용한 예제 풀이

```
# 자료를 입력합니다.
data <- matrix(scan(),ncol=3)
120 10 10 30 75 30 50 15 60
n <- sum(data[,])

# 기대도수를 계산합니다.
E <- matrix(0,ncol=3,nrow=3)
for(i in 1:3)
    for(j in 1:3)
        E[i,j] <- round(sum(data[i,])*sum(data[,j])/n,2)

# 검정통계량(카이제곱) 값을 구해줍니다.
chi2 <- 0
for(i in 1:3)
    for(j in 1:3)
        chi2 <- chi2 + round(sum((data[i,j]-E[i,j])^2/E[i,j]),2)
chi2 (180. 5)
```

연습문제 12

1 확률변수 χ^2은 오직 어떤 내용을 가정하는가?

ⓐ 양이다. ⓑ 음이 아니다. ⓒ 양의 값이 아니다.

2 χ^2 분포의 모수는?

ⓐ 자유도 ⓑ df와 n ⓒ χ^2

3 다음 중에서 다항실험의 특성이 아닌 것은?

ⓐ n회의 반복시행으로 이루어진다.
ⓑ 각 시행은 독립적이다.
ⓒ 여러 가지 결과들의 확률들은 각 시행에 대해서 일정하다.
ⓓ 출현결과는 임의적이다.

4 적합도 검정에 대한 관측도수는?

ⓐ 실험으로부터 구해진 도수들
ⓑ n과 p의 곱으로 주어진 도수들
ⓒ ⓐ와 ⓑ의 결과를 추가하여 구해진 도수들

5 적합도 검정에 대한 기대도수는?

ⓐ 실험으로부터 구해진 도수들
ⓑ n과 p의 곱으로 주어진 도수들
ⓒ ⓐ와 ⓑ의 결과를 추가하여 구해진 도수들

6 적합도 검정에 대한 자유도는?

ⓐ $n-1$ ⓑ $k-1$ ⓒ $n+k-1$

7 독립성 검정에 대한 자유도는?

ⓐ $(r-1)(c-1)$ ⓑ $n-2$ ⓒ $(n-1)(k-1)$

8 X는 χ^2 분포를 하는 확률변수이다. 이것이 29.1413을 초과할 확률은 0.01과 같다. 이의 자유도는?

ⓐ 12 ⓑ 14 ⓒ 16 ⓓ 18

9 우리나라에서 지역별로 결혼연령에 차이가 있다는 주장에 대해 검정을 하고자 한다. 지형적으로 4개의 지역으로 구분하고 결혼연령을 5개의 범주로 구분하였다. 다음 표본에 관한 기대도수와 χ^2값을 계산하시오.

나이 \ 지역	동	서	남	북
18세 미만	27	42	31	27
18~21	48	37	96	52
22~26	129	34	42	95
27~35	63	29	72	104
36세 이상	42	13	37	36

10 어떤 도시계획자는 중소도시의 이상적인 주택밀집률을 1 : 5 : 15 : 40이라 주장한다. 즉, 한 채의 100평형 주택, 5채의 70평형, 15채의 60평형 그리고 40채의 50평형 주택을 계획하여야 한다는 것이다. 어느 중소도시에서 이러한 기준치의 적용을 검토하기 위하여 자료를 수집하였는데 100평형 20채, 70평형 65채, 60평형 485채, 50평형 1,500채로 조사되었다. 관찰된 주택수가 이론적으로 이상적인 주택도수와 다른지 여부를 유의수준 5%에서 카이제곱을 검정하시오.

11 교육수준이 결혼생활에 영향을 미치는지 알기 위해 1,000명을 랜덤추출하여 조사한 결과 다음의 자료를 얻었다. 이 자료에 의하면 개인의 교육수준이 결혼생활의 만족도에 영향을 미친다고 할 수 있는가? 유의수준 5%에서 검정하시오.

교육수준	결혼생활		
	빈 약	원 만	대단히 양호
대 학	72	112	245
고등학교	65	90	120
중 학 교	95	103	98

12 어느 유전학적 연구에서 1,690형제의 운동능력이 다음과 같이 조사되었다. 형제간의 운동능력이 독립적이라는 가설에 대한 검정을 하시오($\alpha=0.05$).

동생 \ 형	우 수	중 간	부 족
우 수	906	20	140
중 간	20	76	9
부 족	140	9	370

13
시계열과 지수

1 시계열의 개념

시계열(time series)이란 시간의 경과에 따라 변동하는 변수를 관측한 결과들의 집합을 의미한다. 예를 들면 서울 백화점의 매월 매출액, 한국의 연간 강철 생산량, 한국의 GNP, 강수량 등 얼마든지 있다. 이와 같은 시계열은 어떠한 사회현상이나 자연현상에 관한 변수의 시간적 변화를 나타내는 하나의 역사적 사실의 자료가 되는 것이다. 시계열을 구성해 주는 통계숫자로는 관찰결과를 그대로 나타낸 실수도 있고 또한 그 실수로부터 계산하여 얻은 평균, 비율 또는 지수와 같은 수치로 되는 경우도 있다. 예를 들면 지질학에서 조사되는 어느 한 지점에서의 지진의 강도와 의학에서 분석되는 심전도처럼 연속되는 시점(continuous time point)에서 시계열 자료가 기록될 수 있고 월별 통화량과 일별 종합주가지수와 같이 이산시점(discrete time point)에서 시계열 자료가 얻어질 수가 있다. 그러나 여기에서는 등간격의 이산시점에서 관찰되는 시계열 자료만을 다루기로 한다.

시계열의 분석을 위해서 시계열은 각 항이 서로 비교할 수 있는 성질이 있어야 되기 때문에 다음과 같은 요인이 갖추어져야 한다. 첫째 시계열에서의 시간의 경과는 동일한 시간 간격에 따라야 한다. 둘째 시계열을 구성하는 숫자들은 동일한 정의와 방법에 의하여 조사된 것이어야 한다.

이상과 같은 요인을 갖춘 시계열 자료를 분석하는 목적은 첫째 과거와 현재의 자료에 대한 성격을 보다 자세히 이해하고, 둘째 그 이해를 바탕으로 미래를 보다 합리적으로 예측하기 위함이다. 따라서 시계열 분석에서는 일정기간동안 분석대상이 되는 변수에 의하여 나타난 변동이 분석의 초점이 된다. 즉, 어떤 시계열이 과거의 오랜 기간 동안의 변동에 있어서 일정한 추세(trend)나 지속적인 양상을 나타낸다면 미래에도 그것이 계속될 것이라고 예상하는 것은 자연스러운 판단일 것이다. 어떤 변수의 과거의 형태가 미래까지 계속될 것이라는 가능성은 시계열적 추론을 할 수 있는 그럴듯한 근거를 제공하는 것이며 그러한 추론이 바로 시계열 분석의 목적이라고 할 수 있다.

2 시계열의 변동요인과 모형

시계열의 분석은 각 통계계열의 시간적 변동 상황을 관찰함으로써 배후에 존재하는 인과관계를 구명하려는 것이다. 시계열 변동요인은 보통 다음과 같은 4가지 요소로 구분 설명되고 있다.

1) 추세변동(secular trend)

경제변수와 같은 시계열은 추세를 갖고 있는 것이 흔히 있는 일이다. 경제현상에서 보면 시간이 경과함에 따라 느리고 지속적으로 움직이는 원동력은 추세가 있는 계열을 만들게 된다. 일반적으로 추세에 대한 주요 원천 가운데 다음과 같은 것들이 있다. 첫째 인구의 변화이다. 인구의 변화는 에너지소비, 원료의 사용, 인력의 이용과 판매수익 등과 같은 수요의 변화를 야기시킨다. 둘째는 기술의 변화이다. 진보된 기술과 생산성의 증가는 수명의 변화와 생활수준을 변하게 할 것이다. 셋째는 사회관습의 변화를 들 수 있다. 느리게 변화하는 기호와 습관 등등은 소비와 다른 패턴들을 변경한다. 즉, 이혼율의 증가, TV시청률의 증가, 흡연율의 감소 등이다. 넷째 인플레이션과 디플레이션이다. 화폐의 구매력은 가격 임료, 이자율과 소비자 저축패턴 등에 영향을 준다. 다섯째 환경조건의 변화와 시장조건의 변화를 갖는다. 기업의 상표와 생산품에 대한 친밀감의 증가는 기업에 관련된 모든 계열에 영향을 주게 된다.

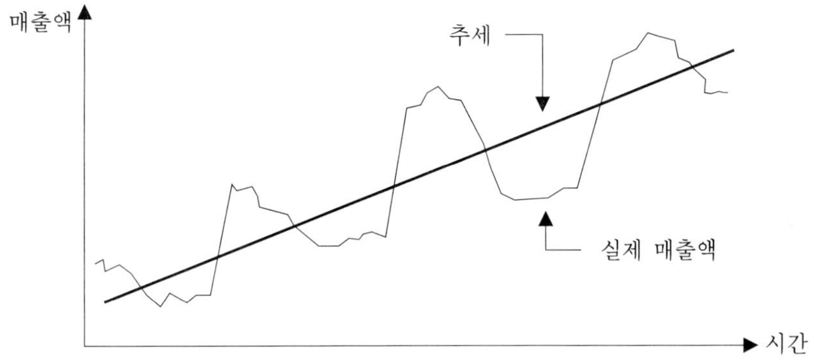

그림 13.1 • 추세

추세변동이란 대체로 10년 이상 동일방향으로 상승 또는 하강 경향을 나타내는 요소로서 경제의 성장과 인구의 증가, 신자원 및 기술의 개발 등으로 인하여 발생하는 장기변동이 이에 속한다. 이에 대한 좋은 예로서 소비자 가격지수를 들 수 있다.

시계열에서의 추세는 위 아래쪽으로 비스듬히 가는 완만한 곡선(선형 혹은 비선형)으로 나타난다. 그림 13.1은 어떤 회사의 실제 매출액과 그 기간 동안의 추세를 나타내고 있다.

2) 순환변동(cyclical movement)

시계열에서의 순환변동은 계절성 이외의 요인들에 의해 나타난 추세와는 다른 장기변동으로 나타낼 수 있다. 일반적으로 순환은 수년간에 걸쳐서 나타난다. 그러나 본 장에서 설명할 방법은 시간구간이 보다 짧은 경우에 적용하고자 한다. 순환변동의 패턴은 추세와 계절변동과 같이 안정적이지 않기 때문에 모형화하기는 어렵다. 순환의 상하진동이 좀처럼 고정된 시간구간에 반복되지 않으며, 그리고 변동의 진폭이 또한 다르게 나타난다. 일반적으로 순환변동은 주기나 진폭에 일정한 규칙성은 가지고 있지 않다. 경제성의 흐름이라든지 경영활동에는 많든 적든 간에 경기변동의 영향을 받는 것이므로, 경영관계에 있는 시계열의 대부분은 순환변동을 하게 된다. 따라서 경영관계에 있어서 순환변동은 상당히 중요한 의미를 갖고 있는 것이다.

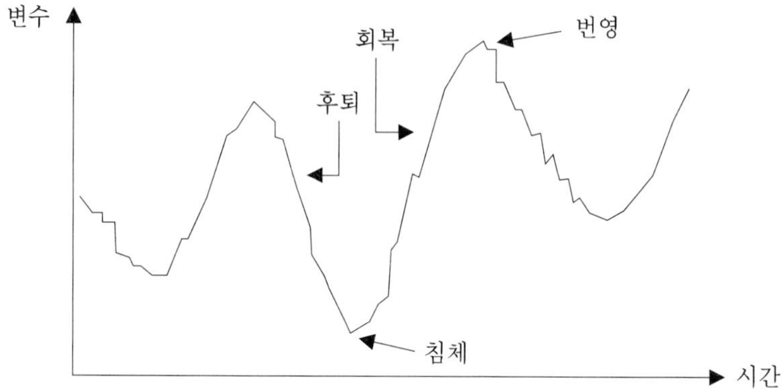

그림 13.2 • 순환변동

그런데 경제가 일정한 주기를 갖고 순환적으로 변동한다는 것을 알게 된 것은 전세기 후반 이후의 일이다. 즉, 1860년에 쥬글라(C. Juglar)가 시계열 분석에 의하여 처음으로 경기순환의 현상을 발견한 것이다. 그 당시로부터 현재에 이르기까지 왜 순환이 발생하는가에 대한 많은 설명이 있어 왔다. 이러한 순환에 대한 원인으로는 다음과 같은 것이 있다.

첫째는 자연의 영향이다. 온대나 한대지방에 있어서는 농업생산물, 해산물 및 축산물의 공급은 기후의 영향을 강하게 받는다. 둘째는 기술의 혁신과 신자원의 개발에 의하여 순환이 되고 있다고 본다. 셋째는 전쟁을 원인으로 보고 있다. 이것은 전쟁을 위한 방대한 정부지출이 따르게 되고, 전쟁 후에는 전시지출의 급격한 삭감으로 인한 재정리의 기간이 있기 때문이다. 넷째는 인구의 이동과 소비자 기호의 변화 등을 들 수 있다.

순환변동이란 전체 경제활동의 확장, 수축의 순환과정을 부단히 반복하는 주기적인 변동을 말한다. 순환변동이 불규칙변동과 다른 점은 그 주기가 1년 이상으로 비교적 길고, 누적적이며 특정부문의 변동이 다른 부분에 확산 파급 되는 특징을 가지고 있다는 점이다. 그림 12.2는 시계열에 대한 순환변동을 나타내고 있다.

예제 13.1

다음 그림 13.3은 1972년 3월부터 2005년 3월까지의 한국의 경기순환을 경기저점과 경기고점으로 구분하여 나타낸 것이다(한계레신문 2006.7.31).

2006년 2분기 실질 국내총생산(GDP)이 전분기보다 0.8% 증가하는데 그친데다 향후 경기를 예고하는 경기선행지수가 5개월 연속 하락하면서 경기하강에 대해 우려가 현실화하고 있다. 이런 경기 하강이 일시적 조정에 그칠것인지, 아니면 본격적인 침체로 이어질 것인지에 대해서는 논란이 있다. 정부쪽은 건설을 제외한 생산·소비·설비투자 부문이 상승흐름을 유지하고 있다며 일시적 조정 쪽에 무게를 두고 있다. 그러나 일부 민간전문가들은 미국경제의 성장둔화와 고유가·원화강세 등의 외부 악재로 말미암아 경기침체 가능성이 있다고 주장한다. 어느쪽의 예상이 맞을지는 앞으로 대외변수들의 향배와 국내 소비심리와 수출에 끼칠 영향에 달렸다.

문제는 우리경제의 경기확장 국면이 갈수록 짧아지고 있다는 것이다. 경기확장기는 외환위기 이전 평균 34개월에서 위기 이후 21개월로 단축됐다. 만약 앞으로 경기가 계속 하강한다면 이번 확장기는 8~9개월에 불과하게 된다. 국가 경제적으로 경기확장기가 길면 길수록 좋다.

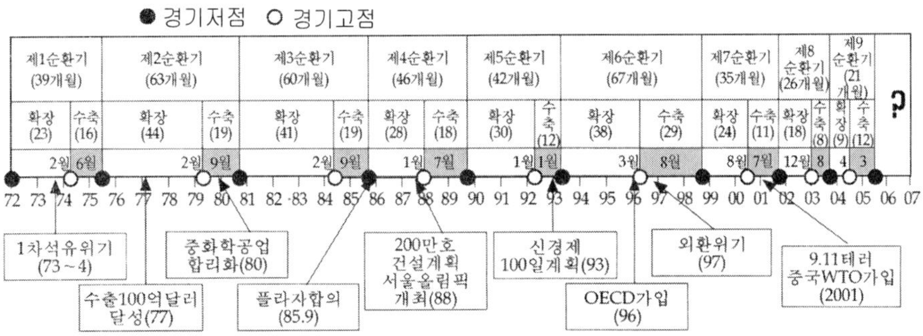

자료: 통계청(제 8순환기 이후는 전문가 추정)

그림 13.3 • 한국의 경기순환

3) 계절변동(seasonal variation)

시계열 분석에 의하여 1년 주기의 계절 변동이 있다는 것을 처음으로 인지한 사람은 제본스(W.S Jevons)였다. 관측척도를 1년으로 잡을 때에 수요·공급·물가 등이 계절적으로 변동한다는 것은 상식적으로도 생각될 수 있는 일이나, 변동지수를 작성하여 연속적으로 비교한다면 일정한 리듬이 되풀이됨을 볼 수 있다. 계절 변동을 일으키는 원인으로는 두 가지가 있다. 첫째는 자연의 영향이다. 온대나 한대지방에 있어서는 농산물·해산물 및 축산물의 공급은 기후의 영향을 강하게 받는다. 여행·스포츠·의복·연료 등의 수요도 계절에 따라 크게 변동한다.

건축·제재·운송·도로건설 등도 계절적인 산업이다. 이와 같이 자연조건이 재화·용역의 수요공급에 영향을 주어 경제활동에 변동을 일으킨다. 경제활동은 이러한 자연적 여건의 계절적 변화에 적응하면서 행해지는 것이다. 예를 들면 쌀값은 가을과 겨울 동안에 떨어졌다가 봄과 여름에 등귀하는 현상이 해마다 되풀이되고 있음을 알 수 있다. 둘째는 사회제도의 작용이다. 민속상, 종교상의 의식이나 상습과, 사회적 제도 등은 자연적 요인과 마찬가지로 계절변동을 일으키는 원인이 된다. 예를 들면 추석절이나 연말에 소매판매액이 증가하고 월말이나 연말에 유통자금이 활발한 것과 같은 것이 그것이다.

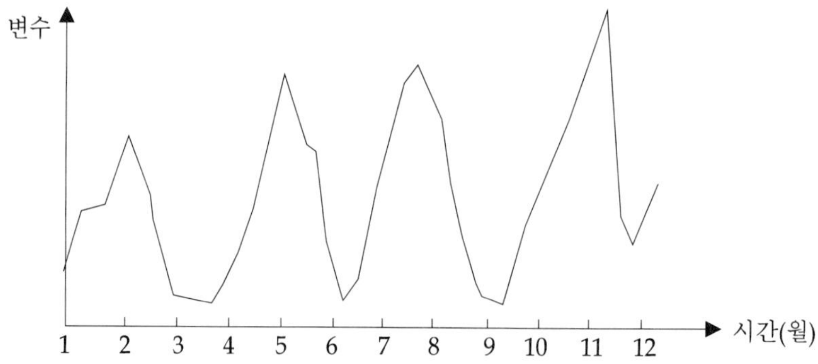

그림 13.4 ● 계절변동

이러한 계절변동은 다음과 같은 성질을 가지고 있다. 첫째로 그것은 자연적 및 제도적 요인과 같은 경제적 요인과 같은 경제외적 요인에 기인하는 것이므로 이것을 완전히 피할 길이 없다. 그러나 둘째로 그 원인이 명백하고 내용이 단순하며 기간이 짧으므로 이에 대한 경제의 적응은 자동적으로 이루어진다. 셋째로 수요의 계절성이 강한 상품생산은 성수기에 대비하여 재고를 조절할 수도 있고 또 농산물 가격 유지정책과 같이 인위적으로 변동폭을 좁힐 수도 있다. 그림 13.4는 계절변동을 갖고 있는 시계열을 보이고 있다.

4) 불규칙 변동(irregular fluctuation)

불규칙 변동이란 위에 말한 요인으로는 설명되지 않는 변동요소로서 천재지변, 파업, 전쟁 및 급격한 경제정책의 변화 등 사회적 변화에 의하여 일어나는 극히 단기적이고 불규칙적인 비회귀적 경제변동을 말한다.

이상의 시계열의 변동요인을 우리나라의 산업생산지수에 적용하여 추세변동, 계절변동, 순환변동 그리고 불규칙변동을 분리하여 그림으로 나타내면 그림 13.5와 같다.

각 변동을 나타내는 그림을 보면 장기적인 추세는 점진적으로 상승하는 일차함수의 형태를 보이고 있고, 계절변동은 1년을 주기로 3월과 4월이 가장 높고 10월과 11월이 가장 낮게 나타나는 규칙적인 모습을 보이고 있다. 순환변동은 약 8년 정도의 주기로 증감이 교차하는 모습을 보이고 있으며, 불규칙변동은 평균을 중심으로 불규칙하게 증감이 계속되고 있음을 알 수 있다.

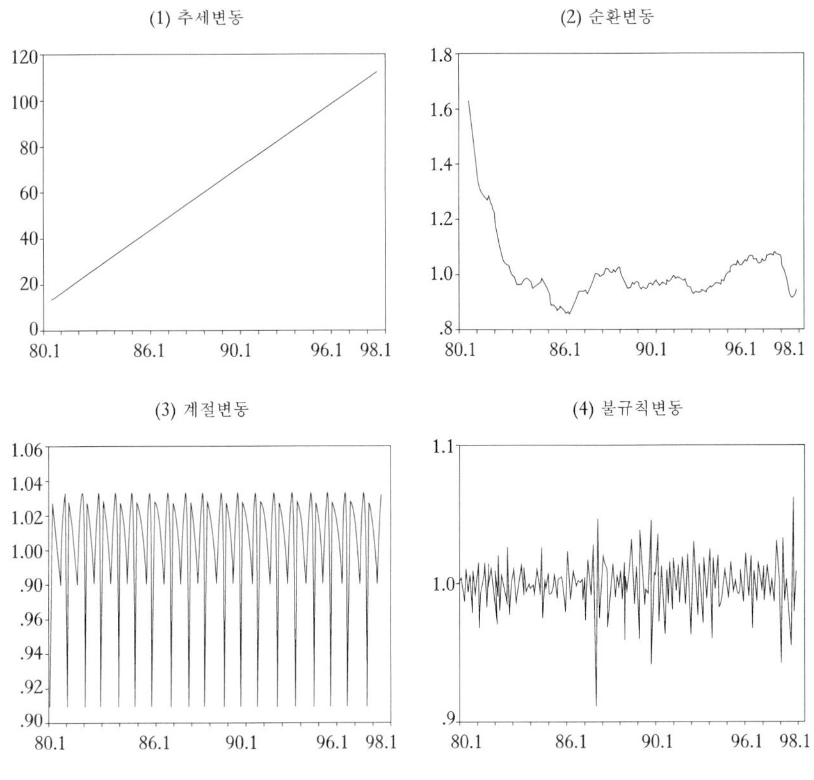

그림 13.5 • 시계열의 변동

5) 가법과 승법시계열 모형

시계열 분석은 시계열의 변동요인들의 구성형태에 따라 가법모형(additive model)과 승법모형(multiplicative model)으로 나누어진다.

시계열의 실제계열을 Y, 추세변동을 T, 순환변동을 C, 계절변동을 S, 그리고 불규칙변동을 I라고 정의할 때 가법모형은

$$Y = T + C + S + I$$

와 같이 표현되고, 승법모형은

$$Y = T \cdot C \cdot S \cdot I$$

와 같이 표현된다. 이상과 같은 모형 중 어느 것이 경제현상의 분석에 가장 적합한 것인가의 결정은 이론보다도 실제로 자료별로 모형을 적용해 봄으로써 비로소 가능해진다. 즉, 사전에 선택되니 가정에 의해 분석을 하고 그 결과를 상세히 검토하는 과정을 반복함으로써 가장 적합한 모형을 선택할 수 있을 것이다. 특히 경기예측력과 관련지어 볼 때 모형이 입각하고 있는 가정의 타당성 여부를 검정하는 것은 최적모형 판정상 중요한 과정이다.

그런데 시계열의 네 가지 변동요인은 모두 시간의 함수이며 또한 각각의 요인은 그 특성에 맞는 함수식을 갖고 있다. 특히 불규칙변동은 가법모형인 경우에 일정한 분산과 평균이 0, 승법모형인 경우에는 일정한 분산과 평균이 1인 정규분포를 가지는 특성을 지니고 있다. 이와 같은 모형은 시계열에 따라 다르지만 대부분의 시계열은 승법모형에 속하는 것으로 알려지고 있다. 위의 네 가지 요인을 종합분해함으로써 각각의 특성에 맞는 분석을 할 수 있다.

3 계절효과의 측정

1) 이동평균비율법

계절효과를 측정하는 방법에 대하여 설명하기로 한다. 시계열의 계절적 패턴을

구하기 위하여 사용되는 방법이 이동평균비율법(ratio to moving average method)이다. 이 방법은 추세, 순환 그리고 불규칙성분을 시계열로부터 제거하고 계절변동을 분리하는 방법이다.

생산, 판매, 제고, 고용 그리고 소비지출과 같은 대부분의 경영과 경제시계열들은 계절변동을 포함하고 있다. 그러므로 이들 변수들의 미래값을 예측하기 위하여 이러한 자료를 사용하기 전에 우리는 각각 시계열로부터 계절성분을 제거할 필요가 있다.

이 절에서는 다음과 같은 승법모형을 이용하여 계절변동을 측정하는 방법을 생각하여 보기로 한다.

$$y = T \cdot C \cdot S \cdot I$$

k기간 동안의 이동평균은 k기간(예를 들면 주, 월, 분기, 연도)에 대한 각 k개의 연속적인 관측값의 평균으로서 정의할 수 있다. 각 연속적인 이동평균을 계산하기 위하여 k개의 관측값으로부터 첫 번째 관측값은 빼고 나머지 $k-1$개의 관측값에 다음의 관측값을 더하면 다시 전체가 k개의 관측값이 되어 이동평균을 계산한다. 임의의 k기간에 대한 관측값의 평균은 이들 기간의 중심에 위치하게 된다. 예를 들면 시계열에 대한 3기간의 이동평균을 계산한다면 첫 번째에서 세 번째 기간의 관측값을 합계하고 이 합계를 3으로 나누고 이 기간의 중간인 두 번째 기간의 위치에 이동평균이 있게 된다. 다음 이동평균을 계산하기 위하여 첫 번째 기간의 관측값은 제외하고, 네 번째 기간의 관측값을 포함한다. 이제 두 번째, 세 번째 그리고 네 번째 기간의 관측값을 합계하고 이 합계를 3으로 나누고 그 결과인 이동평균은 세 번째 기간의 위치에 있게 된다. 이 과정은 모든 3기간 이동평균을 계산할 때까지 계속한다. 여기서 유의해야 할 점은 3기간 이동평균을 계산할 때 첫 번째와 마지막 기간에 대한 이동평균이 없다는 점이다.

k기간중 이동평균에 대해서 k가 홀수이면(예를 들면 3기간 이동평균, 5기간 이동평균) 각 이동평균은 그 기간 중의 중간에 위치하게 된다. 그러나 k가 짝수이면(예를 들면 4기간 이동평균) 각 이동평균은 두 개의 중간기간의 중심에 위치하게 된다. 예를 들면 4기간 이동평균을 계산하기 위하여 첫 번째부터 네 번째 기간의 값을 합계하고 이 합계를 4로 나눈다. 이 평균은 두 번째와 세 번째 기간의 중간에 위치하게 된다. 다음 이동평균은 세 번째와 네 번째 기간의 중간에 위치하게 된다. 4기간 이동평균을 계산한 후에 중심화 이동평균(centered moving average)을

계산한다. 그렇게 하기 위하여 첫 번째와 두 번째의 이동평균을 합계하고 이 합계를 2로 나누어 중심화 이동평균이 되며 이것을 첫 번째와 두 번째 이동평균의 중간에 위치하게 한다. 그리고 특정기간에 대한 원래의 시계열 자료를 중심화 이동평균으로 나눈 것을 이동평균비율법(ratio to moving average method)이라 한다.

예제 13.2

다음 자료는 대한정유주식회사의 1999년부터 2004년까지의 분기별 매출액이다. 이 자료를 이용하여 분기별 이동평균, 중심화 이동평균 그리고 이동평균비율을 구하시오.

년도	분 기 별 (단위: 100억 원)			
	1	2	3	4
1999	8.2	10.5	12.8	9.3
2000	9.1	11.4	13.2	9.8
2001	9.3	11.7	13.4	9.7
2002	9.5	12.1	13.9	9.9
2003	9.4	12.5	13.7	10.2
2004	9.9	12.8	14.2	10.7

풀이...

다음과 같은 네 단계 절차에 의하여 분석하기로 한다.

(i) 1단계: 분기별 이동합계를 계산한다.
분기별 이동평균을 구하기 위하여 우선 분기별 이동합계를 계산한다. 제 1분기에서 제 4분기까지의 매출액에 대한 합계(8.2+10.5+12.8+9.3=40.8)을 구하여 이 합계를 2분기와 3분기 사이의 중간에 위치하게 한다(자료가 짝수이므로). 이와 같은 방법으로 계속적으로 계산하여 정리한 것이 표 12.1의 분기별 이동합계이다

(ii) 2단계: 분기별 이동평균을 계산한다.
1단계에서 구한 분기별 이동합계를 4로 나누면 분기별 이동평균이 되며 위치도 분기별 이동합계와 같다.

(iii) 3단계: 중심화 이동평균을 계산한다.

2단계에서 계산한 이동평균이 짝수(4분기 기간)이므로 이동평균들이 각각의 분기에 위치하도록 하기 위하여 중심화 이동평균을 계산할 필요가 있다. 첫 번째의 중심화 이동평균을 구하기 위하여 첫 번째와 두 번째의 이동평균을 합계하고 이 합계를 2로 나누어 중심화 이동평균을 구하고 이 값을 첫 번째와 두 번째의 이동평균의 중간에 위치하게 한다. 따라서 이 중심화 이동평균은 1992년의 3분기에 속하게 되며 이 값은 다음과 같다.

$$\text{첫 번째 중심화 이동평균} = \frac{10.2000 + 10.4250}{2} = 10.3512$$

이와 같은 방법으로 계속적으로 계산하여 정리한 것이 표 13.1의 중심화 이동평균이다. 중심화 이동평균을 계산함으로써 주어진 시계열로부터 계절과 불규칙효과를 제거하게 된다. 중심화 이동평균에 의하여 주어진 시계열은 단지 추세와 순환효과만을 포함한다.

표 13.1 ● 이동평균과 이동평균 비율

년도	분기별	매출액	분기별 이동합계	분기별 이동평균	중심화 이동평균	이동평균 비율
1992	1	8.2				
	2	10.5	40.8	10.2000		
	3	12.8	41.7	10.4250	10.3125	1.2412
	4	9.3	42.6	10.6500	10.5375	0.8826
1993	1	9.1	43.0	10.7500	10.7000	0.8505
	2	11.4	43.5	10.8750	10.8125	1.0543
	3	13.2	43.7	10.9250	10.9000	1.2110
	4	9.8	44.0	11.0000	10.9625	0.8940
1994	1	9.3	44.2	11.0500	11.0250	0.8435
	2	11.7	44.1	11.0250	11.0375	1.0600
	3	13.4	44.3	11.0750	11.0500	1.2127
	4	9.7	44.7	11.1750	11.1250	0.8719
1995	1	9.5	45.2	11.3000	11.2375	0.8454
	2	12.1	45.4	11.3500	11.3250	1.0684
	3	13.9	45.3	11.3250	11.3375	1.2260
	4	9.9	45.7	11.4250	11.3750	0.8703
1996	1	9.4	45.5	11.3750	11.4000	0.8246
	2	12.5	45.8	11.4500	11.4125	1.0953
	3	13.7	46.3	11.5750	11.5125	1.1900
	4	10.2	46.6	11.6500	11.6125	0.8784
1997	1	9.9	47.1	11.7750	11.7125	0.8453
	2	12.8	47.6	11.9000	11.8375	1.0813
	3	14.2				
	4	10.7				

(iv) 4단계: 이동평균비율을 계산한다.

이동평균비율은 원래 시계열 자료를 중심화 이동평균으로 나눈 값이다. 표 13.1의 1분기와 2분기는 이에 대응되는 중심화 이동평균을 포함하고 있지 않기 때문에 이들 분기들에 대한 이동평균비율은 없다. 1999년의 3분기는 매출액이 12.8(100억 원)이며 중심화 이동평균은 10.3125(100억 원)이다. 그러므로 3분기에 대한 이동평균비율은

$$\frac{12.8}{10.3125} = 1.2412$$

이다. 나머지도 이와 같은 방법으로 구하여 정리한 것이 표 13.1의 이동평균비율이다.

2) 계절지수

계절지수(seasonal indexes)는 계절에 따른 변동을 나타내는 지수로서 연도별 자료만 주어진 경우에는 계절변동을 파악할 수 없고 적어도 분기별, 월별, 주별 자료가 주어져야만 파악될 수 있다.

예제 12.1에서 계산한 이동평균비율(계절·불규칙성분)로부터 불규칙성분을 제거하고자 한다. 이렇게 함으로써 계절지수를 구하는 것이다. 이 계절지수는 계절효과만을 측정한다. 이렇게 함으로써 계절지수를 구하는 것이다. 계절지수는 모든 연도의 동일한 분기에 대해 이동평균비율의 조정된 평균이다. 모든 연도에 동일한 분기에 대한 이동평균비율을 평균함으로써 각 연도의 분기에 대한 동일한 지수를 갖게 될 것이다. 이 계절지수를 계산함으로써 계절·불규칙성분으로부터 불규칙효과를 제거하는 것이다.

예제 13.3

예제 13.2에서 계산한 표 13.1의 이동평균비율을 이용하여 계절지수를 구하시오.

풀이...

계절지수는 다음과 같은 3단계에 의해서 이동평균비율로부터 계산되어진다.

(i) 1단계: 이동평균비율을 배열한다.
첫 번째 단계에서 모든 연도의 동일한 분기에 대한 표 13.1의 이동평균비율을 다음 표 13.2와 같이 배열한다. 모든 연도의 1/4분기에 대한 이동평균비율은 표 13.2의 1/4분기에 대한 열에 배열된다.

(ii) 2단계: 모든 연도의 동일한 분기에 대한 이동평균비율의 평균을 구한다.
이들 평균을 구하기 위하여 우선 모든 연도의 동일한 분기에 대한 모든 이동평균비율을 더해서 표 13.2의 각 분기별 합계에 기록한다. 그 다음에 이들 합계를 각 열의 개수로 나눈 것이 평균이 된다. 예를 들면 모든 연도의 1/4분기에 대한 이동평균비율의 합계는

$$0.8505 + 0.8435 + 0.8454 + 0.8246 + 0.8453 = 4.2093$$

이다. 이 열은 5개의 이동평균비율이 있다. 그러므로 이 이동평균비율에 대한 평균은

$$1/4\text{분기에 대한 이동평균비율의 평균} = 4.2093/5 = 0.84186$$

이다. 같은 방법으로 2/4, 3/4, 4/4분기에 대한 값은 표 13.2에 계산되어 있다.

(iii) 3단계: 계절지수를 계산한다.
계절지수는 표 13.2에서 계산한 4분기들에 대한 평균이 된다. 그리고 표 13.3에서 계산한 네 개 평균들의 합계는 4가 되어야 한다. 그러나 반올림 오차 때문에 이 합계는 실제적으로 4가 되지 않는 경우가 있다.

표 13.2 ● 배열된 이동평균비율과 평균의 계산

년도	분기			
	1	2	3	4
1992	-	-	1.2412	0.8826
1993	0.8505	2.0543	1.2110	0.8940
1994	0.8435	1.0600	1.2127	0.8719
1995	0.8454	1.0684	1.2260	0.8703
1996	0.8246	1.0953	1.1900	0.8784
1997	0.8453	1.0813	-	-
합계	4.2093	5.3593	6.0809	4.3972
평균	0.84186	1.07186	1.21618	0.87944

표 13.3 • 계절지수의 계산

년도	분기				
	1	2	3	4	
1992	-	-	1.2412	.8826	
1993	.8505	2.0543	1.2110	.8940	
1994	.8435	1.0600	1.2127	.8719	
1995	.8454	1.0684	1.2260	.8703	
1996	.8246	1.0953	1.1900	.8784	
1997	.8453	1.0813	-	-	
합계	4.2093	5.3593	6.0809	4.3972	
평균	.84186	1.07186	1.21618	.87944	합계=4.00934
계절지수	.83990	1.06936	1.21335	.87739	합계=4.00

표 13.3으로부터 이들 평균들의 합계는 $0.84186 + 1.07186 + 1.21618 + 0.87944 = 4.00934$이다.

4분기들에 대한 계절지수들은 다음 식을 이용하여 계산한다.

$$\text{한 기간에 대한 계절지수} = \frac{\text{해당되는 기간의 평균}}{\text{모든 기간에 대한 평균들의 합계}} \times \text{기간들의 수}$$

따라서 분기에 대한 계절지수들은 다음과 같다.

$$\text{1/4분기의 계절지수} = \frac{0.84186}{4.00934} \times 4 = 0.83990$$

$$\text{2/4분기의 계절지수} = \frac{1.07186}{4.00934} \times 4 = 1.06936$$

$$\text{3/4분기의 계절지수} = \frac{1.21618}{4.00934} \times 4 = 1.21335$$

$$\text{4/4분기의 계절지수} = \frac{0.87944}{4.00934} \times 4 = 0.87739$$

이 계절지수들의 값이 표 13.3의 맨 아래행에 기록되어 있다. 분기에 대한 계절지수가 1.0보다 크면 이 분기는 원래의 시계열에 대해서 평균 이상의 계절효과를 갖는다는 것을 의미한다. 표 13.3에서 2분기와 3분기의 계절지수들은 각각 1.06936과 1.21335이다. 이 지수는 2분기 동안의 이 회사 매출액이 모든 분기들에 대한 평균보다 6.936%{(1.06936 − 1.00) × 100 = 6.936%} 이상이라는 것을 의미한다. 또한 3분기 동안의 매출액은 모든 분기에 대한 평균보다 21.335% 이상이라고 할 수 있다.

계절지수가 1.0보다 작으면 이 분기는 원래의 시계열보다 평균 이하의 계절효과를 갖는다는 것을 의미한다. 그러므로 1분기에 대한 계절지수가 0.8399라는 것을 모든 분기들에 대한 평균보다 16.01%[(1 − 0.8399) × 100 = 16.01%] 이하라는 것을 의미한다.

3) 계절조정자료

표 13.3에서 계산한 계절지수들을 이용하여 이 회사의 매출액에 대한 원래의 시계열을 조정할 수 있다. 따라서 계절조정을 함으로써 계절변동이 없는 새로운 시계열을 구하게 된다. 이러한 시계열을 비계절화 시계열(deseasonalized time series) 혹은 계절조정자료(seasonally adjusted data)라고 부른다. 그리고 이 계열은 오로지 추세, 순환 그리고 불규칙성분만을 포함하고 있다. 어느 기간에 대한 계절조절자료는 다음 식을 이용하여 구할 수 있다.

$$\text{어느 기간의 계절조정자료의 값} = \frac{\text{해당자료의 실제값}}{\text{해당기간의 계절지수}}$$

예제 13.4

예제 13.3에서 구한 계절지수를 이용하여 이 회사의 매출액에 대한 계절조정자료의 시계열을 구하시오.

풀이...

표 13.4의 세 번째 열은 실제값이며 네 번째 열은 계절지수이다. 그런데 여기에서 유의해야 할 점은 계절지수의 값이 각 동일한 분기마다 같다는 점이다. 즉, 각 연도의 1/4분기에 대한 계절지수는 0.83990이다. 각 분기에 대산 계절

조정자료의 값은 다음과 같이 구한다. 즉,

$$\text{어느 기간의 계절조정자료의 값} = \frac{\text{해당자료의 실제값}}{\text{해당기간의 계절지수}}$$

1999년의 1/4분기에 대한 계절조정자료의 값은

$$\frac{8.2}{0.8399} = 9.76$$

이다. 나머지 기간에 대한 계절조정자료의 값도 같은 방법으로 구한다.

표 13.4 • 계절조정자료

년도	분기	실제값(100억 원)	계절지수	계절조정자료 (100억 원)
1999	1	8.2	.83990	9.76
	2	10.5	1.06936	9.82
	3	12.8	1.21335	10.55
	4	9.3	.87739	10.60
2000	1	9.1	.83990	10.83
	2	11.4	1.06936	10.66
	3	13.2	1.21335	10.88
	4	9.8	.87739	11.17
2001	1	9.3	.83990	11.07
	2	11.7	1.06936	10.94
	3	13.4	1.21335	11.04
	4	9.7	.87739	11.06
2002	1	9.5	.83990	11.31
	2	12.1	1.06939	11.32
	3	13.9	1.21335	11.46
	4	9.9	.87739	11.28
2003	1	9.4	.83990	11.19
	2	12.5	1.06936	11.69
	3	13.7	1.21335	11.29
	4	10.2	.87739	11.63
2004	1	9.9	.83990	11.79
	2	12.8	1.06936	11.97
	3	14.2	1.21335	11.70
	4	10.7	.87739	12.20

4 지수

1) 지수의 성질과 형태

경제학과 경영학을 연구하는 데 있어서 가장 중요한 문제 중의 하나는 어떤 이질적인 총계의 수량을 어떻게 측정하느냐 하는 것이다. 총계는 대차대조표에서의 재고 혹은 소득상태에서의 유입량과 같은 물질적인 수량 중의 하나이다. 또한 총계는 기업에 투입된 여러 가지 형태의 구입물량에 대한 지불된 가격 혹은 기업의 판매로부터 입금된 가격 등과 같은 가격의 목록일 수 있다. 각각의 경우에 측정의 문제는 시간과 장소의 이동에 의해서 주어진 총계를 나타낼 수 있는 단 하나의 숫자를 유도하는 것이다. 이러한 측정에 대한 통계적 측정값을 지수(index numbers)라고 한다.

따라서 지수란 비율로써 계산된 통계적 측정값이며 아래와 같이 정의할 수 있다.

① 시점간의 변량의 크기 및 변량 집단내에서의 상대적 이동
② 서로 다른 지역간에 있어서 동일시점에서의 변량의 크기 및 변량의 집단내에서의 상대적 차이로 정의된다.

특히, 경제지표 중에서 가장 널리 사용되는 것이 지수로서 현재 지수라는 명칭의 계열도 우리나라에서는 20여종이 발표되고 있다. 이 중에는 우리에게 친숙한 소비자물가지수·도매물가지수 및 산업생산지수는 물론이고, 노동생산성지수·수출입수량지수·도소매판매액지수 등과 같은 것들이 아주 광범위하게 걸쳐 있다.

이러한 지수는 많은 사람들이 생산수준이 높거나 물가수준이 낮다는 근본적인 개념은 갖고 있으나 그 높고 낮음을 어떻게 측정할 것이냐는 문제에 봉착하게 되어 도입되었는데, 포괄적인 범위에 걸쳐 시간의 변화에 따른 경향이나 성장률의 변동내용을 파악하기 위한 통계로서 널리 이용되고 있으며, 일반적으로 주어진 시점에 있어서 변량의 기준치를 100으로 하여 비교시점의 변량크기를 퍼센트로 표시한 것을 지수(index numbers)라고 한다.

$$\text{지수} = \frac{\text{비교시점가격(수량)}}{\text{기준시점가격(수량)}} \times 100$$

표 13.5 • 단순생산지수의 예

년도	생산량	지수 A (1995=100)	지수 B (1990-1991=100)
1990	8.5	63	81
1991	12.5	93	119
1992	9.4	70	90
1993	10.7	79	102
1994	13.6	101	130
1995	13.5	100	129
1996	15.3	113	146
1997	12.8	95	122
1998	14.7	109	140
1999	16.7	124	159
2000	18.0	133	171

즉, 어떤 지방에서 쌀의 기준년도 생산량이 850톤이고, 비교년도에 1127톤이 생산되었다면

$$\frac{1127(\text{비교년도 생산량})}{850(\text{기준년도 생산량})} \times 100 = 132.6$$

으로 계산되어 지수로 나타낼 수 있다. 이와 같이 하나의 변수로부터 계산된 지수를 일변량지수(univariate index)라 하고 변수들의 집단으로부터 구성된 지수를 복합지수(composite index)라고 한다.

우선 지수의 기본적인 성질과 함수를 나타내기 위하여 일변량지수의 예를 들어 설명하기로 한다. 표 13.5에는 가상적인 생산량의 자료가 있다. 지수 A는 1995년을 기준시점(base period)으로 하여 각 연도의 생산량을 1995년의 생산량으로 나누어서 100을 곱해 주는 방법으로 측정한 것이다. 따라서 지수는 백분율 %의 형태를 취한다. 각 연도에 대한 지수는 기준시점을 이용하여 해석한다. 예를 들면 2000년에 대한 지수 A는 2000년도의 생산량은 1995년의 생산량의 133%라는 것을 의미한다. 지수 B는 1990년과 1991년의 평균생산량(즉, 10.5)을 기준으로 하여 이 기준평균생산량으로 각 연도의 생산량을 나누어 준 다음 100을 곱하여 측정하는 것이다. 일변량지수의 주요기능은 시간의 경과에 따른 변수의 변화에 대한 비교를 쉽게 할 수 있도록 변수의 절대량을 상대적 수치로 전환시켜 나타내는 것이다.

2) 지수의 종류

(1) 라스파이레스지수

19세기 독일의 경제학자 라스파이레스(E.Laspeyres)가 만든 지수 산식으로서 이 산식을 기준시 고정가중 산술평균법이라고 말하며 전세계적으로 가장 보편적으로 사용되고 있는 산식이다.

$$P_b = \frac{\sum_{i=1}^{k} p_{ni} q_{0i}}{\sum_{i=1}^{k} p_{0i} q_{0i}} (100)$$

윗 식에 대한 계산과정은 표 13.6에 요약되어 있으나 다음과 같은 3단계로 설명할 수 있다.

① 기준년도의 $p_{0i} q_{oi}$와 비교년도의 $p_{ni} q_{0i}$를 구하기 위하여 각 연도의 상품가격을 그 상품의 기준년도 수량으로 곱해 준다.
② ①단계에서 계산된 곱의 총합을 구한다.
③ 각 비교년도의 총계를 기준년도의 총계로 나눈다.

표 13.6에서 1996년의 라스파이레스지수 121.6은 다음과 같이 설명할 수 있다.

표 13.6 • 기준년도의 수량을 가중값으로 이용한 총계물가지수의 계산 예
(비교년도 가격에서 1995년도의 금액)

	1995	1996	1997
상품(i)	$p_{0i} q_{oi}$	$p_{1i} q_{0i}$	$p_{2i} q_{0i}$
A	(1)1,000 = 10,000	(1.25)10,000 = 12,500	(1.50)10,000 = 15,000
B	(10)1,000 = 10,000	(11.75)1,000 = 11,750	(13.50)1000 = 13,500
C	(4)500 = 2,000	(5.00)500 = 2,500	(4.50)500 = 2,250
총계	22,000	26,750	30,750
지수	100.0	121.6	139.8

1995년도에 판매된 상품들은 1995년에 판매하여 실제로 얻은 것보다 1996년도의 판매가격에서 21.6% 더 많이 얻을 수 있다는 것이다. 다시 말해 이 지수에 의하면 평균판매가격에 1995년도에 의해 1996년도에는 21.6% 올랐다는 것을 의미한다. 만약 라스파이레스공식을 소비자물가지수를 계산하는 데 사용한다면, 그 결과는 기준년도의 생활수준을 유지하기 위해 기준년도의 생활비와 비교년도의 생활비 간의 차이를 측정하는 것이 된다. 일반적으로 라스파이레스지수는 "기준년도와 비교년도의 금액으로 평가할 때 기준년도의 상품의 총 금액은 어떻게 변화하였는가?"하는 질문에 대한 해답을 구하는 데 사용된다.

(2) 파쉐지수

19세기 독일 경제학자인 파쉐(H. Paasche)에 의해서 작성된 산식이며 가중값으로서 비교년도의 수량을 이용하는 가중총계물가지수를 파쉐지수(Paasche index)라 하며 다음과 같이 정의한다.

$$P_n = \frac{\sum_{i=1}^{k} p_{ni} q_{ni}}{\sum_{i=1}^{k} p_{0i} q_{ni}} (100)$$

표 13.7 • 비교년도 수량을 가중값으로 이용한 총계물가지수의 계산 예

상품(i)	비교년도 가격에서 기준년도 수량의 금액			1995년 가격에서 비교년도 수량의 금액		
	1995	1996	1997	1995	1996	1997
	$p_{0i}q_{oi}$	$p_{1i}q_{1i}$	$p_{2i}q_{2i}$	$p_{0i}q_{oi}$	$p_{1i}q_{1i}$	$p_{2i}q_{2i}$
A	10,000	15,265	19,500	10,000	12,500	13,000
B	10,000	12,925	16,875	10,000	11,000	12,500
C	2,000	1,800	1,800	2,000	2,000	1,600
총계	22,000	31,050	38,175	22,000	22,500	27,100
지수				100.0	121.8	140.9

파쉐지수의 계산과정은 표 13.7에 요약정리되어 있다. 즉, 1997년의 140.9라는 지수는 1997년의 상품판매에서 얻는 것이 동일한 양의 상품을 1995년의 가격으로

판매하여 얻은 것에 비해 40.9%가 높다는 것이다. 소비자물가지수를 계산하는 데 사용되는 경우 파쉐지수는 비교년도의 생활수준을 유지하기 위한, 비교년도의 생활비와 기준년도의 생활비를 비교하는 것이다. 일반적으로 파쉐지수는 기준년도와 비교년도가 금액으로 평가할 때 비교년도의 상품의 총금액에 있어서의 변화는 어떻게 될까?라는 질문에 대한 해답을 얻는 데 사용된다.

5 우리나라 소비자 물가지수[1]

1) 지수의 개념과 이용

소비자물가지수는 최종 소비단계에서 나타나는 물가수준을 종합적으로 측정하는 지표로서 우리나라의 경제동향분석이나 경제정책수립 등에 필요한 기초자료로 활용되고 있으며 다음과 같은 기능을 수행한다. 첫째, 화폐의 구매력을 측정하는 수단이 된다. 물가의 변동에 따라 화폐의 실질적인 구매력은 변화하기 때문에 물가지수를 이용하여 화폐의 구매력 변화를 측정할 수 있다. 둘째, 경기판단지표로서의 역할을 수행한다. 물가는 경기상황에 따른 수요 증감으로 인하여 변동하기 때문에 경기판단지표로 활용될 수 있다. 셋째, 디플레이터(deflator)로 활용된다. 현재의 금액을 과거 일정시점의 금액으로 환산할 때 물가지수를 이용하게 되며 우리나라의 주요 경제지표인 도시가계의 가계수지, 국민소득계정, 도소매판매액지수 등의 디플레이터 자료로 활용된다.

2) 연쇄방식 소비자물가지수(연쇄지수)

연쇄지수는 소비구조 변화를 반영하기 위하여 품목과 가중값를 매년 변경하면서 작성하는 지수이다. 그러나 품목변경을 위해서는 기초자료수집, 예비품목의 선정 및 가격 조사 등 1~2년간의 시간이 소요되므로 라스파이레스 산식을 이용하여 연쇄지수를 작성하는 다른 나라와 마찬가지로, 일반적으로 품목을 고정시키고

1) 물가연보, 통계청, 2005.4. pp.7~30에서 요약 발췌한 것임.

가중값만 변경하여 작성하고 있다. 그러나 연쇄지수는 소비구조 변화를 신속히 반영할 수 있다는 장점이 있는 반면, 산식의 의미가 복잡하여 이해가 어렵고 공표까지 시간 및 비용이 많이 소요되며 또한 어느 시점의 오차가 발생하는 경우 이후 지속적으로 누적되는 단점이 있다. 영국, 프랑스, 스웨덴 등 주로 유럽지역 나라들이 연쇄지수를 주지표로 사용하고 있으며, 미국, 일본은 보조지표로 연쇄지수를 작성하고 있고 우리나라도 보조지표로 작성하고 있다.

연쇄방식 소비자물가지수는 가중산술평균법인 라스파이레스산식(Laspeyres' Formular)을 사용하여 작성한 직전년도 기준의 연환지수를 차례로 곱하여 작성된다.

[연쇄방식 소비자물가지수 산식]

⊙ 연환지수: $L_{t-1,\,t} = \dfrac{\sum p_t q_{t-1}}{\sum p_{t-1} q_{t-1}} = \dfrac{\sum W_{t-1}\left(\dfrac{p_t}{p_{t-1}}\right)}{\sum W_{T-1}}$

⊙ 연쇄지수: Chained $L_{0,\,t} = L_{0,1} \times L_{1,2} \times \cdots\cdots \times L_{t-1,\,t}$

- L : 지수, p : 가격, q : 수량
- t, t-1, 0, 1 : 시점
- W = p × q : 가중치

3) 가격조사

(1) 조사규격 및 조사단위

가격조사를 정확하게 하기 위해서 상품이나 서비스의 구체적인 제품조사로서의 조사규격 및 조사단위에 대하여 상세히 규정하고 있다. 생산기술의 발달이나 소비자의 기호변화 등에 의해 상품의 유형이나 거래조건이 변화되었을 때에는 그에 맞추어 새로운 거래조건을 조사규격으로 변경·선택해야 한다.

(2) 조사지역 및 대상처

① 조사지역

36개 주요도시(서울, 부산, 대구, 인천, 광주, 대전, 울산, 수원 성남, 안양, 의정부, 부천, 고양, 춘천, 원주, 강릉, 청주, 충주, 천안, 공주, 보령, 전주, 군산, 남원, 목포, 여수, 순천, 포항, 경주, 안동, 구미, 창원, 마산, 진주, 제주, 서귀포)

(3) 조사시점 및 빈도

조사주기와 횟수는 가격의 변화빈도에 따라 정함으로써 가격변화가 적시에 지수에 반영되도록 하고 있다. 농축수산물은 월 3회(5, 14, 23일이 포함된 주의 월, 화, 수, 목, 금요일 중 1일) 조사하고, 공산품과 서비스품목은 월 1회(공산품은 중순, 서비스는 하순 중 2일) 조사한다.

(4) 조사방법

조사담당직원이 조사대상처를 직접 방문하는 면접조사를 원칙으로 하고 있으며 PDA(Personal Digital Assistant)를 사용(2002년)하여 가격조사와 동시에 입력하는 방식을 채택하고 있고, 공공요금 등 일부 품목의 가격은 전화조사를 통하여 조사하고 있다.

일반적인 조사요령은 ① 지정된 조사일에 ② 통계청 물가조사 당담직원이 ③ 지정된 조사대상처를 직접 방문하여 ④ 지정된 조사규격에 대한 ⑤ 실제 거래되는 현금 판매가격을 조사한다.

다음과 같은 비정상적인 가격은 조사하지 않는다.

가) 천재지변 등에 의한 일시적인 비정상 가격

나) 초단기의 할인판매가격

다) 다량거래 또는 다른 상품을 끼워 파는 가격

라) 외상이나 할부판매가격

4) 지수산식 및 계산과정

(1) 지수산식

기준시점고정 가중산술평균법인 라스파이레스산식(Laspeyres' Formula)을 사용한다.

① 도시별 지수

$$\text{품목별지수} = \frac{Pt}{Po} \times 100 \qquad \text{유별지수} = \frac{\sum \frac{Pt}{Po} Wc}{\sum Wc} \times 100$$

② 전 도시 및 도별 지수

$$\text{품목별지수} = \frac{\sum \frac{Pt}{Po} We}{\sum We} \times 100 \qquad \text{유별지수} = \frac{\sum \left[\frac{\sum \frac{Pt}{Po} We}{\sum We} \right] Wa}{\sum Wa} \times 100$$

Po: 도시의 품목별 기준시 가격

Pt: 도시의 품목별 비교시 가격

Wc: 도시의 품목별 가중값

We: 품목의 도시별 가중값

Wa: 도 및 전도시의 품목별 가중값

(2) 지수계산과정

지수계산은 도시의 품목지수를 산출한 다음 상위분류 지수를 산출한다. 도시별 총지수는 도시의 품목별 지수를 산출한 다음 품목별 가중값을 적용하여 소분류, 중분류, 대분류 및 총지수를 산출한다. 전도시 및 도별 지수는 각 도시의 품목별 지수에 품목의 도시별 가중값를 적용하여 전도시 및 도의 품목별 지수를 먼저 산출한 다음 전도시 및 도의 품목별 가중값를 적용하여 소분류, 중분류, 대분류 및 총지수를 산출한다.

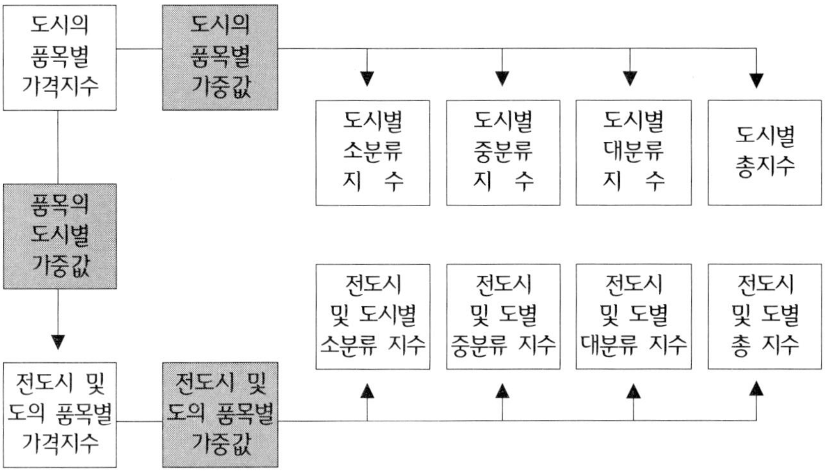

(3) 지수를 보는 방법

① 물가수준

개개의 상품 또는 서비스의 가격을 과거에 ○○○원 하던 것이 현재 △△△원 한다고 표현할 수 있는 것처럼, 물가지수도 「기준시점(2000년)을 100으로 할 때 2004년 연평균 지수는 114.7이다」라고 표현한다. 현재의 물가수준이 114.7이라는 의미는 개개 품목에 대하여 기준년도와 동일한 품질의 상품 또는 서비스를 동일한 양만큼 소비한다고 가정할 때 예상되는 총 비용이 기준년도에 비해 14.7% 증가했음을 의미한다.

② 물가의 변동률 측정

물가수준의 변동을 측정하기 위해서는 기준이 되는 시점의 물가수준과 비교하고자 하는 시점의 물가수준을 파악해야 한다. 물가수준은 물가지수로 표현되므로 물가변동률의 측정은 지수변동률의 측정과 같다. 통상 전월대비 물가변동률, 전년동월대비 물가변동률 등이 많이 이용되며 변동률은 다음과 같이 계산된다.

$$\begin{aligned}\text{전월대비 변동률}(\%) &= \frac{\text{금월의 물가수준} - \text{전월의 물가수준}}{\text{전월의 물가수준}} \times 100 \\ &= \frac{\text{금월지수} - \text{전월지수}}{\text{전월지수}} \times 100\end{aligned}$$

(3) 기여도 산출

2004년 12월에 휘발유 값이 전년동월(2003.12월)보다 3.4% 상승했는데, 이것이 소비자물가 전체에 미치는 영향은 어느 정도인가? 이처럼 하위분류의 변동이 상위분류의 변동에 어느 정도의 영향을 주었는가를 나타내는 수치가 "기여도"이며 단위는 "퍼센트 포인트(%-p)"이다. 기여도 산출을 위해서는 당해 품목의 물가지수(즉 기준시점 지수와 비교시점 지수)와 가중값, 기준시점의 상위분류지수가 필요하다. 예를 들어 2004년 12월 총지수는 전년동월대비 3.0% 상승했는데 위에서 언급한 휘발유 값의 변동이 총지수의 변동에 미친 영향(기여도)은 다음과 같다.

$$\frac{\text{휘발유의 2004.12월지수} - \text{휘발유의 2003.12월지수}}{\text{2003.12월 총지수}} \times \frac{\text{휘발유의 가중값}}{\text{총지수의 가중값}} \times 100$$

$$= \frac{109.1 - 105.5}{112.0} \times \frac{41.1}{1000.0} \times 100 = 0.13$$

여기에서 기여도(0.13%-p)의 의미는 총지수의 전년동월대비 변동률(3.0%)을 계산할 때 휘발유 값의 상승(3.4%)으로 총지수 변동률이 0.13%-p만큼 높아졌다는 뜻이다. 만일 휘발유 값이 전혀 변동되지 않았다면 총지수 증감률은 3.0%−0.13% = 2.9% 상승한 것으로 나타났을 것이다.

5) 체감물가와 지수물가

소비자물가지수는 첫째, 물가변동이 도시가구의 소비생활에 미치는 영향을 나타내는 지표로 어느 특정가구나 계층을 대상으로 측정하는 것이 아니라 전체 도시가구에 있어서 평균적인 영향을 나타낸다는 것이다. 둘째, 지역별로 기준시점의 가격이 다르기 때문에 소비자물가지수의 지역별 가격지수를 가지고 지역별 가격 차이를 비교하는 데는 한계가 있다는 점을 유의하여 이용해야 한다.

그리고 정보가 발표하는 소비자물가와 국민개개인이 느끼는 체감물가는 다음과 같은 요인들에 의해 차이가 발생할 수 있다.

첫째, 소비자물가는 가계소비지출상의 중요도에 따라 516개 품목을 선정하고 이들에 대한 가격조사 결과를 집계한 것이나, 체감물가는 일상생활에서 자주 구입하는 품목들의 가격변동을 통해 느끼는 것이므로 개인별 또는 가구별로 차이가 있을 수 있다.

둘째, 소비자물가는 516개 품목을 평균할 때, 개개품목이 도시가구의 소비생활에 미치는 영향을 가중값으로 하여 평균하고 있으나, 체감물가는 일부품목의 가격변동 특히 최근에 많이 오른 품목에 영향을 받으며 변동률을 단순 평가하는 경향이 있다.

셋째, 소비자물가는 기준시점과 비교시점을 정해놓고 가격변동을 계산(예: 전월비, 전년말비, 전년동월비)하고 있으나, 체감물가는 값이 가장 싼 시기와 현재를 비교하는 경향이 있다.

넷째, 소비자물가는 동일한 상품 또는 서비스의 가격변동을 측정한 것이지만, 체감물가는 가격변동만이 아닌 생활 수준의 향상, 가구원수의 변동 및 자녀성장 등 소비수준 향상에 따른 지출액증가분까지 물가상승으로 느끼는 경향이 있다.

연습문제 13

1 다음 용어를 간단히 설명하시오.

ⓐ 시계열 ⓑ 이동평균 ⓒ 추세변동 ⓓ 계절변동 ⓔ 불규칙변동
ⓕ 물가지수 ⓖ 시계열 자료의 4가지 성분 ⓗ 승법모형

2 다음 자료는 1998년 1분기에서부터 2003년 4분기까지의 어떤 회사의 매출액을 나타낸 것이다.

	분기			
	1	2	3	4
1998	3.5	4.2	4.6	5.9
1999	3.7	4.3	4.9	6.3
2000	3.4	4.5	4.8	6.1
2001	4.2	4.9	5.3	6.9
2002	3.9	4.4	5.1	6.6
2003	4.0	4.3	5.2	6.8

ⓐ 분기별 이동평균, 중심화 이동평균 그리고 계절·불규칙 효과를 계산하시오.
ⓑ ⓐ에서 구한 계절·불규칙 효과를 이용하여 계절지수를 구하시오.
ⓒ 계절조정자료를 구하시오.

3 다음 자료는 1991년부터 1998년 사이에 가로등에 소비된 월간 전력을 100만km/hr로 나타낸 것이다. 12개월 이동평균법에 의하여 계절지수를 계산하시오.

	1월	2월	3월	4월	5월	6월	7월	8월	9월	10월	11월	12월
1991	318	281	278	250	231	216	223	245	269	302	325	347
1992	342	309	299	268	249	236	242	262	288	321	342	364
1993	367	328	320	289	269	251	259	284	309	345	367	394
1994	392	349	342	311	290	278	282	305	328	364	389	417
1995	420	378	370	334	314	296	305	320	356	396	422	452
1996	453	412	398	362	341	322	335	350	392	427	454	488
1997	487	440	429	393	370	347	357	388	415	457	491	516
1998	529	477	463	423	398	380	389	419	448	493	526	560

4 다음 표는 미국에서 1999, 2001년의 여러 가지 비철금속의 가격과 소비량을 나타내고 있다. 1999년을 기준년도로 잡아서 (a) 2000년, (b) 2001년의 물가지수를 구하시오.

	가격($)			수(백만 달러)		
	1999	2000	2001	1999	2000	2001
알루미늄	17.00	26.01	27.52	1,375	3,707	3,698
구리	19.36	41.88	29.99	2,144	2,734	2,478
납	15.18	15.81	14.46	1,916	2,420	2,276
주석	99.32	101.26	96.17	161	202	186
아연	22.15	13.49	11.40	1,872	2,018	1,424

5 문제 4의 표에 있는 자료로부터 1999년을 기준년도로 한 (a) 2000년과, (b) 2001년의 파쉐 물가지수를 구하시오.

6 다음 표는 4년간에 걸쳐 생산된 5개 상품에 대한 가격과 소비를 나타낸 것이다. 다음을 구하시오.

	1998		1999		2000		2001	
	가격	소비	가격	소비	가격	소비	가격	소비
A	0.74	14,200	0.80	10,200	0.87	16,800	0.98	17,400
B	0.60	16,000	0.68	16,000	0.78	17,100	0.80	17,200
C	0.30	1,200	0.32	1,240	0.36	1.400	0.44	1,380
D	0.08	3,400	0.09	3,600	0.10	3,700	0.12	3,900
E	0.18	1,700	0.20	1,840	0.22	2,000	0.30	1,820

ⓐ 라스파이레스지수를 구하시오.
ⓑ 파쉐지수를 구하시오.

부록 A

1. R 프로그램 설치하기
2. R 프로그램의 기초

R 프로그램은 무료이고, 공개되어 있으며, UNIX, Machintosh와 Windows의 모든 환경에서 구동이 가능하며 뛰어난 기능을 가지고 있음.

1 R 프로그램 설치하기

1) R 프로그램 얻기

R 프로그램은 http://bibs.snu.ac.kr/R에서 손쉽게 다운 받을 수 있다. 아래의 창에서 "Windows"을 선택한다.

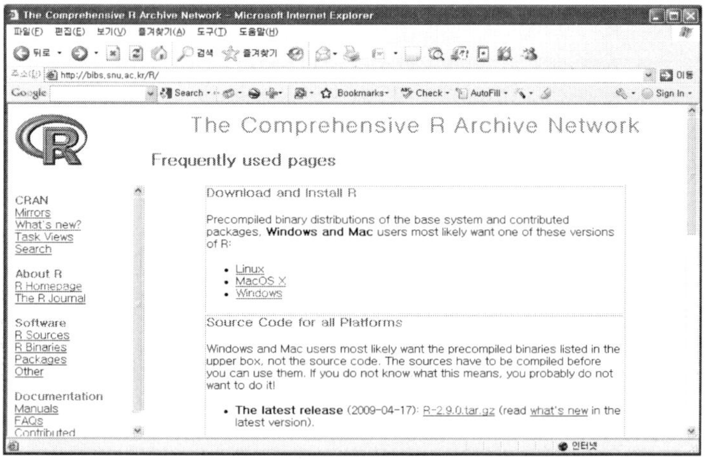

다음창으로 "base"와 "contrib"의 두 개의 메뉴가 나타나는데 기본형이 "base"를 선택한다.

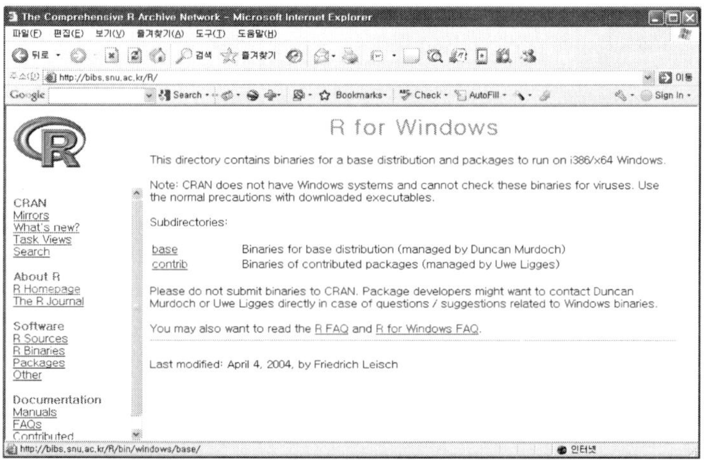

base에 들어가면 다음 그림에서 R-2.9.0-win32.exe이라는 setup 프로그램을 다운받는다.

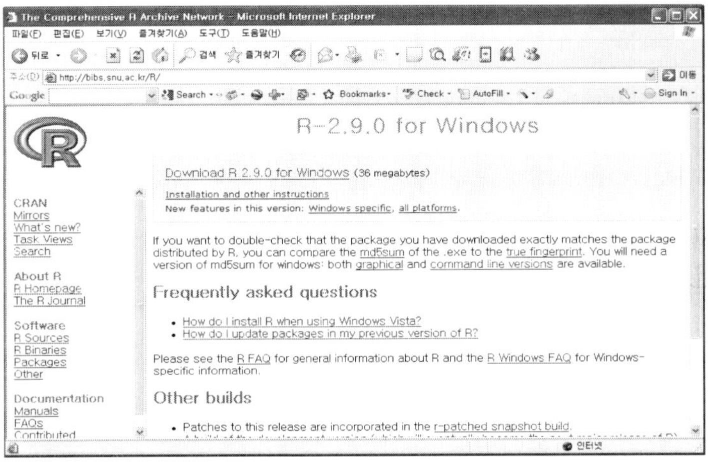

2) R 프로그램 설치하기 및 초기화면

다운받은 파일을 실행시키면 다음과 같은 창이 나타난다. 이후의 과정은 기본적인 절차를 따라주면 설치가 완료된다. 먼저 언어선택을 하게 된다. 이는 기본적으로 한국어로 설정되어 있으므로 확인을 해준다.

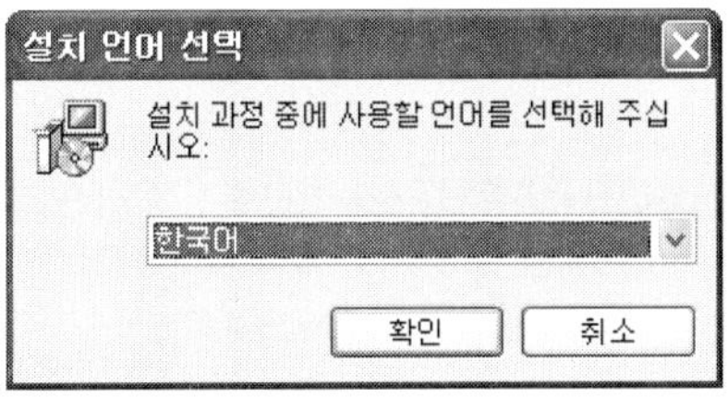

설치 준비가 되었다. 이제 다음을 계속해서 눌러준다. 다음화면은 사용자 계약에 대한 부분이다. 사용자 계약에 동의합니다.를 선택한 후 다음을 선택한다.

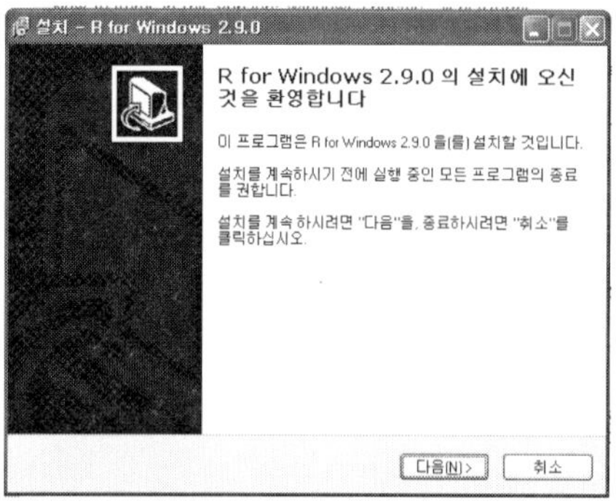

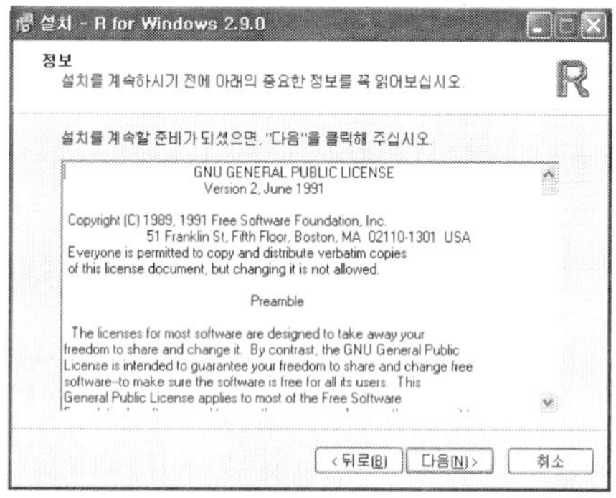

다음으로 설치 위치를 지정한다. 특별한 조건이 아니면 이대로 따라주면 된다. 다음화면으로 구성요소의 설치부분으로 기본적으로 선택이 되어져 있으므로 다음을 선택한다.

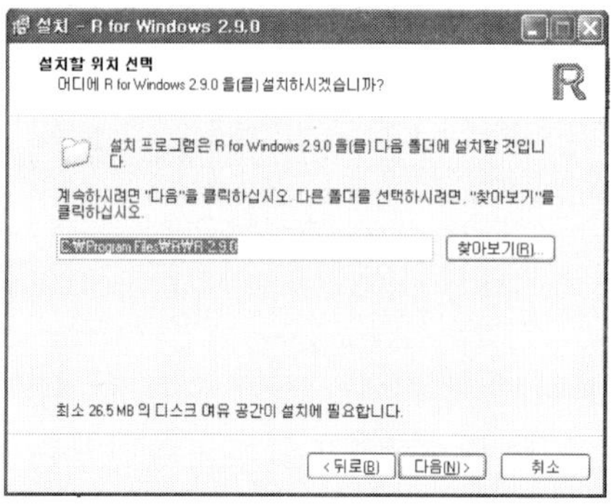

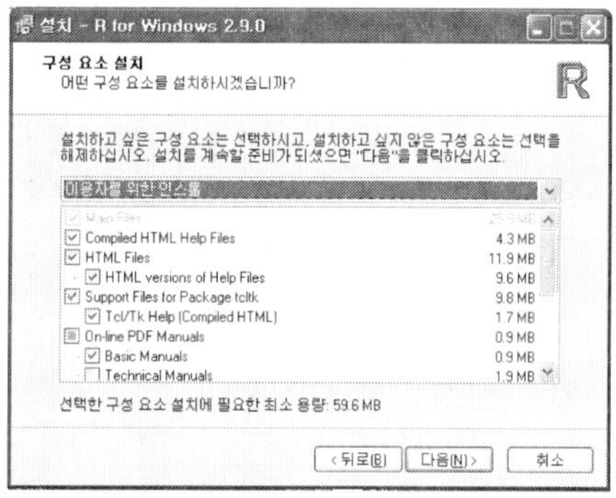

선택옵션(Startup options)에서 No(accept defaults)를 선택한다. 시작메뉴 폴더의 이름을 정의해준다. 다음화면은 아이콘 생성에 대한 부분이다.

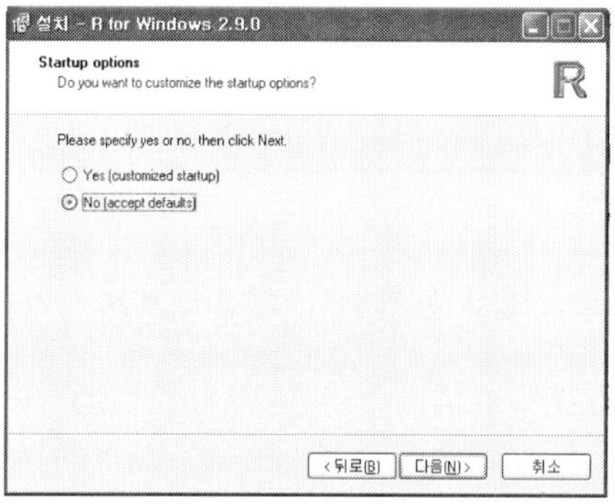

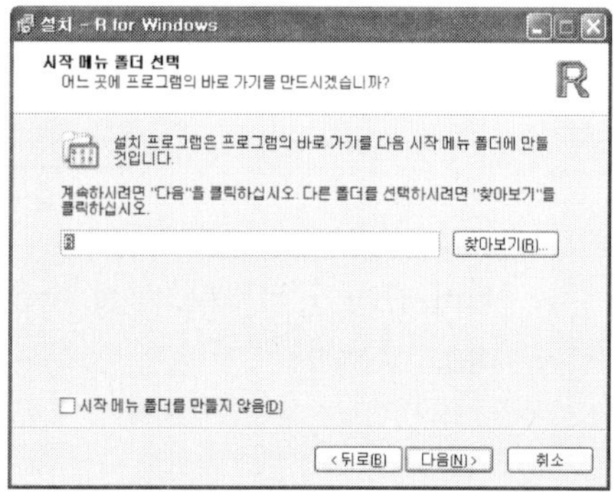

다음화면은 아이콘 생성에 대한 부분이다.

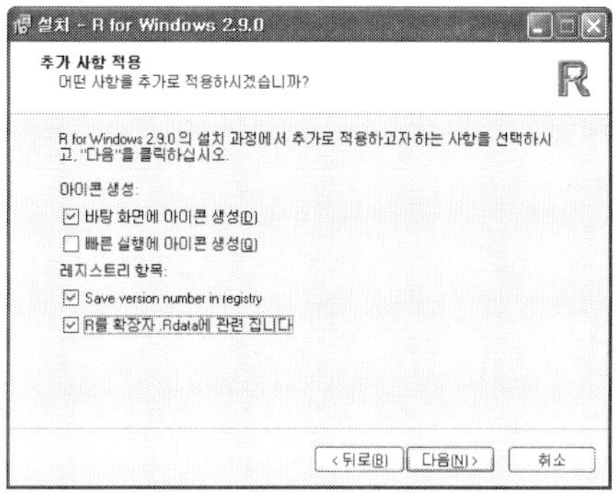

이제 설치가 완료 되었다는 메시지가 나타났다.

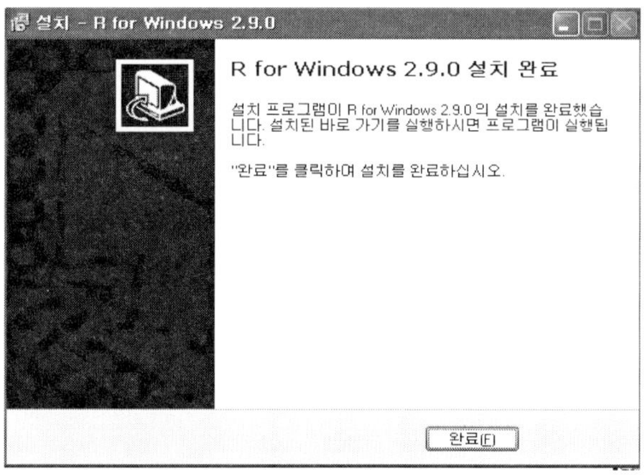

이제 바탕화면에 다음과 같은 아이콘이 나타난 것을 알 수 있다. 

이제 실행해 보자! 다음과 같은 초기화면이 나타난다.

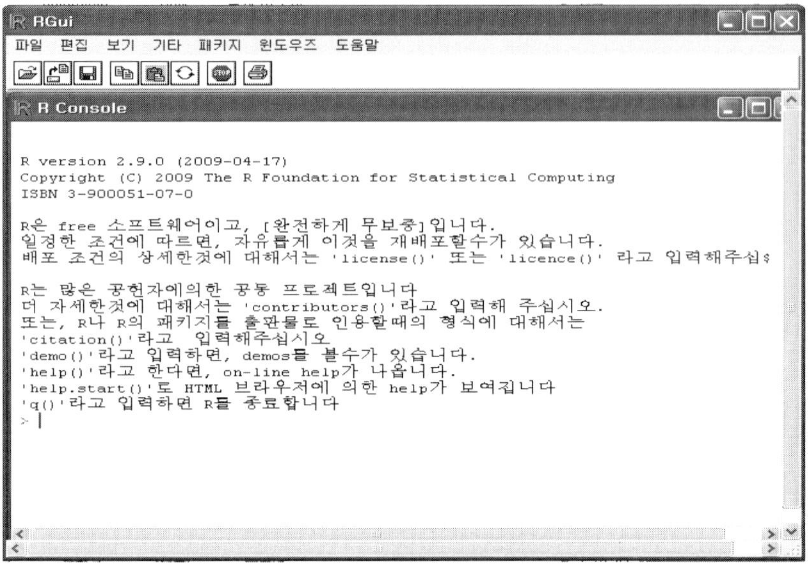

위 그림은 R의 초기화면으로서 >는 R만이 사용하는 프롬프트(prompt)로서 모든 작업은 >에서 시작한다. R을 종료하기 위해서는 위 그림의 R 초기화면에서 파일 메뉴를 선택하고 종료를 클릭하면 작업을 종료할 수 있고, 또는 R 프롬프트 >에서 아래와 같이

```
>q()
```

를 입력하면 작업을 종료할 수도 있다.

간단한 R 프로그램은 다음과 같다.

```
> x <- c(4.3, 5.9, 7.8, 3.0, 15.7)
> y <- rnorm(10)
> summary(x)
```

이 프로그램의 첫 번째 줄은 "4.3, 5.9, 7.8, 3.0, 15.7"과 같은 5개의 값을 배열로 만들어 x에 보관하는 것이다. R은 일반적인 범용프로그램언어와는 달리 x와 같은 기본적인 데이터 객체는 벡터 또는 행렬이라는 것에 유의해야 한다.

프로그램의 두 번째 줄은 확률난수 발생함수로 10개의 난수를 만들어 y에 보관하는 것이고, 3번째 줄은 자료 x에 대한 제1사분위수, 제3사분위수, 중위수, 평균, 최소값, 최대값을 산출할 수 있다.

R Console

```
> x <- c(4.3, 5.9, 7.8, 3.0, 15.7)
> y <- rnorm(10)
> summary(x)
   Min. 1st Qu.  Median    Mean 3rd Qu.    Max.
   3.00    4.30    5.90    7.34    7.80   15.70
> y
 [1]  1.182627408  0.676112084  0.003075083  0.193936568 -0.975310020
 [6]  0.105853686  0.418312049  0.124368249 -1.980300177  0.949717779
>
> 
```

R은 다른 언어에 비해 명령이 매우 간단하고 직관적이다. 어떤 작업을 수행하고 싶은데 이를 잘 모르겠으면 help를 사용한다.

2 R 프로그램의 기초

1) 벡터와 관련 명령어

벡터를 만들어주는 기본 명령어는 c와 seq 두 가지가 있다. c는 앞에서 본 예와 같이 콤마를 사용해서 넣어주면 된다. x에 어떤 내용이 들어 있는지 알고 싶으면 아래 그림과 같이 하면 알 수 있다.

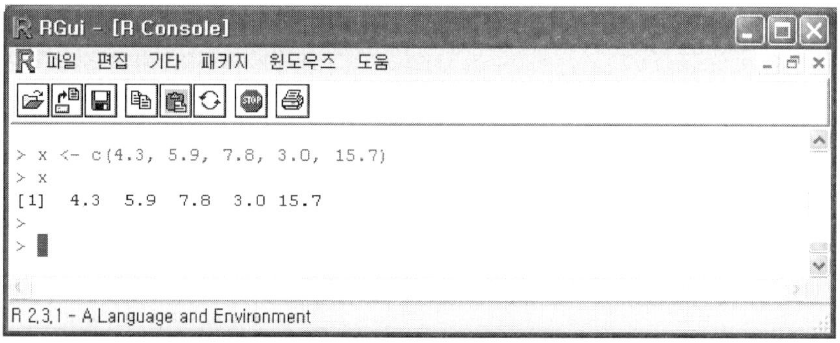

여기서 [1]은 x 벡터의 첫 번째 요소부터 화면에 찍었다는 것을 의미한다.
seq 함수는 sequence를 만들어 주는 함수이다. 1부터 10까지 만들고 싶다면 다음과 같다.

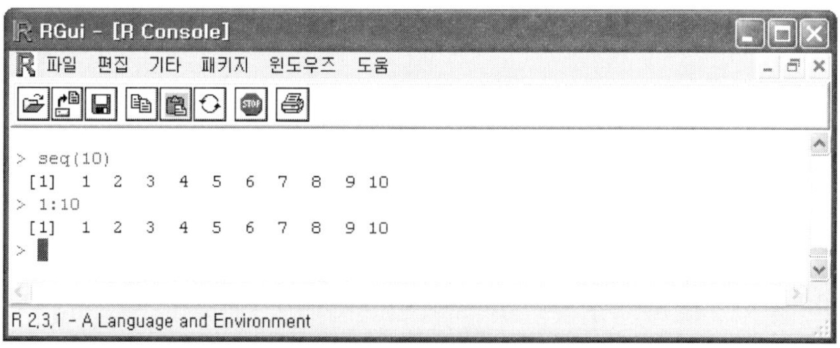

-3부터 3까지 0.5씩 간격을 가진 자료도 seq 함수로 만들 수 있다.

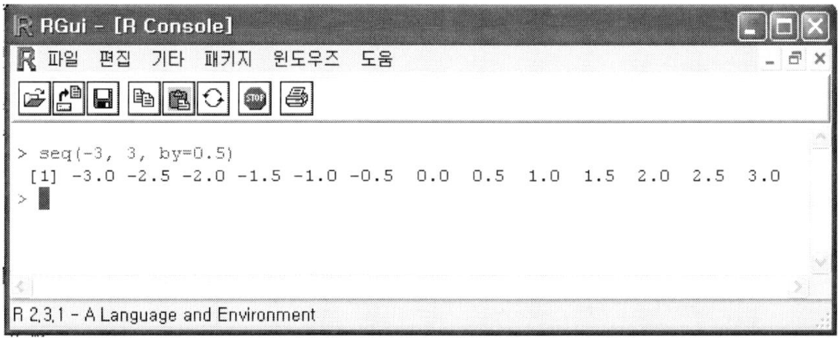

또, rep(repeat) 함수가 유용하다.

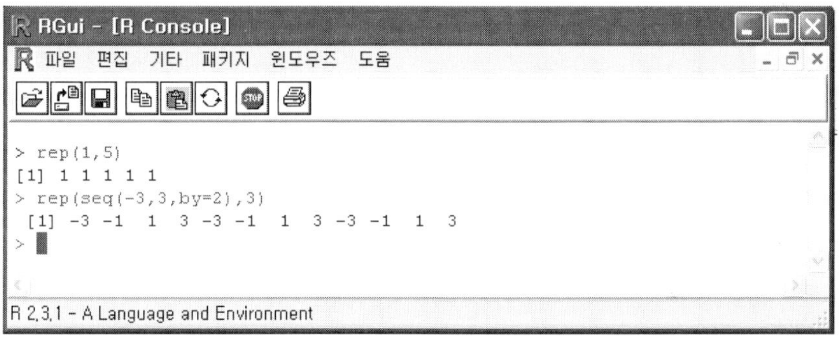

위 첫 번째 식은 1을 5번 반복하라는 뜻이고, 두 번째 식은 rep와 seq를 같이 사용해서 자료를 만들 수 있는 예를 보여준다.

2) 배열과 행렬

1차원 배열에서 몇 번째 원소를 찾거나 일부를 찾는 방법은 다음과 같은 작업을 하면 구할 수 있다.

RGui - [R Console]

파일 편집 기타 패키지 윈도우즈 도움

```
> data <- c(2,4,6,8,10)
> data
[1]  2  4  6  8 10
> data[2]
[1] 4
> data[2:4]
[1] 4 6 8
>
```

R 2.3.1 - A Language and Environment

이제 행렬에 대해 알아보자. 행렬은 다음과 같은 방법을 만든다.

RGui - [R Console]

파일 편집 기타 패키지 윈도우즈 도움

```
> matrix(seq(2,24,by=2), nrow=3, byrow=T)
     [,1] [,2] [,3] [,4]
[1,]    2    4    6    8
[2,]   10   12   14   16
[3,]   18   20   22   24
>
```

R 2.3.1 - A Language and Environment

위 자료는 seq함수를 사용해서 2부터 24까지 범위에서 2씩 증가하는 12개의 자료를 행(row)을 3개로 하고 행을 기준으로 만들어 나간 결과이다. 이 matrix 함수의 인수를 바꾸면 다음과 같은 결과가 나타난다.

```
> matrix(seq(2,24,by=2), nrow=3, byrow=T)
     [,1] [,2] [,3] [,4]
[1,]    2    4    6    8
[2,]   10   12   14   16
[3,]   18   20   22   24
> matrix(seq(2,24,by=2), nrow=3, byrow=F)
     [,1] [,2] [,3] [,4]
[1,]    2    8   14   20
[2,]    4   10   16   22
[3,]    6   12   18   24
>
```

또, 행렬에 새로운 행을 추가하고 싶으면 다음과 같이 한다.

```
> data <- matrix(seq(2,24,by=2), nrow=3, byrow=T)
> data
     [,1] [,2] [,3] [,4]
[1,]    2    4    6    8
[2,]   10   12   14   16
[3,]   18   20   22   24
> data1 <- rbind(data,1:4)
> data1
     [,1] [,2] [,3] [,4]
[1,]    2    4    6    8
[2,]   10   12   14   16
[3,]   18   20   22   24
[4,]    1    2    3    4
> data2 <- cbind(data, 1:3)
> data2
     [,1] [,2] [,3] [,4] [,5]
[1,]    2    4    6    8    1
[2,]   10   12   14   16    2
[3,]   18   20   22   24    3
> data[1,]
[1] 2 4 6 8
> data[2,4]
[1] 16
>
```

행렬 x의 전치행렬은 $t(x)$를 사용한다.

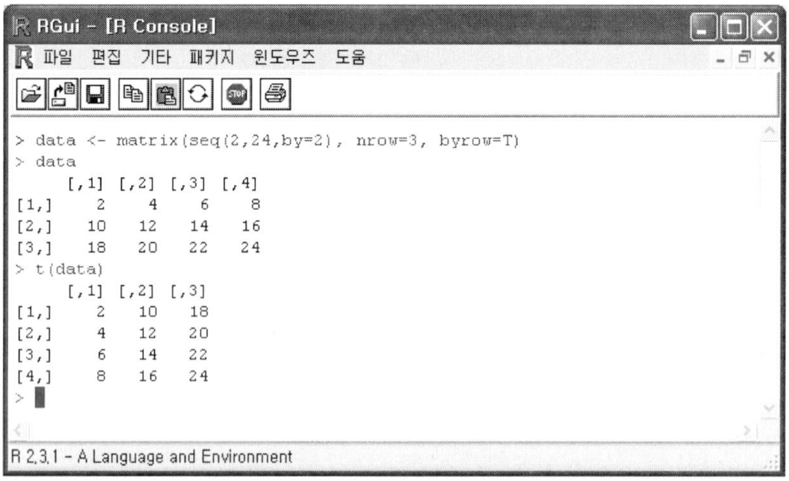

```
> data <- matrix(seq(2,24,by=2), nrow=3, byrow=T)
> data
     [,1] [,2] [,3] [,4]
[1,]    2    4    6    8
[2,]   10   12   14   16
[3,]   18   20   22   24
> t(data)
     [,1] [,2] [,3]
[1,]    2   10   18
[2,]    4   12   20
[3,]    6   14   22
[4,]    8   16   24
>
```

3) 행렬 또는 벡터의 색인

앞 절에서 벡터 또는 행렬의 특정요소를 찾기 위해서 data[2,4]나 data[,1] 등과 같은 표현을 사용하였다. 이는 특정위치의 요소를 선택한 것이고 이와는 달리 특정조건을 만족하는 요소를 선택하는 경우도 있다.

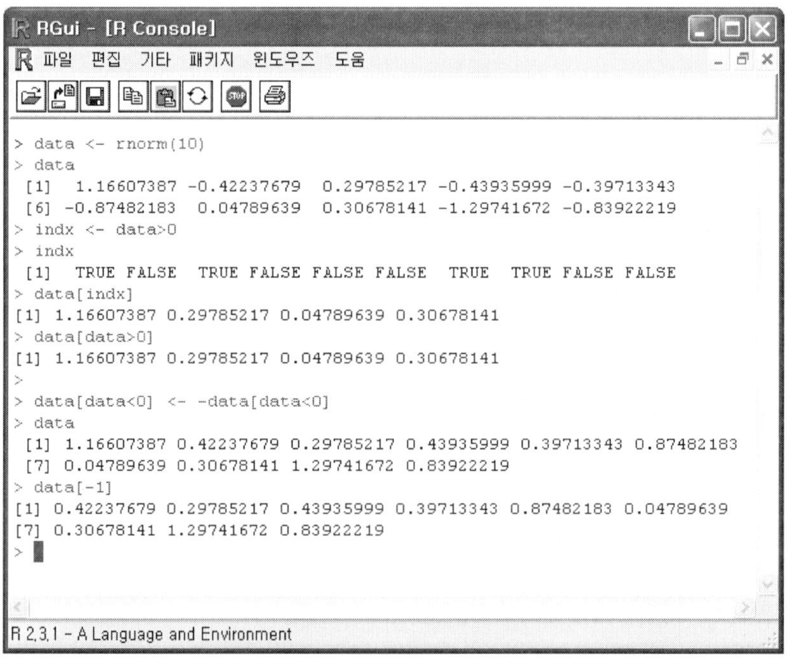

```
> data <- rnorm(10)
> data
 [1]  1.16607387 -0.42237679  0.29785217 -0.43935999 -0.39713343
 [6] -0.87482183  0.04789639  0.30678141 -1.29741672 -0.83922219
> indx <- data>0
> indx
 [1]  TRUE FALSE  TRUE FALSE FALSE FALSE  TRUE  TRUE FALSE FALSE
> data[indx]
[1] 1.16607387 0.29785217 0.04789639 0.30678141
> data[data>0]
[1] 1.16607387 0.29785217 0.04789639 0.30678141
>
> data[data<0] <- -data[data<0]
> data
 [1] 1.16607387 0.42237679 0.29785217 0.43935999 0.39713343 0.87482183
 [7] 0.04789639 0.30678141 1.29741672 0.83922219
> data[-1]
[1] 0.42237679 0.29785217 0.43935999 0.39713343 0.87482183 0.04789639
[7] 0.30678141 1.29741672 0.83922219
>
```

첫 번째 식은 rnorm(10)은 표준정규분포에서 10개의 난수를 뽑아준 자료이다. $data > 0$의 표현식은 $data$의 각 요소가 0보다 큰가를 비교하여 그 결과를 나타낸다. 즉, 0의 첫 번째 요소의 값은 0보다 크지 않으므로 FALSE값을 갖는다. 이를 이용해서 0보다 큰 값을 선택할 수 있다. 세 번째 식이 그 예이다. 네 번째 식은 특정조건을 사용해서 값을 다른 값으로 치환한 예를 볼 수 있다. 또한 특정 위치의 요소를 제외한 나머지 부분만을 선택할 수도 있다.

4) 문자 다루기

문자는 기본적으로 " "를 사용한다.

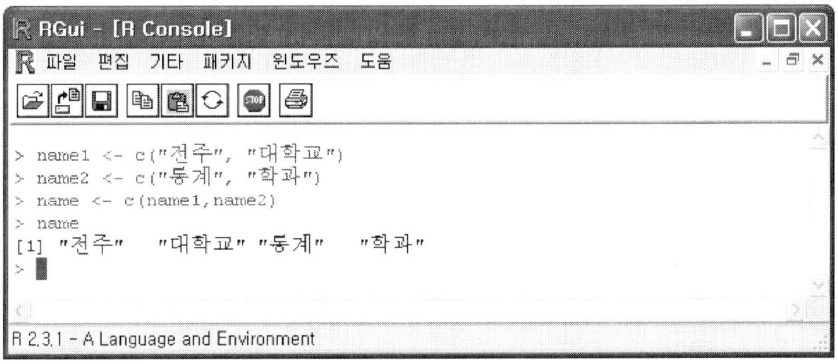

5) 기본연산

R의 기본 데이터 객체는 벡터 또는 행렬이라고 하였으므로 모든 연산은 벡터에 대한 연산을 의미한다.

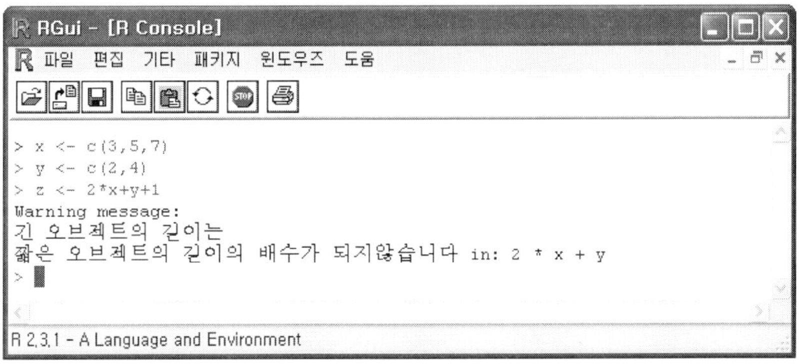

앞의 표현식은 길이가 3인 벡터와 길이가 2인 벡터의 합은 연산이 불가능하므로 표시된 것과 같은 Warning message를 출력하게 된다. 즉, R프로그램은 벡터를 기본으로 하고 있으므로 연산에서 벡터 또는 행렬의 차원에 대해 주의할 필요가 있다.

R의 연산자는 +, −, *, /, ^와 같은 기본연산자와 log, exp, sin, sqrt와 같은 함수를 이용한 연산자가 있고 연산순위는 일반적인 연산순위에 따른다.

한편 행렬의 곱셈을 위한 %*%가 있다. 이때 행렬의 곱셈이 성공적으로 수행되려면 A행렬의 열의 수와 B행렬의 행의 수가 같아야 한다.

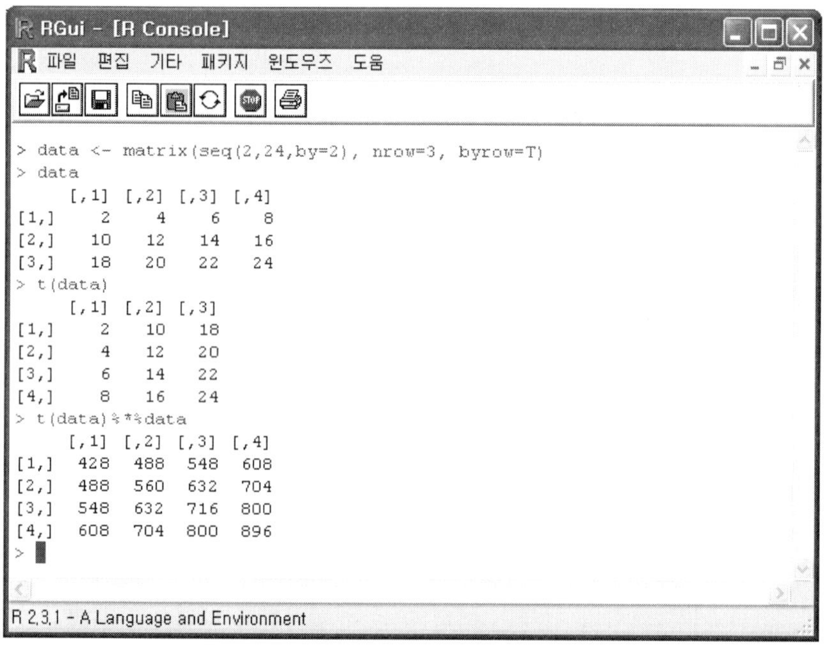

6) 조건과 함수

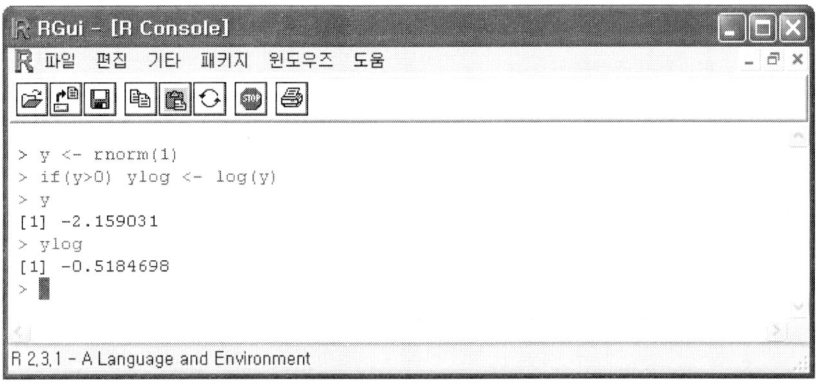

위 식이 의도하는 바는 표준정규난수 한 개를 뽑고, 이것이 0보다 크면 ylog에 log 변환한 값을 넣는 것이다. 즉, if 문장의 내용이 참이면, 다음의 문장을 수행한다.

if 문장이 참일 때 log와 제곱근, 지수 세 가지를 다 수행하려면 다음과 같다.

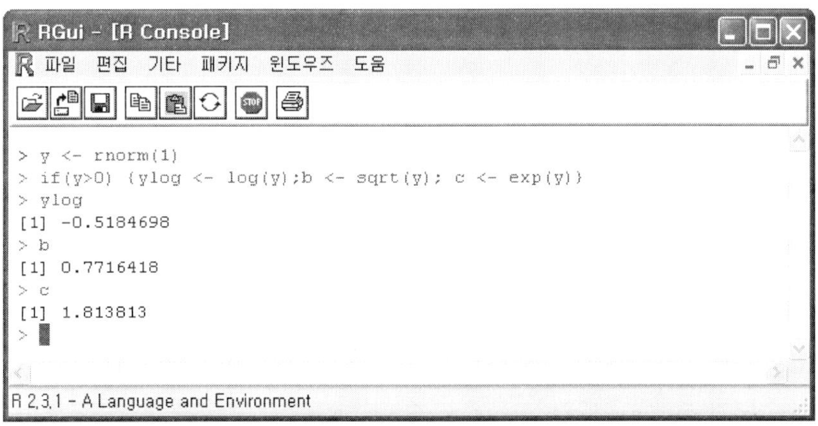

또 다음 문장을 고려해 보자.

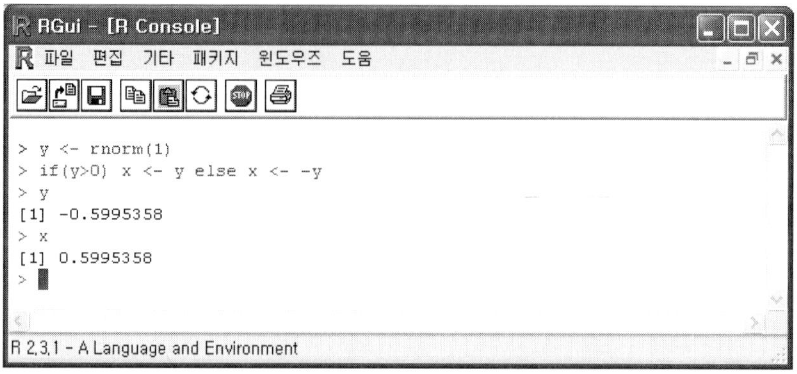

이 문장은 y의 절대값을 x에 넣는 명령이다. 만약 y의 절대값을 x에 넣고, 이 x에 대해 log를 구하고 싶으면 다음과 같다.

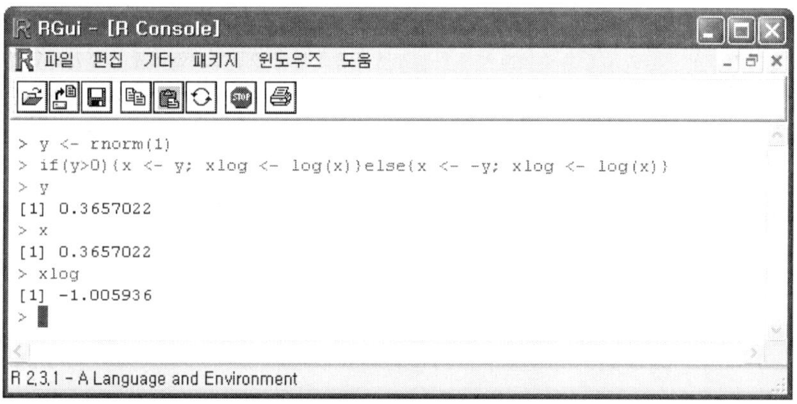

위의 문장을 좀 더 간단하게 표시하면 다음과 같다.

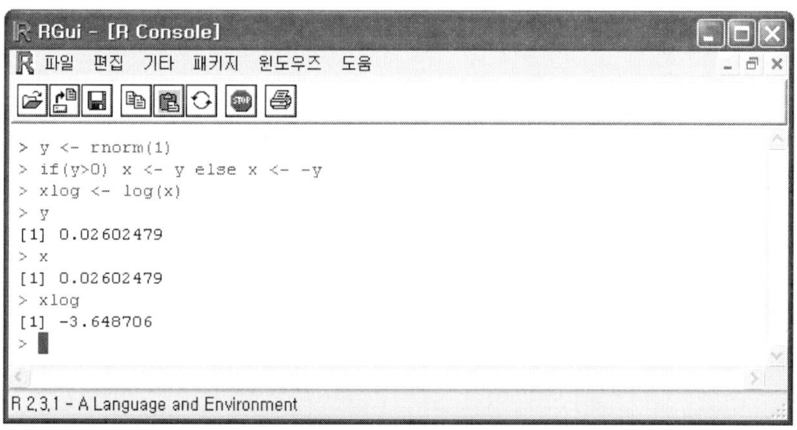

다음 함수는 정규 확률밀도함수 $f(x)$를 만든 것이다.

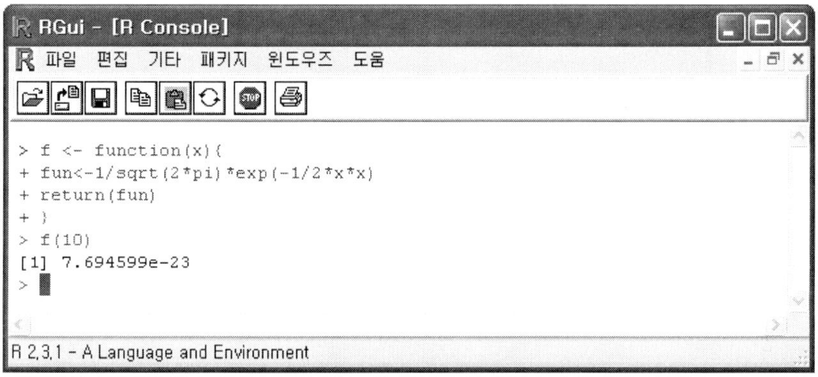

위 함수를 아래와 같이 표현할 수 있다.

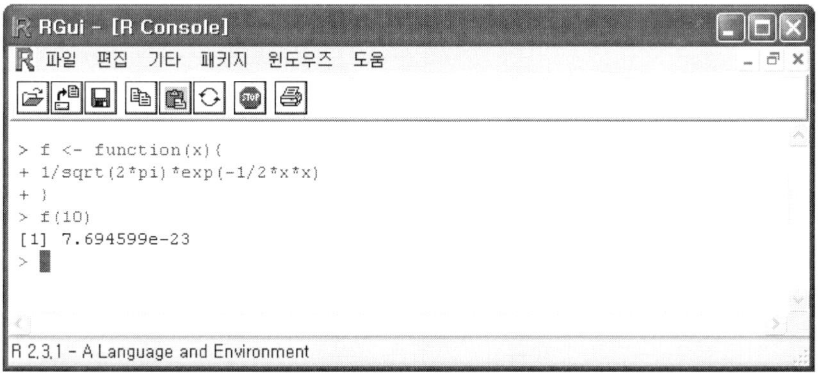

이렇게 표현하면 계산된 내용 1/sqrt(2*pi)*exp(-1/2*x*x)이 함수 $f(x)$의 결과로 return 된다.

다음 프로그램을 간단하게 표현할 수 있는 반복문에 대해 알아본다.
1부터 100까지 더하기를 하려면 다음과 같은 프로그램을 작성하여 계산할 수 있다.

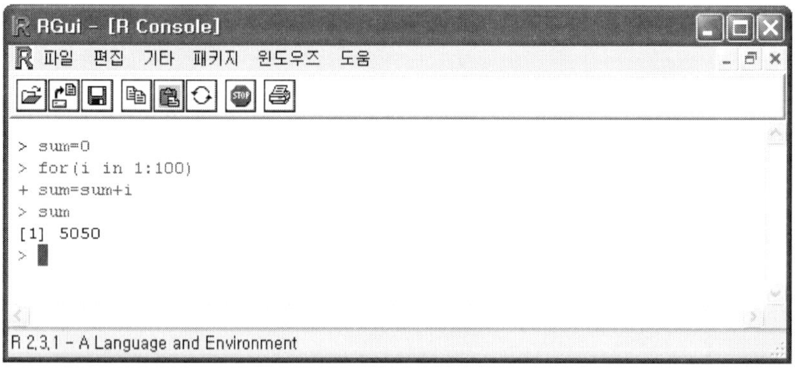

여기서 for(i in 1:100)와 sum = sum + i는 i를 1, 2, 3, 4..., 99, 100까지 계속 반복해 가며, 그 합을 더해 나간다는 뜻이다. 만일, 1씩 증가하지 않고, 10씩 증가하여 더한다고 하면 아래의 프로그램과 같다.

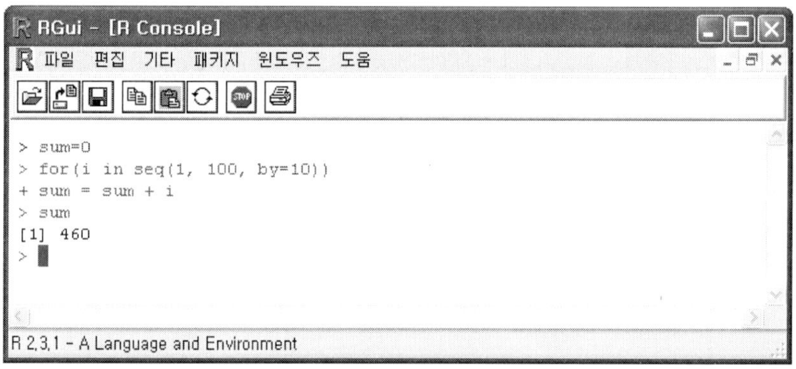

이제 정규난수 100개 중에서 0보다 큰 것이 몇 개가 있는지 세는 프로그램을 만들어보자.

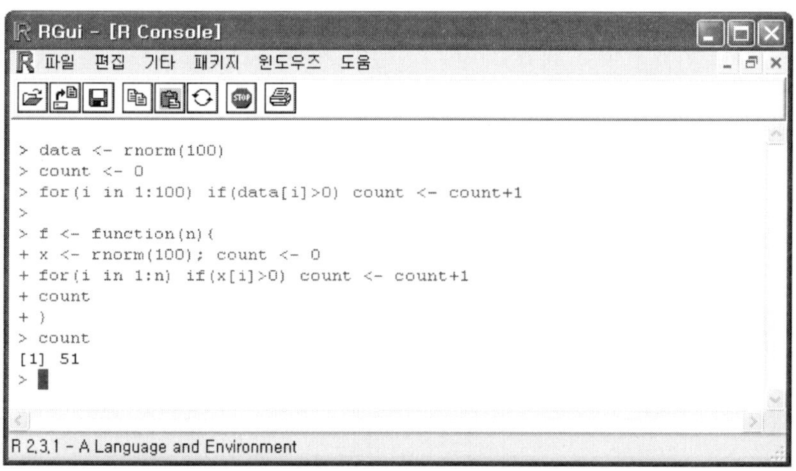

앞에 두 가지 표현의 방법이 있다. 첫 번째는 반복문 for를 사용해서 1부터 100가지 정규난수 중에서 0보다 큰 값을 찾아서 세는 프로그램이고 두 번째는 함수를 사용해서 간단히 표현한 방법이다. 아래의 표현은 정규난수가 1000개가 늘어나게 되면 n대신에 1000을 $f(1000)$을 넣어주면 바로 계산이 되어지는 간편함을 보인다.

7) 데이터의 입력 및 출력

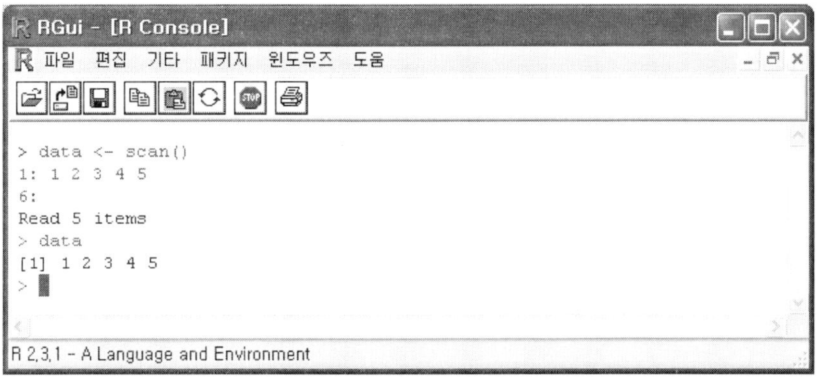

간단한 데이터의 입력을 위해서 scan()함수를 사용한다. 자료 1 2 3 4 5는 직접 입력한 값이다. scan()함수는 default로 숫자를 받아들인다. 그러나 문자를 입력하기 위해서는 아래와 같은 방법을 사용하면 된다.

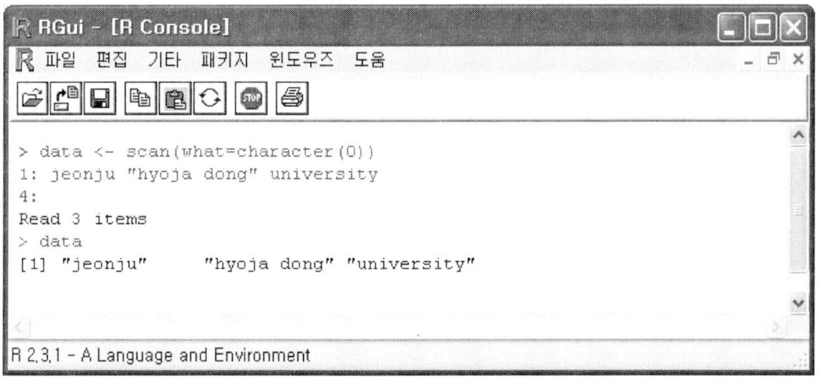

문자열을 " "로 표시할 필요는 없지만 hyoja dong과 같이 문자열 내에 공백이 있으면 문자열을 " "내에 표시하여야 한다.

디스크에 저장된 데이터를 불러올 경우에도 scan()함수를 이용한다.

※ **외부데이터(exam.txt) 생성방법:**

시작프로그램에 있는 메모장을 연후 다음의 자료를 입력한다.

```
30 45 37 19 48
34 58 97 25 84
34 56 41 57 60
49 93 30 69 71
```

입력한 후 c:\data의 폴더를 생성해서 c:\data\exam.txt로 저장한다. 아래 그림처럼 저장한 후 확인해보자.

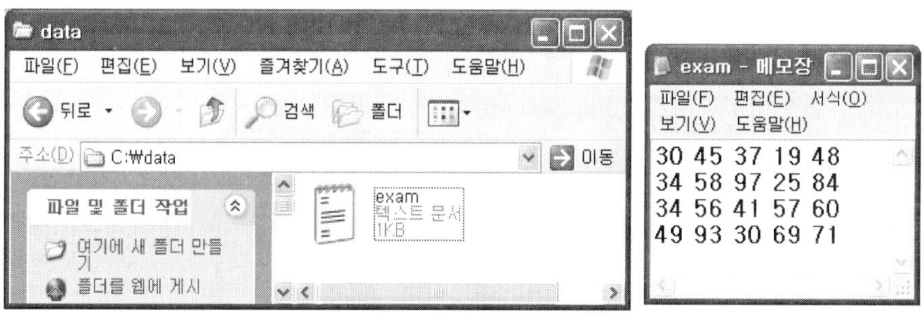

이제 외부데이터 exam.txt를 읽어들여보자. 명령문은 다음과 같다.

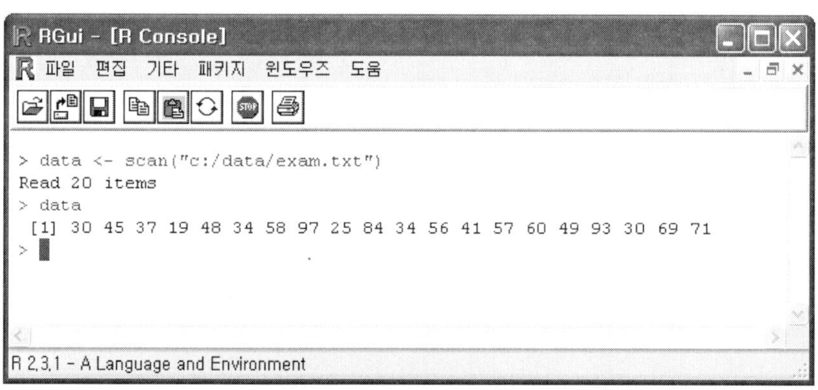

앞의 그림의 data는 scan()함수를 사용하여 저장된 데이터를 불러온 경우이다. 여기서 경로를 표시할 때 역slash(/)를 사용하는 것에 유의하기 바란다.

이제 이 자료를 행렬로 받아들여보자. 아래 그림의 data1은 데이터를 행렬로 받아들이는 방법이다.

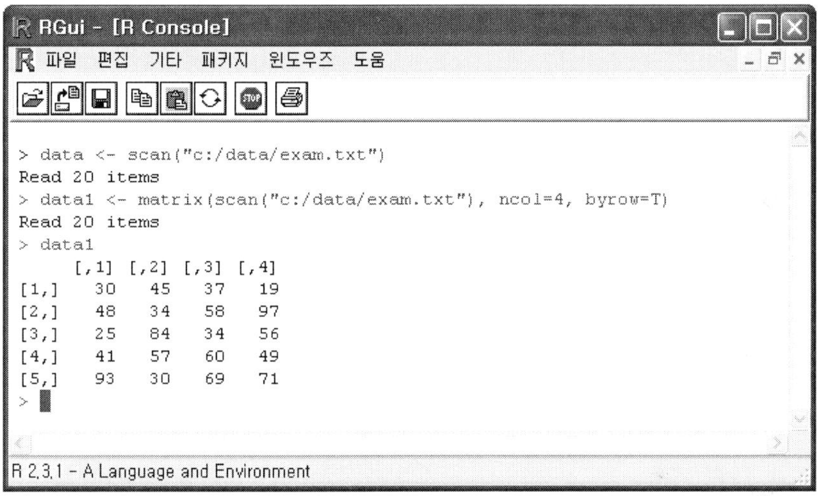

한편 R 프로그램에 저장된 행렬을 외부자료로 생성하려면 write()함수를 이용한다. 이 결과는 앞의 data와는 다른 순서로 저장되어 있다는 것을 알 수 있다. 즉 행과 열이 바뀌어 저장이 된다. 이를 해결하기 위해서 전치행렬로 저장하면 된다.

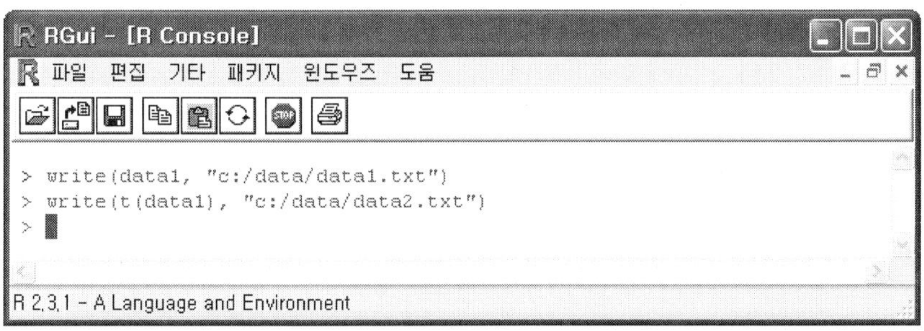

위의 명령을 실행하면 c:\data 폴더에 data1.txt와 data2.txt가 생성됨을 알 수 있다.

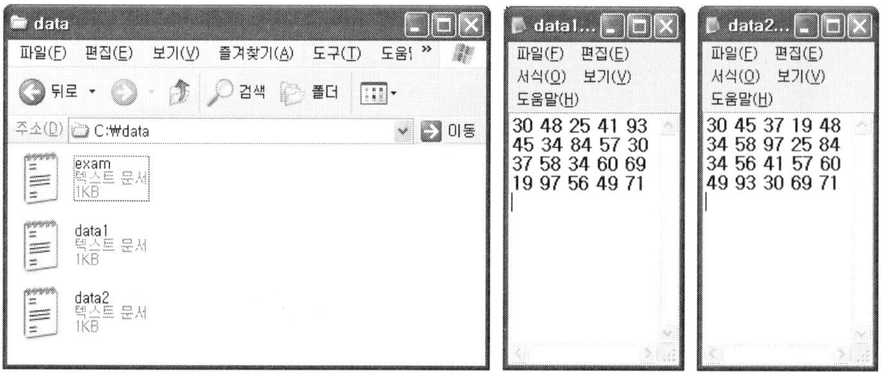

일반적인 데이터에는 숫자 데이터는 물론 문자 데이터를 포함하고 있는 경우가 대부분이고 각 변수의 이름을 필요로 한다. 이와 같이 서로 다른 데이터를 행렬에 담을 수 없으므로 R에서는 데이터를 위한 data frame이라는 일종의 행렬이 있다.

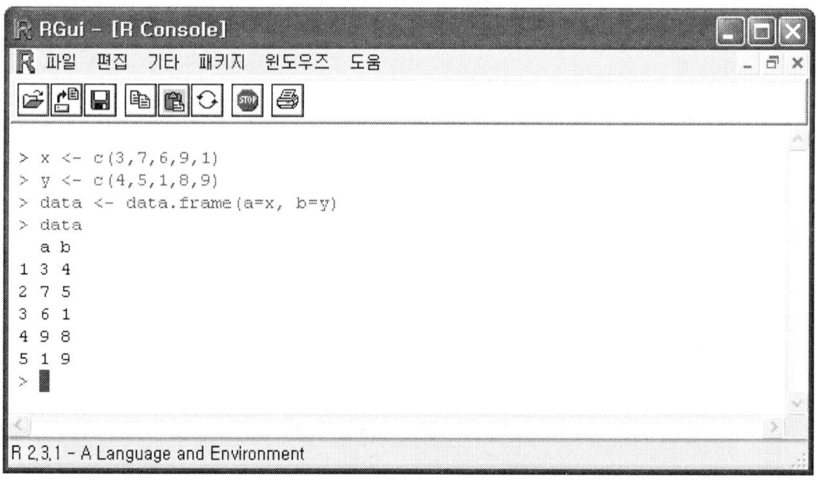

여기서 a와 b는 변수 명을 나타낸다.

보다 많은 양의 데이터는 앞 절에서 배운 것과 같이 디스크로부터 읽어 들인다. 예를 들어 다음과 같은 자료를 파일 c:\data\exam1.txt로 생성하자(생성방법은 윗부분 외부데이터 생성을 참조.)

ID	Gender	exam1	exam2	exam3
20051	여	76	98	85
20052	여	87	65	79
20053	여	98	90	91
20054	남	89	79	85
20055	남	79	76	86
20041	남	85	83	89
20042	남	80	81	78
20043	여	91	88	93
20044	여	94	91	96
20031	남	81	76	75
20032	남	80	83	85
20033	여	90	93	95
20021	남	75	79	81
20022	남	83	90	86

여기서 data[,2]는 두 번째 열의 자료가 들어 있으며, 이는 data$sex와 같은 것을 알 수 있다. 또 첫 번째 행의 내용을 알고 싶으면 data[1,]를 사용하면 알 수 있고 data의 차원을 알 수 있다.

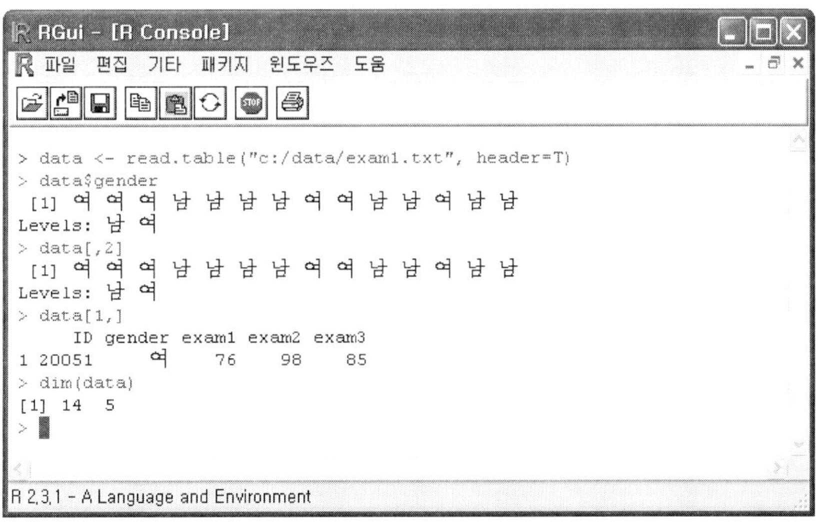

이 자료에서 만약 남자만 골라 이를 male이라는 데이터 프레임에 저장하고 싶으면 다음과 같이 한다.

```
> data <- read.table("c:/data/exam1.txt", header=T)
> male <- data[data$gender=="남",]
> male
      ID gender exam1 exam2 exam3
4  20054     남    89    79    85
5  20055     남    79    76    86
6  20041     남    85    83    89
7  20042     남    80    81    78
10 20031     남    81    76    75
11 20032     남    80    83    85
13 20021     남    75    79    81
14 20022     남    83    90    86
> 
```

8) 난수와 확률분포함수

```
> runif(10)
 [1] 0.46278119 0.43936199 0.16046697 0.25361876 0.65074977 0.30420987
 [7] 0.70063369 0.04813745 0.50391685 0.21285350
> rnorm(10)
 [1] -0.5437910  0.5923437 -0.8475582  1.1321644 -0.7211327 -0.3341966
 [7]  0.3580019 -1.0644824  0.7895487  0.9430025
> rnorm(10,1,3)
 [1]  5.6154135  3.3125812  0.5895979  4.6075705 -2.1209482 -0.7006669
 [7]  1.2824110 -1.0937317  2.8675392  0.5173643
> dnorm(0)
[1] 0.3989423
> 
```

첫 번째 식 runif()는 uniform(0,1)분포에서 10개의 난수를 뽑으라는 것이다. 두 번째 식 rnorm()은 표준정규분포에서 난수 10개를 뽑는 것이고 rnorm(10,-1,5)는 평균이 1이고 표준편차가 3인 정규분포에서 난수를 뽑는 것을 의미한다. 마지막 식은 정규확률밀도함수를 계산한 값을 나타낸다.

정규분포에서 난수를 뽑는 방법에 대해 설명을 하면 다음과 같다.

```
> dnorm(seq(-3,3,length=10))
 [1] 0.004431848 0.026221889 0.099477139 0.241970725 0.377383228
 [6] 0.377383228 0.241970725 0.099477139 0.026221889 0.004431848
> pnorm(1)
[1] 0.8413447
> qnorm(0.95)
[1] 1.644854
>
```

첫 번째 식은 -3에서 3 사이를 10개로 나누고 이 값들에 대해 정규확률밀도함수를 그린 것이다. 두 번째 식은 -∞부터 1까지 정규누적확률을 구한 값을 나타낸 것이고 세 번째 식은 역으로 정규분포에서 0.95에 해당하는 z값을 구한 것이다.

9) 기술통계

```
> data <- read.table("c:/data/exam1.txt", header=T)
> summary(data)
       ID          gender      exam1             exam2             exam3
 Min.   :20021   남:8   Min.   :75.00   Min.   :65.00   Min.   :75.0
 1st Qu.:20032   여:6   1st Qu.:80.00   1st Qu.:79.00   1st Qu.:82.0
 Median :20043          Median :84.00   Median :83.00   Median :85.5
 Mean   :20041          Mean   :84.86   Mean   :83.71   Mean   :86.0
 3rd Qu.:20052          3rd Qu.:89.75   3rd Qu.:90.00   3rd Qu.:90.5
 Max.   :20055          Max.   :98.00   Max.   :98.00   Max.   :96.0
> table(data$gender)

남 여
 8  6
> mean(data[,-2])
         ID       exam1       exam2       exam3
20041.00000    84.85714    83.71429    86.00000
>
```

앞 절에서 읽어들인 자료 exam1.txt를 data frame으로 만든 data를 사용하여 기술통계를 구해본다. 첫 번째 식 summary()를 사용하면 기술통계 값을 구할 수 있다. gender변수는 이산형 자료이기 때문에 두 번째 식 table(data$gender)를 사용해서 빈도표를 구할 수 있다. 세 번째 식 mean(data[,-2])은 gender변수를 제외한 3변수들의 평균값을 구해준 것이다.

위 자료에서 gender에 대한 막대그래프를 그려보면 다음과 같다.

R Console

```
> data
      ID gender exam1 exam2 exam3
1  20051     여    76    98    85
2  20052     여    87    65    79
3  20053     여    98    90    91
4  20054     남    89    79    85
5  20055     남    79    76    86
6  20041     남    85    83    89
7  20042     남    80    81    78
8  20043     여    91    88    93
9  20044     여    94    91    96
10 20031     남    81    76    75
11 20032     남    80    83    85
12 20033     여    90    93    95
13 20021     남    75    79    81
14 20022     남    83    90    86
> barplot(table(data$gender))
>
```

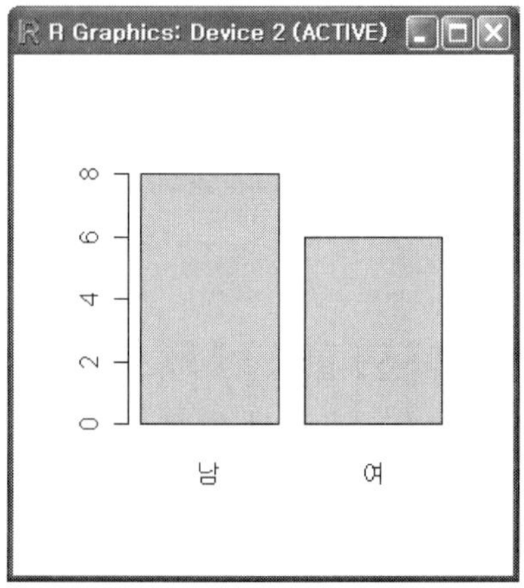

다음은 exam1 변수에 대한 히스토그램을 그린 결과이다.

R Console

```
> hist(data$exam1, breaks=5, xlab="exam1")
>
```

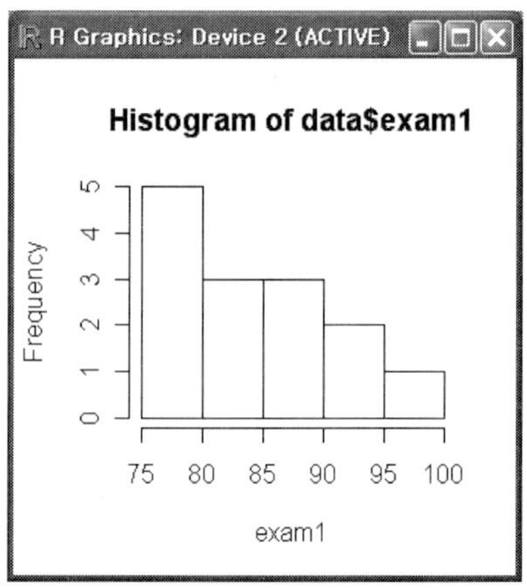

이 히스토그램에 정규분포를 함께 표시하려면 다음과 같이 하면 된다.

```
R Console
> x <- read.table("c:/data/exam1.txt", header=T)
> hist(x$exam1, freq=F, breaks=5)
> x <- sort(x$exam1)
> curve(dnorm(x,mean(x),sd(x)),col="red",lwd=2,add=T)
>
```

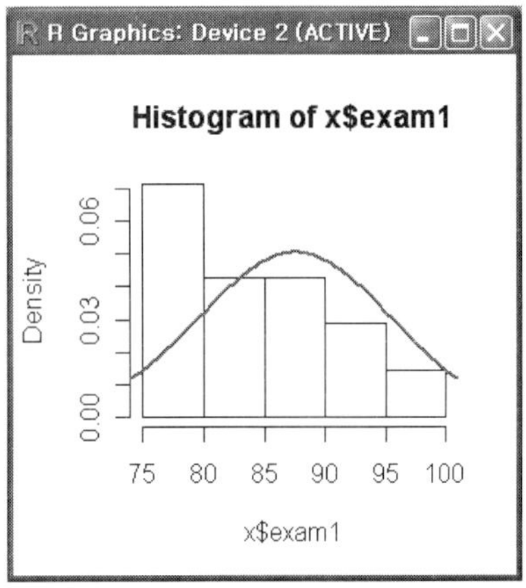

위 프로그램은 먼저 히스토그램을 그리고 여기에 정규밀도함수를 추가한 것이다. 히스토그램은 상대도수를 사용하기 위해 freq=F를 사용하였다. breaks=5는 히스토그램의 막대수이다. 자료를 sort한 것은 이 자료에 대한 밀도함수를 추가하는데 자료가 순서대로 되어 있지 않으면 선이 지그재그로 그려지기 때문이다. 또한 curve명령에 의해 자료의 평균과 표준편차를 갖는 정규밀도함수가 그려지고 이 결과는 add=T에 의해 그림이 추가된다.

10) *Plot*

R에서 그림을 그리기 위해 자주 이용되는 함수는 plot()이다. x와 y가 같은 길이를 가진 벡터라고 할 때 $plot(x, y)$는 x, y축의 좌표를 이용하여 산포도를 그리게 된다. 이를 이용하면 함수의 모양을 그릴 수 있다. 예를 들어 x가 (-2, 2) 사이에서 정규밀도함수를 그려보면 다음과 같다.

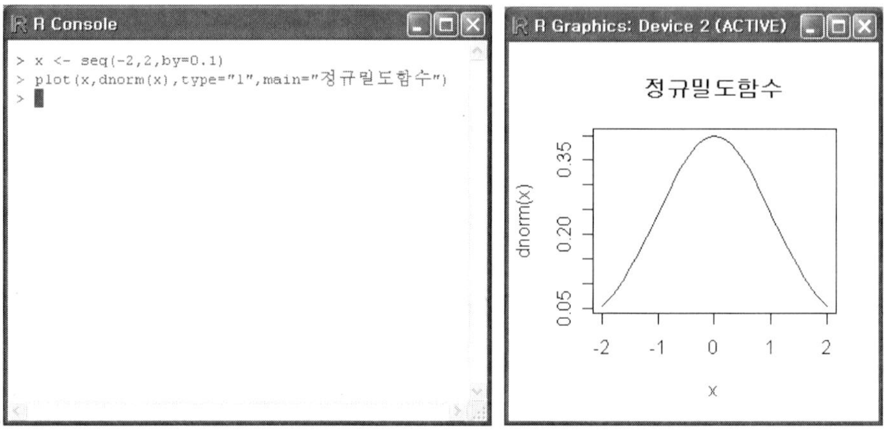

여기서 type = "l"은 좌표를 선으로 연결하라는 의미이다. 만약 점과 선을 모두 나타내려면 type = "b"와 같이 옵션을 지정하면 된다.

plot함수는 그릴 때마다 새로운 창을 열어서 그림을 그리게 된다. 그렇지만 두 개의 plot을 겹쳐서 그리기 위해서는 다음과 같은 par함수의 new 인수를 조절하면 두 개의 plot을 겹쳐서 그릴 수 있다.

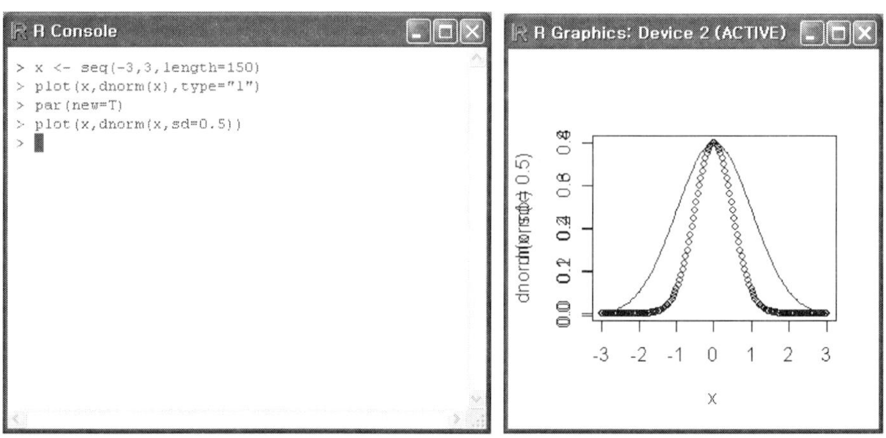

앞의 그림은 두 개의 그림을 겹쳐서 그리기는 하였으나 두 개 그림의 y축은 서로 다른 스케일에 따라 그려졌기 때문에 스케일을 일치시키기 위해 y축 범위를 지정하는 옵션인 ylim=(min,max)를 지정해서 다시 그려줘야 한다.

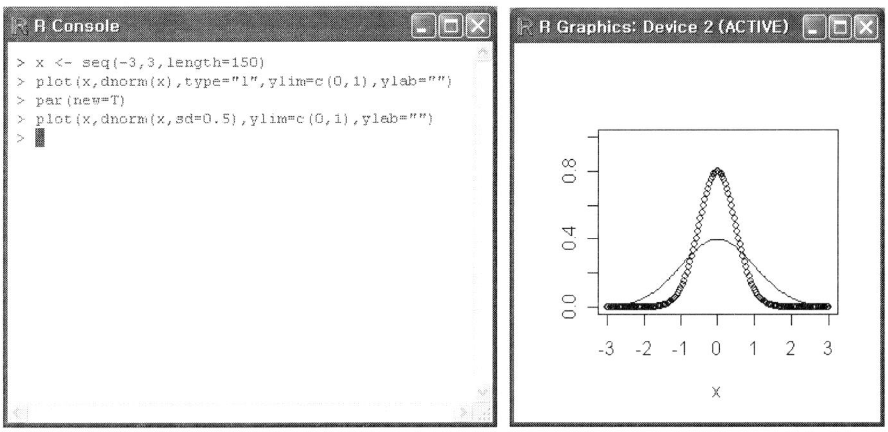

여기서 ylab은 y축의 라벨을 지정하기 위한 옵션인데 ylab = ""와 같이 지정하였으므로 y축에는 라벨이 표시되지 않는다. 이상에서 살펴본 바와 같이 plot함수는 그림의 모양을 조절할 수 있는 여러 가지 옵션을 갖고 있어 이를 조정하면 원하는 형태의 그림을 그릴 수 있다. 이에 대한 자세한 내용은 R의 Help 기능을 이용하여 살펴보기 바란다.

부록 B

표1.... 누적이항분포표

표2.... 표준정규분포표

표3.... F-분포의 누적확률표

표4.... χ^2-분포표

표5.... t-분포표

표6.... Durbin-Watson D 통계량

표 1 누적이항분포표

$$P[X \le c] = \sum_{x=0}^{c} \binom{n}{x} p^{x} (1-p)^{n-x}$$

		p										
n	c	0.05	0.10	0.20	0.30	0.40	0.50	0.60	0.70	0.80	0.90	0.95
1	0	0.950	0.900	0.800	0.700	0.600	0.500	0.400	0.300	0.200	0.100	0.050
	1	1.000	1.000	1.000	1.000	1.000	1.000	1.000	1.000	1.000	1.000	1.000
2	0	0.903	0.810	0.640	0.490	0.360	0.250	0.160	0.090	0.040	0.010	0.003
	1	0.998	0.990	0.960	0.910	0.840	0.750	0.640	0.510	0.360	0.190	0.098
	2	1.000	1.000	1.000	1.000	1.000	1.000	1.000	1.000	1.000	1.000	1.000
3	0	0.857	0.729	0.512	0.343	0.216	0.125	0.064	0.027	0.008	0.001	0.000
	1	0.993	0.972	0.896	0.784	0.648	0.500	0.352	0.216	0.104	0.028	0.007
	2	1.000	0.999	0.992	0.973	0.936	0.875	0.784	0.657	0.488	0.271	0.143
	3	1.000	1.000	1.000	1.000	1.000	1.000	1.000	1.000	1.000	1.000	1.000
4	0	0.815	0.656	0.410	0.240	0.130	0.063	0.026	0.008	0.002	0.000	0.000
	1	0.986	0.948	0.819	0.652	0.475	0.313	0.179	0.084	0.027	0.004	0.000
	2	1.000	0.996	0.973	0.916	0.821	0.688	0.525	0.348	0.181	0.052	0.014
	3	1.000	1.000	0.998	0.992	0.974	0.938	0.870	0.760	0.590	0.344	0.185
	4	1.000	1.000	1.000	1.000	1.000	1.000	1.000	1.000	1.000	1.000	1.000
5	0	0.774	0.590	0.328	0.168	0.078	0.031	0.010	0.002	0.000	0.000	0.000
	1	0.977	0.919	0.737	0.528	0.337	0.188	0.087	0.031	0.007	0.000	0.000
	2	0.999	0.991	0.942	0.837	0.683	0.500	0.317	0.163	0.058	0.009	0.001
	3	1.000	1.000	0.993	0.969	0.913	0.813	0.663	0.472	0.263	0.081	0.023
	4	1.000	1.000	1.000	0.998	0.990	0.969	0.922	0.832	0.672	0.410	0.226
	5	1.000	1.000	1.000	1.000	1.000	1.000	1.000	1.000	1.000	1.000	1.000
6	0	0.735	0.531	0.262	0.118	0.047	0.016	0.004	0.001	0.000	0.000	0.000
	1	0.967	0.886	0.655	0.420	0.233	0.109	0.041	0.011	0.002	0.000	0.000
	2	0.998	0.984	0.901	0.744	0.544	0.344	0.179	0.070	0.017	0.001	0.000
	3	1.000	0.999	0.983	0.930	0.821	0.656	0.456	0.256	0.099	0.016	0.002
	4	1.000	1.000	0.998	0.989	0.959	0.891	0.767	0.580	0.345	0.114	0.033
	5	1.000	1.000	1.000	0.999	0.996	0.984	0.953	0.882	0.738	0.469	0.265
	6	1.000	1.000	1.000	1.000	1.000	1.000	1.000	1.000	1.000	1.000	1.000
7	0	0.698	0.478	0.210	0.082	0.028	0.008	0.002	0.000	0.000	0.000	0.000
	1	0.956	0.850	0.577	0.329	0.159	0.063	0.019	0.004	0.000	0.000	0.000
	2	0.996	0.974	0.852	0.647	0.420	0.227	0.096	0.029	0.005	0.000	0.000
	3	1.000	0.997	0.967	0.874	0.710	0.500	0.290	0.126	0.033	0.003	0.000
	4	1.000	1.000	0.995	0.971	0.904	0.773	0.580	0.353	0.148	0.026	0.004
	5	1.000	1.000	1.000	0.996	0.981	0.938	0.841	0.671	0.423	0.150	0.044
	6	1.000	1.000	1.000	1.000	0.998	0.992	0.972	0.918	0.790	0.522	0.302
	7	1.000	1.000	1.000	1.000	1.000	1.000	1.000	1.000	1.000	1.000	1.000

n	c	p 0.05	0.10	0.20	0.30	0.40	0.50	0.60	0.70	0.80	0.90	0.95
8	0	0.663	0.430	0.168	0.058	0.017	0.004	0.001	0.000	0.000	0.000	0.000
	1	0.943	0.813	0.503	0.255	0.106	0.035	0.009	0.001	0.000	0.000	0.000
	2	0.994	0.962	0.797	0.552	0.315	0.145	0.050	0.011	0.001	0.000	0.000
	3	1.000	0.995	0.944	0.806	0.594	0.363	0.174	0.058	0.010	0.000	0.000
	4	1.000	1.000	0.990	0.942	0.826	0.637	0.406	0.194	0.056	0.005	0.000
	5	1.000	1.000	0.999	0.989	0.950	0.855	0.685	0.448	0.203	0.038	0.006
	6	1.000	1.000	1.000	0.999	0.991	0.965	0.894	0.745	0.497	0.187	0.057
	7	1.000	1.000	1.000	1.000	0.999	0.996	0.983	0.942	0.832	0.570	0.337
	8	1.000	1.000	1.000	1.000	1.000	1.000	1.000	1.000	1.000	1.000	1.000
9	0	0.630	0.387	0.134	0.040	0.010	0.002	0.000	0.000	0.000	0.000	0.000
	1	0.929	0.775	0.436	0.196	0.071	0.020	0.004	0.000	0.000	0.000	0.000
	2	0.992	0.947	0.738	0.463	0.232	0.090	0.025	0.004	0.000	0.000	0.000
	3	0.999	0.992	0.914	0.730	0.483	0.254	0.099	0.025	0.003	0.000	0.000
	4	1.000	0.999	0.980	0.901	0.733	0.500	0.267	0.099	0.020	0.001	0.000
	5	1.000	1.000	0.997	0.975	0.901	0.746	0.517	0.270	0.086	0.008	0.001
	6	1.000	1.000	1.000	0.996	0.975	0.910	0.768	0.537	0.262	0.053	0.008
	7	1.000	1.000	1.000	1.000	0.996	0.980	0.929	0.804	0.564	0.225	0.071
	8	1.000	1.000	1.000	1.000	1.000	0.998	0.990	0.960	0.866	0.613	0.370
	9	1.000	1.000	1.000	1.000	1.000	1.000	1.000	1.000	1.000	1.000	1.000
10	0	0.599	0.349	0.107	0.028	0.006	0.001	0.000	0.000	0.000	0.000	0.000
	1	0.914	0.736	0.376	0.149	0.046	0.011	0.002	0.000	0.000	0.000	0.000
	2	0.988	0.930	0.678	0.383	0.167	0.055	0.012	0.002	0.000	0.000	0.000
	3	0.999	0.987	0.879	0.650	0.382	0.172	0.055	0.011	0.001	0.000	0.000
	4	1.000	0.998	0.967	0.850	0.633	0.377	0.166	0.047	0.006	0.000	0.000
	5	1.000	1.000	0.994	0.953	0.834	0.623	0.367	0.150	0.033	0.002	0.000
	6	1.000	1.000	0.999	0.989	0.945	0.828	0.618	0.350	0.121	0.013	0.001
	7	1.000	1.000	1.000	0.998	0.988	0.945	0.833	0.617	0.322	0.070	0.012
	8	1.000	1.000	1.000	1.000	0.998	0.989	0.954	0.851	0.624	0.264	0.086
	9	1.000	1.000	1.000	1.000	1.000	0.999	0.994	0.972	0.893	0.651	0.401
	10	1.000	1.000	1.000	1.000	1.000	1.000	1.000	1.000	1.000	1.000	1.000
11	0	0.569	0.314	0.086	0.020	0.004	0.000	0.000	0.000	0.000	0.000	0.000
	1	0.898	0.697	0.322	0.113	0.030	0.006	0.001	0.000	0.000	0.000	0.000
	2	0.985	0.910	0.617	0.313	0.119	0.033	0.006	0.001	0.000	0.000	0.000
	3	0.998	0.981	0.839	0.570	0.296	0.113	0.029	0.004	0.000	0.000	0.000
	4	1.000	0.997	0.950	0.790	0.533	0.274	0.099	0.022	0.002	0.000	0.000
	5	1.000	1.000	0.988	0.922	0.753	0.500	0.247	0.078	0.012	0.000	0.000
	6	1.000	1.000	0.998	0.978	0.901	0.726	0.467	0.210	0.050	0.003	0.000
	7	1.000	1.000	1.000	0.996	0.971	0.887	0.704	0.430	0.161	0.019	0.002
	8	1.000	1.000	1.000	0.999	0.994	0.967	0.881	0.687	0.383	0.090	0.015
	9	1.000	1.000	1.000	1.000	0.999	0.994	0.970	0.887	0.678	0.303	0.102
	10	1.000	1.000	1.000	1.000	1.000	1.000	0.996	0.980	0.914	0.686	0.431
	11	1.000	1.000	1.000	1.000	1.000	1.000	1.000	1.000	1.000	1.000	1.000
12	0	0.540	0.282	0.069	0.014	0.002	0.000	0.000	0.000	0.000	0.000	0.000
	1	0.882	0.659	0.275	0.085	0.020	0.003	0.000	0.000	0.000	0.000	0.000
	2	0.980	0.889	0.558	0.253	0.083	0.019	0.003	0.000	0.000	0.000	0.000

n	c	0.05	0.10	0.20	0.30	0.40	0.50	0.60	0.70	0.80	0.90	0.95
		p										
12	3	0.998	0.974	0.795	0.493	0.225	0.073	0.015	0.002	0.000	0.000	0.000
	4	1.000	0.996	0.927	0.724	0.438	0.194	0.057	0.009	0.001	0.000	0.000
	5	1.000	0.999	0.981	0.882	0.665	0.387	0.158	0.039	0.004	0.000	0.000
	6	1.000	1.000	0.996	0.961	0.842	0.613	0.335	0.118	0.019	0.001	0.000
	7	1.000	1.000	0.999	0.991	0.943	0.806	0.562	0.276	0.073	0.004	0.000
	8	1.000	1.000	1.000	0.998	0.985	0.927	0.775	0.507	0.205	0.026	0.002
	9	1.000	1.000	1.000	1.000	0.997	0.981	0.917	0.747	0.442	0.111	0.020
	10	1.000	1.000	1.000	1.000	1.000	0.997	0.980	0.915	0.725	0.341	0.118
	11	1.000	1.000	1.000	1.000	1.000	1.000	0.998	0.986	0.931	0.718	0.460
	12	1.000	1.000	1.000	1.000	1.000	1.000	1.000	1.000	1.000	1.000	1.000
13	0	0.513	0.254	0.055	0.010	0.001	0.000	0.000	0.000	0.000	0.000	0.000
	1	0.865	0.621	0.234	0.064	0.013	0.002	0.000	0.000	0.000	0.000	0.000
	2	0.975	0.866	0.502	0.202	0.058	0.011	0.001	0.000	0.000	0.000	0.000
	3	0.997	0.966	0.747	0.421	0.169	0.046	0.008	0.001	0.000	0.000	0.000
	4	1.000	0.994	0.901	0.654	0.353	0.133	0.032	0.004	0.000	0.000	0.000
	5	1.000	0.999	0.970	0.835	0.574	0.291	0.098	0.018	0.001	0.000	0.000
	6	1.000	1.000	0.993	0.938	0.771	0.500	0.229	0.062	0.007	0.000	0.000
	7	1.000	1.000	0.999	0.982	0.902	0.709	0.426	0.165	0.030	0.001	0.000
	8	1.000	1.000	1.000	0.996	0.968	0.867	0.647	0.346	0.099	0.006	0.000
	9	1.000	1.000	1.000	0.999	0.992	0.954	0.831	0.579	0.253	0.034	0.003
	10	1.000	1.000	1.000	1.000	0.999	0.989	0.942	0.798	0.498	0.134	0.025
	11	1.000	1.000	1.000	1.000	1.000	0.998	0.987	0.936	0.766	0.379	0.135
	12	1.000	1.000	1.000	1.000	1.000	1.000	0.999	0.990	0.945	0.746	0.487
	13	1.000	1.000	1.000	1.000	1.000	1.000	1.000	1.000	1.000	1.000	1.000
14	0	0.488	0.229	0.044	0.007	0.001	0.000	0.000	0.000	0.000	0.000	0.000
	1	0.847	0.585	0.198	0.047	0.008	0.001	0.000	0.000	0.000	0.000	0.000
	2	0.970	0.842	0.448	0.161	0.040	0.006	0.001	0.000	0.000	0.000	0.000
	3	0.996	0.956	0.698	0.355	0.124	0.029	0.004	0.000	0.000	0.000	0.000
	4	1.000	0.991	0.870	0.584	0.279	0.090	0.018	0.002	0.000	0.000	0.000
	5	1.000	0.999	0.956	0.781	0.486	0.212	0.058	0.008	0.000	0.000	0.000
	6	1.000	1.000	0.988	0.907	0.692	0.395	0.150	0.031	0.002	0.000	0.000
	7	1.000	1.000	0.998	0.969	0.850	0.605	0.308	0.093	0.012	0.000	0.000
	8	1.000	1.000	1.000	0.992	0.942	0.788	0.514	0.219	0.044	0.001	0.000
	9	1.000	1.000	1.000	0.998	0.982	0.910	0.721	0.416	0.130	0.009	0.000
	10	1.000	1.000	1.000	1.000	0.996	0.971	0.876	0.645	0.302	0.044	0.004
	11	1.000	1.000	1.000	1.000	0.999	0.994	0.960	0.839	0.552	0.158	0.030
	12	1.000	1.000	1.000	1.000	1.000	0.999	0.992	0.953	0.802	0.415	0.153
	13	1.000	1.000	1.000	1.000	1.000	1.000	0.999	0.993	0.956	0.771	0.512
	14	1.000	1.000	1.000	1.000	1.000	1.000	1.000	1.000	1.000	1.000	1.000
15	0	0.463	0.206	0.035	0.005	0.000	0.000	0.000	0.000	0.000	0.000	0.000
	1	0.829	0.549	0.167	0.035	0.005	0.000	0.000	0.000	0.000	0.000	0.000
	2	0.964	0.816	0.398	0.127	0.027	0.004	0.000	0.000	0.000	0.000	0.000
	3	0.995	0.944	0.648	0.297	0.091	0.018	0.002	0.000	0.000	0.000	0.000
	4	0.999	0.987	0.836	0.515	0.217	0.059	0.009	0.001	0.000	0.000	0.000

		p										
n	c	0.05	0.10	0.20	0.30	0.40	0.50	0.60	0.70	0.80	0.90	0.95
15	5	1.000	0.998	0.939	0.722	0.403	0.151	0.034	0.004	0.000	0.000	0.000
	6	1.000	1.000	0.982	0.869	0.610	0.304	0.095	0.015	0.001	0.000	0.000
	7	1.000	1.000	0.996	0.950	0.787	0.500	0.213	0.050	0.004	0.000	0.000
	8	1.000	1.000	0.999	0.985	0.905	0.696	0.390	0.131	0.018	0.000	0.000
	9	1.000	1.000	1.000	0.996	0.966	0.849	0.597	0.278	0.061	0.002	0.000
	10	1.000	1.000	1.000	0.999	0.991	0.941	0.783	0.485	0.164	0.013	0.001
	11	1.000	1.000	1.000	1.000	0.998	0.982	0.909	0.703	0.352	0.056	0.005
	12	1.000	1.000	1.000	1.000	1.000	0.996	0.973	0.873	0.602	0.184	0.036
	13	1.000	1.000	1.000	1.000	1.000	1.000	0.995	0.965	0.833	0.451	0.171
	14	1.000	1.000	1.000	1.000	1.000	1.000	1.000	0.995	0.965	0.794	0.537
	15	1.000	1.000	1.000	1.000	1.000	1.000	1.000	1.000	1.000	1.000	1.000
16	0	0.440	0.185	0.028	0.003	0.000	0.000	0.000	0.000	0.000	0.000	0.000
	1	0.811	0.515	0.141	0.026	0.003	0.000	0.000	0.000	0.000	0.000	0.000
	2	0.957	0.789	0.352	0.099	0.018	0.002	0.000	0.000	0.000	0.000	0.000
	3	0.993	0.932	0.598	0.246	0.065	0.011	0.001	0.000	0.000	0.000	0.000
	4	0.999	0.983	0.798	0.450	0.167	0.038	0.005	0.000	0.000	0.000	0.000
	5	1.000	0.997	0.918	0.660	0.329	0.105	0.019	0.002	0.000	0.000	0.000
	6	1.000	0.999	0.973	0.825	0.527	0.227	0.058	0.007	0.000	0.000	0.000
	7	1.000	1.000	0.993	0.926	0.716	0.402	0.142	0.026	0.001	0.000	0.000
	8	1.000	1.000	0.999	0.974	0.858	0.598	0.284	0.074	0.007	0.000	0.000
	9	1.000	1.000	1.000	0.993	0.942	0.773	0.473	0.175	0.027	0.001	0.000
	10	1.000	1.000	1.000	0.998	0.981	0.895	0.671	0.340	0.082	0.003	0.000
	11	1.000	1.000	1.000	1.000	0.995	0.962	0.833	0.550	0.202	0.017	0.001
	12	1.000	1.000	1.000	1.000	0.999	0.989	0.935	0.754	0.402	0.068	0.007
	13	1.000	1.000	1.000	1.000	1.000	0.998	0.982	0.901	0.648	0.211	0.043
	14	1.000	1.000	1.000	1.000	1.000	1.000	0.997	0.974	0.859	0.485	0.189
	15	1.000	1.000	1.000	1.000	1.000	1.000	1.000	0.997	0.972	0.815	0.560
	16	1.000	1.000	1.000	1.000	1.000	1.000	1.000	1.000	1.000	1.000	1.000
17	0	0.418	0.167	0.023	0.002	0.000	0.000	0.000	0.000	0.000	0.000	0.000
	1	0.792	0.482	0.118	0.019	0.002	0.000	0.000	0.000	0.000	0.000	0.000
	2	0.950	0.762	0.310	0.077	0.012	0.001	0.000	0.000	0.000	0.000	0.000
	3	0.991	0.917	0.549	0.202	0.046	0.006	0.000	0.000	0.000	0.000	0.000
	4	0.999	0.978	0.758	0.389	0.126	0.025	0.003	0.000	0.000	0.000	0.000
	5	1.000	0.995	0.894	0.597	0.264	0.072	0.011	0.001	0.000	0.000	0.000
	6	1.000	0.999	0.962	0.775	0.448	0.166	0.035	0.003	0.000	0.000	0.000
	7	1.000	1.000	0.989	0.895	0.641	0.315	0.092	0.013	0.000	0.000	0.000
	8	1.000	1.000	0.997	0.960	0.801	0.500	0.199	0.040	0.003	0.000	0.000
	9	1.000	1.000	1.000	0.987	0.908	0.685	0.359	0.105	0.011	0.000	0.000
	10	1.000	1.000	1.000	0.997	0.965	0.834	0.552	0.225	0.038	0.001	0.000
	11	1.000	1.000	1.000	0.999	0.989	0.928	0.736	0.403	0.106	0.005	0.000
	12	1.000	1.000	1.000	1.000	0.997	0.975	0.874	0.611	0.242	0.022	0.001
	13	1.000	1.000	1.000	1.000	1.000	0.994	0.954	0.798	0.451	0.083	0.009
	14	1.000	1.000	1.000	1.000	1.000	0.999	0.988	0.923	0.690	0.238	0.050
	15	1.000	1.000	1.000	1.000	1.000	1.000	0.998	0.981	0.882	0.518	0.208
	16	1.000	1.000	1.000	1.000	1.000	1.000	1.000	0.998	0.977	0.833	0.582
	17	1.000	1.000	1.000	1.000	1.000	1.000	1.000	1.000	1.000	1.000	1.000

n	c	p 0.05	0.10	0.20	0.30	0.40	0.50	0.60	0.70	0.80	0.90	0.95
18	0	0.397	0.150	0.018	0.002	0.000	0.000	0.000	0.000	0.000	0.000	0.000
	1	0.774	0.450	0.099	0.014	0.001	0.000	0.000	0.000	0.000	0.000	0.000
	2	0.942	0.734	0.271	0.060	0.008	0.001	0.000	0.000	0.000	0.000	0.000
	3	0.989	0.902	0.501	0.165	0.033	0.004	0.000	0.000	0.000	0.000	0.000
	4	0.998	0.972	0.716	0.333	0.094	0.015	0.001	0.000	0.000	0.000	0.000
	5	1.000	0.994	0.867	0.534	0.209	0.048	0.006	0.000	0.000	0.000	0.000
	6	1.000	0.999	0.949	0.722	0.374	0.119	0.020	0.001	0.000	0.000	0.000
	7	1.000	1.000	0.984	0.859	0.563	0.240	0.058	0.006	0.000	0.000	0.000
	8	1.000	1.000	0.996	0.940	0.737	0.407	0.135	0.021	0.001	0.000	0.000
	9	1.000	1.000	0.999	0.979	0.865	0.593	0.263	0.060	0.004	0.000	0.000
	10	1.000	1.000	1.000	0.994	0.942	0.760	0.437	0.141	0.016	0.000	0.000
	11	1.000	1.000	1.000	0.999	0.980	0.881	0.626	0.278	0.051	0.001	0.000
	12	1.000	1.000	1.000	1.000	0.994	0.952	0.791	0.466	0.133	0.006	0.000
	13	1.000	1.000	1.000	1.000	0.999	0.985	0.906	0.667	0.284	0.028	0.002
	14	1.000	1.000	1.000	1.000	1.000	0.996	0.967	0.835	0.499	0.098	0.011
	15	1.000	1.000	1.000	1.000	1.000	0.999	0.992	0.940	0.729	0.266	0.058
	16	1.000	1.000	1.000	1.000	1.000	1.000	0.999	0.986	0.901	0.550	0.226
	17	1.000	1.000	1.000	1.000	1.000	1.000	1.000	0.998	0.982	0.850	0.603
	18	1.000	1.000	1.000	1.000	1.000	1.000	1.000	1.000	1.000	1.000	1.000
19	0	0.377	0.135	0.014	0.001	0.000	0.000	0.000	0.000	0.000	0.000	0.000
	1	0.755	0.420	0.083	0.010	0.001	0.000	0.000	0.000	0.000	0.000	0.000
	2	0.933	0.705	0.237	0.046	0.005	0.000	0.000	0.000	0.000	0.000	0.000
	3	0.987	0.885	0.455	0.133	0.023	0.002	0.000	0.000	0.000	0.000	0.000
	4	0.998	0.965	0.673	0.282	0.070	0.010	0.001	0.000	0.000	0.000	0.000
	5	1.000	0.991	0.837	0.474	0.163	0.032	0.003	0.000	0.000	0.000	0.000
	6	1.000	0.998	0.932	0.666	0.308	0.084	0.012	0.001	0.000	0.000	0.000
	7	1.000	1.000	0.977	0.818	0.488	0.180	0.035	0.003	0.000	0.000	0.000
	8	1.000	1.000	0.993	0.916	0.667	0.324	0.088	0.011	0.000	0.000	0.000
	9	1.000	1.000	0.998	0.967	0.814	0.500	0.186	0.033	0.002	0.000	0.000
	10	1.000	1.000	1.000	0.989	0.912	0.676	0.333	0.084	0.007	0.000	0.000
	11	1.000	1.000	1.000	0.997	0.965	0.820	0.512	0.182	0.023	0.000	0.000
	12	1.000	1.000	1.000	0.999	0.988	0.916	0.692	0.334	0.068	0.002	0.000
	13	1.000	1.000	1.000	1.000	0.997	0.968	0.837	0.526	0.163	0.009	0.000
	14	1.000	1.000	1.000	1.000	0.999	0.990	0.930	0.718	0.327	0.035	0.002
	15	1.000	1.000	1.000	1.000	1.000	0.998	0.977	0.867	0.545	0.115	0.013
	16	1.000	1.000	1.000	1.000	1.000	1.000	0.995	0.954	0.763	0.295	0.067
	17	1.000	1.000	1.000	1.000	1.000	1.000	0.999	0.990	0.917	0.580	0.245
	18	1.000	1.000	1.000	1.000	1.000	1.000	1.000	0.999	0.986	0.865	0.623
	19	1.000	1.000	1.000	1.000	1.000	1.000	1.000	1.000	1.000	1.000	1.000
20	0	0.358	0.122	0.012	0.001	0.000	0.000	0.000	0.000	0.000	0.000	0.000
	1	0.736	0.392	0.069	0.008	0.001	0.000	0.000	0.000	0.000	0.000	0.000
	2	0.925	0.677	0.206	0.035	0.004	0.000	0.000	0.000	0.000	0.000	0.000
	3	0.984	0.867	0.411	0.107	0.016	0.001	0.000	0.000	0.000	0.000	0.000
	4	0.997	0.957	0.630	0.238	0.051	0.006	0.000	0.000	0.000	0.000	0.000
	5	1.000	0.989	0.804	0.416	0.126	0.021	0.002	0.000	0.000	0.000	0.000
	6	1.000	0.998	0.913	0.608	0.250	0.058	0.006	0.000	0.000	0.000	0.000
	7	1.000	1.000	0.968	0.772	0.416	0.132	0.021	0.001	0.000	0.000	0.000
	8	1.000	1.000	0.990	0.887	0.596	0.252	0.057	0.005	0.000	0.000	0.000

n	c	p 0.05	0.10	0.20	0.30	0.40	0.50	0.60	0.70	0.80	0.90	0.95
20	9	1.000	1.000	0.997	0.952	0.755	0.412	0.128	0.017	0.001	0.000	0.000
	10	1.000	1.000	0.999	0.983	0.872	0.588	0.245	0.048	0.003	0.000	0.000
	11	1.000	1.000	1.000	0.995	0.943	0.748	0.404	0.113	0.010	0.000	0.000
	12	1.000	1.000	1.000	0.999	0.979	0.868	0.584	0.228	0.032	0.000	0.000
	13	1.000	1.000	1.000	1.000	0.994	0.942	0.750	0.392	0.087	0.002	0.000
	14	1.000	1.000	1.000	1.000	0.998	0.979	0.874	0.584	0.196	0.011	0.000
	15	1.000	1.000	1.000	1.000	1.000	0.994	0.949	0.762	0.370	0.043	0.003
	16	1.000	1.000	1.000	1.000	1.000	0.999	0.984	0.893	0.589	0.133	0.016
	17	1.000	1.000	1.000	1.000	1.000	1.000	0.996	0.965	0.794	0.323	0.075
	18	1.000	1.000	1.000	1.000	1.000	1.000	0.999	0.992	0.931	0.608	0.264
	19	1.000	1.000	1.000	1.000	1.000	1.000	1.000	0.999	0.988	0.878	0.642
	20	1.000	1.000	1.000	1.000	1.000	1.000	1.000	1.000	1.000	1.000	1.000
21	0	0.341	0.109	0.009	0.001	0.000	0.000	0.000	0.000	0.000	0.000	0.000
	1	0.717	0.365	0.058	0.006	0.000	0.000	0.000	0.000	0.000	0.000	0.000
	2	0.915	0.648	0.179	0.027	0.002	0.000	0.000	0.000	0.000	0.000	0.000
	3	0.981	0.848	0.370	0.086	0.011	0.001	0.000	0.000	0.000	0.000	0.000
	4	0.997	0.948	0.586	0.198	0.037	0.004	0.000	0.000	0.000	0.000	0.000
	5	1.000	0.986	0.769	0.363	0.096	0.013	0.001	0.000	0.000	0.000	0.000
	6	1.000	0.997	0.891	0.551	0.200	0.039	0.004	0.000	0.000	0.000	0.000
	7	1.000	0.999	0.957	0.723	0.350	0.095	0.012	0.001	0.000	0.000	0.000
	8	1.000	1.000	0.986	0.852	0.524	0.192	0.035	0.002	0.000	0.000	0.000
	9	1.000	1.000	0.996	0.932	0.691	0.332	0.085	0.009	0.000	0.000	0.000
	10	1.000	1.000	0.999	0.974	0.826	0.500	0.174	0.026	0.001	0.000	0.000
	11	1.000	1.000	1.000	0.991	0.915	0.668	0.309	0.068	0.004	0.000	0.000
	12	1.000	1.000	1.000	0.998	0.965	0.808	0.476	0.148	0.014	0.000	0.000
	13	1.000	1.000	1.000	0.999	0.988	0.905	0.650	0.277	0.043	0.001	0.000
	14	1.000	1.000	1.000	1.000	0.996	0.961	0.800	0.449	0.109	0.003	0.000
	15	1.000	1.000	1.000	1.000	0.999	0.987	0.904	0.637	0.231	0.014	0.000
	16	1.000	1.000	1.000	1.000	1.000	0.996	0.963	0.802	0.414	0.052	0.003
	17	1.000	1.000	1.000	1.000	1.000	0.999	0.989	0.914	0.630	0.152	0.019
	18	1.000	1.000	1.000	1.000	1.000	1.000	0.998	0.973	0.821	0.352	0.085
	19	1.000	1.000	1.000	1.000	1.000	1.000	1.000	0.994	0.942	0.635	0.283
	20	1.000	1.000	1.000	1.000	1.000	1.000	1.000	0.999	0.991	0.891	0.659
	21	1.000	1.000	1.000	1.000	1.000	1.000	1.000	1.000	1.000	1.000	1.000
22	0	0.324	0.098	0.007	0.000	0.000	0.000	0.000	0.000	0.000	0.000	0.000
	1	0.698	0.339	0.048	0.004	0.000	0.000	0.000	0.000	0.000	0.000	0.000
	2	0.905	0.620	0.154	0.021	0.002	0.000	0.000	0.000	0.000	0.000	0.000
	3	0.978	0.828	0.332	0.068	0.008	0.000	0.000	0.000	0.000	0.000	0.000
	4	0.996	0.938	0.543	0.165	0.027	0.002	0.000	0.000	0.000	0.000	0.000
	5	0.999	0.982	0.733	0.313	0.072	0.008	0.000	0.000	0.000	0.000	0.000
	6	1.000	0.996	0.867	0.494	0.158	0.026	0.002	0.000	0.000	0.000	0.000
	7	1.000	0.999	0.944	0.671	0.290	0.067	0.007	0.000	0.000	0.000	0.000
	8	1.000	1.000	0.980	0.814	0.454	0.143	0.021	0.001	0.000	0.000	0.000
	9	1.000	1.000	0.994	0.908	0.624	0.262	0.055	0.004	0.000	0.000	0.000
	10	1.000	1.000	0.998	0.961	0.772	0.416	0.121	0.014	0.000	0.000	0.000
	11	1.000	1.000	1.000	0.986	0.879	0.584	0.228	0.039	0.002	0.000	0.000
	12	1.000	1.000	1.000	0.996	0.945	0.738	0.376	0.092	0.006	0.000	0.000
	13	1.000	1.000	1.000	0.999	0.979	0.857	0.546	0.186	0.020	0.000	0.000

n	c	p 0.05	0.10	0.20	0.30	0.40	0.50	0.60	0.70	0.80	0.90	0.95
22	14	1.000	1.000	1.000	1.000	0.993	0.933	0.710	0.329	0.056	0.001	0.000
	15	1.000	1.000	1.000	1.000	0.998	0.974	0.842	0.506	0.133	0.004	0.000
	16	1.000	1.000	1.000	1.000	1.000	0.992	0.928	0.687	0.267	0.018	0.001
	17	1.000	1.000	1.000	1.000	1.000	0.998	0.973	0.835	0.457	0.062	0.004
	18	1.000	1.000	1.000	1.000	1.000	1.000	0.992	0.932	0.668	0.172	0.022
	19	1.000	1.000	1.000	1.000	1.000	1.000	0.998	0.979	0.846	0.380	0.095
	20	1.000	1.000	1.000	1.000	1.000	1.000	1.000	0.996	0.952	0.661	0.302
	21	1.000	1.000	1.000	1.000	1.000	1.000	1.000	1.000	0.993	0.902	0.676
	22	1.000	1.000	1.000	1.000	1.000	1.000	1.000	1.000	1.000	1.000	1.000
23	0	0.307	0.089	0.006	0.000	0.000	0.000	0.000	0.000	0.000	0.000	0.000
	1	0.679	0.315	0.040	0.003	0.000	0.000	0.000	0.000	0.000	0.000	0.000
	2	0.895	0.592	0.133	0.016	0.001	0.000	0.000	0.000	0.000	0.000	0.000
	3	0.974	0.807	0.297	0.054	0.005	0.000	0.000	0.000	0.000	0.000	0.000
	4	0.995	0.927	0.501	0.136	0.019	0.001	0.000	0.000	0.000	0.000	0.000
	5	0.999	0.977	0.695	0.269	0.054	0.005	0.000	0.000	0.000	0.000	0.000
	6	1.000	0.994	0.840	0.440	0.124	0.017	0.001	0.000	0.000	0.000	0.000
	7	1.000	0.999	0.928	0.618	0.237	0.047	0.004	0.000	0.000	0.000	0.000
	8	1.000	1.000	0.973	0.771	0.388	0.105	0.013	0.001	0.000	0.000	0.000
	9	1.000	1.000	0.991	0.880	0.556	0.202	0.035	0.002	0.000	0.000	0.000
	10	1.000	1.000	0.997	0.945	0.713	0.339	0.081	0.007	0.000	0.000	0.000
	11	1.000	1.000	0.999	0.979	0.836	0.500	0.164	0.021	0.001	0.000	0.000
	12	1.000	1.000	1.000	0.993	0.919	0.661	0.287	0.055	0.003	0.000	0.000
	13	1.000	1.000	1.000	0.998	0.965	0.798	0.444	0.120	0.009	0.000	0.000
	14	1.000	1.000	1.000	0.999	0.987	0.895	0.612	0.229	0.027	0.000	0.000
	15	1.000	1.000	1.000	1.000	0.996	0.953	0.763	0.382	0.072	0.001	0.000
	16	1.000	1.000	1.000	1.000	0.999	0.983	0.876	0.560	0.160	0.006	0.000
	17	1.000	1.000	1.000	1.000	1.000	0.995	0.946	0.731	0.305	0.023	0.001
	18	1.000	1.000	1.000	1.000	1.000	0.999	0.981	0.864	0.499	0.073	0.005
	19	1.000	1.000	1.000	1.000	1.000	1.000	0.995	0.946	0.703	0.193	0.026
	20	1.000	1.000	1.000	1.000	1.000	1.000	0.999	0.984	0.867	0.408	0.105
	21	1.000	1.000	1.000	1.000	1.000	1.000	1.000	0.997	0.960	0.685	0.321
	22	1.000	1.000	1.000	1.000	1.000	1.000	1.000	1.000	0.994	0.911	0.693
	23	1.000	1.000	1.000	1.000	1.000	1.000	1.000	1.000	1.000	1.000	1.000
24	0	0.292	0.080	0.005	0.000	0.000	0.000	0.000	0.000	0.000	0.000	0.000
	1	0.661	0.292	0.033	0.002	0.000	0.000	0.000	0.000	0.000	0.000	0.000
	2	0.884	0.564	0.115	0.012	0.001	0.000	0.000	0.000	0.000	0.000	0.000
	3	0.970	0.786	0.264	0.042	0.004	0.000	0.000	0.000	0.000	0.000	0.000
	4	0.994	0.915	0.460	0.111	0.013	0.001	0.000	0.000	0.000	0.000	0.000
	5	0.999	0.972	0.656	0.229	0.040	0.003	0.000	0.000	0.000	0.000	0.000
	6	1.000	0.993	0.811	0.389	0.096	0.011	0.001	0.000	0.000	0.000	0.000
	7	1.000	0.998	0.911	0.565	0.192	0.032	0.002	0.000	0.000	0.000	0.000
	8	1.000	1.000	0.964	0.725	0.328	0.076	0.008	0.000	0.000	0.000	0.000

n	c	p 0.05	0.10	0.20	0.30	0.40	0.50	0.60	0.70	0.80	0.90	0.95
24	9	1.000	1.000	0.987	0.847	0.489	0.154	0.022	0.001	0.000	0.000	0.000
	10	1.000	1.000	0.996	0.926	0.650	0.271	0.053	0.004	0.000	0.000	0.000
	11	1.000	1.000	0.999	0.969	0.787	0.419	0.114	0.012	0.000	0.000	0.000
	12	1.000	1.000	1.000	0.988	0.886	0.581	0.213	0.031	0.001	0.000	0.000
	13	1.000	1.000	1.000	0.996	0.947	0.729	0.350	0.074	0.004	0.000	0.000
	14	1.000	1.000	1.000	0.999	0.978	0.846	0.511	0.153	0.013	0.000	0.000
	15	1.000	1.000	1.000	1.000	0.992	0.924	0.672	0.275	0.036	0.000	0.000
	16	1.000	1.000	1.000	1.000	0.998	0.968	0.808	0.435	0.089	0.002	0.000
	17	1.000	1.000	1.000	1.000	0.999	0.989	0.904	0.611	0.189	0.007	0.000
	18	1.000	1.000	1.000	1.000	1.000	0.997	0.960	0.771	0.344	0.028	0.001
	19	1.000	1.000	1.000	1.000	1.000	0.999	0.987	0.889	0.540	0.085	0.006
	20	1.000	1.000	1.000	1.000	1.000	1.000	0.996	0.958	0.736	0.214	0.030
	21	1.000	1.000	1.000	1.000	1.000	1.000	0.999	0.988	0.885	0.436	0.116
	22	1.000	1.000	1.000	1.000	1.000	1.000	1.000	0.998	0.967	0.708	0.339
	23	1.000	1.000	1.000	1.000	1.000	1.000	1.000	1.000	0.995	0.920	0.708
	24	1.000	1.000	1.000	1.000	1.000	1.000	1.000	1.000	1.000	1.000	1.000
25	0	0.277	0.072	0.004	0.000	0.000	0.000	0.000	0.000	0.000	0.000	0.000
	1	0.642	0.271	0.027	0.002	0.000	0.000	0.000	0.000	0.000	0.000	0.000
	2	0.873	0.537	0.098	0.009	0.000	0.000	0.000	0.000	0.000	0.000	0.000
	3	0.966	0.764	0.234	0.033	0.002	0.000	0.000	0.000	0.000	0.000	0.000
	4	0.993	0.902	0.421	0.090	0.009	0.000	0.000	0.000	0.000	0.000	0.000
	5	0.999	0.967	0.617	0.193	0.029	0.002	0.000	0.000	0.000	0.000	0.000
	6	1.000	0.991	0.780	0.341	0.074	0.007	0.000	0.000	0.000	0.000	0.000
	7	1.000	0.998	0.891	0.512	0.154	0.022	0.001	0.000	0.000	0.000	0.000
	8	1.000	1.000	0.953	0.677	0.274	0.054	0.004	0.000	0.000	0.000	0.000
	9	1.000	1.000	0.983	0.811	0.425	0.115	0.013	0.000	0.000	0.000	0.000
	10	1.000	1.000	0.994	0.902	0.586	0.212	0.034	0.002	0.000	0.000	0.000
	11	1.000	1.000	0.998	0.956	0.732	0.345	0.078	0.006	0.000	0.000	0.000
	12	1.000	1.000	1.000	0.983	0.846	0.500	0.154	0.017	0.000	0.000	0.000
	13	1.000	1.000	1.000	0.994	0.922	0.655	0.268	0.044	0.002	0.000	0.000
	14	1.000	1.000	1.000	0.998	0.966	0.788	0.414	0.098	0.006	0.000	0.000
	15	1.000	1.000	1.000	1.000	0.987	0.885	0.575	0.189	0.017	0.000	0.000
	16	1.000	1.000	1.000	1.000	0.996	0.946	0.726	0.323	0.047	0.000	0.000
	17	1.000	1.000	1.000	1.000	0.999	0.978	0.846	0.488	0.109	0.002	0.000
	18	1.000	1.000	1.000	1.000	1.000	0.993	0.926	0.659	0.220	0.009	0.000
	19	1.000	1.000	1.000	1.000	1.000	0.998	0.971	0.807	0.383	0.033	0.001
	20	1.000	1.000	1.000	1.000	1.000	1.000	0.991	0.910	0.579	0.098	0.007
	21	1.000	1.000	1.000	1.000	1.000	1.000	0.998	0.967	0.766	0.236	0.034
	22	1.000	1.000	1.000	1.000	1.000	1.000	1.000	0.991	0.902	0.463	0.127
	23	1.000	1.000	1.000	1.000	1.000	1.000	1.000	0.998	0.973	0.729	0.358
	24	1.000	1.000	1.000	1.000	1.000	1.000	1.000	1.000	0.996	0.928	0.723
	25	1.000	1.000	1.000	1.000	1.000	1.000	1.000	1.000	1.000	1.000	1.000

표 2 표준정규분포표

$$P\{Z \le z\} = \int_{-\infty}^{z} \frac{1}{\sqrt{2\pi}} e^{-\frac{t^2}{2}} dt$$

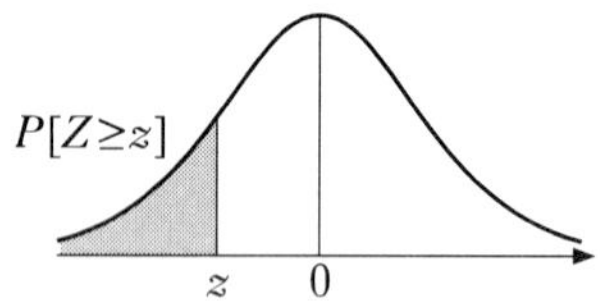

z	0.00	0.01	0.02	0.03	0.04	0.05	0.06	0.07	0.08	0.09
0.0	0.5000	0.5040	0.5080	0.5120	0.5160	0.5199	0.5239	0.5279	0.5319	0.5359
0.1	0.5398	0.5438	0.5478	0.5517	0.5557	0.5596	0.5636	0.5675	0.5714	0.5753
0.2	0.5793	0.5832	0.5871	0.5910	0.5948	0.5987	0.6026	0.6064	0.6103	0.6141
0.3	0.6179	0.6217	0.6255	0.6293	0.6331	0.6368	0.6406	0.6443	0.6480	0.6517
0.4	0.6554	0.6591	0.6628	0.6664	0.6700	0.6736	0.6772	0.6808	0.6844	0.6879
0.5	0.6915	0.6950	0.6985	0.7019	0.7054	0.7088	0.7123	0.7157	0.7190	0.7224
0.6	0.7257	0.7291	0.7324	0.7357	0.7389	0.7422	0.7454	0.7486	0.7517	0.7549
0.7	0.7580	0.7611	0.7642	0.7673	0.7704	0.7734	0.7764	0.7794	0.7823	0.7852
0.8	0.7881	0.7910	0.7939	0.7967	0.7995	0.8023	0.8051	0.8078	0.8106	0.8133
0.9	0.8159	0.8186	0.8212	0.8238	0.8264	0.8289	0.8315	0.8340	0.8365	0.8389
1.0	0.8413	0.8438	0.8461	0.8485	0.8508	0.8531	0.8554	0.8577	0.8599	0.8621
1.1	0.8643	0.8665	0.8686	0.8708	0.8729	0.8749	0.8770	0.8790	0.8810	0.8830
1.2	0.8849	0.8869	0.8888	0.8907	0.8925	0.8944	0.8962	0.8980	0.8997	0.9015
1.3	0.9032	0.9049	0.9066	0.9082	0.9099	0.9115	0.9131	0.9147	0.9162	0.9177
1.4	0.9192	0.9207	0.9222	0.9236	0.9251	0.9265	0.9279	0.9292	0.9306	0.9319
1.5	0.9332	0.9345	0.9357	0.9370	0.9382	0.9394	0.9406	0.9418	0.9429	0.9441
1.6	0.9452	0.9463	0.9474	0.9484	0.9495	0.9505	0.9515	0.9525	0.9535	0.9545
1.7	0.9554	0.9564	0.9573	0.9582	0.9591	0.9599	0.9608	0.9616	0.9625	0.9633
1.8	0.9641	0.9649	0.9656	0.9664	0.9671	0.9678	0.9686	0.9693	0.9699	0.9706
1.9	0.9713	0.9719	0.9726	0.9732	0.9738	0.9744	0.9750	0.9756	0.9761	0.9767
2.0	0.9772	0.9778	0.9783	0.9788	0.9793	0.9798	0.9803	0.9808	0.9812	0.9817
2.1	0.9821	0.9826	0.9830	0.9834	0.9838	0.9842	0.9846	0.9850	0.9854	0.9857
2.2	0.9861	0.9864	0.9868	0.9871	0.9875	0.9878	0.9881	0.9884	0.9887	0.9890
2.3	0.9893	0.9896	0.9898	0.9901	0.9904	0.9906	0.9909	0.9911	0.9913	0.9916
2.4	0.9918	0.9920	0.9922	0.9925	0.9927	0.9929	0.9931	0.9932	0.9934	0.9936
2.5	0.9938	0.9940	0.9941	0.9943	0.9945	0.9946	0.9948	0.9949	0.9951	0.9952
2.6	0.9953	0.9955	0.9956	0.9957	0.9959	0.9960	0.9961	0.9962	0.9963	0.9964
2.7	0.9965	0.9966	0.9967	0.9968	0.9969	0.9970	0.9971	0.9972	0.9973	0.9974
2.8	0.9974	0.9975	0.9976	0.9977	0.9977	0.9978	0.9979	0.9979	0.9980	0.9981
2.9	0.9981	0.9982	0.9982	0.9983	0.9984	0.9984	0.9985	0.9985	0.9986	0.9986
3.0	0.9987	0.9987	0.9987	0.9988	0.9988	0.9989	0.9989	0.9989	0.9990	0.9990
3.1	0.9990	0.9991	0.9991	0.9991	0.9992	0.9992	0.9992	0.9992	0.9993	0.9993
3.2	0.9993	0.9993	0.9994	0.9994	0.9994	0.9994	0.9994	0.9995	0.9995	0.9995
3.3	0.9995	0.9995	0.9995	0.9996	0.9996	0.9996	0.9996	0.9996	0.9996	0.9997
3.4	0.9997	0.9997	0.9997	0.9997	0.9997	0.9997	0.9997	0.9997	0.9997	0.9998
3.5	0.9998	0.9998	0.9998	0.9998	0.9998	0.9998	0.9998	0.9998	0.9998	0.9998

표 3 F-분포의 누적확률표

$$F_{0.90}(m_1,\ m_2)$$

m2 \ m1	1	2	3	4	5	6	7	8	9	10	12	15	20	24	30	40	60	120	∞
1	39.86	49.50	53.59	55.83	57.24	58.20	58.91	59.44	59.86	60.19	60.71	61.22	61.74	62.00	62.26	62.53	62.79	63.06	63.33
2	8.53	9.00	9.16	9.24	9.29	9.33	9.35	9.37	9.38	9.39	9.41	9.42	9.44	9.45	9.46	9.47	9.47	9.48	9.49
3	5.54	5.46	5.39	5.34	5.31	5.28	5.27	5.25	5.24	5.23	5.22	5.20	5.18	5.18	5.17	5.16	5.15	5.14	5.13
4	4.54	4.32	4.19	4.11	4.05	4.01	3.98	3.95	3.94	3.92	3.90	3.87	3.84	3.83	3.82	3.80	3.79	3.78	3.76
5	4.06	3.78	3.62	3.52	3.45	3.40	3.37	3.34	3.32	3.30	3.27	3.24	3.21	3.19	3.17	3.16	3.14	3.12	3.11
6	3.78	3.46	3.29	3.18	3.11	3.05	3.01	2.98	2.96	2.94	2.90	2.87	2.84	2.82	2.80	2.78	2.76	2.74	2.72
7	3.59	3.26	3.07	2.96	2.88	2.83	2.78	2.75	2.72	2.70	2.67	2.63	2.59	2.58	2.56	2.54	2.51	2.49	2.47
8	3.46	3.11	2.92	2.81	2.73	2.67	2.62	2.59	2.56	2.54	2.50	2.46	2.42	2.40	2.38	2.36	2.34	2.32	2.29
9	3.36	3.01	2.81	2.69	2.61	2.55	2.51	2.47	2.44	2.42	2.38	2.34	2.30	2.28	2.25	2.23	2.21	2.18	2.16
10	3.29	2.92	2.73	2.61	2.52	2.46	2.41	2.38	2.35	2.32	2.28	2.24	2.20	2.18	2.16	2.13	2.11	2.08	2.06
11	3.23	2.86	2.66	2.54	2.45	2.39	2.34	2.30	2.27	2.25	2.21	2.17	2.12	2.10	2.08	2.05	2.03	2.00	1.97
12	3.18	2.81	2.61	2.48	2.39	2.33	2.28	2.24	2.21	2.19	2.15	2.10	2.06	2.04	2.01	1.99	1.96	1.93	1.90
13	3.14	2.76	2.56	2.43	2.35	2.28	2.23	2.20	2.16	2.14	2.10	2.05	2.01	1.98	1.96	1.93	1.90	1.88	1.85
14	3.10	2.73	2.52	2.39	2.31	2.24	2.19	2.15	2.12	2.10	2.05	2.01	1.96	1.94	1.91	1.89	1.86	1.83	1.80
15	3.07	2.70	2.49	2.36	2.27	2.21	2.16	2.12	2.09	2.06	2.02	1.97	1.92	1.90	1.87	1.85	1.82	1.79	1.76
16	3.05	2.67	2.46	2.33	2.24	2.18	2.13	2.09	2.06	2.03	1.99	1.94	1.89	1.87	1.84	1.81	1.78	1.75	1.72
17	3.03	2.64	2.44	2.31	2.22	2.15	2.10	2.06	2.03	2.00	1.96	1.91	1.86	1.84	1.81	1.78	1.75	1.72	1.69
18	3.01	2.62	2.42	2.29	2.20	2.13	2.08	2.04	2.00	1.98	1.93	1.89	1.84	1.81	1.78	1.75	1.72	1.69	1.66
19	2.99	2.61	2.40	2.27	2.18	2.11	2.06	2.02	1.98	1.96	1.91	1.86	1.81	1.79	1.76	1.73	1.70	1.67	1.63
20	2.97	2.59	2.38	2.25	2.16	2.09	2.04	2.00	1.96	1.94	1.89	1.84	1.79	1.77	1.74	1.71	1.68	1.64	1.61
21	2.96	2.57	2.36	2.23	2.14	2.08	2.02	1.98	1.95	1.92	1.87	1.83	1.78	1.75	1.72	1.69	1.66	1.62	1.59
22	2.95	2.56	2.35	2.22	2.13	2.06	2.01	1.97	1.93	1.90	1.86	1.81	1.76	1.73	1.70	1.67	1.64	1.60	1.57
23	2.94	2.55	2.34	2.21	2.11	2.05	1.99	1.95	1.92	1.89	1.84	1.80	1.74	1.72	1.69	1.66	1.62	1.59	1.55
24	2.93	2.54	2.33	2.19	2.10	2.04	1.98	1.94	1.91	1.88	1.83	1.78	1.73	1.70	1.67	1.64	1.61	1.57	1.53
25	2.92	2.53	2.32	2.18	2.09	2.02	1.97	1.93	1.89	1.87	1.82	1.77	1.72	1.69	1.66	1.63	1.59	1.56	1.52
26	2.91	2.52	2.31	2.17	2.08	2.01	1.96	1.92	1.88	1.86	1.81	1.76	1.71	1.68	1.65	1.61	1.58	1.54	1.50
27	2.90	2.51	2.30	2.17	2.07	2.00	1.95	1.91	1.87	1.85	1.80	1.75	1.70	1.67	1.64	1.60	1.57	1.53	1.49
28	2.89	2.50	2.29	2.16	2.06	2.00	1.94	1.90	1.87	1.84	1.79	1.74	1.69	1.66	1.63	1.59	1.56	1.52	1.48
29	2.89	2.50	2.28	2.15	2.06	1.99	1.93	1.89	1.86	1.83	1.78	1.73	1.68	1.65	1.62	1.58	1.55	1.51	1.47
30	2.88	2.49	2.28	2.14	2.05	1.98	1.93	1.88	1.85	1.82	1.77	1.72	1.67	1.64	1.61	1.57	1.54	1.50	1.46
40	2.84	2.44	2.23	2.09	2.00	1.93	1.87	1.83	1.79	1.76	1.71	1.66	1.61	1.57	1.54	1.51	1.47	1.42	1.38
60	2.79	2.39	2.18	2.04	1.95	1.87	1.82	1.77	1.74	1.71	1.66	1.60	1.54	1.51	1.48	1.44	1.40	1.35	1.29
120	2.75	2.35	2.13	1.99	1.90	1.82	1.77	1.72	1.68	1.65	1.60	1.55	1.48	1.45	1.41	1.37	1.32	1.26	1.19
∞	2.71	2.30	2.08	1.94	1.85	1.77	1.72	1.67	1.63	1.60	1.55	1.49	1.42	1.38	1.34	1.30	1.24	1.17	1.01

$F_{0.95}(m_1,\ m_2)$

m2 \ m1	1	2	3	4	5	6	7	8	9	10	12	15	20	24	30	40	60	120	∞
1	161.4	199.5	215.7	224.5	230.1	233.9	236.7	238.8	240.5	241.8	243.9	245.9	248.0	249.0	250.1	251.1	252.2	253.2	254.3
2	18.51	19.00	19.16	19.25	19.30	19.33	19.35	19.37	19.38	19.40	19.41	19.43	19.45	19.45	19.46	19.47	19.48	19.49	19.50
3	10.13	9.55	9.28	9.12	9.01	8.94	8.89	8.85	8.81	8.79	8.74	8.70	8.66	8.64	8.62	8.59	8.57	8.55	8.53
4	7.71	6.94	6.59	6.39	6.26	6.16	6.09	6.04	6.00	5.96	5.91	5.86	5.80	5.77	5.75	5.72	5.69	5.66	5.63
5	6.61	5.79	5.41	5.19	5.05	4.95	4.88	4.82	4.77	4.74	4.68	4.62	4.56	4.53	4.50	4.46	4.43	4.40	4.37
6	5.99	5.14	4.76	4.53	4.39	4.28	4.21	4.15	4.10	4.06	4.00	3.94	3.87	3.84	3.81	3.77	3.74	3.70	3.67
7	5.59	4.74	4.35	4.12	3.97	3.87	3.79	3.73	3.68	3.64	3.57	3.51	3.44	3.41	3.38	3.34	3.30	3.27	3.23
8	5.32	4.46	4.07	3.84	3.69	3.58	3.50	3.44	3.39	3.35	3.28	3.22	3.15	3.12	3.08	3.04	3.01	2.97	2.93
9	5.12	4.26	3.86	3.63	3.48	3.37	3.29	3.23	3.18	3.14	3.07	3.01	2.94	2.90	2.86	2.83	2.79	2.75	2.71
10	4.96	4.10	3.71	3.48	3.33	3.22	3.14	3.07	3.02	2.98	2.91	2.85	2.77	2.74	2.70	2.66	2.62	2.58	2.54
11	4.84	3.98	3.59	3.36	3.20	3.09	3.01	2.95	2.90	2.85	2.79	2.72	2.65	2.61	2.57	2.53	2.49	2.45	2.40
12	4.75	3.89	3.49	3.26	3.11	3.00	2.91	2.85	2.80	2.75	2.69	2.62	2.54	2.51	2.47	2.43	2.38	2.34	2.30
13	4.67	3.81	3.41	3.18	3.03	2.92	2.83	2.77	2.71	2.67	2.60	2.53	2.46	2.42	2.38	2.34	2.30	2.25	2.21
14	4.60	3.74	3.34	3.11	2.96	2.85	2.76	2.70	2.65	2.60	2.53	2.46	2.39	2.35	2.31	2.27	2.22	2.18	2.13
15	4.54	3.68	3.29	3.06	2.90	2.79	2.71	2.64	2.59	2.54	2.48	2.40	2.33	2.29	2.25	2.20	2.16	2.11	2.07
16	4.49	3.63	3.24	3.01	2.85	2.74	2.66	2.59	2.54	2.49	2.42	2.35	2.28	2.24	2.19	2.15	2.11	2.06	2.01
17	4.45	3.59	3.20	2.96	2.81	2.70	2.61	2.55	2.49	2.45	2.38	2.31	2.23	2.19	2.15	2.10	2.06	2.01	1.96
18	4.41	3.55	3.16	2.93	2.77	2.66	2.58	2.51	2.46	2.41	2.34	2.27	2.19	2.15	2.11	2.06	2.02	1.97	1.92
19	4.38	3.52	3.13	2.90	2.74	2.63	2.54	2.48	2.42	2.38	2.31	2.23	2.16	2.11	2.07	2.03	1.98	1.93	1.88
20	4.35	3.49	3.10	2.87	2.71	2.60	2.51	2.45	2.39	2.35	2.28	2.20	2.12	2.08	2.04	1.99	1.95	1.90	1.84
21	4.32	3.47	3.07	2.84	2.68	2.57	2.49	2.42	2.37	2.32	2.25	2.18	2.10	2.05	2.01	1.96	1.92	1.87	1.81
22	4.30	3.44	3.05	2.82	2.66	2.55	2.46	2.40	2.34	2.30	2.23	2.15	2.07	2.03	1.98	1.94	1.89	1.84	1.78
23	4.28	3.42	3.03	2.80	2.64	2.53	2.44	2.37	2.32	2.27	2.20	2.13	2.05	2.01	1.96	1.91	1.86	1.81	1.76
24	4.26	3.40	3.01	2.78	2.62	2.51	2.42	2.36	2.30	2.25	2.18	2.11	2.03	1.98	1.94	1.89	1.84	1.79	1.73
25	4.24	3.39	2.99	2.76	2.60	2.49	2.40	2.34	2.28	2.24	2.16	2.09	2.01	1.96	1.92	1.87	1.82	1.77	1.71
26	4.23	3.37	2.98	2.74	2.59	2.47	2.39	2.32	2.27	2.22	2.15	2.07	1.99	1.95	1.90	1.85	1.80	1.75	1.69
27	4.21	3.35	2.96	2.73	2.57	2.46	2.37	2.31	2.25	2.20	2.13	2.06	1.97	1.93	1.88	1.84	1.79	1.73	1.67
28	4.20	3.34	2.95	2.71	2.56	2.45	2.36	2.29	2.24	2.19	2.12	2.04	1.96	1.91	1.87	1.82	1.77	1.71	1.65
29	4.18	3.33	2.93	2.70	2.55	2.43	2.35	2.28	2.22	2.18	2.10	2.03	1.94	1.90	1.85	1.81	1.75	1.70	1.64
30	4.17	3.32	2.92	2.69	2.53	2.42	2.33	2.27	2.21	2.16	2.09	2.01	1.93	1.89	1.84	1.79	1.74	1.68	1.62
40	4.08	3.23	2.84	2.61	2.45	2.34	2.25	2.18	2.12	2.08	2.00	1.92	1.84	1.79	1.74	1.69	1.64	1.58	1.51
60	4.00	3.15	2.76	2.53	2.37	2.25	2.17	2.10	2.04	1.99	1.92	1.84	1.75	1.70	1.65	1.59	1.53	1.47	1.39
120	3.92	3.07	2.68	2.45	2.29	2.18	2.09	2.02	1.96	1.91	1.83	1.75	1.66	1.61	1.55	1.50	1.43	1.35	1.25
∞	3.84	3.00	2.60	2.37	2.21	2.10	2.01	1.94	1.88	1.83	1.75	1.67	1.57	1.52	1.46	1.39	1.32	1.22	1.01

$F_{0.99}(m_1,\ m_2)$

m2 \ m1	1	2	3	4	5	6	7	8	9	10	12	15	20	24	30	40	60	120	∞
1	4052	4999	5403	5624	5763	5858	5928	5981	6022	6055	6106	6157	6208	6234	6260	6286	6313	6339	6365
2	98.50	99.00	99.17	99.25	99.30	99.33	99.36	99.37	99.39	99.40	99.42	99.43	99.45	99.46	99.47	99.47	99.48	99.49	99.50
3	34.12	30.82	29.46	28.71	28.24	27.91	27.67	27.49	27.35	27.23	27.05	26.87	26.69	26.60	26.50	26.41	26.32	26.22	26.13
4	21.20	18.00	16.69	15.98	15.52	15.21	14.98	14.80	14.66	14.55	14.37	14.20	14.02	13.93	13.84	13.75	13.65	13.56	13.46
5	16.26	13.27	12.06	11.39	10.97	10.67	10.46	10.29	10.16	10.05	9.89	9.72	9.55	9.47	9.38	9.29	9.20	9.11	9.02
6	13.75	10.92	9.78	9.15	8.75	8.47	8.26	8.10	7.98	7.87	7.72	7.56	7.40	7.31	7.23	7.14	7.06	6.97	6.88
7	12.25	9.55	8.45	7.85	7.46	7.19	6.99	6.84	6.72	6.62	6.47	6.31	6.16	6.07	5.99	5.91	5.82	5.74	5.65
8	11.26	8.65	7.59	7.01	6.63	6.37	6.18	6.03	5.91	5.81	5.67	5.52	5.36	5.28	5.20	5.12	5.03	4.95	4.86
9	10.56	8.02	6.99	6.42	6.06	5.80	5.61	5.47	5.35	5.26	5.11	4.96	4.81	4.73	4.65	4.57	4.48	4.40	4.31
10	10.04	7.56	6.55	5.99	5.64	5.39	5.20	5.06	4.94	4.85	4.71	4.56	4.41	4.33	4.25	4.17	4.08	4.00	3.91
11	9.65	7.21	6.22	5.67	5.32	5.07	4.89	4.74	4.63	4.54	4.40	4.25	4.10	4.02	3.94	3.86	3.78	3.69	3.60
12	9.33	6.93	5.95	5.41	5.06	4.82	4.64	4.50	4.39	4.30	4.16	4.01	3.86	3.78	3.70	3.62	3.54	3.45	3.36
13	9.07	6.70	5.74	5.21	4.86	4.62	4.44	4.30	4.19	4.10	3.96	3.82	3.66	3.59	3.51	3.43	3.34	3.25	3.17
14	8.86	6.51	5.56	5.04	4.69	4.46	4.28	4.14	4.03	3.94	3.80	3.66	3.51	3.43	3.35	3.27	3.18	3.09	3.00
15	8.68	6.36	5.42	4.89	4.56	4.32	4.14	4.00	3.89	3.80	3.67	3.52	3.37	3.29	3.21	3.13	3.05	2.96	2.87
16	8.53	6.23	5.29	4.77	4.44	4.20	4.03	3.89	3.78	3.69	3.55	3.41	3.26	3.18	3.10	3.02	2.93	2.84	2.75
17	8.40	6.11	5.18	4.67	4.34	4.10	3.93	3.79	3.68	3.59	3.46	3.31	3.16	3.08	3.00	2.92	2.83	2.75	2.65
18	8.29	6.01	5.09	4.58	4.25	4.01	3.84	3.71	3.60	3.51	3.37	3.23	3.08	3.00	2.92	2.84	2.75	2.66	2.57
19	8.18	5.93	5.01	4.50	4.17	3.94	3.77	3.63	3.52	3.43	3.30	3.15	3.00	2.92	2.84	2.76	2.67	2.58	2.49
20	8.10	5.85	4.94	4.43	4.10	3.87	3.70	3.56	3.46	3.37	3.23	3.09	2.94	2.86	2.78	2.69	2.61	2.52	2.42
21	8.02	5.78	4.87	4.37	4.04	3.81	3.64	3.51	3.40	3.31	3.17	3.03	2.88	2.80	2.72	2.64	2.55	2.46	2.36
22	7.95	5.72	4.82	4.31	3.99	3.76	3.59	3.45	3.35	3.26	3.12	2.98	2.83	2.75	2.67	2.58	2.50	2.40	2.31
23	7.88	5.66	4.76	4.26	3.94	3.71	3.54	3.41	3.30	3.21	3.07	2.93	2.78	2.70	2.62	2.54	2.45	2.35	2.26
24	7.82	5.61	4.72	4.22	3.90	3.67	3.50	3.36	3.26	3.17	3.03	2.89	2.74	2.66	2.58	2.49	2.40	2.31	2.21
25	7.77	5.57	4.68	4.18	3.85	3.63	3.46	3.32	3.22	3.13	2.99	2.85	2.70	2.62	2.54	2.45	2.36	2.27	2.17
26	7.72	5.53	4.64	4.14	3.82	3.59	3.42	3.29	3.18	3.09	2.96	2.81	2.66	2.58	2.50	2.42	2.33	2.23	2.13
27	7.68	5.49	4.60	4.11	3.78	3.56	3.39	3.26	3.15	3.06	2.93	2.78	2.63	2.55	2.47	2.38	2.29	2.20	2.10
28	7.64	5.45	4.57	4.07	3.75	3.53	3.36	3.23	3.12	3.03	2.90	2.75	2.60	2.52	2.44	2.35	2.26	2.17	2.06
29	7.60	5.42	4.54	4.04	3.73	3.50	3.33	3.20	3.09	3.00	2.87	2.73	2.57	2.49	2.41	2.33	2.23	2.14	2.03
30	7.56	5.39	4.51	4.02	3.70	3.47	3.30	3.17	3.07	2.98	2.84	2.70	2.55	2.47	2.39	2.30	2.21	2.11	2.01
40	7.31	5.18	4.31	3.83	3.51	3.29	3.12	2.99	2.89	2.80	2.66	2.52	2.37	2.29	2.20	2.11	2.02	1.92	1.80
60	7.08	4.98	4.13	3.65	3.34	3.12	2.95	2.82	2.72	2.63	2.50	2.35	2.20	2.12	2.03	1.94	1.84	1.73	1.60
120	6.85	4.79	3.95	3.48	3.17	2.96	2.79	2.66	2.56	2.47	2.34	2.19	2.03	1.95	1.86	1.76	1.66	1.53	1.38
∞	6.64	4.61	3.78	3.32	3.02	2.80	2.64	2.51	2.41	2.32	2.18	2.04	1.88	1.79	1.70	1.59	1.47	1.32	1.01

$F_{0.975}(m_1,\ m_2)$

m2 \ m1	1	2	3	4	5	6	7	8	9	10	12	15	20	24	30	40	60	120	∞
1	647.7	799.5	864.1	899.5	921.8	937.1	948.2	956.6	963.2	968.6	976.7	984.8	993.1	997.2	1001	1005	1009	1014	1018
2	38.51	39.00	39.17	39.25	39.30	39.33	39.36	39.37	39.39	39.40	39.41	39.43	39.45	39.46	39.46	39.47	39.48	39.49	39.50
3	17.44	16.04	15.44	15.10	14.88	14.73	14.62	14.54	14.47	14.42	14.34	14.25	14.17	14.12	14.08	14.04	13.99	13.95	13.90
4	12.22	10.65	9.98	9.60	9.36	9.20	9.07	8.98	8.90	8.84	8.75	8.66	8.56	8.51	8.46	8.41	8.36	8.31	8.26
5	10.01	8.43	7.76	7.39	7.15	6.98	6.85	6.76	6.68	6.62	6.52	6.43	6.33	6.28	6.23	6.18	6.12	6.07	6.02
6	8.81	7.26	6.60	6.23	5.99	5.82	5.70	5.60	5.52	5.46	5.37	5.27	5.17	5.12	5.07	5.01	4.96	4.90	4.85
7	8.07	6.54	5.89	5.52	5.29	5.12	4.99	4.90	4.82	4.76	4.67	4.57	4.47	4.41	4.36	4.31	4.25	4.20	4.14
8	7.57	6.06	5.42	5.05	4.82	4.65	4.53	4.43	4.36	4.30	4.20	4.10	4.00	3.95	3.89	3.84	3.78	3.73	3.67
9	7.21	5.71	5.08	4.72	4.48	4.32	4.20	4.10	4.03	3.96	3.87	3.77	3.67	3.61	3.56	3.51	3.45	3.39	3.33
10	6.94	5.46	4.83	4.47	4.24	4.07	3.95	3.85	3.78	3.72	3.62	3.52	3.42	3.37	3.31	3.26	3.20	3.14	3.08
11	6.72	5.26	4.63	4.28	4.04	3.88	3.76	3.66	3.59	3.53	3.43	3.33	3.23	3.17	3.12	3.06	3.00	2.94	2.88
12	6.55	5.10	4.47	4.12	3.89	3.73	3.61	3.51	3.44	3.37	3.28	3.18	3.07	3.02	2.96	2.91	2.85	2.79	2.72
13	6.41	4.97	4.35	4.00	3.77	3.60	3.48	3.39	3.31	3.25	3.15	3.05	2.95	2.89	2.84	2.78	2.72	2.66	2.60
14	6.30	4.86	4.24	3.89	3.66	3.50	3.38	3.29	3.21	3.15	3.05	2.95	2.84	2.79	2.73	2.67	2.61	2.55	2.49
15	6.20	4.77	4.15	3.80	3.58	3.41	3.29	3.20	3.12	3.06	2.96	2.86	2.76	2.70	2.64	2.59	2.52	2.46	2.40
16	6.12	4.69	4.08	3.73	3.50	3.34	3.22	3.12	3.05	2.99	2.89	2.79	2.68	2.63	2.57	2.51	2.45	2.38	2.32
17	6.04	4.62	4.01	3.66	3.44	3.28	3.16	3.06	2.98	2.92	2.82	2.72	2.62	2.56	2.50	2.44	2.38	2.32	2.25
18	5.98	4.56	3.95	3.61	3.38	3.22	3.10	3.01	2.93	2.87	2.77	2.67	2.56	2.50	2.44	2.38	2.32	2.26	2.19
19	5.92	4.51	3.90	3.56	3.33	3.17	3.05	2.96	2.88	2.82	2.72	2.62	2.51	2.45	2.39	2.33	2.27	2.20	2.13
20	5.87	4.46	3.86	3.51	3.29	3.13	3.01	2.91	2.84	2.77	2.68	2.57	2.46	2.41	2.35	2.29	2.22	2.16	2.09
21	5.83	4.42	3.82	3.48	3.25	3.09	2.97	2.87	2.80	2.73	2.64	2.53	2.42	2.37	2.31	2.25	2.18	2.11	2.04
22	5.79	4.38	3.78	3.44	3.22	3.05	2.93	2.84	2.76	2.70	2.60	2.50	2.39	2.33	2.27	2.21	2.14	2.08	2.00
23	5.75	4.35	3.75	3.41	3.18	3.02	2.90	2.81	2.73	2.67	2.57	2.47	2.36	2.30	2.24	2.18	2.11	2.04	1.97
24	5.72	4.32	3.72	3.38	3.15	2.99	2.87	2.78	2.70	2.64	2.54	2.44	2.33	2.27	2.21	2.15	2.08	2.01	1.94
25	5.69	4.29	3.69	3.35	3.13	2.97	2.85	2.75	2.68	2.61	2.51	2.41	2.30	2.24	2.18	2.12	2.05	1.98	1.91
26	5.66	4.27	3.67	3.33	3.10	2.94	2.82	2.73	2.65	2.59	2.49	2.39	2.28	2.22	2.16	2.09	2.03	1.95	1.88
27	5.63	4.24	3.65	3.31	3.08	2.92	2.80	2.71	2.63	2.57	2.47	2.36	2.25	2.19	2.13	2.07	2.00	1.93	1.85
28	5.61	4.22	3.63	3.29	3.06	2.90	2.78	2.69	2.61	2.55	2.45	2.34	2.23	2.17	2.11	2.05	1.98	1.91	1.83
29	5.59	4.20	3.61	3.27	3.04	2.88	2.76	2.67	2.59	2.53	2.43	2.32	2.21	2.15	2.09	2.03	1.96	1.89	1.81
30	5.57	4.18	3.59	3.25	3.03	2.87	2.75	2.65	2.57	2.51	2.41	2.31	2.20	2.14	2.07	2.01	1.94	1.87	1.79
40	5.42	4.05	3.46	3.13	2.90	2.74	2.62	2.53	2.45	2.39	2.29	2.18	2.07	2.01	1.94	1.88	1.80	1.72	1.64
60	5.29	3.93	3.34	3.01	2.79	2.63	2.51	2.41	2.33	2.27	2.17	2.06	1.94	1.88	1.82	1.74	1.67	1.58	1.48
120	5.15	3.80	3.23	2.89	2.67	2.52	2.39	2.30	2.22	2.16	2.05	1.94	1.82	1.76	1.69	1.61	1.53	1.43	1.31
∞	5.02	3.69	3.12	2.79	2.57	2.41	2.29	2.19	2.11	2.05	1.94	1.83	1.71	1.64	1.57	1.48	1.39	1.27	1.01

표 4 χ^2 - 분포표

$$\alpha = P(\chi^2 \geq \chi^2_\alpha) = \int_{\chi^2_\alpha}^{\infty} f(\chi^2)\,d\chi^2$$

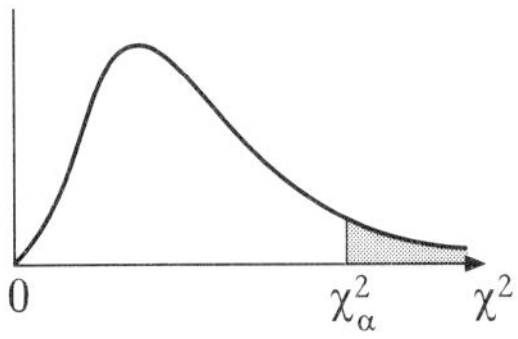

d.f	α							
	0.995	0.990	0.975	0.950	0.050	0.025	0.010	0.005
1	0.0000393	0.0001571	0.0009821	0.0039321	3.8414591	5.0238865	6.6348967	7.8794387
2	0.0100251	0.0201007	0.0506356	0.1025866	5.9914645	7.3777589	9.2103404	10.596635
3	0.0717218	0.1148318	0.2157953	0.3518463	7.8147278	9.3484036	11.344867	12.838156
4	0.2069891	0.2971095	0.4844186	0.7107230	9.4877290	11.143287	13.276704	14.860259
5	0.4117419	0.5542981	0.8312116	1.1454762	11.070498	12.832502	15.086272	16.749602
6	0.6757268	0.8720903	1.2373442	1.6353829	12.591587	14.449375	16.811894	18.547584
7	0.9892557	1.2390423	1.6898692	2.1673499	14.067140	16.012764	18.475307	20.277740
8	1.3444131	1.6464974	2.1797308	2.7326368	15.507313	17.534546	20.090235	21.954955
9	1.7349329	2.0879007	2.7003895	3.3251129	16.918978	19.022768	21.665994	23.589351
10	2.1558565	2.5582122	3.2469728	3.9402991	18.307038	20.483177	23.209251	25.188180
11	2.6032219	3.0534841	3.8157483	4.5748131	19.675138	21.920049	24.724970	26.756849
12	3.0738237	3.5705690	4.4037885	5.2260295	21.026070	23.336664	26.216967	28.299519
13	3.5650346	4.1069155	5.0087505	5.8918644	22.362032	24.735605	27.688250	29.819471
14	4.0746750	4.6604251	5.6287262	6.5706315	23.684791	26.118948	29.141238	31.319350
15	4.6009156	5.2293489	6.2621378	7.2609440	24.995790	27.488393	30.577914	32.801321
16	5.1422055	5.8122125	6.9076644	7.9616456	26.296228	28.845351	31.999927	34.267187
17	5.6972171	6.4077598	7.5641865	8.6717603	27.587112	30.191009	33.408664	35.718466
18	6.2648047	7.0149109	8.2307462	9.3904551	28.869299	31.526378	34.805306	37.156451
19	6.8439715	7.6327297	8.9065165	10.117013	30.143527	32.852327	36.190869	38.582257
20	7.4338443	8.2603984	9.5907775	10.850812	31.410433	34.169607	37.566235	39.996846
21	8.0336535	8.8971980	10.282898	11.591305	32.670573	35.478876	38.932173	41.401065
22	8.6427165	9.5424924	10.982321	12.338015	33.924439	36.780712	40.289360	42.795655
23	9.2604248	10.195716	11.688552	13.090514	35.172462	38.075627	41.638398	44.181275
24	9.8862335	10.856362	12.401150	13.848425	36.415028	39.364077	42.979820	45.558512
25	10.519652	11.523975	13.119720	14.611408	37.652484	40.646469	44.314105	46.927890
26	11.160237	12.198147	13.843905	15.379157	38.885139	41.923170	45.641683	48.289882
27	11.807587	12.878504	14.573383	16.151396	40.113272	43.194511	46.962942	49.644915
28	12.461336	13.564710	15.307861	16.927875	41.337138	44.460792	48.278236	50.993376
29	13.121149	14.256455	16.047072	17.708366	42.556968	45.722286	49.587885	52.335618
30	13.786720	14.953457	16.790772	18.492661	43.772972	46.979242	50.892181	53.671962
40	20.706535	22.164261	24.433039	26.509304	55.758479	59.341707	63.690740	66.765962
50	27.990749	29.706683	32.357364	34.764252	67.504807	71.420195	76.153891	79.489978
60	35.534492	37.484852	40.481748	43.187959	79.081944	83.297675	88.379419	91.951698
70	43.275180	45.441718	48.757566	51.739279	90.531225	95.023184	100.42518	104.21490
80	51.171932	53.540078	57.153174	60.391480	101.87947	106.62857	112.32879	116.32106
90	59.196305	61.754079	65.646619	69.126031	113.14527	118.13589	124.11632	128.29894
100	67.327564	70.064896	74.221928	77.929467	124.34211	129.56120	135.80672	140.16949

표 5 t - 분포표

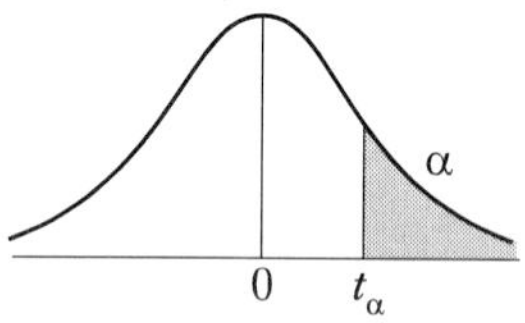

자유도	0.25	0.1	0.05	0.025	0.01	0.005
1	1.000	3.078	6.314	12.706	31.821	63.657
2	0.816	1.886	2.920	4.303	6.965	9.925
3	0.765	1.638	2.353	3.182	4.541	5.841
4	0.741	1.533	2.132	2.776	3.747	4.604
5	0.727	1.476	2.015	2.571	3.365	4.032
6	0.718	1.440	1.943	2.447	3.143	3.707
7	0.711	1.415	1.895	2.365	2.998	3.499
8	0.706	1.397	1.860	2.306	2.896	3.355
9	0.703	1.383	1.833	2.262	2.821	3.250
10	0.700	1.372	1.812	2.228	2.764	3.169
11	0.697	1.363	1.796	2.201	2.718	3.106
12	0.695	1.356	1.782	2.179	2.681	3.055
13	0.694	1.350	1.771	2.160	2.650	3.012
14	0.692	1.345	1.761	2.145	2.624	2.977
15	0.691	1.341	1.753	2.131	2.602	2.947
16	0.690	1.337	1.746	2.120	2.583	2.921
17	0.689	1.333	1.740	2.110	2.567	2.898
18	0.688	1.330	1.734	2.101	2.552	2.878
19	0.688	1.328	1.729	2.093	2.539	2.861
20	0.687	1.325	1.725	2.086	2.528	2.845
21	0.686	1.323	1.721	2.080	2.518	2.831
22	0.686	1.321	1.717	2.074	2.508	2.819
23	0.685	1.319	1.714	2.069	2.500	2.807
24	0.685	1.318	1.711	2.064	2.492	2.797
25	0.684	1.316	1.708	2.060	2.485	2.787
26	0.684	1.315	1.706	2.056	2.479	2.779
27	0.684	1.314	1.703	2.052	2.473	2.771
28	0.683	1.313	1.701	2.048	2.467	2.763
29	0.683	1.311	1.699	2.045	2.462	2.756
30	0.683	1.310	1.697	2.042	2.457	2.750
40	0.681	1.303	1.684	2.021	2.423	2.704
60	0.679	1.296	1.671	2.000	2.390	2.660
120	0.677	1.289	1.658	1.980	2.358	2.617
∞	0.674	1.282	1.645	1.960	2.326	2.576

표 6 Durbin - Watson의 D 통계량 : 5% 유의수준

n	k = 1		k = 2		k = 3		k = 4		k = 5	
	d_L	d_U	d_L	d_U	d_L	d_U	d_L	d_U	d_L	d_U
15	1.08	1.36	0.95	1.54	0.82	1.75	0.69	1.97	0.56	2.21
16	1.10	1.37	0.98	1.54	0.86	1.73	0.74	1.93	0.62	2.15
17	1.13	1.38	1.02	1.54	0.90	1.71	0.78	1.90	0.67	2.10
18	1.16	1.39	1.05	1.53	0.93	1.69	0.82	1.87	0.71	2.06
19	1.18	1.40	1.08	1.53	0.97	1.68	0.86	1.85	0.75	2.02
20	1.20	1.41	1.10	1.54	1.00	1.68	0.90	1.83	0.79	1.99
21	1.22	1.42	1.13	1.54	1.03	1.67	0.93	1.81	0.83	1.96
22	1.24	1.43	1.15	1.54	1.05	1.66	0.96	1.80	0.86	1.94
23	1.26	1.44	1.17	1.54	1.08	1.66	0.99	1.79	0.90	1.92
24	1.27	1.45	1.19	1.55	1.10	1.66	1.01	1.78	0.93	1.90
25	1.29	1.45	1.21	1.55	1.12	1.66	1.04	1.77	0.95	1.89
26	1.30	1.43	1.22	1.55	1.14	1.65	1.06	1.76	0.98	1.88
27	1.32	1.47	1.24	1.56	1.16	1.65	1.08	1.76	1.01	1.86
28	1.33	1.48	1.26	1.56	1.18	1.65	1.10	1.75	1.03	1.85
29	1.34	1.48	1.27	1.56	1.20	1.65	1.12	1.74	1.05	1.84
30	1.35	1.49	1.28	1.57	1.21	1.65	1.14	1.74	1.07	1.83
31	1.36	1.50	1.30	1.57	1.23	1.65	1.16	1.74	1.09	1.83
32	1.37	1.50	1.31	1.57	1.24	1.65	1.18	1.73	1.11	1.82
33	1.38	1.51	1.32	1.58	1.26	1.65	1.19	1.73	1.13	1.81
34	1.39	1.51	1.33	1.58	1.27	1.65	1.21	1.73	1.15	1.81
35	1.40	1.52	1.34	1.58	1.28	1.65	1.22	1.73	1.16	1.80
36	1.41	1.52	1.35	1.59	1.29	1.65	1.24	1.73	1.18	1.80
37	1.42	1.53	1.36	1.59	1.31	1.66	1.25	1.72	1.19	1.80
38	1.43	1.54	1.37	1.59	1.32	1.66	1.26	1.72	1.21	1.79
39	1.43	1.54	1.38	1.60	1.33	1.66	1.27	1.72	1.22	1.79
40	1.44	1.54	1.39	1.60	1.34	1.66	1.29	1.72	1.23	1.79
45	1.48	1.57	1.43	1.62	1.38	1.67	1.34	1.72	1.29	1.87
50	1.50	1.59	1.46	1.63	1.42	1.67	1.38	1.72	1.34	1.77
55	1.53	1.60	1.49	1.64	1.45	1.68	1.41	1.72	1.38	1.77
60	1.55	1.62	1.51	1.65	1.48	1.69	1.44	1.73	1.41	1.77
65	1.57	1.63	1.54	1.66	1.50	1.70	1.47	1.73	1.44	1.77
70	1.58	1.64	1.55	1.67	1.52	1.70	1.49	1.74	1.46	1.77
75	1.60	1.65	1.57	1.68	1.54	1.71	1.51	1.74	1.49	1.77
80	1.61	1.66	1.59	1.69	1.56	1.72	1.53	1.74	1.51	1.77
85	1.62	1.67	1.60	1.70	1.57	1.72	1.55	1.75	1.52	1.77
90	1.63	1.68	1.61	1.70	1.59	1.73	1.57	1.75	1.54	1.78
95	1.64	1.69	1.62	1.71	1.60	1.73	1.58	1.75	1.56	1.78
100	1.65	1.69	1.63	1.72	1.61	1.74	1.59	1.76	1.57	1.78

자료 : Durbin and Watson(1951)

연습문제 풀이 ››››

연습문제 해답

제2장

(1)~(7) 본문참고

(8) ⓐ 표본오차, ⓑ 비표본오차, ⓒ 표본오차

(9) 오차한계에서 고려된(임의) 표본오차

(10) ⓐ 남자는 0001부터 2000으로 표시하고 여자는 001부터 500으로 표시한 후 난수표를 각각 두 번 사용하여 구한다.

ⓑ 남자=0.1 여자=0.4

(11) ⓐ 학적부로부터 계통추출

ⓑ 5, 19, 33,… (간격 14)

ⓒ 기숙사에서 12명, 외부에서 22명 간격으로 추출

(12) ⓐ 신입생 430명

제3장

(5) ⓐ 명명척도, ⓑ 구간척도, ⓒ 명명척도, ⓓ 비율척도, ⓔ 비율척도, ⓕ 순위척도, ⓖ 비율척도, ⓗ 명명척도, ⓘ 비율척도

(6) ⓐ 비율척도, ⓑ 명명척도, ⓒ 비율척도, ⓓ 순위척도, ⓔ 구간척도, ⓕ 비율척도, ⓖ 구간척도, ⓗ 명명척도, ⓘ 비율척도

제4장

(1) ⓐ 질적변수, ⓑ 양적변수, 이산변수
ⓒ 양적변수, 연속변수 ⓓ 질적변수

(2)

1	8
2	1
3	4 8 8 6
4	5 8 3 2
5	3 6 8 6 0
6	7 2 9
7	5 1

(3) ⓐ 5 ⓑ 5 ⓒ 12 ⓓ 4.5 ⓔ 9 ⓕ 0.08 ⓖ 100

(4) ⓐ와 ⓑ

근속년수	도수	상대도수	백분율
1~4	3	0.125	12.5
5~8	6	0.250	25.0
9~12	7	0.292	29.2
13~16	6	0.250	25.0
17~20	2	0.083	8.3

ⓒ 12.5+25.0=37.5%

ⓓ

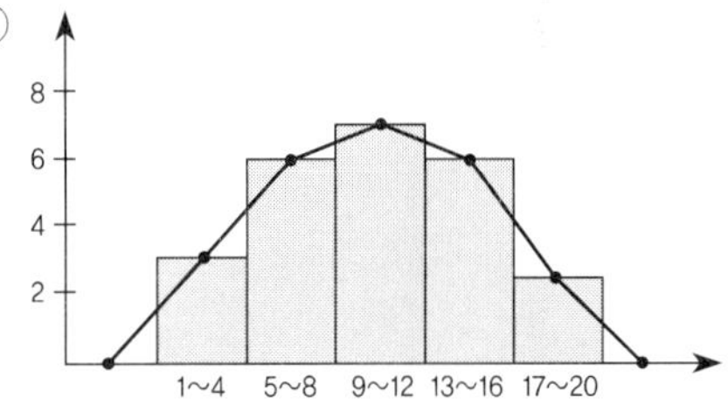

ⓔ

근속년수	누적도수	누적상대도수	누적백분율
1~4	3	0.125	12.5
1~8	9	0.375	37.5
1~12	16	0.667	66.7
1~16	22	0.917	91.7
1~20	24	1.000	100.0

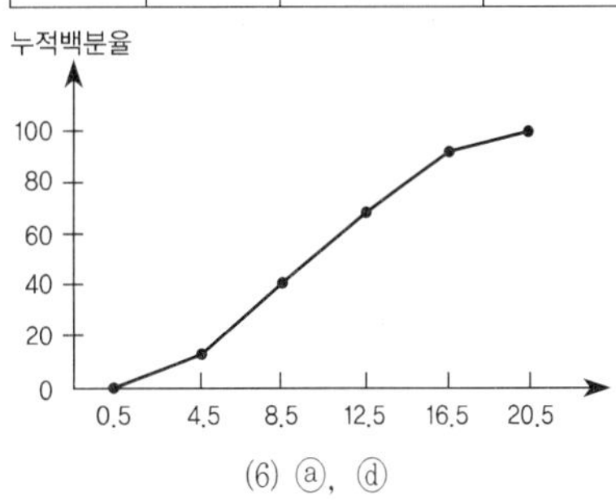

(5) ⓑ (6) ⓐ, ⓓ

(7) ⓒ (8) ⓒ

(9) ⓑ (10) ⓐ

(11) ⓐ (12) ⓑ

(13) $n=10 \quad \Sigma x = 98 \quad \Sigma x^2 = 1340$

평균 $\bar{x} = \Sigma x / n = 98/10 = 9.8$

중앙값 : $(n+1)/2 = (10+1)/2 = 5.5$이므로

중앙값$=(7+9)/2=8$

최빈값=6

범위=최대값-최소값=22-2=20

분산 :

$$s^2=\frac{\sum x^2-(\sum x)^2/n}{n-1}=\frac{1340-\frac{(98)^2}{10}}{10-1}=42.1778$$

표준편차 : $s=\sqrt{s^2}=\sqrt{42.1778}=6.49$

(14) 자료의 모든 값이 같을 때 표준편차의 값은 0이다. 예를 들면 자료가 다음과 같다고 하자.

67, 67, 67, 67, 67

$n=5 \quad \sum x=335 \quad \sum x^2=22,445$

분산 :

$$s^2=\sqrt{\frac{\sum x^2-\frac{(\sum x)^2}{n}}{n-1}}=\sqrt{\frac{22,445-\frac{(335)^2}{5}}{10-1}}=0$$

(15) ⓐ 자료를 순위로 배열하면 다음과 같다.

0 2 4 6 6 8 9 10 11 12 15 16 17 18 20 24

사분위수는 각각 다음과 같다.

$Q_1=(6+6)/2=6$

$Q_2=(10+11)/2=10.5$

$Q_3=(16+17)/2=16.5$

ⓑ $kn/100=68\times16/100=10.88$ 혹은 11

따라서 68번째 백분위수는 순위자료의 11번째 값에 근사된다. 즉, 15이다. 그러므로 $P_{68}=15$

성인들 중의 약 68%가 지난 1년간 15권 이하의 책을 구입했다.

ⓒ 16권 미만의 순위는 11번째이므로 16의 백분위수 순위=(11/16)×100=68.75%이다. 성인들 중의 68.75%가 지난해 16권 미만의 책을 구입했다.

ⓓ 중앙값=10.5 $Q_1=6$ $Q_3=16.5$

최소값=0 최대값=24

제5장

(1) ⓐ

(2) ⓑ (3) ⓒ

(4) ⓑ (5) ⓑ

(6) ⓓ (7) ⓒ

(8) ⓐ (9) ⓓ

(10) ⓐ 2/52=1/26 ⓑ 2/52=1/26 ⓒ 26/52=1/2

ⓓ 검은색카드의 확률은 1/2이며 킹의 확률은 1/13이다. 검은색카드 혹은 킹이 뽑혀질 확률은 1/2+1/13-1/26=14/26이다(2장의 검은색 킹이 있다). 따라서 검은색카드도 아니고 킹도 아닌 카드가 추출될 확률은 1-14/26=6/13이다.

ⓔ 3/13

(11) 사상 A : 그 사람이 거짓말을 한다.

사상 B : 거짓말 탐지기가 '거짓말'이라고 답한다.

$P(A)=0.7$, $P(\overline{A})=0.3$, $P(B|A)=0.9$, $P(B|\overline{A})=0.1$

$P(B)=P(B|A)P(A)+P(B|\overline{A})P(\overline{A})$

$=0.9\times0.7+0.1\times0.3$

$=0.66$

(12) ⓐ 이산형 ⓑ 연속형 ⓒ 연속형 ⓓ 이산형 ⓔ 연속형 ⓕ 연속형 ⓖ 이산형 ⓗ 연속형

(13) ⓒ

(14) ⓑ

(15) ⓒ

(16) ⓐ

$X=x$	0	1	2
$P(X=x)$	$\frac{1}{4}$	$\frac{1}{2}$	$\frac{1}{4}$

ⓑ

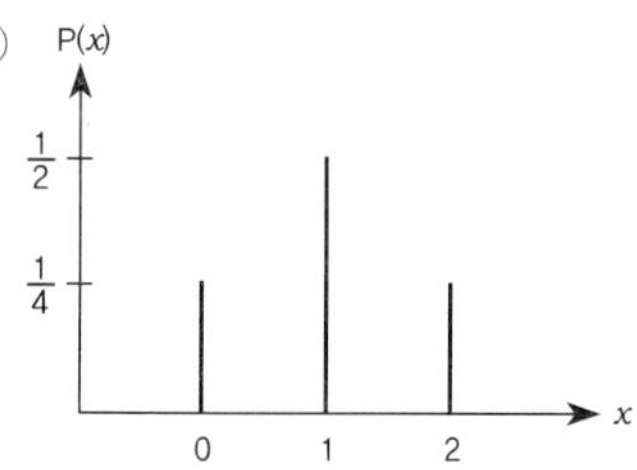

(17) 생략

(18) ⓑ 5.64 ⓒ 0.7

(19) $E(X)=750$

(20) 92.565달러

제6장

(1) a

(2) ⓐ 기대이익은 100원이 손해가 된다.

ⓑ 사지 않을 것이다.

(3) ⓐ $_5C_3(0.7)^3(0.3)^2=0.309$

ⓑ $_5C_2(0.7)^2(0.3)^3+{}_5C_3(0.7)^3(0.3)^2+{}_5C_4(0.7)^4(0.3)^1$

$=0.801$

ⓒ 0.998

(4) ⓐ $n=12,\ \ p=0.45$

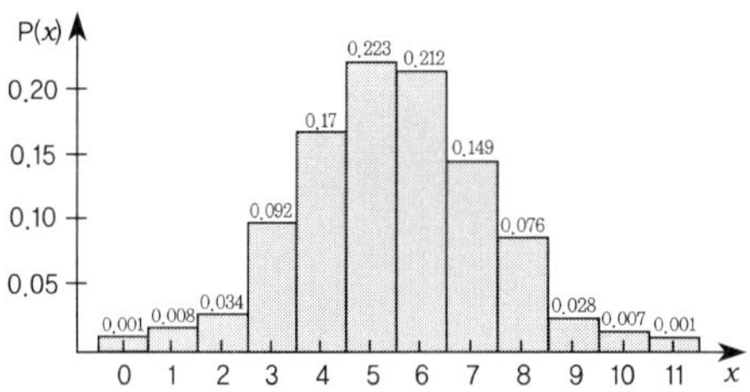

ⓑ $\mu=np=12\times0.45=5.4$

ⓒ $\sigma=\sqrt{npq}=\sqrt{12\times0.45\times0.55}=1.723$

(5) ⓐ 0.145 ⓑ 0.223

(6) ⓐ 0.5787 ⓑ 0.453

(7) 생략

(8) ⓐ 1.17 ⓑ −0.17 ⓒ −0.83

(9) ⓐ 0.4931 ⓑ 0.2957 ⓒ 0.2518

ⓓ 0.7652 ⓔ 0.0456

(10) ⓐ 0.0375 ⓑ 0.8962

(11) ⓐ 0.0228 ⓑ 0.0005 ⓒ 0.0228

(12) ⓐ 327에서 345일까지

ⓑ 16%

(13) 생략

(14) ⓐ 15.87% ⓑ 69.15

ⓒ 99.53 ⓓ 2.87

제7장

(1) a

(2) c

(3) a

(4) a

(5) c

(6) a

(7) ⓐ $\mu=6$ $\sigma=\sqrt{6.8}=2.61$

ⓑ (7, 8)(7, 9)(7, 2)(7, 4)(8, 9)

(8, 2)(8, 4)(9, 2)(9, 4)(2, 4)

ⓒ 표본평균들은 다음과 같다.

(7.5)(8.0)(4.5)(5.5)(8.5)

(5.0)(6.0)(5.5)(6.5)(3.0)

각 확률은 1/10이다. 따라서 표본분포는

표본평균	$\overline{X}$	3.0	4.5	5.0	5.5	6.0
확률	$P(\overline{X})$	$\frac{1}{10}$	$\frac{1}{10}$	$\frac{1}{10}$	$\frac{2}{10}$	$\frac{1}{10}$

표본평균	$\overline{X}$	6.5	7.5	8.0	8.5
확률	$P(\overline{X})$	$\frac{1}{10}$	$\frac{1}{10}$	$\frac{1}{10}$	$\frac{1}{10}$

(8) ⓐ $P(X>25)=P(z>\frac{X-\mu}{\sigma})=P(z>\frac{25-24}{6})$

$=P(z>0.17)=0.4325$

ⓑ $P(\overline{X}>25)=P(z>\frac{\overline{X}-\mu}{\sigma/\sqrt{n}})=P(z>\frac{25-24}{6\sqrt{36}})$

$=P(z>1.0)=0.1577$

ⓒ $P(\overline{X}>25)=P(z>1.67)=0.0475$

(9) $\mu=500,\ \sigma=20,\ n=100$

$V(\overline{X})=\frac{\sigma}{\sqrt{n}}=2$

$P(\overline{X}\le 496)=P(Z\le\frac{496-500}{2})$

$=P(Z\le -2)=0.0228$

(10) 10개의 통조림이 들어 있는 한 상자의 무게는 평균 1500g이고 분산은 2500g이다. 중심극한정리에 의해서 한 상자의 무게 W는 1500g이고 표준편차가 $\sqrt{50}$ 인 정규분포를 하므로 1380g 이하일 확률은 다음과 같다.

$P(W\le 1380)=P(Z\le\frac{1380-1500}{\sqrt{50}})$

$=P(Z\le -2.4)=0.0082$

(11) $P(\hat{p}\le 0.05)\simeq P\left[Z\le\frac{0.05-1}{\sqrt{\frac{(0.1\times0.9)}{100}}}\right]$

$=P(Z>-1.67)=0.0475$

(12) $P(\hat{p}\ge 0.1)\simeq P\left[Z\ge\frac{0.1-0.1}{\sqrt{\frac{(0.1\times0.9)}{50}}}\right]$

$=P(Z\ge 0)=0.5$

제8장

(1) b (2) b

(3) a (4) 생략

(5) 생략 (6) 생략

(7) 생략

(8) ⓐ

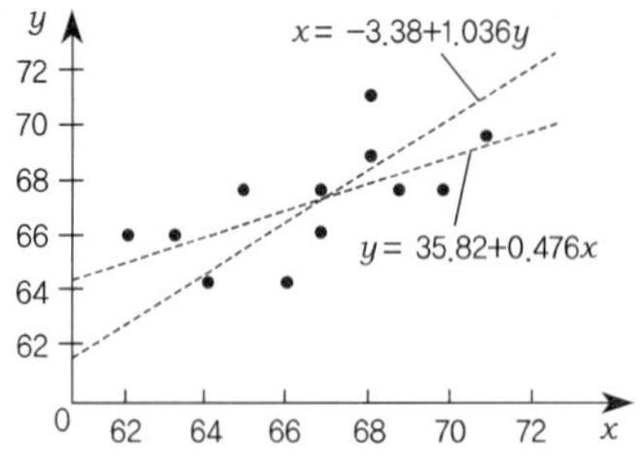

ⓑ 정규방정식 $y = 35.82 + 0.476x$

ⓒ $x = -3.38 + 1.036y$

(9) ⓐ 0.85 ⓑ $y = 72.72 + 1.34x$

(10) ⓐ $y = 11.16 + 1.25x$

ⓑ 0.995, 0.99481

(11) 생략

(12) ⓐ 0.997

ⓑ $r = 0.997$이므로 학습시간과 평균학점 사이에는 강한 양의 상관관계가 존재한다고 여겨진다.

(13) $\beta = \dfrac{\sum x_i - n\overline{xy}}{\sum x_i^2 - n\overline{x}^2} = -0.075$

$\hat{\alpha} = \overline{y} - \hat{\beta}\overline{x} = 0.268$

따라서 $\hat{y}_i = 0.268 - 0.075x_i$

$x = 2.05$일 때 $\hat{y}_i = 0.268 - 0.075(2.05) = 0.114$

(14) ⓐ 컴퓨터 판매대수는 경력에 의존된다. 경력이 많은 사람이 평균적으로 보다 많이 컴퓨터를 판매하는 것으로 기대된다.

ⓑ ⓐ에서 설명한 바와 같이 경력이 많은 사람이 평균적으로 보다 많이 컴퓨터를 판매하는 것으로 기대되기 때문에 β의 부호는 양의 값을 갖을 것으로 본다.

ⓒ

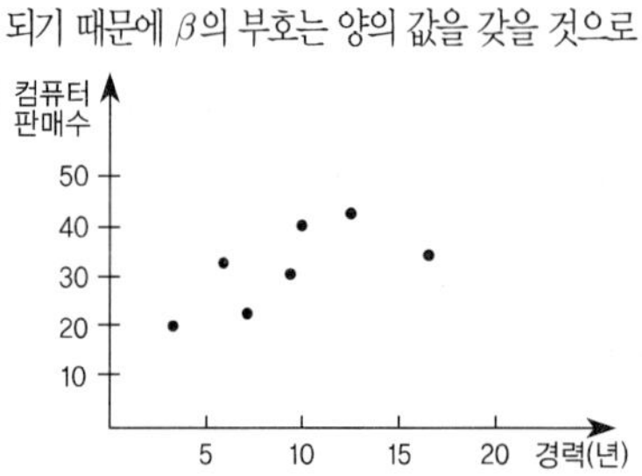

산점도는 두 변수간에 선형관계를 보이지만, 이들 관계가 강한 것으로는 보지 않는다.

ⓓ x = 경력, y = 컴퓨터 판매대수

$n = 7$, $\sum x = 64$, $\sum y = 215$,

$\sum x^2 = 682$, $\sum y^2 = 7057$,

$\sum xy = 2115$, $\overline{x} = 9.1429$, $\overline{y} = 30.7143$

$SS_{xx} = 96.8571$, $SS_{yy} = 453.4286$,

$SS_{xy} = 149.2857$

$\hat{\beta} = SS_{xy}/SS_{xx} = 149.2857/96.8571 = 1.5413$

$\hat{\alpha} = \overline{y} - \hat{\beta}\overline{x} = 30.7143 - 1.5413 \times 9.1429 = 16.6223$

따라서 회귀선은

$\hat{y} = 16.6223 + 1.5413x$

ⓔ $\hat{\alpha} = 16.6223$의 값은 $x = 0$일 때의 $\hat{y}$의 값이다. 이 값은 경력이 없는 사람이 판매한 대수이다. $\hat{\beta} = 1.5413$의 값은 평균적으로 경력년수 1년에 대한 판매된 컴퓨터 대수가 1.54씩 증가하는 것을 의미한다.

ⓕ $r = \dfrac{SS_{xy}}{\sqrt{SS_{xx}SS_{yy}}} = \dfrac{149.2857}{\sqrt{96.8571 \times 453.4286}} = 0.71$

$r^2 = \hat{\beta}SS_{xy}/SS_{yy}$

$= 1.5413 \times 149.2857/453.4286 = 0.51$

$r = 0.71$의 값은 두 변수들이 양의 상관관계를 갖고 있으며 $r^2 = 0.51$의 값은 총제곱합(SST)의 51%가 회귀모형에 의해서 설명된다는 것을 의미한다.

ⓖ $x = 11$에 대해서 예측값은

$\hat{y} = 16.6223 + 1.5413 \times 11 = 33.5766$

제9장

(1) ⓑ

(2) ⓐ

(3) ⓐ

(4) ⓑ

(5) ⓑ

(6) ⓐ

(7) ⓒ

(8) ⓐ 520

ⓑ $s=700$, 표준오차의 추정값은

$s/\sqrt{n}=700/\sqrt{100}=70$

ⓒ $\alpha=0.01, n=100$이므로 $Z_{\alpha/2}=Z_{0.005}=2.58$

$\therefore Z_{\alpha/2}\frac{s}{\sqrt{n}}=(2.58)\frac{700}{\sqrt{100}}=180.6$

ⓓ $\alpha=0.1,\ Z_{0.05}=1.645$

$520\pm1.645\frac{700}{\sqrt{100}},\ 520\pm115.15$

(414.85, 635.15)

(9) $35.5\pm Z_{\alpha/2}\frac{6.24}{\sqrt{100}}$에 37.08이 포함되는 α를 찾아보자.

90%($\alpha=0.1$)일 때는 $35.5\pm1.645\frac{6.24}{\sqrt{100}}$

→ (34.47, 36.53)

95%($\alpha=0.05$)일 때는 $35.5\pm1.96\frac{6.24}{\sqrt{100}}$

→ (34.28, 36.72)

99%($\alpha=0.01$)일 때는 $35.5\pm2.58\frac{6.24}{\sqrt{100}}$

→ (33.89, 37.11)

따라서 신뢰수준은 99%이다.

(10) 모분산 σ^2을 모르지만 크기가 크므로 정규근사를 이용하여 구할 수 있다.

$\bar{x}=17,600,\ s=200,\ Z_{0.05}=1.645$

$\therefore\ \bar{x}\pm Z_{\alpha/2}\frac{s}{\sqrt{n}}\rightarrow1,700\pm1.64\frac{200}{\sqrt{100}}$

→ (1,667.2, 1,732.8)

(11) $18,620\pm(2.58)\frac{8.7}{50}=18,620\pm0.449$

=(186,269.55, 186,270.449)

(12) 표본크기 n이 큰 경우 모비율 p에 대한 $100(1-\alpha)\%$ 신뢰구간은 $\left(\hat{p}-Z_{(\alpha/2)}\sqrt{\frac{\hat{p}\hat{q}}{n}},\ \hat{p}+Z_{(\alpha/2)}\sqrt{\frac{\hat{p}\hat{q}}{n}}\right)$

$\hat{p}=0.06,\ n=1,600$

$$\therefore\left(0.06-1.645\sqrt{\frac{(0.06)(0.94)}{1,600}},\ 0.06+1.645\sqrt{\frac{(0.06)(0.94)}{1,600}}\right)$$

$=(0.05,\ 0.07)$

(13) p가 p^*근방이라고 예상되는 경우 :

$n\geq p^*q^*(Z_{\alpha/2}/d)^2$이므로

$n\geq0.3\times0.7\times(1.96/0.05)^2=322.69$

∴ 필요한 표본의 크기는 323이다.

(14) $n=10,\ \alpha=0.05\rightarrow Z_{\alpha/2}=1.96,\ t_{\alpha/2}=2.228$

$n=20,\ \alpha=0.05\rightarrow Z_{\alpha/2}=1.96,\ t_{\alpha/2}=2.086$

$n=\infty,\ \alpha=0.05\rightarrow Z_{\alpha/2}=1.96,\ t_{\alpha/2}=1.96$

따라서 n이 작을 때($n<30$) t대신 Z를 사용하면 신뢰구간이 줄어들게 되며, n이 커지면 t-분포는 표준정규분포에 근사하게 된다.

(15) 모분산을 모르고 표본의 크기가 작으므로

$\bar{x}\pm t_{(n-1:\alpha/2)}\frac{s}{\sqrt{n}}$를 이용하여 구한다. 즉,

$t_{(n-1:\frac{\alpha}{2})}=2.13$이므로

$60\pm2.13\frac{12}{\sqrt{16}}=60\pm6.39=(53.61,\ 66.39)$

(16) $\sigma=50,000,\ d=6,000,\ Z_{\alpha/2}=2.58$

따라서 공식 $n\geq\left(Z_{\alpha/2}\cdot\frac{\sigma}{d}\right)^2$으로부터

$n\geq\left[\frac{(2.58)(50,000)}{6,000}\right]^2=462.25$

∴ 적어도 463명의 표본이 필요하다.

제10장

(1) ⓐ

(2) ⓑ

(3) ⓐ

(4) ⓑ

(5) ⓐ

(6) ⓑ

(7) ⓒ

(8) ⓑ

(9) ⓒ

(10) ⓓ

(11) ⓑ

(12) ⓐ α는 H_0가 옳을 때 이를 기각할 확률이다. 즉, $\mu=400$일 때 $\bar{X}$가 390보다 작거나 410보다 클 확률을 구하면 된다.

$\therefore \alpha = P(\overline{X} < 390) + P(\overline{X} > 410)$

$= P\left(Z < \frac{390-400}{42/\sqrt{36}}\right) + P(Z > \frac{410-400}{42/\sqrt{36}})$

$= P(Z < 1.43) + P(Z > 1.43) = 0.1528$

ⓑ β는 $\mu = 380$일 때 $\overline{X}$가 390보다 작거나 410보다 클 확률이다.

$\therefore \beta = P(390 \le \overline{X} \le 410 \mid \mu = 380)$

$= P\left(Z < \frac{390-380}{42/\sqrt{36}} \le Z \le \frac{410-380}{42/\sqrt{36}}\right)$

$= P(1.43 \le Z \le 4.29) = 0.0764$

⒀ (i) 가설의 설정

H_0 : $\mu =$ 1500
H_1 : $\mu <$ 1500

(ii) 임계값의 결정

$\alpha = 0.05$이므로 $-Z_\alpha = -1.645$

(iii) 검정통계량값의 계산

$Z = \frac{1,420 - 1,500}{200/\sqrt{36}} = -2.4$

(iv) 해석

$Z < -Z_\alpha$이므로 귀무가설은 기각

⒁ (i) 가설의 설정

H_0 : $\mu = 30$
H_1 : $\mu > 30$

(ii) 임계값의 결정

$\alpha = 0.1$이므로 $t_{(\alpha;n-1)} = t_{(0.1;8)} = 1.397$

(iii) 검정통계량값의 계산

$t = \frac{\overline{X} - \mu_0}{s/\sqrt{n}} = \frac{32.5-30}{3.9/\sqrt{9}} = 1.92$

(iv) 해석

$t > t_{(0.1;8)}$이므로 H_0를 기각

⒂ (i) 가설의 설정

H_0 : $p = 0.4$
H_1 : $p > 0.4$

(ii) 임계값의 결정

$\alpha = 0.05$이므로 $Z_\alpha = 1.645$

(iii) 검정통계량값의 계산

$Z = \frac{\hat{p} - p}{\sqrt{\frac{p(1-p)}{n}}} = \frac{0.5-0.4}{\sqrt{\frac{0.4 \times 0.6}{100}}} = 2.04$

(iv) 해석

$Z > Z_\alpha$이므로 H_0를 기각

제11장

(1) ⓓ

(2) ⓐ

(3) ⓒ

(4) ⓐ

(5)

요인	제곱합	자유도	평균제곱	F
처리	100	5	20	4
오차	120	24	5	
합계	220	29		

한편, $F_{(5,24;0.05)} = 2.62$이므로 $F > F_{(5,24;0.05)}$이어서 유의수준 5%에서 인자 A의 수준간에 유의차가 인정된다.

(6) 분산분석표를 작성하면 다음과 같다.

요인	제곱합	자유도	평균제곱	F
처리	1,840.742	3	613.581	6.173
오차	1,590.416	16	99.401	
합계	3,431.158	19		

한편, $F_{(3,16;0.05)} = 3.24$이므로 $F > F_{(3,16;0.05)}$이어서 유의수준 5%에서 인자 A의 수준간에 유의차가 인정된다.

(7) 분산분석표를 작성하면 다음과 같다.

요인	제곱합	자유도	평균제곱	F
처리	54	3	18	2.25
오차	64	8	8	
합계	118	11		

임계값 $F_{(3,8;0.05)} = 4.07$이므로 $F < F_{(3,8;0.05)}$이므로 귀무가설 H_0를 기각하지 못한다.

(8) ⓐ

요인	제곱합	자유도	평균제곱	F	p-값
집단간	240.9	2	120.4	5.05	0.008
집단내	2,003.4	84	23.9		
총변동	2,244.3	86			

유의수준 5%에서($\alpha = 0.05$) $H_0 : \mu_a = \mu_b = \mu_c$가 기각되어 각 그룹별로 유의차가 인정된다.

ⓑ 교사와 컴퓨터가(평균 47.103) 가장 높고 컴퓨터가(평균 43.034) 가장 비효과적이다. 그러나 교사

와 컴퓨터의 경우는 세 그룹 중 편차가 가장 심하다.

제12장

(1) ⓑ (2) ⓐ

(3) ⓓ (4) ⓐ

(5) ⓑ (6) ⓑ

(7) ⓐ (8) ⓑ

(9) 기대도수는 다음과 같다.

	동	서	남	북
18세 미만	37.16	18.64	33.43	37.76
18~21	68.18	34.20	61.34	69.28
22~26	87.78	44.03	78.98	89.20
27~35	78.42	39.34	70.55	79.69
36세 이상	37.45	18.79	33.70	38.06

$$x^2 = \Sigma\Sigma\frac{(O_{ij}-E_{ij})^2}{E_{ij}}$$

$$= \frac{(27-37.16)^2}{37.16} + \frac{(42-18.64)^2}{18.64} + \cdots$$

$$\cdots + \frac{(37-33.70)^2}{33.70} + \frac{(36-38.06)^2}{38.06} = 120.685$$

(10) $H_0 : p_1 = 0.016,\ p_2 = 0.082,\ p_3 = 0.246,\ p_4 = 0.656$

H_1 : H_0가 아니다.

기대도수	33	170	509	1,358
관측도수	20	65	485	1,500

$$x^2 = \Sigma\frac{(\text{관측도수}-\text{기대도수})^2}{\text{기대도수}} = 85.95$$

임계값 $x^2_{(3,\,0.05)} = 7.81$

따라서 H_0은 기각된다.

(11) H_0 : 교육수준은 결혼생활에 영향을 미치지 않는다.

$H_1 : H_0$가 아니다.

기대도수는

$E_{11} = 99.528,\ E_{12} = 130.845,\ E_{13} = 198.627$
$E_{21} = 63.8,\ E_{22} = 83.875,\ E_{23} = 127.325$
$E_{31} = 68.672,\ E_{32} = 90.28,\ E_{33} = 137.048$

$$\therefore x^2 = \Sigma\Sigma\frac{(O_{ij}-E_{ij})^2}{E_{ij}}$$

$$= 45.058 > x^2_{(4,\,0.05)} = 9.487$$

귀무가설 H_0를 기각한다. 따라서 교육수준은 결혼생활에 영향을 미친다고 할 수 있다.

(12) H_0 : 형제간의 운동능력은 독립이다.

$H_1 : H_0$가 아니다.

$$\therefore x^2 = \Sigma\Sigma\frac{(O_{ij}-E_{ij})^2}{E_{ij}}$$

$$= 1411.9 > x^2_{(4,\,0.05)} = 9.488$$

따라서 H_0은 기각된다. 즉, 형제간의 운동능력은 상호영향을 미친다고 할 수 있다.

제13장

(1) 생략

(2) ⓐ 생략

ⓑ

1분기	2분기	3분기	4분기
0.78156	0.90594	1.01294	1.29956

ⓒ

년도	분기	계절조정자료	년도	분기	계절조정자료
1998	1	4.48	2001	1	5.37
	2	4.64		2	5.41
	3	4.54		3	5.23
	4	4.54		4	5.31
1999	1	4.73	2002	1	4.99
	2	4.75		2	4.86
	3	4.84		3	5.03
	4	4.85		4	5.08
2000	1	4.35	2003	1	5.12
	2	4.97		2	4.75
	3	4.74		3	5.13
	4	4.69		4	5.23

(3)

월	1	2	3	4	5	6
계절변동지수	120.09	119.82	107.25	103.76	93.54	87.11

월	7	8	9	10	11	12
계절변동지수	81.07	82.72	88.65	95.08	106.6	114.29

(4) ⓐ $L_{99,\,00} = 196.4$

ⓑ $L_{99,\,01} = 160.9$

(5) ⓐ $L_{99,\,00} = 136.5$

ⓑ $L_{99,\,01} = 124.4$

(6) ⓐ $L_{98,\,01} = 95.64$

ⓑ $L_{98,\,01} = 139.07$

찾아보기 >>>>

찾아보기

(ㄱ)

가법모형 / 326
가설검정 / 249
가중총계물가지수 / 338
갈톤 / 2, 198
객관적 확률 / 106
계급 / 68
계급구간 / 68, 69
계절변동 / 323
계절조정자료 / 333
계절지수 / 330
계통추출 / 26
고셋 / 235
교호작용 / 46, 47
구간척도 / 57
구간추정 / 228
귀납법 / 7
귀납법적 추론 / 8
귀무가설 / 249
기댓값 / 123

(ㄴ)

난수표 / 24
누적도수다각형 / 74
누적도수분포 / 70

(ㄷ)

단순확률추출 / 24
단일눈가림실험 / 48
대립가설 / 249
대수의 법칙 / 125
덧셈법칙 / 115
도수다각형 / 72, 73
도수분포 / 67
독립변수 / 38
독립성의 검정 / 309
동질성 검정 / 315
디플레이터 / 339

(ㄹ)

라스파이레스 / 337
라스파이레스지수 / 337
랜덤배치 / 39
랜덤화 / 40

(ㅁ)

명명척도 / 55
모집단비율 / 185
밀도곡선 / 134

(ㅂ)

반복화 / 41
백분위수 / 85, 162
범위(range) / 82
범주형 자료 / 297
법칙성의 발견 / 6
베르누이 시행 / 139
베르누이 / 138
변수 / 63
복합지수 / 336
분산 / 90
분산분석 / 278
분할표 / 309
불규칙 변동 / 325
블록화 / 41
비율척도 / 57
비표본추출오차 / 18, 20
비확률추출 / 22

(ㅅ)

사분위수 범위 / 83
사분위수 / 83
사실의 확인 / 6
사회현상 / 1
산술평균 / 75
상관계수 / 194, 207
상대도수 / 69
상대도수개념 / 106
상자와 수염그림 / 98
소비자물가지수 / 344
순위척도 / 56
순환변동 / 321
스튜던트 t-분포 / 235
승법모형 / 326
시계열 / 319
신뢰도 / 58
실험 / 37
실험계획법 / 278
실험단위(unit) / 38
실험설계 / 39

(ㅇ)

양적변수 / 64
여론조사 / 26
역사적 현상 / 4
연속변수 / 64
연속성의 수정 / 149
연속확률변수 / 118
연쇄지수 / 339
연역법 / 7
연역법적 추론 / 8
오차 / 54
완전랜덤화 설계 / 45
완전임의배치법 / 40
우연의 법칙 / 167
원인의 규명 / 6
유의수준 / 256
이동평균비율법 / 327
이산변수 / 64
이산확률변수 / 118
이상점 / 76
이원배치법 / 46
이중눈가림실험 / 48
이항분포 / 138
이항분포의 평균과 분산 / 147

이항실험 / 139
일변량지수 / 336
일원배치법 / 45
일원분산분석 모형 / 283

(ㅈ)

자연현상 / 1
적합도 검정 / 304
전수조사 / 15
점추정 / 221
정규근사 / 148
정규분포 / 151
정도 / 54
정확도 / 54
제 I종 오류 / 255
제 II종 오류 / 255
제본스 / 323
조건부 확률 / 112
주관적 확률 / 109
주효과 / 46
줄기-와-잎그림 / 65
중심극한정리 / 178
중심화 이동평균 / 327
중앙값 / 77
지수 / 335
질적변수 / 64
집락추출 / 25

(ㅊ)

처리 / 38
척도 / 55
체감물가 / 344
최빈값 / 79
최소 제곱법 / 199
추세변동 / 320
추정 / 220
추정값 / 220
추정량 / 220
측정 / 53
측정수준 / 55
층화추출 / 25
층화추출방법 / 24

(ㅌ)

타당도 / 59
통계 / 3
통계량 / 167
통계적 유의성 검정 / 247
통계적 인식 / 4
통계조사 / 13
통계조사의 5요소 / 13
통계학 / 3

(ㅍ)

파쉐 / 338
파쉐지수 / 338
판단추출 / 23
편차 / 90
포화된 모형 / 41
표본분포 / 168
표본비율 / 185
표본오차 / 18

표본조사 / 15
표준오차 / 173
표준정규분포 / 160
표준편차 / 90
표준화 / 158
표준화점수 / 158
피셔 / 39, 278
피어슨 / 2, 198

(ㅎ)

할당추출 / 23
합집합 사상 / 114
확률변수 / 117
확률의 덧셈법칙 / 113
확률질량함수 / 120
확률추출 / 22
회귀분석 / 198
히스토그램 / 72

(a)

α 오류 / 255

(c)

χ^2-분포 / 301

(f)

F-분포 / 280
F-비 /280

(t)

t 분포 / 235

(개정판)

통계학의 개념과 응용 -R 프로그램 활용-

2007년 1월 10일 초 판 발행
2014년 3월 5일 개정판 3쇄 발행

저 자 / 김연형
발행자 / 오판근
발행처 / 교우사

주 소 / 서울특별시 동대문구 약령시로 8 교우빌딩 2층
전 화 / 925-2861(代), 편집부 / 925-2825
팩 스 / 925-2860
E-mail / kyowoo @ kyowoo.co.kr
http: // www. kyowoo. co. kr
등록 / 1994. 3. 24 제6-0256호

ISBN 978-89-8172-641-6 (93310)

값 **25,000**원